U0221298

电路理论进阶

陈希有 齐 琛 李冠林 著

科学出版社

北京

内 容 简 介

本书集作者近四十年教学研究之所成，包括五章和两个附录。正文内容包括：电路性质与电路定律；正弦稳态电路分析；暂态电路分析；网络的端口分析；均匀传输线分析。主要内容根植于电路理论教学基本要求，但又明显高深于教学基本要求。附录包括用韵律结构表述的电路理论知识点——韵律化电路理论，以及从作者三十余年的硕士研究生入学考试命题中精选出的中等难度试题及详解。

本书可用于教师拓展电路理论内容，满足对教学内容的"高阶性、创新性、挑战度"的需求；助力科研人员在科学研究和论文写作中提高应用电路理论的能力；对准备报考硕士研究生的人员，提供考核要点、思维方法、注意事项等范例。全书可以连续阅读，也可选择性阅读。读者需要具备扎实的本科教学计划规定的电路理论基础知识。

图书在版编目(CIP)数据

电路理论进阶 / 陈希有，齐琛，李冠林著. -- 北京: 科学出版社，2024.11.
-- ISBN 978-7-03-079924-1

I . TM13

中国国家版本馆 CIP 数据核字第 20249H3V09 号

责任编辑：姜 红 常友丽 / 责任校对：何艳萍
责任印制：赵 博 / 封面设计：无极书装

科学出版社 出版
北京东黄城根北街 16 号
邮政编码：100717
http://www.sciencep.com

保定市中画美凯印刷有限公司印刷
科学出版社发行 各地新华书店经销
*
2024 年 11 月第 一 版 开本：787×1092 1/16
2024 年 11 月第一次印刷 印张：20 1/4
字数：480 000

定价：98.00 元

（如有印装质量问题，我社负责调换）

前　言

本人从 1985 年开始担任电路理论课程教师，在近四十年教学工作中，坚持不懈地钻研教学内容，这是因为本人始终坚信做好教师工作的必要条件是必须具备"一壶水"的知识储备，并相信伟大科学家法拉第的名言："即使在公认的、已经完全了解的科学部门，科学也还是处在不完善的状态。"作者的钻研虽然算不上了不起的科学研究，但也是对传统教学内容深度思考的结果。将这些钻研与思考的结果选出一部分加以梳理，便形成本书。这些结果是对电路理论相关教材基本内容的适度拓展，对经典内容的时代传扬，对传统内容的再度发现，对其他理论的吸纳融合。

所谓"拓展"，是指对教学基本内容在深度、广度或应用方面的适度延伸。例如：在 RC 电路阶跃响应的基础上，阐述了提高 RC 电路充电效率的方法；在容抗为定值且等于白炽灯电阻的相序指示器基础上，进一步扩展到容抗可变的相序指示器，并引出相关问题；在微分电路和积分电路基本原理的基础上，分析了运算放大器饱和特性对微分电路与积分电路的影响；用矩阵形式的电路方程分析多层特斯拉线圈耦合电路模型并进行宽频等值化简，等等。

所谓"传扬"，是指对一些很有应用价值，但由于教学基本要求的原因而没有写入教材中的经典内容加以传承。例如：参数变动条件下的电路分析；化为零状态电路的分析；互易性一端口网络等效阻抗的灵敏度分析；用驱动点阻抗测算二端口网络稳态性能的方法及应用，等等。

所谓"发现"，是指作者对教学内容通过反复思考产生的新认识。例如：网孔与回路阻抗矩阵的性质；功率有条件满足叠加性；相量与正弦量的数学变换及其性质；无穷多耦合支路的等效电感；戴维南定理在暂态电路时域分析中的应用；均匀传输线电压与电流的极值；用相图认识均匀传输线，等等。此外，基尔霍夫的题为《关于研究电流线性分布所得到的方程的解》的经典论文言简意赅，但晦涩难懂。为此，本书利用网络图论对该论文进行了详细解读，以示对基尔霍夫的敬仰，并帮助读者理解其中的重要论断。

所谓"融合"，是指将其他学科的理论融合到电路理论当中，利用更普适的自然规律分析电路现象。例如：利用分析力学中的拉格朗日方程演绎出基尔霍夫定律，或反之，使电学规律和力学规律在能量层面得以统一；利用分析一般电能耦合系统的耦合模原理，分析 RLC 电路暂态或稳态响应，由此产生了"复状态变量"的概念，等等。

由于本书是电路理论的进阶篇，读者须具备良好的电路理论基础。因此，本书在内容上不拘泥于传统的逻辑体系和知识点范畴，这使得本书的内容具有如下特色：

（1）知识多方位综合。由于读者已具备良好的电路理论基础，所以本书知识点之间可以多方位随意联系，而不是像普通教材那样循序渐进，从而将电路理论知识点张成立体网络。这更能够体现知识的综合运用，使人有一种自如地航行于电路理论空间的感觉。例如：在阐述回路阻抗矩阵性质和解读基尔霍夫论文时，都联系了网络图论和矩阵性质；在证明拉格朗日方程与基尔霍夫定律相互演绎时，综合运用了广义坐标、矩阵求导、树支与连支、割集与回路等概念；在分析互易网络灵敏度分析和讨论功率有条件满足叠加性时，都引入了二端口网络方程；在阐述有载二端口网络几何分析法时，应用了复变函数的保形映射；在对 RC 文氏电桥振荡电路（简称 RC 振荡电路）扩展认识时，同时使用状态变量分析法、经典法、信号流图法，讨论了时域响应和频域响应，等等。

（2）内容高阶化创新。本书各知识点核心内容的切入点虽然源于传统教学内容，但与现有教材基本上不存在重复。例如：正弦量的相量变换及其在功率分析中的应用；功率的有条件满足叠加性；磁耦合电路获得最大功率条件；在暂态电路时域分析中应用戴维南定理；用矩阵形式的电路方程分析多层特斯拉线圈；特斯拉线圈电路模型的宽频等值化简；无穷多磁耦合支路并联等效电感的多种求解方法，等等。这些内容符合当前对一流课程提出的"高阶性、创新性、挑战度"方面的高要求，并能激发读者勇于质疑的科学精神。

（3）教学科研相助长。本书包含了来自作者科学研究的教学案例。例如：与磁场耦合非接触式电能传输相关的内容：用矩阵形式的电路方程分析多层特斯拉线圈；特斯拉线圈电路模型的宽频等值化简；有载二端口网络的几何分析法及其应用；用驱动点阻抗测算磁耦合二端口网络的稳态性能；磁耦合二端口网络传输最大功率的条件，等等。在解决科研中的实际问题时，往往要同时用到多种电路分析方法，与求解书后习题是完全不一样的感觉。

（4）量纲、单位重严谨。全书严格站在物理方程角度描述各种表达式，并在整个计算过程中同时使用物理量的数值与单位，而不是仅仅在最后计算结果上标注单位。为此，特别撰写了 §3.7（由卷积想到的物理量的量纲与单位问题）一节，以加强物理方程在量纲平衡方面的严谨性，以及贯彻国家标准的自觉性。

本书所著内容对读者有如下作用：

（1）对于广大电路理论和电工学课程教师，为其在教学过程中提供参考。教师可以从中挖掘出符合"高阶性、创新性、挑战度"的教学内容，从而满足一流课程建设要求。教师能够放宽教学视野，在平凡的日常教学中，向深度和广度方面钻研教学内容，努力具备"一壶水"的知识容量。启发教师从科研活动中凝练出教学内容，做到教研相长。

（2）对于广大电气、电子领域科技工作者，包括研究生，助其在科学研究中夯实电路理论基础，综合运用电路理论解决科研问题，提高科研成果的学术水平，并将电路理论恰当地运用在学术论文中，培养敢于质疑的科学精神。

（3）丰富电路理论课程和电工学课程内容。本书许多内容尚未出现在教材或他人的学术论文中，因此是对现有理论内容的一种扩充。

电路理论由众多概念、方法、原理等知识点组成。作者在教学中尝试了用喜闻乐见的韵律结构将这些知识点加以梳理、解释、联系和对照，期待能以一种轻松、和谐、优美的方式概括电路理论，并能够唤起读者的学习兴趣。传授和理解知识需要多种形式，不同形式可以收到不同的效果。谱写过程中，当知识点准确性和韵律之间难以兼顾时，以知识点准确性优先。经实践和改进后附在书后，与读者分享，期待能够起到抛砖引玉的作用，使电路理论教学充满诗情画意。

在学习电路理论过程中，解题能力也需要进阶，尤其是针对升学考试。为此，书后特别附上"研究生入学考试电路理论试题精选与详解"。所包含的题目都是作者从三十多年的研究生入学考试命题中择其中等难度筛选出来的，具有新颖性和挑战性，能够起到考前提升解题能力的效果。在试题求解过程中，明确了考核要点，梳理了知识点之间的联系，并对相关知识进行了深入解读，从而把求解过程当作透析知识点的过程。许多试题都给出了多种分析方法，利于活跃思路。穿插在解题过程中的"点评"，及时地将解题要点、注意事项、延伸扩展、题型演变、结果校验等加以点睛。

本书定名为《电路理论进阶》，意指本书内容源于本科电路理论和电工学课程教学内容，但又明显高深于教学内容。所以，阅读本书须具备扎实的本科教学计划中规定的电路理论基础知识。

参加本书写作的还有齐琛、李冠林两位年轻聪慧的副教授，他们在内容设计、资源提供、公式推导、结果校验、数值仿真、信息检索等方面做了很多工作，勤奋努力、收效卓越。

本书内容大部分是探索的结果。把对教学内容的探索结果整理成书，是作者的一种尝试，不当之处在所难免。殷切期待读者在阅读时，带着质疑的目光，并诚恳提出改进意见。

陈希有

2023 年 10 月于大连理工大学

chenxy@dlut.edu.cn

目　　录

第1章

电路性质与电路定律

§1.1 功率、储能和作用力的有条件满足叠加性

导 读

　　叠加定理是电路理论课程的重要教学内容之一。在讲到这个定理时，几乎无一例外地要特别强调，功率与电压或电流不是线性关系，因此叠加定理不适用于功率的计算。由此这一论断便在学生心目中早早地固定下来，先入为主，只要遇到计算功率的问题，都不敢使用叠加定理。然而，事实并非如此，不能一概而论。对某些特殊电路，完全可以按照叠加定理的步骤计算多个电源共同作用时产生的总功率。

　　本节列举一些特殊电路，证明了在这些特殊电路中，可以按照叠加定理的步骤来计算总功率、总储能和总作用力[1]。在教学中，一般都较早地讲授叠加定理，当时还不具备必要的基础来联系这些特殊电路。但在后续的教学内容中，可以在恰当的时机修正功率不满足叠加性的绝对论断。

　　将本节列举的某些特殊电路用于教学，或留作启发性思考，可以培养学生大胆质疑、善于反思的批判性思维能力，以及具体问题具体分析的认识论观点，使学生能够站在更高度的系统角度来认识电路问题，而不仅仅是站在以某个电压或电流为激励或响应的较狭隘角度。

1.1.1 同时存在电压源与电流源的情况

1. 一个简单的例子

　　先从包含 1 个电压源和 1 个电流源的简单直流电路入手[2,3]，如图 1.1.1 所示。设电压源与电流源单独作用时，在电阻上产生的电流分别为 I_1'、I_2' 和 I_1''、I_2''，经简单计算得

$$I_1' = I_2' = \frac{U_s}{R_1 + R_2} \qquad (1.1.1)$$

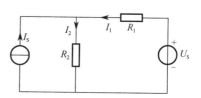

图 1.1.1　讨论功率满足叠加性的示例

$$I_1'' = -\frac{R_2}{R_1 + R_2} I_{\mathrm{s}}, \qquad I_2'' = \frac{R_1}{R_1 + R_2} I_{\mathrm{s}} \tag{1.1.2}$$

当两个电源共同作用时，由两个电阻的电流求得两个电阻消耗的功率之和为

$$P = (I_1' + I_1'')^2 R_1 + (I_2' + I_2'')^2 R_2 \tag{1.1.3}$$
$$= (I_1'^{\,2} R_1 + I_2'^{\,2} R_2) + (I_1''^{\,2} R_1 + I_2''^{\,2} R_2) + (2I_1'I_1''R_1 + 2I_2'I_2''R_2)$$

将式（1.1.1）、式（1.1.2）代入式（1.1.3）的第三个括号中，得到

$$2I_1'I_1''R_1 + 2I_2'I_2''R_2 = \frac{2U_{\mathrm{s}}}{R_1 + R_2} \times \left(-\frac{R_2}{R_1 + R_2} I_{\mathrm{s}}\right) \times R_1 + \frac{2U_{\mathrm{s}}}{R_1 + R_2} \times \frac{R_1}{R_1 + R_2} I_{\mathrm{s}} \times R_2 = 0 \tag{1.1.4}$$

这样，式（1.1.3）就变成

$$P = (I_1'^{\,2} R_1 + I_2'^{\,2} R_2) + (I_1''^{\,2} R_1 + I_2''^{\,2} R_2) = P' + P'' \tag{1.1.5}$$

式中，

$$P' = I_1'^{\,2} R_1 + I_2'^{\,2} R_2, \qquad P'' = I_1''^{\,2} R_1 + I_2''^{\,2} R_2 \tag{1.1.6}$$

正是电压源与电流源分别单独作用时两个电阻消耗的功率之和。将其推广，得出下面结论。

结论 1.1.1：当一个独立电压源和一个独立电流源共同作用于一个电阻电路时，整个电阻电路消耗的总功率，等于每个独立电源单独作用时，电阻电路消耗总功率的叠加。

但若计算某个电阻消耗的功率，则不能使用叠加定理，因为电流的交叉乘积项，即式（1.1.4）不为零。

2. 电压源与电流源分组作用

命题 1.1.1：设某线性电阻网络含有多个独立电源，将这些独立电源分成两组，即电压源组和电流源组，如图 1.1.2 所示，则当所有电源共同作用时网络 N 消耗的功率，等于电压源组和电流源组分组单独作用时，网络 N 消耗功率的叠加。

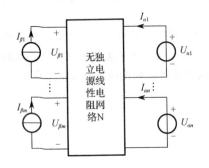

图 1.1.2　含有多个独立电源的电阻网络

证明：设网络有 n 个电压源和 m 个电流源，把它们都从电路中抽出，因而构成 n 个电压源端口和 m 个电流源端口。用下标 α、β 分别表示电压源端口和电流源端口的电压与电流；用上标 $'$ 和 $''$ 分别表示电压源组和电流源组分组单独作用时产生的电压与电流。

根据叠加定理，电压源电流等于两组电源分组单独作用时产生电流的叠加，如图 1.1.3 所示，即

$$I_{\alpha k} = I_{\alpha k}' + I_{\alpha k}'' \qquad (k = 1, 2, \cdots, n) \tag{1.1.7}$$

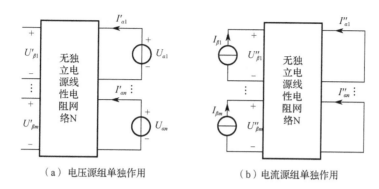

（a）电压源组单独作用　　　　　　　　（b）电流源组单独作用

图 1.1.3　电源分组单独作用情况

同理，电流源电压等于两组电源分组单独作用时产生电压的叠加，即

$$U_{\beta j} = U'_{\beta j} + U''_{\beta j} \quad (j = 1, 2, \cdots, m)$$

因此，网络 N 消耗的总功率即全部电源向电路提供的总功率为

$$
\begin{aligned}
P &= \sum_{k=1}^{n} U_{\alpha k} I_{\alpha k} + \sum_{j=1}^{m} U_{\beta j} I_{\beta j} = \sum_{k=1}^{n} U_{\alpha k} (I'_{\alpha k} + I''_{\alpha k}) + \sum_{j=1}^{m} (U'_{\beta j} + U''_{\beta j}) I_{\beta j} \\
&= \sum_{k=1}^{n} U_{\alpha k} I'_{\alpha k} + \sum_{j=1}^{m} U''_{\beta j} I_{\beta j} + \left(\sum_{k=1}^{n} U_{\alpha k} I''_{\alpha k} + \sum_{j=1}^{m} U'_{\beta j} I_{\beta j} \right) \\
&= P' + P'' + \Delta P
\end{aligned}
\tag{1.1.8}
$$

式中，

$$P' = \sum_{k=1}^{n} U_{\alpha k} I'_{\alpha k}, \qquad P'' = \sum_{j=1}^{m} U''_{\beta j} I_{\beta j} \tag{1.1.9}$$

分别等于电压源组和电流源组单独作用时，网络 N 消耗的功率。而

$$\Delta P = \sum_{k=1}^{n} U_{\alpha k} I''_{\alpha k} + \sum_{j=1}^{m} U'_{\beta j} I_{\beta j} \tag{1.1.10}$$

是图 1.1.3（a）全部端口电压与图 1.1.3（b）对应端口电流乘积之和，即似功率。根据特勒根定理之似功率守恒可知下式成立：

$$\Delta P = \sum_{l=1}^{b} U'_{l} I''_{l} = \sum_{l=1}^{b} R_{l} I'_{l} I''_{l} \tag{1.1.11}$$

即端口上电压与电流乘积之和等于网络 N 内电阻支路电压与电流乘积之和。b 表示网络 N 内电阻支路数。但注意，端口上电压与电流的参考方向相对电源是相反的。

另外，如果用图 1.1.3（a）端口电流与图 1.1.3（b）对应端口电压相乘，全部乘积之和则等于图 1.1.3（a）网络 N 中电阻上的电流与图 1.1.3（b）网络 N 中对应电阻上的电压乘积之和，记作 ΔQ，即

$$\Delta Q = \sum_{k=1}^{n} I'_{\alpha k} U''_{\alpha k} + \sum_{j=1}^{m} I'_{\beta j} U''_{\beta j} = \sum_{l=1}^{b} I'_l U''_l = \sum_{l=1}^{b} R_l I'_l I''_l \tag{1.1.12}$$

在图 1.1.3（a）中，只有电压源组作用，电流源组的端口电流为零，即 $I'_{\beta j}=0$；在图 1.1.3（b）中，只有电流源组作用，电压源组的端口电压为零，即 $U''_{\alpha k}=0$，所以式（1.1.12）其实等于零，即

$$\Delta Q = \sum_{k=1}^{n} I'_{\alpha k} \times 0 + \sum_{j=1}^{m} 0 \times U''_{\beta j} = 0 \tag{1.1.13}$$

再比较式（1.1.11）和式（1.1.12）可知

$$\Delta P = \Delta Q = 0 \tag{1.1.14}$$

再由式（1.1.8）便得

$$P = P' + P'' \tag{1.1.15}$$

即网络 N 消耗的总功率等于电压源组和电流源组分组单独作用产生功率的叠加。证毕。

这里的叠加是特殊意义上的叠加，它不是让每个独立电源单独作用，而是将全部独立电源分成两组，且所有电压源为一组，所有电流源为另一组，再按组分别单组作用。如果让每个电源单独作用，或者计算某个电阻的功率，而不是全部电阻的总功率时，则功率不满足叠加性。这点与电压、电流满足叠加性是有本质区别的。后者是源于以电压、电流为响应变量的方程是线性方程，而以功率为响应变量的方程则是非线性方程。

由证明过程可见，上述功率满足叠加性的充分与必要条件是似功率项（即不同电源组单独作用的电流与电压交叉乘积项之和）为零。

如果网络 N 包含了电感或电容等电抗元件，则宜使用复功率来讨论。如果网络 N 中全部元件的电压和电流满足下面的关系，便可用叠加定理计算网络消耗的总复功率：

$$\sum_{l=1}^{b} \dot{U}'_l \dot{I}''^*_l = \sum_{l=1}^{b} \dot{I}'_l \dot{U}''^*_l = 0 \tag{1.1.16}$$

这个条件并不容易满足，且用起来也不方便，因为它是用电压和电流来表述，而不是用网络的结构、组成或端口参数来表述。下一节将从多端口混合参数方程的角度再做深入分析。

1.1.2 两个独立电源在某阻抗上产生的电压相位正交的情况

在非正弦周期电路的谐波分析中已知，由多个不同频率谐波共同作用产生的平均功率，等于各谐波单独作用时产生的平均功率的叠加。从数学上看，这是由于不同频率正弦量的正交性所致，物理概念就是不同频率的电压与电流之积虽然形成瞬时功率，但不

形成平均功率。据此联想，对同频率的正弦量，当相位相差 $\pm\pi/2$ 时也是正交的（二者之积在一个周期内的平均值为零），因此有下面的命题。

命题 1.1.2： 当两个同频率电源在某阻抗上产生的电压相位相差 $\pm\pi/2$（正交）时，由它们共同作用在该阻抗上产生的复功率，等于它们单独作用时，在该阻抗上产生复功率的叠加。

证明：设独立电源 1 在某支路上产生的电压、电流分别为 $\dot{U}'$ 和 $\dot{I}'$，独立电源 2 在同一支路上产生的电压、电流分别为 $\dot{U}''$ 和 $\dot{I}''$，并且 $\dot{U}''$ 与 $\dot{U}'$、$\dot{I}''$ 与 $\dot{I}'$ 相位均相差 $\pm\pi/2$。因此，两个电源单独作用时产生的电压和电流可以分别写成如下关系：

$$\dot{U}'' = \pm \mathrm{j}k\dot{U}', \qquad \dot{I}'' = \pm \mathrm{j}k\dot{I}' \tag{1.1.17}$$

式中，k 代表幅值之间的比例系数，为实数。因为两个电源的频率相同，因此电压之间和电流之间具有相同的比例系数。$\pm\mathrm{j}$ 代表 $\pm\pi/2$ 的相位差。

根据叠加定理，某支路的总电压和总电流可以分别写成叠加的形式：

$$\dot{U} = \dot{U}' + \dot{U}'', \qquad \dot{I} = \dot{I}' + \dot{I}'' \tag{1.1.18}$$

该支路的复功率便是

$$\begin{aligned}\tilde{S} &= (\dot{U}' + \dot{U}'')(\dot{I}'^* + \dot{I}''^*) = \dot{U}'\dot{I}'^*(1 \pm \mathrm{j}k)(1 \pm \mathrm{j}k)^* \\ &= \dot{U}'\dot{I}'^*(1 + k^2) = \dot{U}'\dot{I}'^* + k^2\dot{U}'\dot{I}'^* = \tilde{S}' + \tilde{S}''\end{aligned} \tag{1.1.19}$$

式中，$\tilde{S}' = \dot{U}'\dot{I}'^*$，显然就是电源 1 在阻抗上产生的复功率，而

$$\tilde{S}'' = k^2\dot{U}'\dot{I}'^* = (\pm \mathrm{j}k\dot{U}')(\pm \mathrm{j}k\dot{I}')^* = \dot{U}''\dot{I}''^* \tag{1.1.20}$$

则是电源 2 在该阻抗上产生的复功率。证毕。

如果两个相位正交的电源作用在同一端口，则复功率一定满足上述命题，但对计算并没带来太多方便。如果两个电源不是作用在同一个端口，但电路是电阻电路，也一定满足上述命题。但是，如果两个电源既不在同一个端口，电路又含有储能元件，一般说来，它们在同一阻抗上产生的电压，其相位差不一定是 $\pm\pi/2$，复功率就不满足叠加性了。

上述命题阐述的正交条件虽然不易得到满足，甚至要靠参数上的巧合，但这样的特例却表明，对相同频率的独立电源，也不能一概而论地说"电路的功率不满足叠加性"。

验证：电路如图 1.1.4 所示，设 $Z_1 = (50 + \mathrm{j}10)\Omega$，$Z_2 = (30 - \mathrm{j}70)\Omega$，$\dot{U}_S = 120\mathrm{V}\angle 0°$，$\dot{I}_S = 8\mathrm{A}\angle 78.69°$，计算 Z_2 消耗的复功率。

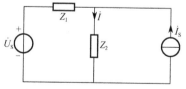

图 1.1.4　命题 1.1.2 的验证

按照叠加定理，主要计算步骤如下。

电压源单独作用时，

$$\dot{I}' = \frac{\dot{U}_S}{Z_1 + Z_2} \approx 1.2\mathrm{A}\angle 36.87° \approx (0.96 + \mathrm{j}0.72)\mathrm{A}$$

$$\tilde{S}' = {I'}^2 Z_2 \approx (43.2 - \mathrm{j}100.8)\mathrm{V}\cdot\mathrm{A}$$

电流源单独作用时，

$$\dot{I}'' = \frac{Z_1 \dot{I}_S}{Z_1 + Z_2} \approx 4.079\text{A}\angle126.87° \approx (-2.4475 + \text{j}3.2634)\text{A}$$

$$\tilde{S}'' = I''^2 Z_2 = (499.2 - \text{j}1164.8)\text{V}\cdot\text{A}$$

电流 $\dot{I}'$ 与 $\dot{I}''$ 的相位差为

$$\varphi = \psi' - \psi'' = 36.87° - 126.87° = -90°$$

即电流 $\dot{I}'$ 与 $\dot{I}''$ 的相位正交。根据命题 1.1.2，$\tilde{S}'$ 与 $\tilde{S}''$ 叠加就是 Z_2 的复功率，即

$$\tilde{S}_a = \tilde{S}' + \tilde{S}'' = (542.40 - \text{j}1265.6)\text{V}\cdot\text{A}$$

为验证叠加的正确性，用叠加定理求出 Z_2 的总电流为

$$\dot{I} = \dot{I}' + \dot{I}'' \approx (-1.4875 + \text{j}3.9834)\text{A} \approx 4.2521\text{A}\angle110.48°$$

再计算复功率为

$$\tilde{S}_b = I^2 Z_2 \approx (542.40 - \text{j}1265.6)\text{V}\cdot\text{A}$$

可见，$\tilde{S}_a = \tilde{S}_b$。

1.1.3　电源非对称三相电路功率的叠加性

非对称的三相电源可以分解成正序、负序和零序三组对称分量（参见电力系统分析课程教材）。计算时可以将序分量看作三组独立电源，让三个序分量单独作用，每个序分量单独作用时，都是对称三相电路。这就是分析非对称三相电路的对称分量法原理。

特殊地，假设系统无零序电流，比如无中性线情况，此时即使存在零序的相电压，也不会产生零序电流。

命题 1.1.3：正序电源和负序电源共同作用产生的三相复功率等于它们单独作用时产生的复功率的叠加。

证明：将非对称的相电压、相电流均写成正序和负序合成的形式：

$$\dot{U} = \begin{bmatrix} \dot{U}_A^+ + \dot{U}_A^- \\ \dot{U}_B^+ + \dot{U}_B^- \\ \dot{U}_C^+ + \dot{U}_C^- \end{bmatrix}, \qquad \dot{I} = \begin{bmatrix} \dot{I}_A^+ + \dot{I}_A^- \\ \dot{I}_B^+ + \dot{I}_B^- \\ \dot{I}_C^+ + \dot{I}_C^- \end{bmatrix} \tag{1.1.21}$$

那么，三相复功率就可以写成下式：

$$\tilde{S} = \dot{U}^T \dot{I}^* = (\dot{U}_A^+ + \dot{U}_A^-)(\dot{I}_A^+ + \dot{I}_A^-)^* + (\dot{U}_B^+ + \dot{U}_B^-)(\dot{I}_B^+ + \dot{I}_B^-)^* + (\dot{U}_C^+ + \dot{U}_C^-)(\dot{I}_C^+ + \dot{I}_C^-)^* \tag{1.1.22}$$

上式的各乘积项展开后，可以分成如下两类。

（1）相同相序的电压相量与电流相量共轭之积，包括如下 6 项：

$$\tilde{S}_1 = (\dot{U}^T \dot{I}^*)_1 = (\dot{U}_A^+ \dot{I}_A^{+*} + \dot{U}_B^+ \dot{I}_B^{+*} + \dot{U}_C^+ \dot{I}_C^{+*}) + (\dot{U}_A^- \dot{I}_A^{-*} + \dot{U}_B^- \dot{I}_B^{-*} + \dot{U}_C^- \dot{I}_C^{-*}) = \tilde{S}^+ + \tilde{S}^- \tag{1.1.23}$$

　　显然，两组括号分别代表正序电压与正序电流形成的复功率 $\tilde{S}^+$，以及负序电压与负序电流形成的复功率 $\tilde{S}^-$。

　　（2）不同相序的电压相量与电流相量共轭之积，包括如下 6 项：

$$\tilde{S}_2=(\dot{U}^{\mathrm{T}}\dot{I}^*)_2=(\dot{U}_{\mathrm{A}}^+\dot{I}_{\mathrm{A}}^{-*}+\dot{U}_{\mathrm{B}}^+\dot{I}_{\mathrm{B}}^{-*}+\dot{U}_{\mathrm{C}}^+\dot{I}_{\mathrm{C}}^{-*})+(\dot{U}_{\mathrm{A}}^-\dot{I}_{\mathrm{A}}^{+*}+\dot{U}_{\mathrm{B}}^-\dot{I}_{\mathrm{B}}^{+*}+\dot{U}_{\mathrm{C}}^-\dot{I}_{\mathrm{C}}^{+*}) \qquad (1.1.24)$$

　　上式第一个括号代表正序电压与负序电流形成的三相复功率，第二个括号则代表负序电压与正序电流形成的三相复功率。

　　设 $\alpha=\mathrm{e}^{\mathrm{j}2\pi/3}=-0.5+\mathrm{j}0.5\sqrt{3}$，即 α 是辐角为 $2\pi/3$ 的单位长度复数。它与某复数相乘，代表将该复数逆时针旋转 $2\pi/3$，而 α^2 与某复数相乘，则代表将该复数逆时针旋转 $4\pi/3$，或顺时针旋转 $2\pi/3$。利用 α 与 α^2，可以将各相序电压、电流均表达成 A 相的倍数，如下各式：

$$\begin{cases}\dot{U}_{\mathrm{B}}^+=\alpha^2\dot{U}_{\mathrm{A}}^+,\ \dot{U}_{\mathrm{C}}^+=\alpha\dot{U}_{\mathrm{A}}^+\\\dot{I}_{\mathrm{B}}^+=\alpha^2\dot{I}_{\mathrm{A}}^+,\ \dot{I}_{\mathrm{C}}^+=\alpha\dot{I}_{\mathrm{A}}^+\end{cases},\quad\begin{cases}\dot{U}_{\mathrm{B}}^-=\alpha\dot{U}_{\mathrm{A}}^-,\ \dot{U}_{\mathrm{C}}^-=\alpha^2\dot{U}_{\mathrm{A}}^-\\\dot{I}_{\mathrm{B}}^-=\alpha\dot{I}_{\mathrm{A}}^-,\ \dot{I}_{\mathrm{C}}^-=\alpha^2\dot{I}_{\mathrm{A}}^-\end{cases} \qquad (1.1.25)$$

将上述关系代入式（1.1.24），得到的结果是：

$$\begin{aligned}\tilde{S}_2=(\dot{U}^{\mathrm{T}}\dot{I}^*)_2&=\dot{U}_{\mathrm{A}}^+\dot{I}_{\mathrm{A}}^{-*}(1+\alpha+\alpha^*)+\dot{U}_{\mathrm{A}}^-\dot{I}_{\mathrm{A}}^{+*}(1+\alpha^*+\alpha)\\&=\dot{U}_{\mathrm{A}}^+\dot{I}_{\mathrm{A}}^{-*}\times0+\dot{U}_{\mathrm{A}}^-\dot{I}_{\mathrm{A}}^{+*}\times0=0\end{aligned} \qquad (1.1.26)$$

　　备注：式（1.1.26）的详细推导步骤为

$$\begin{aligned}(\dot{U}^{\mathrm{T}}\dot{I}^*)_2&=(\dot{U}_{\mathrm{A}}^+\dot{I}_{\mathrm{A}}^{-*}+\dot{U}_{\mathrm{B}}^+\dot{I}_{\mathrm{B}}^{-*}+\dot{U}_{\mathrm{C}}^+\dot{I}_{\mathrm{C}}^{-*})+(\dot{U}_{\mathrm{A}}^-\dot{I}_{\mathrm{A}}^{+*}+\dot{U}_{\mathrm{B}}^-\dot{I}_{\mathrm{B}}^{+*}+\dot{U}_{\mathrm{C}}^-\dot{I}_{\mathrm{C}}^{+*})\\&=\dot{U}_{\mathrm{A}}^+\dot{I}_{\mathrm{A}}^{-*}+\alpha^2\dot{U}_{\mathrm{A}}^+\alpha^*\dot{I}_{\mathrm{A}}^{-*}+\alpha\dot{U}_{\mathrm{A}}^+(\alpha^2)^*\dot{I}_{\mathrm{A}}^{-*}+\dot{U}_{\mathrm{A}}^-\dot{I}_{\mathrm{A}}^{+*}+\alpha\dot{U}_{\mathrm{A}}^-(\alpha^2)^*\dot{I}_{\mathrm{A}}^{+*}+\alpha^2\dot{U}_{\mathrm{A}}^-\alpha^*\dot{I}_{\mathrm{A}}^{+*}\\&=\dot{U}_{\mathrm{A}}^+\dot{I}_{\mathrm{A}}^{-*}[1+\alpha^2\alpha^*+\alpha(\alpha^2)^*]+\dot{U}_{\mathrm{A}}^-\dot{I}_{\mathrm{A}}^{+*}[1+\alpha(\alpha^2)^*+\alpha^2\alpha^*]\\&=\dot{U}_{\mathrm{A}}^+\dot{I}_{\mathrm{A}}^{-*}(1+\alpha+\alpha^*)+\dot{U}_{\mathrm{A}}^-\dot{I}_{\mathrm{A}}^{+*}(1+\alpha^*+\alpha)\\&=\dot{U}_{\mathrm{A}}^+\dot{I}_{\mathrm{A}}^{-*}\times0+\dot{U}_{\mathrm{A}}^-\dot{I}_{\mathrm{A}}^{+*}\times0\end{aligned}$$

即不同相序电压和电流形成的三相复功率为零。这样式（1.1.22）所代表的复功率就只剩下式（1.1.23）所代表的相同相序的电压与电流产生的两项复功率。证毕。

　　不同相序的电压和电流既然不形成复功率，那么也就不形成平均功率，对电动机或发电机来说，这意味着不形成平均电磁转矩。但如果讨论的是瞬时功率，情况就不同了，因为任何相序的电压和电流都可以形成瞬时功率和瞬时电磁转矩。欲理解此意，须采用瞬时值来分析。

　　将非对称的相电压和相电流瞬时值分别用向量 **u** 和 **i** 来表示，并表达成正序分量与负序分量之和的形式，即

$$\boldsymbol{u}=\begin{bmatrix}u_{\mathrm{A}}^+\\u_{\mathrm{B}}^+\\u_{\mathrm{C}}^+\end{bmatrix}+\begin{bmatrix}u_{\mathrm{A}}^-\\u_{\mathrm{B}}^-\\u_{\mathrm{C}}^-\end{bmatrix}=U_{\mathrm{m}}^+\begin{bmatrix}\cos(\omega t+\psi_u^+)\\\cos(\omega t+\psi_u^+-2\pi/3)\\\cos(\omega t+\psi_u^++2\pi/3)\end{bmatrix}+U_{\mathrm{m}}^-\begin{bmatrix}\cos(\omega t+\psi_u^-)\\\cos(\omega t+\psi_u^-+2\pi/3)\\\cos(\omega t+\psi_u^--2\pi/3)\end{bmatrix} \qquad (1.1.27)$$

$$\boldsymbol{i} = \begin{bmatrix} i_A^+ \\ i_B^+ \\ i_C^+ \end{bmatrix} + \begin{bmatrix} i_A^- \\ i_B^- \\ i_C^- \end{bmatrix} = I_m^+ \begin{bmatrix} \cos(\omega t + \psi_i^+) \\ \cos(\omega t + \psi_i^+ - 2\pi/3) \\ \cos(\omega t + \psi_i^+ + 2\pi/3) \end{bmatrix} + I_m^- \begin{bmatrix} \cos(\omega t + \psi_i^-) \\ \cos(\omega t + \psi_i^- + 2\pi/3) \\ \cos(\omega t + \psi_i^- - 2\pi/3) \end{bmatrix} \quad (1.1.28)$$

经计算，二者内积即三相总瞬时功率为

$$p(t) = \boldsymbol{u}^T \boldsymbol{i} = 1.5[U_m^+ I_m^+ \cos(\psi_u^+ - \psi_i^+) + U_m^- I_m^- \cos(\psi_u^- - \psi_i^-)] \\ + 1.5[U_m^+ I_m^- \cos(2\omega t + \psi_u^+ + \psi_i^-) + U_m^- I_m^+ \cos(2\omega t + \psi_u^- + \psi_i^+)] \quad (1.1.29)$$

上式第二行中的两项功率都是由正序分量与负序分量交叉乘积得来的，结果是时间的余弦函数，并且角频率是电源角频率的 2 倍。因此，在一个周期内的积分必然都是零，对平均功率没有贡献。但它们却是瞬时功率的一部分，因此瞬时功率不满足叠加性。式（1.1.29）第一行中的两项分别是正序电源和负序电源单独作用时产生的瞬时功率，这些功率都是常量，因此它们的和也就是平均功率。

1.1.4 多频稳态电路平均功率的叠加性

多频稳态电路是指电路中含有多个不同频率正弦电源的电路。这些不同的频率又区分成频率成整数倍关系（例如傅里叶展开后对应的谐波电源），以及频率虽不成整数倍关系，但倍数为有理分数两种情况。对前者，总平均功率等于各不同频率电源单独作用产生的平均功率的叠加，这几乎是电路类和电工学类教材在谐波分析法中都提到的结论；对后者，文献[2]已有详细分析，其结论与前者是一样的。需补充说明的是，总平均功率是指在这些电源公共周期内（周期的最小公倍数）的平均功率，不是在哪个电源变动周期内的平均功率。

多频稳态电路平均功率之所以满足叠加性，是因为不同频率的电压和电流不形成平均功率。但它们仍然形成瞬时功率，因此瞬时功率不满足叠加性。

非对称三相电路以及多频稳态电路的平均功率都满足叠加性，共同的原因是电压与电流的交叉（不同相序的交叉、不同频率的交叉）乘积项平均值为零，因而对平均功率没有贡献。

1.1.5 多频稳态电路平均储能和平均作用力的叠加性

众所周知，在多频稳态电路中，电压或电流有效值的平方，等于各不同频率正弦电源单独作用时，产生的电压或电流有效值的平方和。也就是说，电压或电流有效值的平方满足叠加性，但这种叠加是在平方意义上的叠加，因此没有负号问题。这样，凡是与电压或电流有效值平方成正比的量也就都满足这种叠加性。例如，在多频稳态电路中，电容储能是周期变化的，其平均值可按下式计算：

$$W_e = \frac{1}{T}\int_0^T w_e(t)dt = \frac{1}{2}C \times \frac{1}{T}\int_0^T u_C^2 dt = \frac{1}{2}CU_C^2 \quad (1.1.30)$$

它正比于电容电压有效值的平方。因此得出如下结论。

结论 1.1.2：在 N 个多频稳态电路中，电容储能的平均值，等于各不同频率电源单独作用时，在电容上产生的储能平均值的叠加，即

$$W_e = \frac{1}{2}CU_C^2 = = \frac{1}{2}C\sum_{k=0}^{N}U_{C(k)}^2 = \sum_{k=0}^{N}W_{e(k)}$$

式中，$U_{C(k)}$、$W_{e(k)}$ 分别表示第 k 个不同频率的电源单独作用时，在电容上产生的电压有效值和储能平均值。

对电感也有类似结论，这是因为

$$W_m = \frac{1}{T}\int_0^T w_m(t)\mathrm{d}t = \frac{1}{2}L \times \frac{1}{T}\int_0^T i_L^2\mathrm{d}t = \frac{1}{2}LI_L^2 \qquad (1.1.31)$$

在这两个特例中，将储能元件的平均储能看成系统的一种输出或响应。

再例如，当平板电容极板之间存在电压 u_C 时，如图 1.1.5 所示，两个极板之间便存在吸引力，给出这个力大小的计算公式如下：

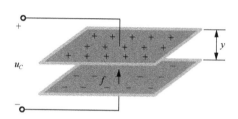

图 1.1.5　平板电容受力分析

$$f(t) = -\frac{1}{2}u_C^2\frac{\partial C}{\partial y} \qquad (1.1.32)$$

式中导数可以根据平板电容的计算公式来获得。

如果在极板之间施加的是周期电压，则极板之间的吸引力也是周期的。在电压的一个周期内，吸引力的平均值是

$$F = \frac{1}{T}\int_0^T f(t)\mathrm{d}t = -\frac{1}{2}\frac{\partial C}{\partial y} \times \frac{1}{T}\int_0^T u_C^2\mathrm{d}t = -\frac{1}{2}U_C^2\frac{\partial C}{\partial y} \qquad (1.1.33)$$

它正比于电容电压有效值的平方。因此得出如下结论。

结论 1.1.3：在多频稳态电路中，电容极板之间的平均吸引力，等于各不同频率电源单独作用时，在极板上产生的平均吸引力的叠加。

同理，如果两个互感线圈串联，从而流过相同电流，如图 1.1.6 所示，那么两个线圈之间的电磁作用力（吸引或排斥，取决于磁场方向）的瞬时值为

图 1.1.6　互感线圈受力分析

$$f(t) = \pm\frac{1}{2}i_L^2\frac{\partial M}{\partial x} \qquad (1.1.34)$$

式中，M 代表互感，它与线圈之间的距离 x 有关。可以通过互感系数的计算公式来求得式（1.1.34）中的导数。

如果通过线圈的是多频稳态电流，线圈之间的作用力必然是周期变化的。在一个周期内，作用力的平均值是

$$F = \frac{1}{T}\int_0^T f(t)\mathrm{d}t = \pm\frac{1}{2}\frac{\partial M}{\partial x}\times\frac{1}{T}\int_0^T i_L^2\mathrm{d}t = \pm\frac{1}{2}I_L^2\frac{\partial M}{\partial x} \tag{1.1.35}$$

它正比于线圈电流有效值的平方，因此也满足叠加性。

在上述两个特例中，将作用力看作系统的一种输出或响应。

1.1.6 无损线传输功率的叠加性

以下分暂态和稳态两种情况进行讨论。先设无损均匀传输线（简称无损线）两端各接入一个阶跃电压源，分别产生正向行波和反向行波，如图 1.1.7 所示。在各行波产生反射之前，于它们相遇处线上的电压和电流分别为两个方向行波的叠加，即

$$\begin{cases} u = u^+ + u^- \\ i = i^+ - i^- \end{cases} \tag{1.1.36}$$

式中，上角标+和−分别表示正向行波和反向行波。

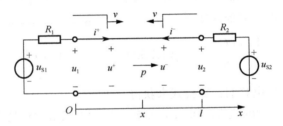

图 1.1.7 无损线两端接入阶跃电压源的电路

因此，沿 x 方向传输的功率为

$$p = ui = u^+i^+ - u^-i^- + (u^-i^+ - u^+i^-) \tag{1.1.37}$$

由于无损线行波之间满足 $u^+ = Z_c i^+$，$u^- = Z_c i^-$（Z_c 为无损线的特性阻抗），所以上式括号中的交叉乘积项之差为零，即

$$(u^-i^+ - u^+i^-) = Z_c(i^+i^- - i^+i^-) = 0 \tag{1.1.38}$$

这说明，两对不同方向的电压与电流产生的瞬时传输功率相互抵消。这样便得出如下结论。

结论 1.1.4: 两个电源在无损线两端共同作用时，在正向行波和反向行波相遇处产生的瞬时传输功率，等于两个电源单独作用时，在该处产生的瞬时传输功率的叠加。

再讨论正弦稳态情况，以下可以证明，当无损线两端所接电阻（或电源内阻）相等时，两个电源在无损线上产生的传输功率也有条件地满足叠加性。这又分下面三种具体情况，电路连接如图 1.1.8 所示。

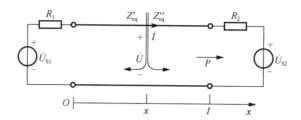

图 1.1.8 无损线传输功率满足叠加性的电路

（1）当 $R_1 = R_2 = Z_c$（匹配）时，对任意两个相位关系的电压源 $\dot{U}_{S1}$ 和 $\dot{U}_{S2}$，传输线上的功率都满足叠加性。证明如下。

由于两端都处于匹配状态，所以行波在完成一个行程后便进入正弦稳态，同时 $\dot{U}_{S1}$ 产生沿线电压和电流的正向行波相量，$\dot{U}_{S2}$ 产生反向行波相量。沿线电压和电流分别为

$$\begin{cases} \dot{U} = \dot{U}^+ + \dot{U}^- \\ \dot{I} = \dot{I}^+ - \dot{I}^- \end{cases} \tag{1.1.39}$$

因此，沿线向 x 方向传输的平均功率为

$$\begin{aligned} P &= \text{Re}[\dot{U}\dot{I}^*] = \text{Re}[(\dot{U}^+ + \dot{U}^-)(\dot{I}^+ - \dot{I}^-)^*] \\ &= \text{Re}[\dot{U}^+\dot{I}^{+*} - \dot{U}^-\dot{I}^{-*}] + \text{Re}[\dot{U}^-\dot{I}^{+*} - \dot{U}^+\dot{I}^{-*}] \end{aligned} \tag{1.1.40}$$

在正弦稳态下，行波之间满足 $\dot{U}^+ = Z_c\dot{I}^+$，$\dot{U}^- = Z_c\dot{I}^-$，并且 Z_c 为实数。因此，上述平均功率中的第二项为

$$\text{Re}[\dot{U}^-\dot{I}^{+*} - \dot{U}^+\dot{I}^{-*}] = \text{Re}[Z_c\dot{I}^-\dot{I}^{+*} - Z_c\dot{I}^+\dot{I}^{-*}] = 0 \tag{1.1.41}$$

这说明，两对不同方向的行波电压与电流形成的平均功率相互抵消。结果得到

$$P = \text{Re}[\dot{U}^+\dot{I}^{+*}] - \text{Re}[\dot{U}^-\dot{I}^{-*}] = P' - P'' \tag{1.1.42}$$

由此得出如下结论。

结论 1.1.5：两端均匹配时，两个同频率正弦电源在无损线两端共同作用，沿无损线传输的平均功率，等于两个电源单独作用时，沿无损线传输的平均功率的叠加。

（2）当 $R_1 = R_2 = R \neq Z_c$（不匹配）时，如果 $\dot{U}_{S1}$ 和 $\dot{U}_{S2}$ 相位相同，则无损线上传输的功率满足叠加性。证明如下。

因为是无损线，线上传输的平均功率处处相同，因此可以取线路中间位置来分析，并用戴维南定理等效左右两部分，得到图 1.1.9 所示的集中参数等效电路。图中等效阻抗按均匀传输线等效阻抗公式来计算：

$$Z'_{eq} = Z''_{eq} = Z_c \frac{R + jZ_c \tan(\beta l / 2)}{jR \tan(\beta l / 2) + Z_c} \tag{1.1.43}$$

线路中间位置电压与电流分别为

$$\dot{U} = \frac{\dot{U}'_{eq} / Z'_{eq} + \dot{U}''_{eq} / Z''_{eq}}{1 / Z'_{eq} + 1 / Z''_{eq}} = \frac{Z''_{eq}\dot{U}'_{eq} + Z'_{eq}\dot{U}''_{eq}}{Z'_{eq} + Z''_{eq}} \tag{1.1.44}$$

$$\dot{I} = \frac{\dot{U}'_{eq} - \dot{U}''_{eq}}{Z'_{eq} + Z''_{eq}} \tag{1.1.45}$$

因此，沿线向 x 方向传输的复功率为

$$
\begin{aligned}
\tilde{S} &= \dot{U}\dot{I}^* = (Z''_{eq}\dot{U}'_{eq} + Z'_{eq}\dot{U}''_{eq}) \frac{\dot{U}'^*_{eq} - \dot{U}''^*_{eq}}{|Z'_{eq} + Z''_{eq}|^2} \\
&= (Z''_{eq}\dot{U}'_{eq}\dot{U}'^*_{eq} - Z'_{eq}\dot{U}''_{eq}\dot{U}''^*_{eq})/|Z'_{eq} + Z''_{eq}|^2 + (-Z''_{eq}\dot{U}'_{eq}\dot{U}''^*_{eq} + Z'_{eq}\dot{U}''_{eq}\dot{U}'^*_{eq})/|Z'_{eq} + Z''_{eq}|^2 \\
&= \tilde{S}' + \tilde{S}'' + \Delta/|Z'_{eq} + Z''_{eq}|^2
\end{aligned} \tag{1.1.46}
$$

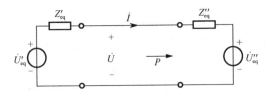

图 1.1.9 计算线路中间位置电压电流的集中参数等效电路

因为两个电源相位相同，所以 $\dot{U}''_{eq} = k\dot{U}'_{eq}$，且 k 为实数。又因为 $Z'_{eq} = Z''_{eq}$，故交叉乘积项之差为

$$\Delta = -Z''_{eq}\dot{U}'_{eq}\dot{U}''^*_{eq} + Z'_{eq}\dot{U}''_{eq}\dot{U}'^*_{eq} = Z'_{eq}(-kU'^2_{eq} + kU'^2_{eq}) = 0 \tag{1.1.47}$$

由此得

$$P = \text{Re}[\tilde{S}] = \text{Re}\left[\frac{Z''_{eq}U'^2_{eq} - Z'_{eq}U''^2_{eq}}{|Z'_{eq} + Z''_{eq}|^2}\right] = P' - P'' \tag{1.1.48}$$

式中，P' 和 P'' 分别为电压源 $\dot{U}_{S1}$ 和 $\dot{U}_{S2}$ 单独作用时产生的传输功率，这是因为

$$P' = \text{Re}[Z''_{eq}U'^2_{eq}/|Z'_{eq} + Z''_{eq}|^2] = \text{Re}\left[\frac{Z''_{eq}\dot{U}'_{eq}}{Z'_{eq} + Z''_{eq}} \times \left(\frac{\dot{U}'_{eq}}{Z'_{eq} + Z''_{eq}}\right)^*\right] = \text{Re}[\dot{U}'\dot{I}'^*] \tag{1.1.49}$$

P'' 同理，但传输方向与 P' 相反。

（3）当 $R_1 = R_2 = R \neq Z_c$，且两个电源大小和相位差任意时，对特定长度的无损线，线上传输的功率也满足叠加性。特定的长度是 $l = m\pi/\beta$，其中 m 为正整数。证明如下。

m 为奇数时，等效阻抗为

$$Z'_{eq} = Z''_{eq} = Z_c \frac{R + jZ_c \tan(m\pi/2)}{jR \tan(m\pi/2) + Z_c} = \frac{Z_c^2}{R} \tag{1.1.50}$$

m 为偶数时，等效阻抗为

$$Z'_{eq} = Z''_{eq} = Z_c \frac{R + jZ_c \tan(m\pi/2)}{jR \tan(m\pi/2) + Z_c} = R$$

它们共同且重要的特征是等效阻抗为实数。仍取线路中间位置进行分析，不难验证式（1.1.46）中交叉乘积项之差的实部为零，即

$$\text{Re}[\varDelta] = Z'_{eq} \text{Re}[-\dot{U}'_{eq}\dot{U}''^{*}_{eq} + \dot{U}''_{eq}\dot{U}'^{*}_{eq}] = 0 \qquad (1.1.51)$$

所以式（1.1.48）仍然成立，即无损线上传输的功率满足叠加性。

1.1.7　计算举例

仅就均匀传输线稳态情况举例。已知条件是 $Z_c = 377\Omega$，$\beta = 10^{-5}\text{km}^{-1}$，$R_1 = R_2 = R$。其他条件分 4 种情况，对应计算结果如表 1.1.1 所示，全部是用传输线方程计算所得，而不是使用集中参数等效电路。表中电压、电阻、功率单位分别为 V、Ω 和 W。P 表示两端电源共同作用产生的平均功率，P_{sup} 表示按照叠加性计算的平均功率。表中情况 1 对应 $R = Z_c$，两个电源可以是任意相位关系；情况 2 对应 $R \neq Z_c$，但两个电源需要满足同相位关系；情况 3 对应 $R \neq Z_c$，且两个电源可以是任意相位关系，但长度满足 $l = m\pi / \beta$ 条件；情况 4 对应线长为 $3.3\pi / \beta$，不满足 $l = m\pi / \beta$ 条件，其他同情况 3。表 1.1.1 中除情况 4 外，其他情况的功率都在所限定条件下满足叠加性。

表 1.1.1　无损线传输功率的叠加性举例

	$\dot{U}_{S1}$	$\dot{U}_{S2}$	R	l	P'	P''	P_{sup}	P
情况 1	$14\angle 0°$	$5\angle 30°$	Z_c	$1.3\pi / \beta$	0.1300	−0.0166	0.1134	0.1134
情况 2	$20\angle 10°$	$8\angle 10°$	60	$1.3\pi / \beta$	0.2335	−0.0374	0.1962	0.1962
情况 3	$10\angle 0°$	$5\angle 70°$	60	$3\pi / \beta$	0.4167	−0.1042	0.3125	0.3125
情况 4	$10\angle 0°$	$5\angle 70°$	60	$3.3\pi / \beta$	0.0584	−0.0146	0.0438	0.1797

1.1.8　结语

（1）存在电压源和电流源的电路，存在正序、负序与零序电源的三相电路，存在多频电源电路，以及无损线暂态和正弦稳态电路等，这些特殊电路在特定条件下，由全部电源共同作用产生的平均功率、平均储能、平均作用力等，满足叠加性。

（2）在所举特例中，功率、储能、作用力等，虽然满足叠加性，但它们与激励电压或电流之间仍是非线性关系，因为它们之间不满足齐次性。由此可见，线性电路或系统仅是满足叠加性的充分条件，而非必要条件，非线性电路或系统也可能满足叠加性。

§1.2 端口总功率的有条件满足叠加性

📝 **导　读**

上一节按照电源的存在形式，讨论了功率、储能和作用力等有条件满足叠加性的问题。本节基于网络的某种端口参数，讨论功率满足叠加性所需要的端口参数条件。具体是指，当网络端口参数满足怎样的特定条件，且端口接入的独立电源符合怎样的要求时，由所有独立电源共同作用导致网络消耗的总平均功率，可以用这些独立电源或电源组单独作用时，网络消耗的平均功率的叠加来计算。本节以命题形式提出端口参数须满足的特定条件[4]。讨论端口总功率有条件满足叠加性，可以扩展对叠加定理的认识，培养学生敢于质疑和深入钻研的学习态度。

1.2.1 端口只接电流源的情况

1. 二端口网络端口只接电流源

命题 1.2.1：当二端口网络只接正弦电流源，并且阻抗参数满足 $Z_{12} = -Z_{21}^{*}$ 时，二端口网络消耗的总平均功率满足叠加性。

证明：电路如图 1.2.1 所示。用阻抗参数表达端口电压与电流的关系为

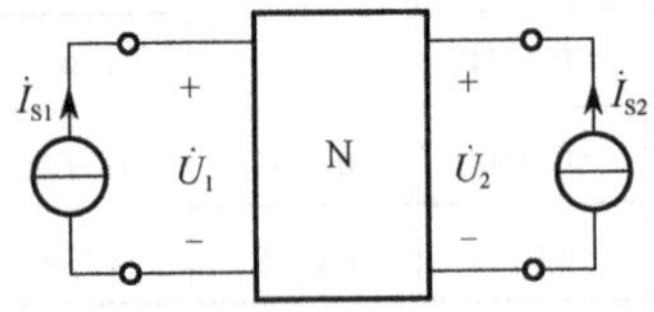

$$\begin{cases} \dot{U}_1 = Z_{11}\dot{I}_{S1} + Z_{12}\dot{I}_{S2} \\ \dot{U}_2 = Z_{21}\dot{I}_{S1} + Z_{22}\dot{I}_{S2} \end{cases} \quad (1.2.1)$$

二端口网络吸收的总平均功率为

$$\begin{aligned} P &= \mathrm{Re}[\dot{U}_1\dot{I}_{S1}^{*} + \dot{U}_2\dot{I}_{S2}^{*}] \\ &= \mathrm{Re}[Z_{11}I_{S1}^2 + Z_{12}\dot{I}_{S1}^{*}\dot{I}_{S2} + Z_{21}\dot{I}_{S1}\dot{I}_{S2}^{*} + Z_{22}I_{S2}^2] \end{aligned} \quad (1.2.2)$$

图 1.2.1 只接电源的二端口网络

当 $Z_{12} = -Z_{21}^{*}$ 时，上式中电流的交叉乘积项之和变成两个共轭复数之差，结果实部为零，即

$$\mathrm{Re}[Z_{12}\dot{I}_{S1}^{*}\dot{I}_{S2} + Z_{21}\dot{I}_{S1}\dot{I}_{S2}^{*}] = \mathrm{Re}[-(Z_{21}\dot{I}_{S1}\dot{I}_{S2}^{*})^{*} + Z_{21}\dot{I}_{S1}\dot{I}_{S2}^{*}] = 0$$

这样，二端口网络消耗的总平均功率就变成

$$P = \mathrm{Re}[Z_{11}I_{S1}^2] + \mathrm{Re}[Z_{22}I_{S2}^2] \quad (1.2.3)$$

显然，等号右边两项分别是两个端口所接电流源单独作用时，二端口网络消耗的平均功率。证毕。

满足 $Z_{12} = -Z_{21}^{*}$ 的二端口网络一定是非互易的，它的一种等效电路如图 1.2.2 所示。图中，$Z_1 = Z_{11} - Z_{12}$，$Z_2 = Z_{22} - Z_{12}$，$Z_3 = Z_{12}$，$r = Z_{21} - Z_{12} = 2R_{21}$，其中 R_{21} 为 Z_{21} 的实部。

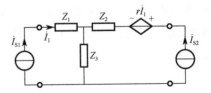

图 1.2.2 $Z_{12} = -Z_{21}^{*}$ 时的 T 形等效电路

当二端口网络阻抗矩阵为实数矩阵时，$Z_{12}=-Z_{21}^*$ 变成 $Z_{12}=-Z_{21}$，此时二端口阻抗参数矩阵满足如下关系：

$$Z^T G = GZ \tag{1.2.4}$$

式中，$G=\begin{bmatrix} 1 & 0 \\ 0 & -1 \end{bmatrix}$。满足式（1.2.4）的网络称为一次型反互易对称网络。

如果将电压相量和电流相量（不是共轭）之积作为一种功率，并称为"复交流功率"，用符号 $\hat{S}$ 来表示，那么可以得到该总复交流功率为

$$\hat{S}=\dot{U}_1\dot{I}_{S1}+\dot{U}_2\dot{I}_{S2}=(Z_{11}\dot{I}_{S1}^2+Z_{12}\dot{I}_{S1}\dot{I}_{S2})+(Z_{21}\dot{I}_{S1}\dot{I}_{S2}+Z_{22}\dot{I}_{S2}^2) \tag{1.2.5}$$

如果阻抗参数满足 $Z_{12}=-Z_{21}$，则复交流功率为

$$\hat{S}=\dot{U}_1\dot{I}_{S1}+\dot{U}_2\dot{I}_{S2}=Z_{11}\dot{I}_{S1}^2+Z_{22}\dot{I}_{S2}^2 \tag{1.2.6}$$

可见，这时复交流功率满足叠加性。

2. 多端口网络端口只接电流源

命题 1.2.2： 对端口只接电流源的正弦多端口网络，当阻抗参数的非对角线元素满足 $Z_{ij}=-Z_{ji}^*$ 时，二端口网络消耗的总平均功率满足叠加性。

证明：对 m 个端口的网络，将端口电压与电流的关系表达成阻抗参数方程形式，即

$$\dot{U}=Z\dot{I}_S \tag{1.2.7}$$

式中，Z 为多端口阻抗参数矩阵。所有端口在所有电流源共同作用时消耗的总平均功率为

$$P=\mathrm{Re}[\dot{U}^T\dot{I}_S^*]=\mathrm{Re}[\dot{I}_S^T Z^T \dot{I}_S^*] \tag{1.2.8}$$

将 Z 分解成对角矩阵 Z_1 与对角线元素均为零的矩阵 Z_2 之和的形式，即

$$Z=\begin{bmatrix} Z_{11} & 0 & \cdots & 0 \\ 0 & Z_{22} & \cdots & 0 \\ \vdots & \vdots & \ddots & \vdots \\ 0 & 0 & \cdots & Z_{mm} \end{bmatrix}+\begin{bmatrix} 0 & Z_{12} & \cdots & Z_{1m} \\ Z_{21} & 0 & \cdots & Z_{2m} \\ \vdots & \vdots & \ddots & \vdots \\ Z_{m1} & Z_{m2} & \cdots & 0 \end{bmatrix}=Z_1+Z_2$$

这样分解后，多端口网络消耗的总平均功率可以分解为

$$P=\mathrm{Re}[\dot{I}_S^T Z_1 \dot{I}_S^*]+\mathrm{Re}[\dot{I}_S^T Z_2^T \dot{I}_S^*]=P'+P'' \tag{1.2.9}$$

因为 $Z_{ij}=-Z_{ji}^*$ 相当于 $Z_2=-(Z_2^*)^T$，所以 $\mathrm{Re}[\dot{I}_S^T Z_2^T \dot{I}_S^*]$ 中电流交叉乘积项之和的实部相互抵消，上述平均功率的第二项为零，即

$$P''=\mathrm{Re}[\dot{I}_S^T Z_2^T \dot{I}_S^*]=0$$

这样，多端口网络消耗的总平均功率就变成

$$P=\mathrm{Re}[\dot{I}_S^T Z_1 \dot{I}_S^*]=\mathrm{Re}[Z_{11}I_{S1}^2]+\cdots+\mathrm{Re}[Z_{mm}I_{Sm}^2] \tag{1.2.10}$$

上式等号右边各项就是独立电流源依次单独作用时，网络消耗的平均功率。证毕。

满足 $Z_{ij} = -Z_{ji}^*$ 的网络在实际中虽然很少见到，但在理论上它是存在的，图 1.2.2 就是一例。

1.2.2 端口只接电压源的情况

1. 二端口网络端口只接电压源

命题 1.2.3：对端口只接电压源的正弦二端口网络，当导纳参数满足 $Y_{12} = -Y_{21}^*$ 时，二端口网络消耗的总平均功率满足叠加性。

证明：电路如图 1.2.3 所示。按照与 1.2.1 小节中第 1 种情况对偶的规律，当导纳参数满足 $Y_{12} = -Y_{21}^*$ 时，二端口网络消耗的总平均功率为

$$P = \mathrm{Re}[\dot{U}_{S1}\dot{I}_1^* + \dot{U}_{S2}\dot{I}_2^*] = \mathrm{Re}[Y_{11}U_{S1}^2] + \mathrm{Re}[Y_{22}U_{S2}^2] \qquad (1.2.11)$$

上式右边分别是两个电压源单独作用时，二端口网络消耗的平均功率。证毕。

满足 $Y_{12} = -Y_{21}^*$ 的网络也一定是非互易的，图 1.2.4 是它的一种等效电路，图中 $g = Y_{21} - Y_{12} = 2G_{21}$。

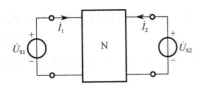

图 1.2.3 只接电压源的二端口网络

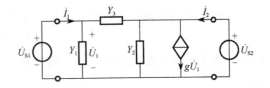

图 1.2.4 $Y_{12} = -Y_{21}^*$ 时的 Π 形等效电路

与 1.2.1 小节中第 1 种情况的分析类似，当导纳参数矩阵满足 $\boldsymbol{Y}^{\mathrm{T}}\boldsymbol{G} = \boldsymbol{G}\boldsymbol{Y}$ 时，二端口网络的复交流功率满足叠加性。

2. 多端口网络端口只接电压源

命题 1.2.4：对端口只接电压源的正弦多端口网络，当导纳参数的非对角线元素满足 $Y_{ij} = -Y_{ji}^*$ 时，二端口网络消耗的总平均功率满足叠加性。

证明：证明过程与 1.2.1 小节中第 2 种情况对偶，不必详述。当 $Y_{ij} = -Y_{ji}^*$ 时，多端口网络消耗的总平均功率为

$$P = \mathrm{Re}[\dot{\boldsymbol{U}}_S^{\mathrm{T}}\boldsymbol{Z}_1\dot{\boldsymbol{U}}_S^*] = \mathrm{Re}[Y_{11}U_{S1}^2] + \cdots + \mathrm{Re}[Y_{mm}U_{Sm}^2] \qquad (1.2.12)$$

上式等号右边各项就是独立电压源依次单独作用时，网络消耗的平均功率。证毕。

1.2.3　端口接两种电源的情况

1. 二端口网络端口接两种电源

命题 1.2.5： 对端口接两种电源的正弦二端口网络，当混合参数满足 $H_{12} = -H_{21}^*$ 时，二端口网络消耗的总复功率满足叠加性。

证明：电路如图 1.2.5 所示，端口电压与电流的关系可以用混合参数方程表示为

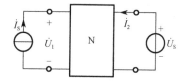

$$\begin{cases} \dot{U}_1 = H_{11}\dot{I}_S + H_{12}\dot{U}_S \\ \dot{I}_2 = H_{21}\dot{I}_S + H_{22}\dot{U}_S \end{cases} \quad (1.2.13)$$

图 1.2.5　接两种电源的二端口网络

二端口网络消耗的总复功率为

$$\tilde{S} = \dot{U}_1\dot{I}_S^* + \dot{U}_S\dot{I}_2^* = H_{11}I_S^2 + H_{12}\dot{U}_S\dot{I}_S^* + H_{21}^*\dot{U}_S\dot{I}_S^* + H_{22}^*U_S^2 \quad (1.2.14)$$

当混合参数满足 $H_{12} = -H_{21}^*$ 时，上式中电压与电流的交叉乘积项之和为零，即

$$H_{12}\dot{U}_S\dot{I}_S^* + H_{21}^*\dot{U}_S\dot{I}_S^* = -H_{21}^*\dot{U}_S\dot{I}_S^* + H_{21}^*\dot{U}_S\dot{I}_S^* = 0$$

这时，总复功率为

$$\tilde{S} = H_{11}I_S^2 + H_{22}^*U_S^2 = \tilde{S}' + \tilde{S}'' \quad (1.2.15)$$

等号右边为两个电源分别单独作用时，网络消耗的复功率。证毕。

为了得到 $H_{12} = -H_{21}^*$ 时的等效电路，将方程（1.2.13）改写成

$$\begin{cases} \dot{U}_1 = H_{11}\dot{I}_S - H_{21}\dot{U}_S + (H_{21} - H_{21}^*)\dot{U}_S \\ \dot{I}_2 = H_{21}\dot{I}_S + H_{22}\dot{U}_S \end{cases}$$

上式可以用互易网络和一个串联在左边端口的受控电压源来等效，如图 1.2.6 所示，其中控制系数 $\mu = H_{21} - H_{21}^*$，为虚数。

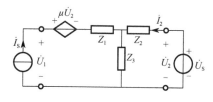

图 1.2.6　$H_{12} = -H_{21}^*$ 时的 T 形等效电路

特殊地，对于电阻性二端口网络，混合参数均为实数，条件 $H_{12} = -H_{21}^*$ 变成了 $H_{12} = -H_{21}$。由此得出以下推论。

推论 1.2.1： 对电阻性互易二端口网络，当端口分别接两种独立电源时，网络消耗的总平均功率或总瞬时功率满足叠加性。

显然这一推论就是 1.1.1 小节的另一种描述，即用互易二端口网络的混合参数关系，描述电阻性二端口网络的端口总功率有条件满足叠加性的正确性。

如果计算二端口网络的复交流功率，则得

$$\hat{S} = \dot{U}_1\dot{I}_S + \dot{U}_S\dot{I}_2 = (H_{11}\dot{I}_S^2 + H_{12}\dot{U}_S\dot{I}_S) + (H_{21}\dot{U}_S\dot{I}_S + H_{22}\dot{U}_S^2) \tag{1.2.16}$$

当混合参数满足 $H_{12} = -H_{21}$（互易网络）时，复交流功率为

$$\hat{S} = \dot{U}_1\dot{I}_S + \dot{U}_S\dot{I}_2 = H_{11}\dot{I}_S^2 + H_{22}\dot{U}_S^2 \tag{1.2.17}$$

由此得出以下推论。

推论 1.2.2： 对互易的二端口网络，由电压源和电流源共同作用产生的复交流功率满足叠加性。

2. 多端口网络端口接两种电源

命题 1.2.6： 对电压源和电流源共同作用的正弦多端口网络，当混合参数矩阵满足 $\boldsymbol{H}_{12} = -\boldsymbol{H}_{21}^*$ 时，此多端口网络消耗的总复功率满足分组叠加性，其中全部电压源为一组，全部电流源为另一组。

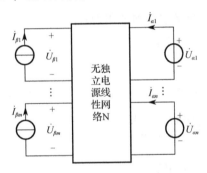

图 1.2.7 含两种电源的多端口网络

证明：电路如图 1.2.7 所示。设有 n 个电压源，其电压列向量记作 $\dot{\boldsymbol{U}}_\alpha$，电压源端口的电流列向量记作 $\dot{\boldsymbol{I}}_\alpha$；有 m 个电流源，其电流列向量记作 $\dot{\boldsymbol{I}}_\beta$，电流源端口的电压列向量记作 $\dot{\boldsymbol{U}}_\beta$。这些电压和电流列向量的关系可以用混合参数方程分块表示如下：

$$\begin{bmatrix} \dot{\boldsymbol{U}}_\beta \\ \dot{\boldsymbol{I}}_\alpha \end{bmatrix} = \begin{bmatrix} \boldsymbol{H}_{11} & \boldsymbol{H}_{12} \\ \boldsymbol{H}_{21} & \boldsymbol{H}_{22} \end{bmatrix} \begin{bmatrix} \dot{\boldsymbol{I}}_\beta \\ \dot{\boldsymbol{U}}_\alpha \end{bmatrix} \tag{1.2.18}$$

式中，$\boldsymbol{H}_{ij}\,(i,j=1,2)$ 表示分块子矩阵。多端口网络消耗的总复功率为

$$\tilde{S} = \dot{\boldsymbol{U}}^{\mathrm{T}}\dot{\boldsymbol{I}}^* = [\dot{\boldsymbol{U}}_\beta^{\mathrm{T}}, \dot{\boldsymbol{U}}_\alpha^{\mathrm{T}}] \begin{bmatrix} \dot{\boldsymbol{I}}_\beta^* \\ \dot{\boldsymbol{I}}_\alpha^* \end{bmatrix} \tag{1.2.19}$$

将式（1.2.18）代入式（1.2.19），得到

$$\tilde{S} = [(\boldsymbol{H}_{11}\dot{\boldsymbol{I}}_\beta + \boldsymbol{H}_{12}\dot{\boldsymbol{U}}_\alpha)^{\mathrm{T}}, \dot{\boldsymbol{U}}_\alpha^{\mathrm{T}}] \begin{bmatrix} \dot{\boldsymbol{I}}_\beta^* \\ (\boldsymbol{H}_{21}\dot{\boldsymbol{I}}_\beta + \boldsymbol{H}_{22}\dot{\boldsymbol{U}}_\alpha)^* \end{bmatrix} \tag{1.2.20}$$

展开后得到

$$\tilde{S} = (\dot{\boldsymbol{I}}_\beta^{\mathrm{T}}\boldsymbol{H}_{11}^{\mathrm{T}}\dot{\boldsymbol{I}}_\beta^* + \dot{\boldsymbol{U}}_\alpha^{\mathrm{T}}\boldsymbol{H}_{12}^{\mathrm{T}}\dot{\boldsymbol{I}}_\beta^*) + (\dot{\boldsymbol{U}}_\alpha^{\mathrm{T}}\boldsymbol{H}_{21}^*\dot{\boldsymbol{I}}_\beta^* + \dot{\boldsymbol{U}}_\alpha^{\mathrm{T}}\boldsymbol{H}_{22}^*\dot{\boldsymbol{U}}_\alpha^*) \tag{1.2.21}$$

因为 $\boldsymbol{H}_{12}^{\mathrm{T}} = -\boldsymbol{H}_{21}^*$，所以上式右边两个括号内电压与电流的交叉乘积项之和为零，即

$$\tilde{S}_{\alpha\beta} = \dot{\boldsymbol{U}}_\alpha^{\mathrm{T}}\boldsymbol{H}_{12}^{\mathrm{T}}\dot{\boldsymbol{I}}_\beta^* + \dot{\boldsymbol{U}}_\alpha^{\mathrm{T}}\boldsymbol{H}_{21}^*\dot{\boldsymbol{I}}_\beta^* = -\dot{\boldsymbol{U}}_\alpha^{\mathrm{T}}\boldsymbol{H}_{21}^*\dot{\boldsymbol{I}}_\beta^* + \dot{\boldsymbol{U}}_\alpha^{\mathrm{T}}\boldsymbol{H}_{21}^*\dot{\boldsymbol{I}}_\beta^* = 0$$

这样，多端口网络消耗的总复功率变为

$$\tilde{S} = \dot{I}_\beta^{\mathrm{T}} H_{11}^{\mathrm{T}} \dot{I}_\beta^* + \dot{U}_\alpha^{\mathrm{T}} H_{22}^* \dot{U}_\alpha^* \tag{1.2.22}$$

上式子矩阵 H_{11} 实际就是将电压源置零后，剩下 m 个电流源端口的阻抗参数矩阵。$\dot{I}_\beta^{\mathrm{T}} H_{11}^{\mathrm{T}} \dot{I}_\beta^*$ 就是全部电流源共同作用时，多端口网络消耗的复功率。类似地，$\dot{U}_\alpha^{\mathrm{T}} H_{22}^* \dot{U}_\alpha^*$ 就是全部电压源共同作用时，多端口网络消耗的复功率。证毕。

如果网络中不含电抗元件，则 $H_{12} = -H_{21}^*$ 变成 $H_{12} = -H_{21}$（互易网络），因此得出以下推论。

推论 1.2.3： 对全部由电阻组成的多端口网络，网络消耗的总平均功率或瞬时功率满足分组叠加性，其中全部电压源为一组，全部电流源为另一组。

显然这一推论就是 1.1.1 小节中标题 2 的另一种描述，即用互易多端口网络的混合参数关系，描述电阻性多端口网络的端口总功率有条件满足叠加性的正确性。

1.2.4　端口总功率满足叠加性举例

同时含有电流源与电压源的网络如图 1.2.8 所示，图中有四个独立电源，可以抽象成四端口网络。图中电阻值如下，单位为 Ω：$R_1 = 14.7$，$R_2 = 98.8$，$R_3 = 24.9$，$R_4 = 80.6$，$R_5 = 33.6$，$R_6 = 90.9$，$R_7 = 60.4$，$R_8 = 18.0$，$R_9 = 13.2$，$R_{10} = 70.6$，$R_{11} = 89.8$，$R_{12} = 19.1$，$R_{13} = 24.9$，$R_{14} = 41.2$，$R_{15} = 10$。

假设两组电源条件：条件一为 $I_{S1} = 1\text{A}$，$I_{S2} = 0.8\text{A}$，$U_{S1} = 20\text{V}$，$U_{S2} = 40\text{V}$；条件二为 $I_{S1} = 0.5\text{A}$，$I_{S2} = 1.2\text{A}$，$U_{S1} = 10\text{V}$，$U_{S2} = 24\text{V}$。使用节点电压法，用计算机语言列写方程并求解。两种条件下，令电流源组、电压源组分别作用，以及所有电源同时作用，多端口电阻网络消耗的总功率计算结果列于表 1.2.1。

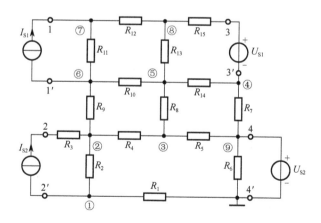

图 1.2.8　同时含有电流源与电压源的网络

表 1.2.1 图 1.2.8 中功率的计算结果

电源接入条件		电流源组单独作用的功率/W	电压源组单独作用的功率/W	所有电源同时作用的功率/W
条件一	$I_{S1}=1A$, $I_{S2}=0.8A$ $U_{S1}=20V$, $U_{S2}=40V$	62.08	36.28	98.36
条件二	$I_{S1}=0.5A$, $I_{S2}=1.2A$ $U_{S1}=10V$, $U_{S2}=24V$	90.89	12.17	103.06

表中第 2 列功率与第 3 列功率叠加后,便是第 4 列功率,例如 62.08W+36.28W=98.36W。由此用电阻电路验证了命题 1.2.6。

1.2.5 结语

（1）将功率的概念由元件推广到部分电路,将电源单独作用的概念推广到分组单独作用,则功率有可能满足叠加性。

（2）对于二端口或多端口网络,当网络的端口参数满足特定条件,并且端口所接独立电源符合特定要求时,网络消耗的总平均功率满足叠加性。对实际电路来说,这些特定条件并不宽松,但理论上却是存在的。

（3）在本节介绍的特殊网络中,都存在一些相互抵消的功率项,这种现象对应的物理概念有待深入研究。

§1.3 网孔及回路阻抗矩阵的性质

 导 读

网孔或回路分析法是电路理论中用来全面求解支路电流的常用方法,且便于表达成矩阵形式。本节介绍了全网孔及全网孔-支路关联矩阵的概念,讨论了全网孔阻抗矩阵、内网孔阻抗矩阵、基本回路阻抗矩阵、任意独立回路阻抗矩阵,以及它们的矩阵关系与行列式关系,这些关系使得人们对网孔或回路阻抗矩阵的认识更加深入。

一些研究生教材介绍了包含全部节点的不定节点导纳矩阵[5-7],论述了相关性质。本节的全网孔阻抗矩阵虽然与不定节点导纳矩阵存在对偶性,但其证明过程仍涉及一些专门概念,具有一定的启发性。

1.3.1 全网孔阻抗矩阵及其性质

方向约定：对平面电路,约定全部内网孔的绕行方向（以后称为网孔方向）一致,外网孔方向与内网孔方向相反。

基本定义：对 n 个节点 b 条支路的平面电路,包含全部内网孔和一个外网孔的一组网孔称为全网孔，共计 $b-n+2$ 个网孔；若全网孔方向满足"方向约定"，则由这样的全网孔与支路关联关系组成的矩阵称为全网孔-支路关联矩阵，用 $\boldsymbol{B}_{\mathrm{m}}$ 表示；对这样的全网孔列写的网孔阻抗矩阵称为全网孔阻抗矩阵，用 $\boldsymbol{Z}_{\mathrm{m}}$ 表示。根据网络图论可知，$\boldsymbol{Z}_{\mathrm{m}} = \boldsymbol{B}_{\mathrm{m}} \boldsymbol{Z}_{\mathrm{b}} \boldsymbol{B}_{\mathrm{m}}^{\mathrm{T}}$，其中 $\boldsymbol{Z}_{\mathrm{b}}$ 为支路阻抗矩阵。对互易网络，$\boldsymbol{Z}_{\mathrm{b}}$ 和 $\boldsymbol{Z}_{\mathrm{m}}$ 为对称矩阵；对全网孔列写的网孔电流方程称为全网孔电流方程，形式为

$$\boldsymbol{Z}_{\mathrm{m}} \boldsymbol{I}_{\mathrm{m}} = \boldsymbol{E}_{\mathrm{m}}$$（1.3.1）

式中，$\boldsymbol{I}_{\mathrm{m}}$ 是包括外网孔在内的全网孔电流列向量；$\boldsymbol{E}_{\mathrm{m}}$ 为回路电动势列向量。

　　为方便起见，以下以直流电路模型为例加以阐述，其原理和结论完全可以推广到相量模型。虽然无源元件是电阻，但仍采用惯用名称即阻抗矩阵。电路如图 1.3.1 所示，为使过程和结论具有普遍性，图中包含了多个网孔，并包含了两个电流控制电压源和三个独立电压源，E 表示电源电动势。对含有其他受控源情况，根据电路理论，总可以等效成电流控制电压源。而独立电压源不影响对网孔或回路阻抗矩阵性质的研究。图 1.3.1 的线图及其全网孔如图 1.3.2 所示，其中全部内网孔都为逆时针方向，而外网孔则为顺时针方向，共计 6 个网孔。

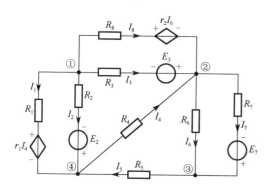
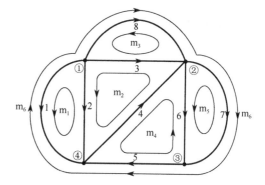

图 1.3.1　用于研究回路矩阵的电路 C　　　　图 1.3.2　电路 C 的线图及其全网孔

　　参照基本回路矩阵的定义，图 1.3.2 的全网孔-支路关联矩阵为

$$\boldsymbol{B}_{\mathrm{m}} = \begin{bmatrix} 1 & -1 & 0 & 0 & 0 & 0 & 0 & 0 \\ 0 & 1 & -1 & 1 & 0 & 0 & 0 & 0 \\ 0 & 0 & 1 & 0 & 0 & 0 & 0 & -1 \\ 0 & 0 & 0 & -1 & -1 & -1 & 0 & 0 \\ 0 & 0 & 0 & 0 & 0 & 1 & -1 & 0 \\ -1 & 0 & 0 & 0 & 1 & 0 & 1 & 1 \end{bmatrix}$$（1.3.2）

　　显然，全网孔-支路关联矩阵的每一列包括一个 1 和一个 -1，其余元素为 0。这是因为每个支路都与且只与两个网孔关联，且支路方向与其中的一个网孔方向相同，而与另一个网孔方向相反。从 $\boldsymbol{B}_{\mathrm{m}}$ 中划去任意一行，便得到降阶的网孔-支路关联矩阵。

图 1.3.1 中有 8 条支路，支路阻抗矩阵为 8 行 8 列的方阵，因含受控源而成为非对角矩阵，写出如下：

$$
\boldsymbol{Z}_{\mathrm{b}} = \begin{bmatrix}
R_1 & & & & & & & r_1 \\
& R_2 & & & & & & \\
& & R_3 & & & & & \\
& & & R_4 & & & & \\
& & & & R_5 & & & \\
& & & & & R_6 & & \\
& & & & & & R_7 & \\
& r_2 & & & & & & R_8
\end{bmatrix}
\tag{1.3.3}
$$

由全网孔-支路关联矩阵和支路阻抗矩阵，根据网络图论，利用矩阵乘法运算便可求得全网孔阻抗矩阵：

$$
\boldsymbol{Z}_{\mathrm{m}} = \boldsymbol{B}_{\mathrm{m}} \boldsymbol{Z}_{\mathrm{b}} \boldsymbol{B}_{\mathrm{m}}^{\mathrm{T}} = \begin{bmatrix}
R_1+R_2 & -R_2+r_1 & 0 & -r_1 & 0 & -R_1 \\
-R_2 & R_2+R_3+R_4 & -R_3 & -R_4 & 0 & 0 \\
0 & -R_3 & R_3+R_8 & r_2 & -r_2 & -R_8 \\
0 & -R_4 & 0 & R_4+R_5+R_6 & -R_6 & -R_5 \\
0 & 0 & 0 & -R_6 & R_6+R_7 & -R_7 \\
-R_1 & -r_1 & -R_8 & -R_5+r_1-r_2 & -R_7+r_2 & R_1+R_5+R_7+R_8
\end{bmatrix}
\tag{1.3.4}
$$

根据式（1.3.1）得全网孔电流方程为

$$
\boldsymbol{Z}_{\mathrm{m}} \boldsymbol{I}_{\mathrm{m}} = \boldsymbol{E}_{\mathrm{m}} = [-E_2, E_2-E_3, E_3, 0, -E_7, E_7]^{\mathrm{T}}
\tag{1.3.5}
$$

式中，$\boldsymbol{I}_{\mathrm{m}}$ 为全部 6 个网孔的网孔电流列向量。

命题 1.3.1：设平面电路全部网孔数为 T，且方向满足"方向约定"，则全网孔阻抗矩阵 $\boldsymbol{Z}_{\mathrm{m}}$ 具有如下特性。

性质一：每一行元素之和为零，即

$$
\sum_{j=1}^{T} Z_{ij} = 0 \quad (i=1,2,\cdots,T)
\tag{1.3.6}
$$

性质二：每一列元素之和也为零，即

$$
\sum_{i=1}^{T} Z_{ij} = 0 \quad (j=1,2,\cdots,T)
\tag{1.3.7}
$$

因此，称 $\boldsymbol{Z}_{\mathrm{m}}$ 具有"零和"特性。显然，$\boldsymbol{Z}_{\mathrm{m}}$ 是奇异矩阵。

（1）性质一的证明如下。

设电路中的全部独立电源都不作用，即 $\boldsymbol{E}_{\mathrm{m}}=0$。由于失去了独立电源的作用，所以全部支路电流必然为零（对有唯一解的电路）。进一步假设第 i 个网孔电流为 $I_{\mathrm{m}i} \neq 0$，为

了保证由网孔电流合成的支路电流全部为零，其他全部网孔电流必然都等于 I_{mi}（理由稍后给出）。那么，由全网孔电流方程（1.3.1）的第 i 个方程得

$$\sum_{j=1}^{T} Z_{ij} I_{mj} = I_{mi} \sum_{j=1}^{T} Z_{ij} = E_{mi} = 0 \quad (i = 1, 2, \cdots, T) \tag{1.3.8}$$

对任意的 I_{mi} 上式均成立，因此性质一即式（1.3.6）成立。

$E_m = 0$ 时全部网孔电流必然都等于 I_{mi} 的理由分析如下：

在传统的网孔分析法中，只选择了内网孔电流为独立变量，并按基尔霍夫电压定律（Kirchhoff's voltage law，KVL）列写方程，这时的网孔电流必然有确定的解答。

如果对包含外网孔在内的全网孔列写全网孔电流方程，这样的方程没有确定的解答，即全网孔电流是多解的（无穷多）。因为这时任何支路电流都等于两个网孔电流之差（这个之差很关键），所以当全部网孔电流都浮动同一量值时，并不影响客观存在的支路电流（支路电流是客观存在的，而回路电流是为了认识问题而人为抽象的，是主观的）。据此分析，当 $E_m = 0$ 而使得全部支路电流为零时，全部网孔电流必然相等，但可以不等于零。这便是全部网孔电流都等于 I_{mi} 的理由。

从与不定导纳矩阵对偶的角度理解，以上类似于一个连通的电路，当所有独立电源都不作用，并且在其中的一个节点与电路之外的参考点之间连接电压源 U_j 时，电路的全部节点必然具有相同的节点电压，即 U_j。

性质一要求全部内网孔方向满足"方向约定"，否则性质一的结论便不成立。对此用反证法理解如下：

假设内网孔方向不满足"方向约定"，这时有些支路电流便等于相关联的网孔电流之和，而不是之差，此时全部网孔电流不可能都等于非零的 I_{mi}，式（1.3.8）中的网孔电流 I_{mi} 不能被提到求和号前面，性质一的结论便不能得证。

再细化到网孔 p，若网孔 p 的方向不满足"方向约定"，这相当于将 $\boldsymbol{Z}_m$ 的第 p 行和第 p 列的全部元素乘以-1。根据线性代数知识可知，行列式的某一列（行）中所有元素都乘以同一个数 k，等于用数 k 乘以此行列式，因此 $\boldsymbol{Z}_m$ 的行列式保持不变。这时 $\boldsymbol{Z}_m$ 虽然不具有"零和"特性，但仍然为奇异矩阵，所以从方程（1.3.1）中也不能得出唯一的全网孔电流。

反之，当 $E_m \neq 0$ 时，如果某个网孔电流被确定下来，则其他网孔电流便有确定的非零值。传统上只对内网孔列写 KVL 方程，这相当于将外网孔的电流用零值确定下来，因此以全部内网孔电流为变量，可以得到确定的解答。

（2）性质二的证明如下。

首先，只让一个网孔电流非零，其余网孔电流全部为零。可行性举例说明如下：

在图 1.3.3 网孔 m_2 的某支路中串入电压源（如果网孔中已有电压源，就不用额外串入），使该网孔存在非零的网孔电流。将与 m_2 相连但又不属于 m_2 的支路断开一部分，使得除 m_2 以外，其余网孔电流全部为零，但要确保断开后的电路仍然是连通的。在这些断

开处必然存在确定的开路电压。接下来，在断开的两点之间串入电压源，其电压量值等于开路时的电压，如图 1.3.4 所示。根据置换定理，串入电压源后，仍然只有 m_2 存在网孔电流。由于串入的是电压源，所以不影响全网孔阻抗矩阵。

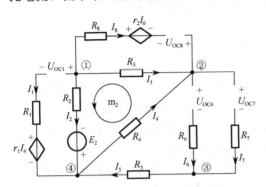

图 1.3.3　断开支路，只在一个网孔中产生
电流的电路

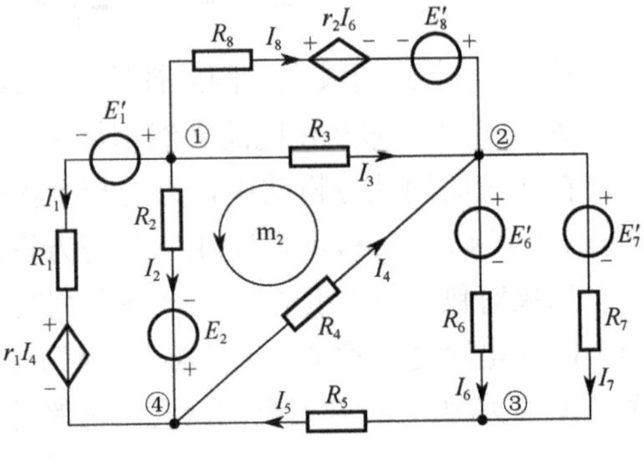

图 1.3.4　用电压源置换开路
电压的电路

这些为使部分网孔电流为零而串入的电压源，其电动势将出现在两个相关网孔的 KVL 方程的等号右侧，并且符号相反。因此，全网孔电流方程（1.3.1）的全部方程相加后，等号右边必然是零。

然后，在只有一个网孔电流 I_{mj} 非零的情况下，将方程（1.3.1）扩展后得

$$\begin{bmatrix} Z_{1j} \\ \vdots \\ Z_{ij} \\ \vdots \\ Z_{Tj} \end{bmatrix} I_{mj} = \begin{bmatrix} E_{m1} \\ \vdots \\ E_{mj} \\ \vdots \\ E_{mT} \end{bmatrix} \quad (j=1,2,\cdots,T) \tag{1.3.9}$$

将全部方程等号两边分别相加得

$$\sum_{i=1}^{T} Z_{ij} I_{mj} = I_{mj} \sum_{i=1}^{T} Z_{ij} = \sum_{i=1}^{T} E_{mi} = 0 \quad (j=1,2,\cdots,T) \tag{1.3.10}$$

因此，性质二即式（1.3.7）成立。证毕。

命题 1.3.2：全网孔阻抗矩阵 $\boldsymbol{Z}_m$ 行列式的所有一阶代数余子式都相等。

证明：按矩阵 $\boldsymbol{Z}_m$ 的第 i 行展开，计算 $\boldsymbol{Z}_m$ 的行列式如下：

$$|\boldsymbol{Z}_m| = Z_{i1}\Delta_{i1} + Z_{i2}\Delta_{i2} + \cdots + Z_{iT}\Delta_{iT} = 0 \quad (i=1,2,\cdots,T) \tag{1.3.11}$$

由 $\boldsymbol{Z}_m$ 的"零和"特性可知，$Z_{i1} = -(Z_{i2}+Z_{i3}+\cdots+Z_{iT})$，将其代入式（1.3.11）得

$$|\boldsymbol{Z}_m| = Z_{i2}(\Delta_{i2}-\Delta_{i1}) + Z_{i3}(\Delta_{i3}-\Delta_{i1}) + \cdots + Z_{iT}(\Delta_{iT}-\Delta_{i1}) = 0 \quad (i=1,2,\cdots,T) \tag{1.3.12}$$

不论 $Z_{ij}(i=2,3,\cdots,T)$ 取何值，上式皆成立，故有

$$\Delta_{ij} = \Delta_{i1} \quad (i=1,2,\cdots,T; j=2,3,\cdots,T) \tag{1.3.13}$$

上式说明全网孔阻抗矩阵行列式任意行的所有一阶代数余子式都相等。同理，可以证得任一列的所有一阶代数余子式也相等。命题 1.3.2 证毕。

命题 1.3.3：若划掉全网孔阻抗矩阵中的第 k 行与第 k 列，得到不含网孔 k 的降阶网孔阻抗矩阵 $\boldsymbol{Z}_{mk}$，则 $\boldsymbol{Z}_{mk}$ 非奇异，网孔电流方程有确定的解答。

证明：划掉全网孔阻抗矩阵中的第 k 行与第 k 列，相当于规定第 k 个网孔的电流为零，不用参与方程列写。根据前面对全网孔电流特性的分析，从全部网孔中指定一个网孔电流后，其余网孔电流便有确定的值，故 $\boldsymbol{Z}_{mk}$ 非奇异。

对偶理解：在不定节点导纳矩阵中，划掉某节点对应的行与列，得到定节点导纳矩阵，相当于规定该点为参考点，参考点的节点电压为零，其余节点都有确定的节点电压，定节点导纳矩阵非奇异。

命题 1.3.4：任何降阶网孔阻抗矩阵的行列式都相等，即从 $\boldsymbol{Z}_m$ 中划掉任何网孔 $k\,(k=1,2,3,\cdots,T)$ 对应的第 k 行与第 k 列后，剩下矩阵的行列式都相等，即 $|\boldsymbol{Z}_{m1}| = |\boldsymbol{Z}_{m2}| = \cdots = |\boldsymbol{Z}_{mT}|$。

证明：降阶网孔阻抗矩阵 $\boldsymbol{Z}_{mk}$ 的行列式也是全网孔阻抗矩阵 $\boldsymbol{Z}_m$ 行列式的一阶代数余子式（划掉对角元素对应的行与列），故由命题 1.3.2 可知，命题 1.3.4 成立。

1.3.2 其他独立回路阻抗矩阵及其行列式

命题 1.3.5：任何独立回路阻抗矩阵都可由内网孔阻抗矩阵相关行的代数和以及相关列的代数和得到。

先举例理解命题的含义。图 1.3.5 为全部内网孔，其网孔阻抗矩阵不难求得为

$$\boldsymbol{Z}_{m0} = \boldsymbol{B}_{m0}\boldsymbol{Z}_b\boldsymbol{B}_{m0}^{\mathrm{T}} = \begin{bmatrix} R_1+R_2 & -R_2+r_1 & 0 & -r_1 & 0 \\ -R_2 & R_2+R_3+R_4 & -R_3 & -R_4 & 0 \\ 0 & -R_3 & R_3+R_8 & r_2 & -r_2 \\ 0 & -R_4 & 0 & R_4+R_5+R_6 & -R_6 \\ 0 & 0 & 0 & -R_6 & R_6+R_7 \end{bmatrix} \tag{1.3.14}$$

式中，$\boldsymbol{B}_{m0}$ 就是从式（1.3.2）所示的 $\boldsymbol{B}_m$ 中划掉外网孔对应的第 6 行后所得到的矩阵，即内网孔-支路关联矩阵；$\boldsymbol{Z}_{m0}$ 则是从式（1.3.4）中划掉第 6 行和第 6 列后所得到的矩阵。

将式（1.3.14）等号右侧的第 2 行加到第 4 行，第 2 列加到第 4 列，得到

$$\boldsymbol{Z}_{m.24} = \begin{bmatrix} R_1+R_2 & -R_2+r_1 & 0 & -R_2 & 0 \\ -R_2 & R_2+R_3+R_4 & -R_3 & R_2+R_3 & 0 \\ 0 & -R_3 & R_3+R_8 & r_2-R_3 & -r_2 \\ -R_2 & R_2+R_3 & -R_3 & R_2+R_3+R_5+R_6 & -R_6 \\ 0 & 0 & 0 & -R_6 & R_6+R_7 \end{bmatrix} \tag{1.3.15}$$

这便是图 1.3.6 所示一组独立回路的阻抗矩阵，图中回路 m_4' 就是网孔 m_2 与 m_4 合成后的结果。

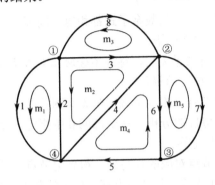 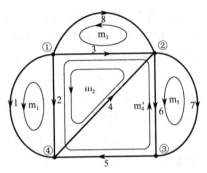

图 1.3.5　全部内网孔　　　　　　　　图 1.3.6　m_2 与 m_4 合成 m_4'

一般性证明如下：

任意独立回路-支路关联矩阵，可以从内网孔-支路关联矩阵中，通过网孔合成来得到，用来合成的网孔就是独立回路所包含的那些网孔。比如图 1.3.6 中回路 m_4' 包含网孔 m_2 与 m_4，因此 m_4' 可以通过网孔 m_2 与 m_4 来合成。假设将第 i 与第 j 两个网孔合成一个回路，那么用内网孔-支路关联矩阵 $\boldsymbol{B}_{m0}$ 来表达合成后的独立回路-支路关联矩阵就是

$$\boldsymbol{B}_{ij} = \boldsymbol{B}_{m0} + \boldsymbol{B}_{m.ij}$$

式中，$\boldsymbol{B}_{m.ij}$ 除第 j 行外，其余元素均为零。第 j 行元素为 $\boldsymbol{B}_{m0}$ 的第 i 行元素的拷贝。因此 $\boldsymbol{B}_{ij}$ 相当于在 $\boldsymbol{B}_{m0}$ 的基础上，将第 i 行元素加到了第 j 行上。

因此，合成后的回路阻抗矩阵可以写成

$$\boldsymbol{Z}_{m.ij} = \boldsymbol{B}_{ij}\boldsymbol{Z}_b\boldsymbol{B}_{ij}^{\mathrm{T}} = \boldsymbol{B}_{m0}\boldsymbol{Z}_b\boldsymbol{B}_{m0}^{\mathrm{T}} + \boldsymbol{B}_{m0}\boldsymbol{Z}_b\boldsymbol{B}_{m.ij}^{\mathrm{T}} + \boldsymbol{B}_{m.ij}\boldsymbol{Z}_b\boldsymbol{B}_{m0}^{\mathrm{T}} + \boldsymbol{B}_{m.ij}\boldsymbol{Z}_b\boldsymbol{B}_{m.ij}^{\mathrm{T}}$$

式中，$\boldsymbol{B}_{m0}\boldsymbol{Z}_b\boldsymbol{B}_{m0}^{\mathrm{T}}$ 为合成前的内网孔阻抗矩阵，即 $\boldsymbol{Z}_{m0}$；$\boldsymbol{B}_{m0}\boldsymbol{Z}_b\boldsymbol{B}_{m.ij}^{\mathrm{T}}$ 中除第 j 列外其他元素等于零，第 j 列元素等于 $\boldsymbol{Z}_{m0}$ 的第 i 列元素；$\boldsymbol{B}_{m.ij}\boldsymbol{Z}_b\boldsymbol{B}_{m0}^{\mathrm{T}}$ 中除第 j 行外其他元素等于零，第 j 行元素等于 $\boldsymbol{Z}_{m0}$ 的第 i 行元素；$\boldsymbol{B}_{m.ij}\boldsymbol{Z}_b\boldsymbol{B}_{m.ij}^{\mathrm{T}}$ 中只有第 j 行、第 j 列一个非零元素，它与 $\boldsymbol{B}_{m0}\boldsymbol{Z}_b\boldsymbol{B}_{m.ij}^{\mathrm{T}}$、$\boldsymbol{B}_{m.ij}\boldsymbol{Z}_b\boldsymbol{B}_{m0}^{\mathrm{T}}$ 的第 j 行、第 j 列一起，构成合并后的第 j 行、第 j 列元素相对合并前 $\boldsymbol{Z}_{m0}$ 的增量。证毕。

命题 1.3.6： *任何一种形式（内网孔、基本回路等）的独立回路阻抗矩阵的行列式都相等。*

证明：根据命题 1.3.5，任何一种形式的独立回路阻抗矩阵，都可由内网孔阻抗矩阵相关行的代数和以及相关列的代数和来得到。再根据线性代数知识——把行列式的某一列（行）的各元素乘以同一数后，加到另一列（行）对应的元素上去，行列式不变。因此，命题 1.3.6 成立。

1.3.3　对回路阻抗矩阵性质的验证

给定图 1.3.1 电路元件参数如下：$R_1=10\Omega$，$R_2=10\Omega$，$R_3=30\Omega$，$R_4=40\Omega$，$R_5=50\Omega$，$R_6=50\Omega$，$R_7=70\Omega$，$R_8=80\Omega$，$r_1=10\Omega$，$r_2=30\Omega$。编写计算程序，以验证回路阻抗矩阵的性质。

1.　网孔阻抗矩阵行列式的验证

（1）全网孔阻抗矩阵行列式。经编程计算式（1.3.4）的行列式得 $|\boldsymbol{Z}_m|=0$。验证了命题 1.3.1 中关于 $\boldsymbol{Z}_m$ 是奇异矩阵的论述。

（2）内网孔阻抗矩阵行列式。经编程计算式（1.3.14）的行列式得 $|\boldsymbol{Z}_{m0}|\approx 1.8346\times10^9\Omega^5$。由此验证了命题 1.3.3。

（3）从全网中划掉第 1 个网孔，见图 1.3.7。网孔-支路关联矩阵为

$$\boldsymbol{B}_{m1}=\begin{bmatrix} 0 & 1 & -1 & 1 & 0 & 0 & 0 & 0 \\ 0 & 0 & 1 & 0 & 0 & 0 & 0 & -1 \\ 0 & 0 & 0 & -1 & -1 & -1 & 0 & 0 \\ 0 & 0 & 0 & 0 & 0 & 1 & -1 & 0 \\ -1 & 0 & 0 & 0 & 1 & 0 & 1 & 1 \end{bmatrix}$$

此时网孔阻抗矩阵为

$$\boldsymbol{Z}_{m1}=\boldsymbol{B}_{m1}\boldsymbol{Z}_b\boldsymbol{B}_{m1}^T=\begin{bmatrix} R_2+R_3+R_4 & -R_3 & -R_4 & 0 & 0 \\ -R_3 & R_3+R_8 & r_2 & -r_2 & -R_8 \\ -R_4 & 0 & R_4+R_5+R_6 & -R_6 & -R_5 \\ 0 & 0 & -R_6 & R_6+R_7 & -R_7 \\ -r_1 & -R_8 & -R_5+r_1-r_2 & -R_7+r_2 & R_1+R_5+R_7+R_8 \end{bmatrix}$$

$$(1.3.16)$$

（4）从全网孔中划掉第 4 个网孔，见图 1.3.8。网孔-支路关联矩阵为

$$\boldsymbol{B}_{m4}=\begin{bmatrix} 1 & -1 & 0 & 0 & 0 & 0 & 0 & 0 \\ 0 & 1 & -1 & 1 & 0 & 0 & 0 & 0 \\ 0 & 0 & 1 & 0 & 0 & 0 & 0 & -1 \\ 0 & 0 & 0 & 0 & 0 & 1 & -1 & 0 \\ -1 & 0 & 0 & 0 & 1 & 0 & 1 & 1 \end{bmatrix}$$

此时网孔阻抗矩阵为

$$Z_{m4} = B_{m4} Z_b B_{m4}^T = \begin{bmatrix} R_1 + R_2 & -R_2 + r_1 & 0 & 0 & -R_1 \\ -R_2 & R_2 + R_3 + R_4 & -R_3 & 0 & 0 \\ 0 & -R_3 & R_3 + R_8 & -r_2 & -R_8 \\ 0 & 0 & 0 & R_6 + R_7 & -R_7 \\ -R_1 & -r_1 & -R_8 & -R_7 + r_2 & R_1 + R_5 + R_7 + R_8 \end{bmatrix}$$

（1.3.17）

经编程计算得

$$|Z_{m1}| = |Z_{m4}| = |Z_{m0}| \approx 1.8346 \times 10^9 \Omega^5$$

（1.3.18）

由此验证了命题 1.3.4，即任何降阶网孔阻抗矩阵的行列式都相等。

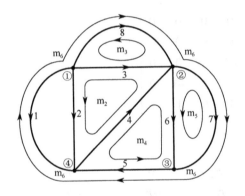

图 1.3.7 从全网孔中划掉网孔 m_1

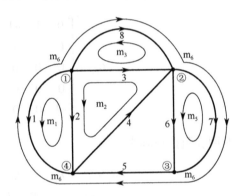

图 1.3.8 从全网孔中划掉网孔 m_4

2. 基本回路阻抗矩阵行列式的验证

（1）选支路 3、4、5 为树支，见图 1.3.9。基本回路矩阵为

$$B_{345} = \begin{bmatrix} 1 & 0 & -1 & 1 & 0 & 0 & 0 & 0 \\ 0 & 1 & -1 & 1 & 0 & 0 & 0 & 0 \\ 0 & 0 & 0 & 1 & 1 & 1 & 0 & 0 \\ 0 & 0 & 0 & 1 & 1 & 0 & 1 & 0 \\ 0 & 0 & -1 & 0 & 0 & 0 & 0 & 1 \end{bmatrix}$$

基本回路阻抗矩阵为

$$Z_{345} = B_{345} Z_b B_{345}^T$$

（1.3.19）

（2）选支路 1、7、8 为树支，见图 1.3.10。基本回路矩阵为

$$\boldsymbol{B}_{178} = \begin{bmatrix} -1 & 1 & 0 & 0 & 0 & 0 & 0 & 0 \\ 1 & 0 & 0 & 1 & 0 & 0 & 0 & -1 \\ 0 & 0 & 1 & 0 & 0 & 0 & 0 & -1 \\ -1 & 0 & 0 & 0 & 1 & 0 & 1 & 1 \\ 0 & 0 & 0 & 0 & 0 & 1 & -1 & 0 \end{bmatrix}$$

基本回路阻抗矩阵为

$$\boldsymbol{Z}_{178} = \boldsymbol{B}_{178}\boldsymbol{Z}_{\mathrm{b}}\boldsymbol{B}_{178}^{\mathrm{T}} \qquad (1.3.20)$$

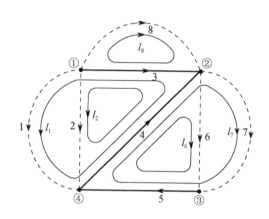

图 1.3.9　选支路 3、4、5 为树支

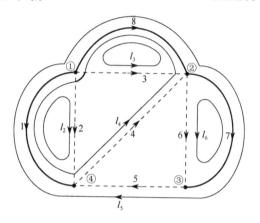

图 1.3.10　选支路 1、7、8 为树支

（3）选支路 1、4、5 为树支，见图 1.3.11。基本回路矩阵为

$$\boldsymbol{B}_{145} = \begin{bmatrix} -1 & 1 & 0 & 0 & 0 & 0 & 0 & 0 \\ -1 & 0 & 1 & -1 & 0 & 0 & 0 & 0 \\ 0 & 0 & 0 & 1 & 1 & 1 & 0 & 0 \\ 0 & 0 & 0 & 1 & 1 & 0 & 1 & 0 \\ -1 & 0 & 0 & -1 & 0 & 0 & 0 & 1 \end{bmatrix}$$

基本回路阻抗矩阵为

$$\boldsymbol{Z}_{145} = \boldsymbol{B}_{145}\boldsymbol{Z}_{\mathrm{b}}\boldsymbol{B}_{145}^{\mathrm{T}} \qquad (1.3.21)$$

经编程计算，式（1.3.19）～式（1.3.21）的行列式都等于全部内网孔的阻抗矩阵行列式，即基本回路阻抗矩阵行列式满足：

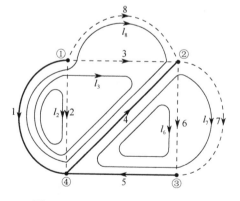

图 1.3.11　选支路 1、4、5 为树支

$$|\boldsymbol{Z}_{345}| = |\boldsymbol{Z}_{178}| = |\boldsymbol{Z}_{145}| = |\boldsymbol{Z}_{\mathrm{m0}}| \approx 1.8346 \times 10^{9} \Omega^{5} \qquad (1.3.22)$$

由此在基本回路层面上验证了命题 1.3.4。

3. 任意独立回路阻抗矩阵行列式的验证

（1）任意独立回路组 1 如图 1.3.12 所示。这组独立回路不是基本回路，因为没有单独属于网孔 m_3 的支路。回路-支路关联矩阵为

$$\boldsymbol{B}_{\text{any1}} = \begin{bmatrix} 1 & -1 & 0 & 0 & 0 & 0 & 0 & 0 \\ 0 & 0 & 1 & 0 & 0 & 0 & 0 & -1 \\ 0 & 1 & -1 & 1 & 0 & 0 & 0 & 0 \\ 0 & 1 & -1 & 0 & -1 & -1 & 0 & 0 \\ 0 & 0 & 0 & -1 & -1 & 0 & -1 & 0 \end{bmatrix}$$

回路阻抗矩阵为

$$\boldsymbol{Z}_{\text{any1}} = \boldsymbol{B}_{\text{any1}} \boldsymbol{Z}_{\text{b}} \boldsymbol{B}_{\text{any1}}^{\text{T}} \tag{1.3.23}$$

（2）任意独立回路组 2 如图 1.3.13 所示。这组独立回路也不是基本回路，因为没有单独属于网孔 m_5 的支路。回路-支路关联矩阵为

$$\boldsymbol{B}_{\text{any2}} = \begin{bmatrix} 1 & -1 & 0 & 0 & 0 & 0 & 0 & 0 \\ 0 & 0 & 1 & 0 & 0 & 0 & 0 & -1 \\ 0 & 1 & -1 & 0 & -1 & 0 & -1 & 0 \\ 0 & 0 & 0 & -1 & -1 & -1 & 0 & 0 \\ 0 & 0 & 0 & 0 & 0 & 1 & -1 & 0 \end{bmatrix}$$

回路阻抗矩阵为

$$\boldsymbol{Z}_{\text{any2}} = \boldsymbol{B}_{\text{any2}} \boldsymbol{Z}_{\text{b}} \boldsymbol{B}_{\text{any2}}^{\text{T}} \tag{1.3.24}$$

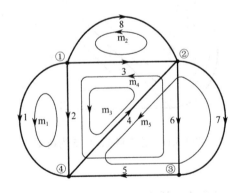

图 1.3.12　任意独立回路组 1

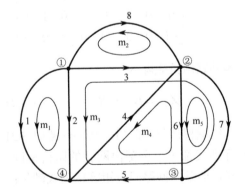

图 1.3.13　任意独立回路组 2

（3）任意独立回路组 3 如图 1.3.14 所示。这组独立回路没有单独属于回路 m_3 的支路。回路-支路关联矩阵为

$$\boldsymbol{B}_{\text{any3}} = \begin{bmatrix} 1 & -1 & 0 & 0 & 0 & 0 & 0 & 0 \\ 0 & 0 & 1 & 0 & 0 & 0 & 0 & -1 \\ 0 & 1 & 0 & 1 & 0 & 0 & 0 & -1 \\ 0 & 0 & 0 & -1 & -1 & 0 & -1 & 0 \\ 0 & 0 & 0 & 0 & 0 & 1 & -1 & 0 \end{bmatrix}$$

回路阻抗矩阵为

$$\boldsymbol{Z}_{\text{any3}} = \boldsymbol{B}_{\text{any3}} \boldsymbol{Z}_{\text{b}} \boldsymbol{B}_{\text{any3}}^{\text{T}} \tag{1.3.25}$$

（4）任意独立回路组 4 如图 1.3.15 所示。这组独立回路没有单独属于网孔 m_2 的支路。回路-支路关联矩阵为

$$\boldsymbol{B}_{\text{any4}} = \begin{bmatrix} 1 & 0 & -1 & 1 & 0 & 0 & 0 & 0 \\ 0 & 0 & 1 & 0 & 0 & 0 & 0 & -1 \\ 0 & 1 & 0 & 1 & 0 & 0 & 0 & -1 \\ 0 & 0 & 0 & -1 & -1 & -1 & 0 & 0 \\ 0 & 0 & 0 & 0 & 0 & 1 & -1 & 0 \end{bmatrix}$$

回路阻抗矩阵为

$$\boldsymbol{Z}_{\text{any4}} = \boldsymbol{B}_{\text{any4}} \boldsymbol{Z}_{\text{b}} \boldsymbol{B}_{\text{any4}}^{\text{T}} \tag{1.3.26}$$

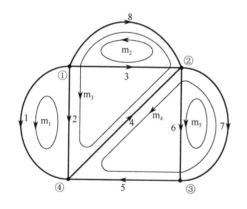

图 1.3.14 任意独立回路组 3

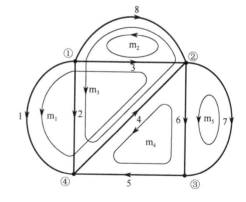

图 1.3.15 任意独立回路组 4

经编程计算，式（1.3.23）～式（1.3.26）的行列式都等于全部内网孔的阻抗矩阵行列式，即

$$|\boldsymbol{Z}_{\text{any1}}| = |\boldsymbol{Z}_{\text{any2}}| = |\boldsymbol{Z}_{\text{any3}}| = |\boldsymbol{Z}_{\text{any4}}| = |\boldsymbol{Z}_{\text{m0}}| \approx 1.8346 \times 10^9 \Omega^5$$

由此验证了命题 1.3.6，即任何一种形式（内网孔、基本回路等）的独立回路阻抗矩阵的行列式都相等。

1.3.4　结语

通过对网孔和回路阻抗矩阵的分析，得出如下结论：

（1）全网孔阻抗矩阵是奇异的，且具有"零和"特性。

（2）全网孔阻抗矩阵的任意一阶代数余子式都相等。

（3）任意一组独立回路的阻抗矩阵都能由网孔阻抗矩阵通过行的代数和与列的代数和来得到。

（4）凡是独立回路，其阻抗矩阵行列式都相等。

（5）凡是包含了全部支路的一组 $b-n+1$ 个回路都是独立回路。

（6）基本回路、内网孔只是独立回路的充分条件，而非必要条件。

§1.4　用网络图论解读基尔霍夫论文

📇 **导　读**

1845 年，年仅 21 岁的德国大学生基尔霍夫（Gustav Robert Kirchhoff，1824—1887）在欧姆研究成果的基础上，提出了任意线性电阻电路中电流、电压所遵循的规律，即现在的基尔霍夫电流定律和电压定律。两年后又发表了题为《关于研究电流线性分布所得到的方程的解》的论文，其中包含了基尔霍夫定律的内容[8]。

基尔霍夫的论文由奥图尔（J.B. O'Toole）译为英文，宗孔德又从英文译成中文，并定名为《基尔霍夫定律》[8]。本解读正是基于《基尔霍夫定律》一书。所谓解读，就是从另一个角度理解基尔霍夫的论述。

基尔霍夫在其论文中，不仅以定理的形式分别阐述了导体系统中导线电流满足的两种关系——求解全部电流所需要的独立方程数目，以及独立方程的选择方法等，更重要的是，基尔霍夫论证了电流的分式表达式所呈现的解析形式及其由来。用现在电路理论的观点看，基尔霍夫的论证过程蕴含了网络图论的思想。但事实上，基尔霍夫在写这篇论文的时候，人们对网络图论知道得还很少，多半还是数学上的难题[8]。

为表示对基尔霍夫的敬仰，并了解其对电路理论做出的重要贡献，本节对基尔霍夫论文的部分内容，用网络图论的思想加以解读。为增进理解，在解读过程中，列举了大量直观的例子。此外，为与现有教材一致以便阅读，解读时更改了部分符号。比如，将原文表示电阻的 w 改为 R，将表示支路数的 n 改为 b，将表示节点数的 m 改为 n。对来自译文原文的文字采用楷体排版，以示区别。解读过程中，原文内容与解读内容交叉进行，以便对照。

1.4.1　导线模型与基尔霍夫电压定律

论文开门见山地陈述问题：

设有一含有 b 个导线的系统，这 b 个导线 $1,2,\cdots,b$ 彼此作任意方式的连接。如果每个导线都有一个电动势与之串联，则确定流经各导线的电流 $I_1, I_2, \cdots, I_b$ 所需要的线性方程，可由下面两个定理来得到。

定理 1.4.1： 设导线 $k_1, k_2, \cdots$ 构成一个闭合回路，令 R_k（$k = k_1, k_2, \cdots$）表示第 k 个导线的电阻，E_k 为与第 k 个导线串联的电动势，并认为 E_k 的正方向与电流 I_k 的正方向相同。则在回路绕行方向上所有 $I_{k_1}, I_{k_2}, \cdots$ 都为正的情况下，有

$$R_{k_1} I_{k_1} + R_{k_2} I_{k_2} + \cdots = E_{k_1} + E_{k_2} + \cdots \tag{1.4.1}$$

定理 1.4.1 所谓的导线，其实是一条包含电阻和电压源的串联支路，用电动势来表示电压源的作用，并且电动势的方向与电流方向相同。电路模型如图 1.4.1 所示。

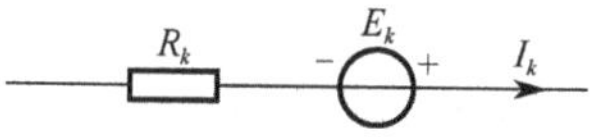

图 1.4.1　基尔霍夫论文中所谓导线的电路模型

定理 1.4.1 阐述的是回路中导线电阻电压与电动势所遵循的规律，即电路理论中的基尔霍夫电压定律（KVL）。但基尔霍夫不是用 $\sum U = 0$ 的形式来表述的，而是用回路中电阻电压之和等于回路中电动势之和的形式表述的，即式（1.4.1）。

1.4.2　基尔霍夫电流定律与连通图

定理 1.4.1 描述了任何回路中，导线电阻电压与电动势所满足的关系，那么汇聚到每个节点的电流应该满足什么关系呢？基尔霍夫用定理 1.4.2 回答了这个问题。

定理 1.4.2： 如果导线 $\lambda_1, \lambda_2, \cdots$ 汇集于一点，且认为电流 $I_{\lambda_1}, I_{\lambda_2}, \cdots$ 都以正方向趋向于此点，则

$$I_{\lambda_1} + I_{\lambda_2} + \cdots = 0 \tag{1.4.2}$$

显然定理 1.4.2 阐述的就是电路理论中的基尔霍夫电流定律（Kirchhoff's current law，KCL）。由于假设电流的正方向（参考方向）都是流入节点，故所有电流项都是相加的关系。

紧随定理 1.4.2，基尔霍夫肯定地指出：

如果给定的导线系统不能分解成几个完全分离的系统，那么，在这个假设下我将证明求解 $I_1, I_2, \cdots, I_b$ 的方程可用上述两个定理来得到。

这就是说,用定理 1.4.1 和定理 1.4.2 可以获得求解导线电流的全部方程,即定理 1.4.1 和定理 1.4.2 给出的独立方程,是求解全部导线电流的一组充要条件。但这个条件需要一个重要的假设为前提,即导线系统不能分解成几个完全分离的系统。从图论角度看,这意味着基尔霍夫在接下来的证明过程中针对的是连通图。

1.4.3 支路电流的分式表达式

在依据定理 1.4.1 和定理 1.4.2 列出了充分和必要(指彼此独立的那些方程)的方程以后,便可求出各导线电流。基尔霍夫概括地给出了各导线电流的具体表达形式,该定理非常重要,是基尔霍夫整篇论文的核心。为明确其意义,本书将其称为"导线电流分布定理"。

定理 1.4.3(导线电流分布定理): 令 n 为节点数,即两个或两个以上导线汇合在一起的点的数目,并令 $\mu=b-n+1$,则所有电流的公共分母是所有 $R_{k_1}R_{k_2}\cdots R_{k_\mu}$ 乘积之和,这 μ 个元件是从 $R_1,R_2,\cdots,R_b$ 中选出来的,它们具有这样的特性:当将导线 $k_1,k_2,\cdots,k_\mu$ 移去后,网络中就不存在闭合回路了。I_λ 的分子是所有 $R_{k_1}R_{k_2}\cdots R_{k_{\mu-1}}$ 乘积之和,这 $\mu-1$ 个元件是从 $R_1,R_2,\cdots,R_b$ 中选出来的。每一组 $\mu-1$ 个元件都具有下面的特性:在移去导线 $k_1,k_2,\cdots,k_{\mu-1}$ 之后将留下一个闭合回路,这个回路中包含着 λ 支路。每个组合要乘以该闭合回路中的诸电动势之代数和。

在这个定理中,基尔霍夫十分具体地陈述了计算 λ 支路电流 I_λ 的直观方法,相当于给出了 I_λ 的分式表达式。该方法是线性代数方程解答的公式化描述,无须再经过消元或克拉默法则展开等数学过程。但定理中提到的电阻之积一开始是难以理解的,后面将用图论的方法逐渐加以解读。

1.4.4 独立回路的选取及其与其他回路的关系

根据定理 1.4.1,每个闭合回路都存在一个式(1.4.1)所示的方程,但并不是所有这些方程都是独立的。那么,独立的方程数有多少个呢?基尔霍夫在文中继续阐述道:

在任意系统中移去若干导线,使这个系统中的所有闭合回路都被破坏。令破坏所有闭合回路所需要移去的导线数最少为 μ,则 μ 也就是能用定理 1.4.1 导出的独立方程的数目。

基尔霍夫强调移去的导线数最少为 μ,显然移去的那些导线对应的就是图论中的连支,而剩下的导线则对应树支。根据网络图论,连通图的独立回路数等于连支数 μ。

确定了独立方程即独立回路的个数 μ 后,如何从众多闭合回路中选出 μ 个独立的回路,从而依据定理 1.4.1 列写独立的方程呢?基尔霍夫在文中给出了明确回答:

用下列方法可以写出 μ 个独立方程,每个用定理 1.4.1 得出的方程都可从这 μ 个方程导出。

令 $1,2,\cdots,\mu-1,\mu$ 为这样的 μ 个导线,即把它们移去后系统中就不存在任何闭合回路了。在移去 $\mu-1$ 个导线之后，系统中还剩下一个闭合回路。将定理 1.4.1 应用于这个剩下的闭合回路，如果我们移去的导线组合依次为（缺少的序号对应剩下的那个导线）：

$$\begin{cases}2,3,\cdots,\mu-1,\mu\\1,3,\cdots,\mu-1,\mu\\\cdots\cdots\\1,2,3,\cdots,\mu-1\end{cases}\qquad(1.4.3)$$

这样得出来的 μ 个方程中的每一个方程，都是不能从这 μ 个方程的其他方程推导出来的，因为每个方程中部包含着一个不出现在其他方程中的未知量。例如，只有第一个方程中包含着 I_1，只有第二个方程中包含着 I_2，等等。

上述所说只包含着 I_1 和只包含着 I_2，应该理解成只包含着 R_1I_1 和只包含着 R_2I_2，因为定理 1.4.1 是关于电压的定理。

移去 $\mu-1$ 个导线，即比移去的最少导线数少 1，且系统还剩下一个闭合回路。显然这个回路中只有一个连支（少移去的那个导线），其余全部是树支。所以，这组独立回路其实就是网络图论中的基本回路，每个回路只包含一个连支。基本回路之所以是独立的，正如基尔霍夫在式（1.4.3）后面所说的那样。

基本回路只是独立回路的一种，一组非基本回路也完全可能是独立的（例如全部内网孔）。那么，非基本回路与基本回路存在怎样的关系呢？基尔霍夫肯定地论述道：

但是，每个从定理 1.4.1 得出的方程都能从这些方程中得到。如果一个闭合回路是由几个闭合回路共同组成的，则这个闭合回路的方程一定可由那几个闭合回路的方程导出（用加法或减法运算）。

如何来解释这一论断呢？基尔霍夫继续阐述道：

我们希望证明，每个闭合回路都能由那 μ 个回路组合起来得出。因为给定系统 S 的所有闭合回路，可分为含有导线 μ 的回路和那些属于系统 S' 的回路，系统 S' 是从系统 S 中将导线 μ 移去后所剩下的部分。如果我们假设所有属于第二类的闭合回路都能由 μ 个闭合回路中的前 $\mu-1$ 个组合得出，则可看出必定可以从这 μ 个闭合回路中组合出系统 S 的每一个闭合回路，因为任一个含有导线 μ 的回路都可以由一个含有导线 μ 的确定回路和一些不含有 μ 的回路组合起来得出。如果系统 S'' 是从系统 S 中移去导线 μ 和 $\mu-1$ 产生出来的，那么对于系统 S' 所作的假设可以变化成对于系统 S'' 相似的假设，即可以变化成这样的假设：所有在系统 S'' 中出现的闭合回路，都可以由那 μ 个回路中的前 $\mu-2$ 个组合而成。照这样的推理继续做下去，最终我们会得到系统 $S^{(\mu-1)}$。因为它只包含一个闭合回路，所以我们所作的假设的正确性就可以清楚地看出来了。

下面用网络图论并通过示例来解读。设网络线图如图 1.4.2（a）所示，实线表示树支，虚线表示连支。包含 4 个单连支回路的基本回路矩阵为

$$\boldsymbol{B} = \begin{bmatrix} 0 & 1 & -1 & 1 & 0 & 0 & 0 \\ 0 & 1 & -1 & 0 & 1 & 0 & 0 \\ 1 & 1 & 0 & 0 & 0 & 1 & 0 \\ 1 & 1 & 0 & 0 & 0 & 0 & 1 \end{bmatrix}$$

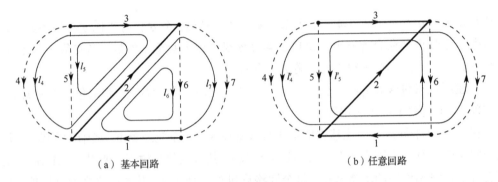

（a）基本回路 （b）任意回路

图 1.4.2 用基本回路合成任意回路的示例

图 1.4.2（b）任意选择了两个非基本回路，l_4' 和 l_5'。对基尔霍夫的描述用网络图论解读如下。

回路 l_4' 包含连支 4 和连支 7，因此它与支路的关联关系可用基本回路矩阵的第 1 行（对应单连支回路 l_4）和第 4 行（对应单连支回路 l_7）通过减法运算来合成，相减是因为单连支回路 l_7 的方向与回路 l_4' 的方向相反。结果是

$$\begin{array}{c} [\ 0 \quad 1 \quad -1 \quad 1 \quad 0 \quad 0 \quad 0] \\ -[\ 1 \quad 1 \quad 0 \quad 0 \quad 0 \quad 0 \quad 1] \\ \hline [-1 \quad 0 \quad -1 \quad 1 \quad 0 \quad 0 \quad -1] = \boldsymbol{B}_{l_4'} \end{array}$$

回路 l_5' 包含连支 5 和连支 6，因此它与支路的关联关系可用基本回路矩阵的第 2 行（对应单连支回路 l_5）和第 3 行（对应单连支回路 l_6）通过减法运算来合成，相减是因为单连支回路 l_6 的方向与回路 l_5' 的方向相反。结果是

$$\begin{array}{c} [\ 0 \quad 1 \quad -1 \quad 0 \quad 1 \quad 0 \quad 0] \\ -[\ 1 \quad 1 \quad 0 \quad 0 \quad 0 \quad 1 \quad 0] \\ \hline [-1 \quad 0 \quad -1 \quad 0 \quad 1 \quad -1 \quad 0] = \boldsymbol{B}_{l_5'} \end{array}$$

这些例子表明，任何回路与支路的关联关系都可由基本回路的行通过加减运算来得到。

1.4.5　求解全部支路电流的完备方程——支路电流方程

在论述了选取独立回路的方法以后，基尔霍夫总结性地列出了求解全部支路电流所需要的全部独立方程，即完备方程：

因为定理 1.4.1 和定理 1.4.2 必须提供必要的方程数目来确定 $I_1, I_2, \cdots, I_b$，所以根据我们上面的证明，这些方程如下：

$$
\begin{cases}
\alpha_1^1 R_1 I_1 + \alpha_2^1 R_2 I_2 + \cdots + \alpha_b^1 R_b I_b = \alpha_1^1 E_1 + \alpha_2^1 E_2 + \cdots + \alpha_b^1 E_b \\
\alpha_1^2 R_1 I_1 + \alpha_2^2 R_2 I_2 + \cdots + \alpha_b^2 R_b I_b = \alpha_1^2 E_1 + \alpha_2^2 E_2 + \cdots + \alpha_b^2 E_b \\
\cdots\cdots \\
\alpha_1^\mu R_1 I_1 + \alpha_2^\mu R_2 I_2 + \cdots + \alpha_b^\mu R_b I_b = \alpha_1^\mu E_1 + \alpha_2^\mu E_2 + \cdots + \alpha_b^\mu E_b \\
\alpha_1^{\mu+1} I_1 + \alpha_2^{\mu+1} I_2 + \cdots + \alpha_b^{\mu+1} I_b = 0 \\
\alpha_1^{\mu+2} I_1 + \alpha_2^{\mu+2} I_2 + \cdots + \alpha_b^{\mu+2} I_b = 0 \\
\cdots\cdots \\
\alpha_1^b I_1 + \alpha_2^b I_2 + \cdots + \alpha_b^b I_b = 0
\end{cases}
\tag{1.4.4}
$$

式中，各个 α 的值有时为 +1，有时为 –1，有时为 0，取决于回路与支路和电动势的关联情况，以及节点与支路的关联情况；$\mu = b - n + 1$。

方程组（1.4.4）可以分成两部分：①根据定理 1.4.1（即 KVL）列写的 μ 个方程；②根据定理 1.4.2（即 KCL）列写的 $b - \mu = n - 1$ 个方程。合起来就是全部待求电流数目 b。所以方程组（1.4.4）其实就是出现在教材上的支路电流方程，只不过在列写 KVL 方程时，选择了基本回路。在式（1.4.4）中，基尔霍夫用带有上标和下标的字母 α 来表示电流方向与回路方向的关系、电动势方向与回路方向的关系，以及电流是流入还是流出节点。这样就扩展了在陈述定理 1.4.1 和定理 1.4.2 时所限定的方向条件。

1.4.6　回路电流方程系数矩阵行列式的图论分析

基尔霍夫在论文中不仅陈述了在回路中导线电阻电压与电动势所遵循的规律，以及汇集到一点的导线电流所遵循的规律，而且还论述了导线电流分式表达式的分子与分母的形式。用现在的观点看，其中蕴含了网络图论内容，但基尔霍夫没有使用图论概念，使得论证过程不易理解。因此，下面用网络图论来逐步解读导线电流分布定理，即导线电流（为与现行术语对应，以下改用支路电流）分式表达式的分子和分母的由来，以此来解读基尔霍夫给出的论证过程。为此需要介绍与网络图论相关的知识。

定义 1.4.1：大子式——矩阵的大子式是指该矩阵的最高阶子行列式。

例如，设矩阵 $F=\begin{bmatrix}2&3&4\\1&2&5\end{bmatrix}$，则按列号组合的三个大子式分别为

$$|F_1|=\begin{vmatrix}2&3\\1&2\end{vmatrix}=1,\quad |F_2|=\begin{vmatrix}2&4\\1&5\end{vmatrix}=6,\quad |F_3|=\begin{vmatrix}3&4\\2&5\end{vmatrix}=7$$

定理 1.4.4 ［比奈-柯西（Binet-Cauchy）定理］：设 F 和 H 分别为 $m\times n$ 和 $n\times m$ 矩阵，并且 $m\le n$，则它们乘积的行列式为

$$|FH|=\sum(F和H对应大子式之积) \tag{1.4.5}$$

所谓对应是指 F 的大子式的列号与 H 的大子式的行号对应相同。

例如，设 $H=\begin{bmatrix}3&6\\-1&2\\0&1\end{bmatrix}$，则 H 与上述 F 对应的三个大子式分别为

$$|H_1|=\begin{vmatrix}3&6\\-1&2\end{vmatrix}=12,\quad |H_2|=\begin{vmatrix}3&6\\0&1\end{vmatrix}=3,\quad |H_3|=\begin{vmatrix}-1&2\\0&1\end{vmatrix}=-1$$

根据比奈-柯西定理，F 与 H 乘积的行列式为

$$|FH|=|F_1||H_1|+|F_2||H_2|+|F_3||H_3|=1\times12+6\times3+7\times(-1)=23$$

可以通过 $|FH|=\begin{vmatrix}3&22\\1&15\end{vmatrix}=3\times15-22\times1=23$，使用克拉默法则加以验证。

从数学上看，比奈-柯西定理对计算两个矩阵乘积的行列式并没有带来更多方便，但在网络的图论分析中，却起到至关重要的作用。

定理 1.4.5： 连通图 G 的独立回路与支路的关联矩阵（简称独立回路矩阵，基本回路只是独立回路的一种）B 的大子式取非零值的充要条件是，此大子式的列号为图 G 的某个树对应的全部连支，大子式的值为 +1 或 -1。

对此不作证明，因为已有这样的定理可供参考：连通图 G 的关联矩阵 A 的大子式取非零值的充要条件是，此大子式的列号为图 G 的某个树对应的全部树支，大子式的值为 +1 或 -1[5]。

举例说明，电路及其线图如图 1.4.3 所示。选择网孔为独立回路，则独立回路矩阵为

$$B=\begin{bmatrix}0&-1&1&0&0\\1&1&0&1&0\\1&0&0&0&1\end{bmatrix} \tag{1.4.6}$$

根据图 1.4.3（b），支路 1、2、3 是以支路 4、5 为树支的一组连支，因此 B 中对应 1、2、3 列的大子式非零，行列式为

$$|B_{123}|=\begin{vmatrix}0&-1&1\\1&1&0\\1&0&0\end{vmatrix}=-1$$

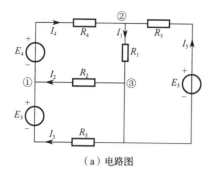
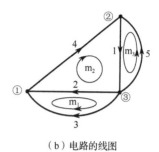

（a）电路图　　　　　　　　　（b）电路的线图

图 1.4.3　说明独立回路矩阵大子式的示例

支路 1、2、5 是以支路 3、4 为树支的一组连支，因此 **B** 中对应 1、2、5 列的大子式非零，行列式为

$$|\boldsymbol{B}_{125}| = \begin{vmatrix} 0 & -1 & 0 \\ 1 & 1 & 0 \\ 1 & 0 & 1 \end{vmatrix} = 1$$

同理，还有另外 6 个非零大子式。

而支路 1、4、5 不是一组连支，因为支路 2、3 不构成树，因此 **B** 中对应 1、4、5 列的大子式为零，即

$$|\boldsymbol{B}_{145}| = \begin{vmatrix} 0 & 0 & 0 \\ 1 & 1 & 0 \\ 1 & 0 & 1 \end{vmatrix} = 0$$

同理还有对应 2、3、4 列的大子式也为零。

定理 1.4.6： 独立回路电流方程系数矩阵 $\boldsymbol{R}_{\mathrm{m}}$ 的行列式等于全部树对应的连支组合的电阻乘积之和，即

$$\varDelta = |\boldsymbol{R}_{\mathrm{m}}| = \sum_{\text{全部树}} (\text{第}k\text{个树对应的各连支电阻之积}) \tag{1.4.7}$$

分步论证如下。

（1）设图 1.4.3（a）由支路电阻组成的对角矩阵为 $\boldsymbol{R}_{\mathrm{b}}$，根据电网络的图论分析，独立回路电流方程的系数矩阵为

$$\boldsymbol{R}_{\mathrm{m}} = \boldsymbol{B}\boldsymbol{R}_{\mathrm{b}}\boldsymbol{B}^{\mathrm{T}} \tag{1.4.8}$$

根据比奈-柯西定理，该矩阵的行列式为

$$\varDelta = |\boldsymbol{B}\boldsymbol{R}_{\mathrm{b}}\boldsymbol{B}^{\mathrm{T}}| = \sum_{\text{全部大子式}} (\boldsymbol{B}\boldsymbol{R}_{\mathrm{b}}\text{和}\boldsymbol{B}^{\mathrm{T}}\text{对应大子式的乘积}) \tag{1.4.9}$$

（2）$\boldsymbol{B}^{\mathrm{T}}$ 的非零大子式为±1。已在定理 1.4.5 中进行了解释。

（3）$\boldsymbol{B}\boldsymbol{R}_{\mathrm{b}}$ 与 $\boldsymbol{B}^{\mathrm{T}}$ 对应的大子式=(±1)×相应连支电阻之积（因为 $\boldsymbol{R}_{\mathrm{b}}$ 是对角矩阵）。

例如，对图 1.4.3（b）的独立回路矩阵（也是基本回路矩阵），以及支路电阻矩阵 $\boldsymbol{R}_b$，有

$$\boldsymbol{BR}_b = \begin{bmatrix} 0 & -1 & 1 & 0 & 0 \\ 1 & 1 & 0 & 1 & 0 \\ 1 & 0 & 0 & 0 & 1 \end{bmatrix} \times \mathrm{diag}[R_1, R_2, R_3, R_4, R_5] = \begin{bmatrix} 0 & -R_2 & R_3 & 0 & 0 \\ R_1 & R_2 & 0 & R_4 & 0 \\ R_1 & 0 & 0 & 0 & R_5 \end{bmatrix} \quad (1.4.10)$$

对应 1、2、3 列的大子式为

$$(\boldsymbol{BR}_b)_{123} = \begin{vmatrix} 0 & -R_2 & R_3 \\ R_1 & R_2 & 0 \\ R_1 & 0 & 0 \end{vmatrix} = R_1 R_2 R_3$$

对应 1、3、4 列的大子式为

$$(\boldsymbol{BR}_b)_{134} = \begin{vmatrix} 0 & R_3 & 0 \\ R_1 & 0 & R_4 \\ R_1 & 0 & 0 \end{vmatrix} = R_1 R_3 R_4$$

对应 1、2、4 列的大子式为

$$(\boldsymbol{BR}_b)_{124} = \begin{vmatrix} 0 & -R_2 & 0 \\ R_1 & R_2 & R_4 \\ R_1 & 0 & 0 \end{vmatrix} = -R_1 R_2 R_4$$

由于 $\boldsymbol{BR}_b$ 与 $\boldsymbol{B}^{\mathrm{T}}$ 的对应大子式具有相同的符号，故乘积为正，所以由式（1.4.9）便可理解式（1.4.7）的正确性。

举例如下：图 1.4.3（b）所示独立回路电流方程的系数矩阵即回路电阻矩阵为

$$\boldsymbol{R}_m = \boldsymbol{BR}_b \boldsymbol{B}^{\mathrm{T}} = \begin{bmatrix} R_2 + R_3 & -R_2 & 0 \\ -R_2 & R_1 + R_2 + R_4 & R_1 \\ 0 & R_1 & R_1 + R_5 \end{bmatrix} \quad (1.4.11)$$

为求其行列式，找出图 1.4.3（b）全部树对应的全部连支组合，如图 1.4.4 所示，共 8 个树，对应 8 个连支组合。实线表示树支，虚线表示连支。根据定理 1.4.6，$\boldsymbol{R}_m$ 的行列式为

$$\Delta = |\boldsymbol{R}_m| = R_1 R_2 R_3 + R_1 R_2 R_4 + R_1 R_2 R_5 + R_1 R_3 R_4 + R_1 R_3 R_5 + R_2 R_3 R_5 + R_2 R_4 R_5 + R_3 R_4 R_5 \quad (1.4.12)$$

不妨直接用克拉默法则计算 $\boldsymbol{R}_m$ 的行列式，也得上述结果。主要过程如下：

$$\Delta = (R_2 + R_3)(R_1 + R_2 + R_4)(R_1 + R_5) - (R_2 + R_3)R_1 R_1 - R_2 R_2 (R_1 + R_5)$$

$$= (R_2 R_1 + R_2 R_2 + R_2 R_4 + R_3 R_1 + R_3 R_2 + R_3 R_4)(R_1 + R_5) - (R_2 R_1 R_1 + R_3 R_1 R_1)$$

$$\quad - R_2 R_2 R_1 - R_2 R_2 R_5$$

$$= (R_2 R_1 R_1 + R_2 R_2 R_1 + R_2 R_4 R_1 + R_3 R_1 R_1 + R_3 R_2 R_1 + R_3 R_4 R_1)$$

$$\quad + (R_2 R_1 R_5 + R_2 R_2 R_5 + R_2 R_4 R_5 + R_3 R_1 R_5 + R_3 R_2 R_5 + R_3 R_4 R_5)$$

$$\quad - R_2 R_1 R_1 - R_3 R_1 R_1 - R_2 R_2 R_1 - R_2 R_2 R_5$$

$$= R_2 R_4 R_1 + R_3 R_2 R_1 + R_3 R_4 R_1 + R_2 R_1 R_5 + R_2 R_4 R_5 + R_3 R_1 R_5 + R_3 R_2 R_5 + R_3 R_4 R_5$$

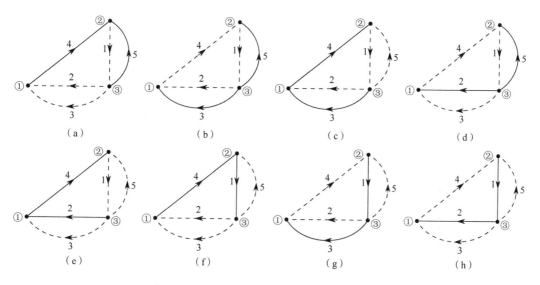

图 1.4.4　计算 Δ 用的全部树对应的连支组合

1.4.7　全部支路电流公共分母的图论分析

根据线性方程知识，回路电流方程的每个回路电流的解答都具有相同的分母。例如图 1.4.3（a）的回路电流方程为

$$
\begin{bmatrix}
R_2 + R_3 & -R_2 & 0 \\
-R_2 & R_1 + R_2 + R_4 & R_1 \\
0 & R_1 & R_1 + R_5
\end{bmatrix}
\begin{bmatrix}
I_3 \\
I_4 \\
I_5
\end{bmatrix}
=
\begin{bmatrix}
E_3 \\
E_4 \\
E_5
\end{bmatrix}
\tag{1.4.13}
$$

回路电流的分式表达式为

$$
I_3 = \frac{\Delta_{I3}}{\Delta}, \qquad I_4 = \frac{\Delta_{I4}}{\Delta}, \qquad I_5 = \frac{\Delta_{I5}}{\Delta}
\tag{1.4.14}
$$

可见，它们具有公共分母。又知，支路电流等于回路电流的代数和，因此全部支路电流也具有公共分母，并且这个分母就等于回路电阻矩阵的行列式，并由定理 1.4.6 给出。

至此方可理解基尔霍夫在定理 1.4.3 中所述的下面这段话的正确性。

所有电流的公共分母是所有 $R_{k_1} R_{k_2} \cdots R_{k_\mu}$ 乘积之和，这 μ 个元件是从 $R_1, R_2, \cdots, R_b$ 中选出来的，它们具有这样的特性：当将导线 $k_1, k_2, \cdots, k_\mu$ 移去后，网络中就不存在闭合回路了。

上述最后一句恰好说明，剩下的部分是树支，而移去的部分是连支，即 $R_{k_1} R_{k_2} \cdots R_{k_\mu}$ 是一组连支电阻之积。

1.4.8 回路电流分子表达式的图论分析

定理 1.4.3 的第二部分阐明的是待求支路电流的分子表达式，为此需要先理解回路电流的分子表达式。下面举例说明。

如计算方程（1.4.14）中的电流 I_3，数学上需要计算下列行列式：

$$\Delta_{I3} = \begin{vmatrix} E_3 & -R_2 & 0 \\ E_4 & R_1+R_2+R_4 & R_1 \\ E_5 & R_1 & R_1+R_5 \end{vmatrix} \qquad (1.4.15)$$

根据定理 1.4.3，下面给出计算上述行列式的图论分析过程。在图 1.4.3（b）中移去两个支路（少移去一个支路，剩下的图中必然存在回路），使剩下的支路形成包含支路 3 的回路。这样的回路共 5 个，如图 1.4.5 所示。

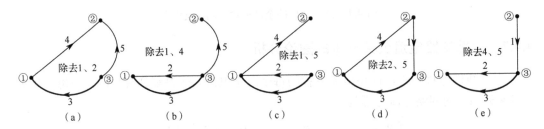

图 1.4.5　计算 Δ_{I3} 用的回路

图 1.4.5（a）移去的支路是 1、2，包含支路 3 的回路总电动势为 $E_3+E_4-E_5$，所以 Δ_{I3} 必含有 $(E_3+E_4-E_5)R_1R_2$。图 1.4.5（b）移去的支路是 1、4，包含支路 3 的回路总电动势为 E_3，所以 Δ_{I3} 必含有 $E_3R_1R_4$。依此类推，根据图 1.4.5（c），Δ_{I3} 必含有 $E_3R_1R_5$，根据图 1.4.5（d），Δ_{I3} 必含有 $(E_3+E_4)R_2R_5$，根据图 1.4.5（e），Δ_{I3} 必含有 $E_3R_4R_5$。结果是

$$\Delta_{I3} = (E_3+E_4-E_5)R_1R_2 + E_3R_1R_4 + E_3R_1R_5 + (E_3+E_4)R_2R_5 + E_3R_4R_5 \qquad (1.4.16)$$

不妨直接用克拉默法则展开式（1.4.15），以验证之。

$$\Delta_{I3} = E_3(R_1R_1+R_1R_5+R_2R_1+R_2R_5+R_4R_1+R_4R_5) + E_5(-R_1R_2) - \{E_3R_1R_1 + E_4[-R_2(R_1+R_5)]\}$$
$$= E_3(R_1R_5+R_2R_1+R_2R_5+R_4R_1+R_4R_5) - E_5R_1R_2 + E_4(R_2R_1+R_2R_5)$$
$$= E_3R_1R_5 + (E_3-E_5+E_4)R_1R_2 + (E_3+E_4)R_2R_5 + E_3R_4R_1 + E_3R_4R_5$$

为后续使用方便，再计算方程（1.4.14）中的电流 I_4。数学上需计算下列行列式：

$$\Delta_{I4} = \begin{vmatrix} R_2+R_3 & E_3 & 0 \\ -R_2 & E_4 & R_1 \\ 0 & E_5 & R_1+R_5 \end{vmatrix} \qquad (1.4.17)$$

根据定理 1.4.3，在图 1.4.3（b）中移去两个支路，并使剩下的支路存在包含支路 4 的回路。这样的回路共 4 个，如图 1.4.6 所示。

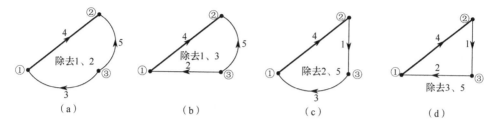

（a） （b） （c） （d）

图 1.4.6 计算 Δ_{I4} 用的回路

$$\Delta_{\mathrm{I4}}=(E_4-E_5+E_3)R_1R_2+(E_4-E_5)R_1R_3+(E_4+E_3)R_2R_5+E_4R_3R_5 \qquad (1.4.18)$$

不妨直接用克拉默法则展开式（1.4.17），以验证之。

$$\begin{aligned}\Delta_{\mathrm{I4}}&=E_4(R_2R_1+R_2R_5+R_3R_1+R_3R_5)-E_5R_1R_2-E_5R_1R_3+E_3R_2R_1+E_3R_2R_5\\&=(E_4-E_5+E_3)R_2R_1+(E_4+E_3)R_2R_5+(E_4-E_5)R_3R_1+E_4R_3R_5\end{aligned}$$

为后续解读方便，再计算方程（1.4.14）中的电流 I_5。数学上需计算下列行列式：

$$\Delta_{\mathrm{I5}}=\begin{vmatrix} R_2+R_3 & -R_2 & E_3 \\ -R_2 & R_1+R_2+R_4 & E_4 \\ 0 & R_1 & E_5 \end{vmatrix} \qquad (1.4.19)$$

根据定理 1.4.3，在图 1.4.3（b）中移去两个支路，并使剩下的支路存在包含支路 5 的回路。这样的回路共 5 个，如图 1.4.7 所示。

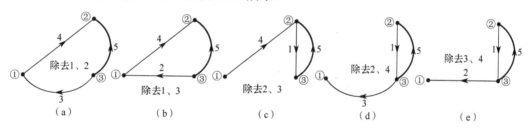

（a） （b） （c） （d） （e）

图 1.4.7 计算 Δ_{I5} 用的回路

$$\Delta_{\mathrm{I5}}=(E_5-E_3-E_4)R_1R_2+(E_5-E_4)R_1R_3+E_5R_2R_3+E_5R_2R_4+E_5R_3R_4 \qquad (1.4.20)$$

不妨直接用克拉默法则展开式（1.4.19），以验证之。

$$\begin{aligned}\Delta_{\mathrm{I5}}&=E_5(R_2R_1+R_2R_2+R_2R_4+R_3R_1+R_3R_2+R_3R_4)-E_3R_1R_2-(E_4R_1R_2+E_4R_1R_3+E_5R_2R_2)\\&=E_5(R_2R_1+R_2R_4+R_3R_1+R_3R_2+R_3R_4)-E_3R_1R_2-E_4(R_1R_2+R_1R_3)\\&=(E_5-E_3-E_4)R_2R_1+E_5R_2R_4+(E_5-E_4)R_3R_1+E_5R_2R_3+E_5R_3R_4\end{aligned}$$

上述分析过程全部基于基本回路电流方程（1.4.13），似乎这种规则只能用来求解基本回路电流即连支电流。其实不然，方程（1.4.13）虽然基于 3、4、5 为连支的情况，但在计算连支电流的分母和分子表达式时，根本没有涉及具体的树，所以上述求解连支电流的方法完全适用于求解其他支路电流，即全部支路电流都可以按照上述解读，分别计算分母和分子的表达式。为透彻理解，再以计算非连支电流 I_1 为例展示如下。

在图 1.4.3（b）中移去两个支路，使剩下的支路存在包含支路 1 的回路。这样的回路共 5 个，如图 1.4.8 所示。

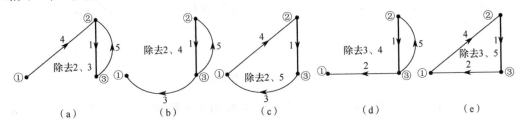

图 1.4.8　计算 Δ_{I1} 用的回路

根据图 1.4.8（a），I_1 的分子含有 $E_5R_2R_3$；根据图 1.4.8（b），I_1 的分子含有 $E_5R_2R_4$；根据图 1.4.8（c），I_1 的分子含有 $(E_3+E_4)R_2R_5$；根据图 1.4.8（d），I_1 的分子含有 $E_5R_3R_4$；根据图 1.4.8（e），I_1 的分子含有 $E_4R_3R_5$。因此 I_1 分子的完整表达式是

$$\Delta_{I1}= E_5R_2R_3 + E_5R_2R_4 + (E_3+E_4)R_2R_5 + E_5R_3R_4 + E_4R_3R_5 \tag{1.4.21}$$

从另一角度，I_1 是以 3、4、5 为连支时的树支电流，等于连支电流的线性组合：$I_1 = I_4 + I_5$。将式（1.4.18）所表述的 Δ_{I4} 与式（1.4.20）所表述的 Δ_{I5} 相加，刚好得式（1.4.21）所表述的 Δ_{I1}。这就表明，全部支路电流的分子表达式都可按这种规则，凭观察而写出，并不单单是连支电流。以上是为了用网络图论解读基尔霍夫对支路电流分布的论述而选择了一棵树，其实在具体求解各支路电流时完全不用涉及具体树。

基尔霍夫在论文中用了较多文字论述上述关于电流分子和分母表达式的由来，并在论述过程中用到了如下命题：

如果移去导线 $k_1,k_2,\cdots,k_\mu$ 能使所有闭合回路遭到破坏，则这些导线的每一导线必须至少在一个闭合回路中出现。

另外，在每一个闭合回路中，必须至少有 $k_1,k_2,\cdots,k_\mu$ 中的一个导线出现。所以，如果我们知道导线 k' 在一个闭合回路之中，则它必定出现在与 $k_1,k_2,\cdots,k_\mu$ 中的至少一个导线相同的闭合回路中。

此外，导线 $k_1,k_2,\cdots,k_\mu$ 中的每一个导线必须出现在一个闭合回路中，这个回路中并不出现其他 $\mu-1$ 个导线。

用网络图论来解读意思分别是：①每条连支至少要出现在一个闭合回路中；②要想构成回路，至少要包括一条连支，因为树不含回路；③包含一条连支和必要的树支，能且仅能构成一个回路。

1.4.9　对论文注解的图论解读

基尔霍夫在论文快要结束时，又对前面的证明进行了注解，使得定理 1.4.3 的应用更加直观。注解分两部分。

1. 再论电流的分子表达式

请允许我对刚刚证明了的定理再作一些注解。如果电流 I_λ 的分子的各项按 $E_1,E_2,\cdots,E_b$ 相同的顺序来排列，则 E_k 的系数就会变成 $R_1,R_2,\cdots,R_b$ 中的任何 $\mu-1$ 个元素的组合（有时为正，有时为负）之和，这些组合来自 I 的分母中含有 R_λ 或 R_k 的那些组合。这里的 $R_1,R_2,\cdots,R_b$ 就是出现在电流 I 的分母里的那些值。这些恰好是内容为 $R_{k_1}R_{k_2}\cdots R_{k_{\mu-1}}$ 的组合，它们具有一种特性，当导线 $k_1,k_2,\cdots,k_{\mu-1}$ 移去后，只剩下一个闭合回路，并且这个回路包含着 λ 也包含着 k。如果在所剩下的回路中，I_λ 的正方向与 E_k 的正方向一致，则 $R_{k_1}R_{k_2}\cdots R_{k_{\mu-1}}$ 取为正，反之取为负。

在注解出现之前，电流的分子表达式是以电阻的乘积为求和项，回路电动势作为电阻乘积的系数，即电阻乘积的线性组合。而这段表述是将电阻乘积与每个电动势再相乘，然后提出相同的电动势，得到以电动势为求和项的电流分子表达式，电阻乘积的加减组合则成为电动势的系数。以图 1.4.3 电流 I_4 为例解读如下。

将式（1.4.18）给出的 Δ_{I4} 按照电动势提取公因式，得到

$$\Delta_{I4}=(R_1R_2+R_2R_5)E_3+(R_1R_2+R_1R_3+R_2R_5+R_3R_5)E_4+(-R_1R_2-R_1R_3)E_5$$

为便于阅读，将电流的分母重写于下：

$$\Delta=|\boldsymbol{R}_{\mathrm{m}}|=R_1R_2R_3+R_1R_2R_4+R_1R_2R_5+R_1R_3R_4+R_1R_3R_5+R_2R_3R_5+R_2R_4R_5+R_3R_4R_5$$

下面分析 I_4 分子中 E_3 系数的由来。

Δ 中含有 R_4（下标与 I_4 下标相同）或 R_3（下标与 E_3 下标相同）的那些组合为 $R_1R_2R_3$、$R_1R_2R_4$、$R_1R_3R_5$、$R_2R_3R_5$、$R_2R_4R_5$。从中去掉 R_4 或 R_3，剩下的不同组合为 R_1R_2、R_1R_5、R_2R_5。

从剩下的组合中找出这样的组合：移去组合对应的支路，则只剩一个闭合回路，并且这个回路包含着支路 4 也包含着支路 3。参见图 1.4.9，移去支路 1、2，剩下包含支路 3、4 的回路；移去支路 1、5，不存在包含支路 4 的回路，故 R_1R_5 不会出现在 E_3 的系数中；移去支路 2、5，剩下包含支路 3、4 的回路。所以 I_4 的分子中 E_3 的系数为 $(R_1R_2+R_2R_5)$。

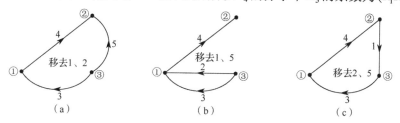

图 1.4.9　I_4 中 E_3 系数的由来

再分析 I_4 分子中 E_4 系数的由来。

Δ 中含有 R_4 的那些组合为：$R_1R_2R_4$、$R_1R_3R_4$、$R_2R_4R_5$、$R_3R_4R_5$。从中去掉 R_4，剩下的不同组合为：R_1R_2、R_1R_3、R_2R_5、R_3R_5。

从这些组合项中找出这样的组合：移去组合对应的支路，则只剩下一个闭合回路，并且这个回路包含着支路4。参见图1.4.10，分别移去支路1、2，1、3，2、5，3、5后，都剩下包含支路4的回路。所以 I_4 的分子中 E_4 的系数为 $(R_1R_2 + R_1R_3 + R_2R_5 + R_3R_5)$。

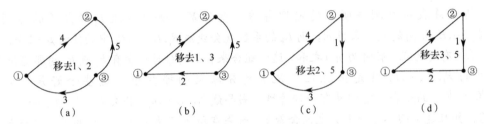

图 1.4.10　I_4 中 E_4 系数的由来

再分析 I_4 分子中 E_5 系数的由来。

Δ 中含有 R_4 或 R_5 的那些组合为：$R_1R_2R_4$、$R_1R_2R_5$、$R_1R_3R_4$、$R_1R_3R_5$、$R_2R_3R_5$。从中去掉 R_4 或 R_5，剩下的不同组合为：R_1R_2、R_1R_3、R_2R_3。

从这些组合项中找出这样的组合：移去组合对应的支路，则只剩下一个闭合回路，并且这个回路包含着支路4也包含着支路5。参见图1.4.11，移去支路1、2，剩下包含支路4、5的回路，但 E_5 的方向与 I_4 相反，移去支路1、3，剩下包含支路4、5的回路，E_5 的方向与 I_4 相反，但移去支路2、3，不能剩下包含支路4的回路。所以 I_4 的分子中 E_5 的系数为 $(-R_1R_2 - R_1R_3)$。

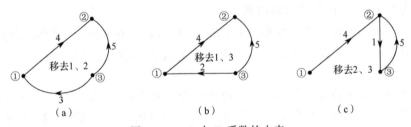

图 1.4.11　I_4 中 E_5 系数的由来

根据注解中电流的分子表达式，基尔霍夫发现：

由此还得出，如果从任意系统中选两个导线，则第二个导线中的电动势在第一个导线中引起的电流，与第一个导线中同样大小的电动势在第二个导线中引起的电流恰好是相等的。

这显然就是互易定理。因为基尔霍夫研究的电路是由电阻和电压源组成的导线系统，不涉及受控源等非互易元件，故满足互易定理。基尔霍夫在其论文中不仅给出了待求电流的分式表达式，还发现了互易规律，令人敬佩。

2. 电流的分母表达式

不难看出，电流的分母中组合出现的条件亦可用下面的方法来表示：如果由定理 1.4.1 给出的方程与 $I_{k_1}, I_{k_2}, \cdots, I_{k_\mu}$ 无关，则有 $R_{k_1} R_{k_2} \cdots R_{k_\mu}$ 的组合出现。可以证明这个条件与下述条件是一致的，即从应用定理 1.4.2 中所形成的方程中不能导出在 $I_{k_1}, I_{k_2}, \cdots, I_{k_\mu}$ 之间或在这些电流的某几个之间的方程来。这个论证常常使我更容易写出各电流 I 的分母中所缺的组合。

那么，基尔霍夫是怎样更容易地写出各电流的分母表达式呢？

先以图 1.4.3（b）为例加以解读。图 1.4.3（b）有 3 个节点、5 个支路，因此它的任何树都有 2 个树支、3 个连支。从所有支路中任意选出 3 个支路的组合，共有 10 种：

$$1、2、3；1、2、4；1、2、5；1、3、4；1、3、5；$$
$$\mathbf{1、4、5}；\mathbf{2、3、4}；2、3、5；2、4、5；3、4、5$$

但支路 **1、4、5** 和 **2、3、4** 分别形成割集，因此它们的组合不会出现在电流的分母中，去掉后剩下的 8 种组合都将出现在分母中，见式（1.4.12）。

再考察图 1.4.12 所示的网络线图，它有 4 个节点、5 个支路，因此任何树都有 3 个树支、2 个连支。从所有支路中任意选出 2 个支路的全部组合，共有 10 种：

$$1、2；1、3；\mathbf{1、4}；1、5；2、3；$$
$$2、4；2、5；3、4；\mathbf{3、5}；4、5$$

但支路 **1、4** 和 **3、5** 分别形成割集。因此，在电流的分母中不会出现它们的组合。剩下的 8 种组合都将出现在电流的分母中。

验证：设电阻编号与支路编号相同，那么图 1.4.12 的基本回路电流方程系数矩阵为

$$\boldsymbol{R}_{\mathrm{m}} = \begin{bmatrix} R_1 + R_2 + R_4 & -R_2 \\ -R_2 & R_2 + R_3 + R_5 \end{bmatrix}$$

用克拉默法则求得行列式为

$$\Delta = | \boldsymbol{R}_{\mathrm{m}} | = R_1 R_2 + R_1 R_3 + R_1 R_5 + R_2 R_3 + R_2 R_5 + R_2 R_4 + R_3 R_4 + R_4 R_5$$

可见它不含支路 **1、4** 和 **3、5** 两个组合。

如果选择图 1.4.13 所示的独立回路，则系数矩阵为

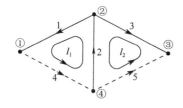 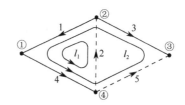

图 1.4.12　电流分母表达式的网络线图　　　图 1.4.13　选非内网孔为独立回路情况

$$\boldsymbol{R}_{\mathrm{m}} = \begin{bmatrix} R_1 + R_2 + R_4 & R_1 + R_4 \\ R_1 + R_4 & R_1 + R_3 + R_4 + R_5 \end{bmatrix}$$

用克拉默法则求得行列式为

$$\Delta = |\boldsymbol{R}_{m}| = R_1R_1 + R_1R_3 + R_1R_4 + R_1R_5 + R_2R_1 + R_2R_3 + R_2R_4 + R_2R_5 + R_4R_1 + R_4R_3$$
$$+ R_4R_4 + R_4R_5 - (R_1R_1 + R_1R_4 + R_4R_1 + R_4R_4)$$
$$= R_1R_2 + R_1R_3 + R_1R_5 + R_2R_3 + R_2R_4 + R_2R_5 + R_3R_4 + R_4R_5$$

结果与选网孔为独立回路时相同。

1.4.10　结语

基尔霍夫的题为《关于研究电流线性分布所得到的方程的解》的论文内涵深刻，不仅论述了电压、电流所遵循的客观规律，还详细论述了独立方程的选择方法，更重要的是，基尔霍夫论证了电流的分式表达式所呈现的解析形式及其由来。这些论述实际上已经包含了网络图论的思想，在当时非常超前。对从事电路理论教学的广大教师来说，该论文值得考究。

§1.5　拉格朗日方程与基尔霍夫定律的相互演绎

 导　读

对许多电气电子设备与系统的研究，都要建立相应的电路模型并列写电路方程，以便使用电路理论加以分析。除了用电路定律列写电路方程外，还可以用拉格朗日方程（Lagrange's equation，以下简称拉氏方程）来列写。对越来越多的机电耦合系统，拉氏方程是一种优势明显的建立耦合系统运动方程的方法。

本节着眼于拉氏方程与电路定律的相互演绎[9]。一方面，用拉氏方程演绎电路方程，包括独立广义坐标的选择、电路中拉氏方程的特点、基于网络图论证明拉氏方程是一组独立的 KVL 方程。另一方面，用 KVL 方程演绎拉氏方程，无须列写能量函数和计算偏导数。

这种拉氏方程与电路定律的相互演绎，不仅是对电路理论的一种丰富，而且可以使人们站在更高瞻的角度认识电路现象，这个角度就是能量系统的最小作用量原理。

1.5.1　拉氏方程的一般性描述

拉氏方程是自然界中能量系统普适性方程之一，在宏观世界和微观世界都得到了有效应用。拉氏方程可以作为公理来使用，这个公理就是最小作用量原理，即各种运动系统总是按照作用量为最小的规律随时间演变。作用量 S 是所研究系统的能量函数在一段时间的积分，记作：

$$S = \int_{t_1}^{t_2} L(q_1, q_2, \cdots, \dot{q}_1, \dot{q}_2, \cdots)\mathrm{d}t \tag{1.5.1}$$

式中，q_k 和 $\dot{q}_k$（$k = 1, 2, \cdots, N$）分别代表运动系统的广义坐标（位置、转角等）及其对时间的一阶导数，即广义速度，N 代表广义坐标的数量。$L(q_1,q_2,\cdots\dot{q}_1,\dot{q}_2\cdots)$ 称为拉格朗日函数，它是一种能量函数，在力学系统中，L 为动能 T 与势能 V 之差，即

$$L = T - V$$

由于 L 是时间的函数，所以作用量 S 是各广义坐标及其导数的泛函。数学上，用变分法计算泛函极值。根据变分法原理，当拉格朗日函数满足如下变分方程时，作用量 S 为最小：

$$\frac{\mathrm{d}}{\mathrm{d}t}\left(\frac{\partial L}{\partial \dot{q}_k}\right) - \frac{\partial L}{\partial q_k} = F_k \quad (k=1,2,\cdots,N) \tag{1.5.2}$$

上式称为拉氏方程，其中 F_k 代表非有势力。

拉氏方程高度概括了系统能量的演变规律，而与能量的具体形式无关。因此，拉氏方程除了作为分析力学的基本方程以外，在其他能量系统中也是适用的。人们已经发现，描述力学系统的量与描述电路的量存在着两类相似性（也可理解成对偶性），如表 1.5.1 所示。相似性 1：位移-电荷相似。相似性 2：位移-磁链相似。根据这些相似性，完全可以用拉氏方程来演绎电路方程，并在这种演绎过程中，让人们从更加高瞻的角度来认识电路规律，把电路与自然界中其他能量系统在拉氏方程层面上统一起来。追求物理规律的统一，始终是人们努力的方向。

1938 年，D. A. Wells[10]较早地研究了拉氏方程在电网络中应用的问题，以 RLC 与电压源串联电路为例，介绍了拉氏方程的列写步骤。然而，半个多世纪过去，在这方面更多的研究进展并不明显。根据 Wells 当时的观点，这是由于教材，尤其是基础课程的教材普遍忽略了这一内容，使得电气电子工程师们不知道有这种普遍适用的方法。幸好，目前已有一些教材作者在电力变换器建模中介绍了拉氏方程[11]。一些星星点点的研究主要集中在具体应用层面：在简单线性 RLC 电路中的应用；在电力电子变换器中的应用；在简单机电混合系统中的应用；在非线性电路中的应用等。

表 1.5.1　力学系统和电磁系统中拉氏方程项的对应关系

拉氏方程中的项	力学系统	电磁系统	
		相似性 1：位移-电荷相似	相似性 2：位移-磁链相似
广义坐标	x （质点位移）	q （电荷）	ψ （磁链）
广义速度	$\dot{x}$ （质点速度）	$\dot{q}=i$ （电流）	$\dot{\psi}=u$ （电压）
T	$0.5m\dot{x}^2$ （质点动能）	$0.5L\dot{q}^2$ （电感磁场能量）	$0.5C\dot{\psi}^2$ （电容电场能量）
V	$-mgx$ （重力势能）	$-qU$ （电源电场能量）	$-\psi i$ （电源磁场能量）
	$0.5kx^2$ （弹性势能）	$0.5C^{-1}q^2$ （电容电场能量）	$0.5L^{-1}\psi^2$ （电感磁场能量）
$\dfrac{\partial D}{\partial \dot{q}_k}$	f （非有势力）	$R\dot{q}$ （电阻电压）	$\dot{\psi}/R$ （电阻电流）

1.5.2 电路中的拉氏方程

根据力学系统与电路的相似性，在建立电路的拉氏方程时，有两种对应方法，本节主要以位移-电荷相似性加以介绍。为了得到在电路中尽可能简单好用的拉氏方程，按照相似性将拉氏方程展开成下式：

$$\frac{\mathrm{d}}{\mathrm{d}t}\left[\frac{\partial(T-V)}{\partial \dot{q}_k}\right]-\frac{\partial(T-V)}{\partial q_k}=\frac{\mathrm{d}}{\mathrm{d}t}\left(\frac{\partial T}{\partial \dot{q}_k}\right)-\frac{\mathrm{d}}{\mathrm{d}t}\left(\frac{\partial V}{\partial \dot{q}_k}\right)-\left(\frac{\partial T}{\partial q_k}-\frac{\partial V}{\partial q_k}\right)=F_k \qquad (1.5.3)$$

如果按照位移-电荷相似性，则在电路中广义坐标为电荷，T 正比于电荷导数的平方，因此 T 对应电感（包括互感）的磁场总能量，且 $\partial T/\partial q_k=0$；$V$ 对应电容储存的能量 W_C 和电源提供能量 W_S，二者能量的流动方向相反，因此写作 $V=W_C-W_S$，它们都与 $\dot{q}_k$ 无关；$F_k=-\partial D/\partial \dot{q}_k$，其中 D 为电阻耗散，对应电阻消耗总功率的一半[①]。把上述结果代入式（1.5.3），就得到在电路中便于应用且各项意义明确的拉氏方程，即

$$\frac{\mathrm{d}}{\mathrm{d}t}\left(\frac{\partial T}{\partial \dot{q}_k}\right)+\frac{\partial W_C}{\partial q_k}+\frac{\partial D}{\partial \dot{q}_k}=\frac{\partial W_S}{\partial q_k} \qquad (1.5.4)$$

具体应用时，首先选择独立的广义坐标，即流过独立支路的电荷量，然后用广义坐标及其导数写出系统的电感磁场总能量 T、电容电场总能量 W_C、电阻耗散 D，以及电源输出总能量 W_S。然后只需计算它们的偏导数，并代入拉氏方程（1.5.4），即可得到一组完备的电路方程。该方程刚好是一组独立的 KVL 方程，但在列写过程中，完全没有使用 KVL。在这种位移-电荷相似下，拉氏方程完全包含了 KVL 描述的规律。对偶地，如果使用位移-磁链相似性，则所得的拉氏方程刚好是独立的 KCL 方程。

1.5.3 用拉氏方程演绎电路定律

对简单电路，凭观察便可选择一组独立的广义坐标。而对复杂一些的电路，需要按照某种规律，用系统的方法确定广义坐标。下面结合具体电路加以介绍。

1. 电路一：选择独立广义坐标的专用树法

根据网络图论，连支电流是一组独立电流。因此，若采用位移-电荷相似性，则独立的广义坐标就是流过连支的电荷量，而流过树支的电荷量一定可以仅借助 KCL 由流过连支的电荷简单求得。这样，对复杂电路选择独立广义坐标就有了系统的方法。以图 1.5.1（a）所示的低通滤波电路为例说明如下。

步骤一：将全部电感和电容选为连支，因为流过它们的电荷量是独立的广义坐标，必要时将部分电阻也选为连支，使得其余支路刚好构成树，本节称此树为列写拉氏方程的"专用树"。注意，这种专用树不同于列写状态方程的专用树，后者一般规则是：将电容和电压源选为树支；将电感和电流源选为连支。

---

① 本节用 T 表示磁场能量，用 V 表示电场能量，用 D 表示耗散，这是源于力学习惯。

图 1.5.1（a）有 5 个支路、3 个节点，网络的线图如图 1.5.1（b）所示，因此该电路有 5-(3-1)=3 个独立的连支电流，选择的专用树如图 1.5.1（b）实线所示。连支电荷量即广义坐标分别为电容极板电荷 q_{C1}、q_{C2}，以及流过电感的电荷量 q_L。值得一提的是，这种专用树是选择独立广义坐标的充分条件，非必要条件。比如，对图 1.5.1（a），流过 3 个网孔的电荷也是一组独立的广义坐标。

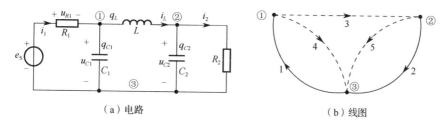

（a）电路　　　　　　　　　　　　（b）线图

图 1.5.1　*LC* 低通滤波电路及其线图

步骤二：对基本割集应用 KCL（KCL 对电流和电荷均成立），得到流过树支电荷量与独立广义坐标的关系如下。

流过树支 1 的电荷量：$q_1 = q_{C1} + q_L$。

流过树支 2 的电荷量：$q_2 = q_L - q_{C2}$。

步骤三：计算能量与耗散。

全部电感总磁能：

$$T = \frac{1}{2}Li_L^2 = \frac{1}{2}L\dot{q}_L^2$$

全部电容总电能：

$$W_C = \frac{1}{2C_1}q_{C1}^2 + \frac{1}{2C_2}q_{C2}^2$$

全部电阻总耗散：

$$D = \frac{1}{2}R_1 i_1^2 + \frac{1}{2}R_2 i_2^2 = \frac{1}{2}R_1(\dot{q}_{C1}+\dot{q}_L)^2 + \frac{1}{2}R_2(\dot{q}_L-\dot{q}_{C2})^2$$

全部电源输出总能量：

$$W_S = e_S q_{R1} = e_S(q_{C1}+q_L)$$

步骤四：计算偏导数。针对广义坐标 q_{C1} 计算偏导数为

$$\frac{d}{dt}\left(\frac{\partial T}{\partial \dot{q}_{C1}}\right)=0, \qquad \frac{\partial W_C}{\partial q_{C1}}=\frac{1}{C_1}q_{C1}, \qquad \frac{\partial D}{\partial \dot{q}_{C1}}=R_1(\dot{q}_{C1}+\dot{q}_L), \qquad \frac{\partial W_S}{\partial q_{C1}}=e_S$$

代入拉氏方程（1.5.4）得

$$\frac{1}{C_1}q_{C1}+R_1(\dot{q}_{C1}+\dot{q}_L)=e_S \tag{1.5.5}$$

同理，对广义坐标 q_{C2}、q_L 计算各偏导数，再代入拉氏方程（1.5.4），分别得到

$$\frac{1}{C_2}q_{C2} - R_2(\dot{q}_L - \dot{q}_{C2}) = 0 \tag{1.5.6}$$

$$L\ddot{q}_L + R_1(\dot{q}_{C1} + \dot{q}_L) + R_2(\dot{q}_L - \dot{q}_{C2}) = e_s \tag{1.5.7}$$

若用电容电压和电感电流为变量而不是以电荷为变量，只需将 $q_C = Cu_C$、$\dot{q}_L = i_L$ 代入上述方程即可，结果得到

$$\begin{cases} u_{C1} + R_1(C_1\dot{u}_{C1} + i_L) = e_s \\ u_{C2} - R_2(i_L - C_2\dot{u}_{C2}) = 0 \\ Li_L' + R_1(C_1\dot{u}_{C1} + i_L) + R_2(i_L - C_2\dot{u}_{C2}) = e_s \end{cases}$$

显然，上述三个方程刚好是三个基本回路的 KVL 方程，即从拉氏方程演绎出 KVL。将方程（1.5.5）～方程（1.5.7）写成矩阵形式为

$$\begin{bmatrix} 0 & 0 & 0 \\ 0 & 0 & 0 \\ 0 & 0 & L \end{bmatrix}\begin{bmatrix} \ddot{q}_{C1} \\ \ddot{q}_{C2} \\ \ddot{q}_L \end{bmatrix} + \begin{bmatrix} R_1 & 0 & R_1 \\ 0 & R_2 & -R_2 \\ R_1 & -R_2 & R_1+R_2 \end{bmatrix}\begin{bmatrix} \dot{q}_{C1} \\ \dot{q}_{C2} \\ \dot{q}_L \end{bmatrix} + \begin{bmatrix} 1/C_1 & 0 & 0 \\ 0 & 1/C_2 & 0 \\ 0 & 0 & 0 \end{bmatrix}\begin{bmatrix} q_{C1} \\ q_{C2} \\ q_L \end{bmatrix} = \begin{bmatrix} e_s \\ 0 \\ e_s \end{bmatrix}$$

可见，每个矩阵中的全部元素都具有相同的量纲，这一点不同于状态方程。这是电路中拉氏方程的特点之一。

2. 电路二：含受控源电路

含受控源电路及其线图如图 1.5.2 所示。电路有 5 个支路、3 个节点，故独立广义坐标数为 5-(3-1)=3。除了选择 q_C 和 q_L 支路作为连支外，还须再选一连支，比如 q_3 支路，剩下的支路刚好满足树的条件。选择的专用树如图 1.5.2（b）中实线所示。

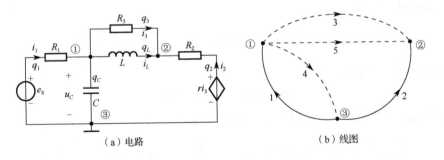

（a）电路 　　　　　　　　（b）线图

图 1.5.2　含受控源电路及其线图

对基本割集应用 KCL，以便用连支电荷量表示树支电荷量，结果如下：

$$q_1 = q_C + q_L + q_3, \qquad q_2 = -q_L - q_3$$

全部电感总磁能：

$$T = \frac{1}{2} L \dot{q}_L^2$$

全部电容总电能：

$$W_C = \frac{1}{2C} q_C^2$$

全部电阻总耗散：

$$D = \frac{1}{2} R_1 \dot{q}_1^2 + \frac{1}{2} R_2 \dot{q}_2^2 + \frac{1}{2} R_3 \dot{q}_3^2 = \frac{1}{2} R_1 (\dot{q}_C + \dot{q}_L + \dot{q}_3)^2 + \frac{1}{2} R_2 (-\dot{q}_L - \dot{q}_3)^2 + \frac{1}{2} R_3 \dot{q}_3^2$$

全部电源（包括受控源）输出总能量：

$$W_s = e_s q_1 + r \dot{q}_3 q_2 = e_s (q_C + q_L + q_3) + r \dot{q}_3 (-q_L - q_3)$$

针对广义坐标 q_C 计算各偏导数：

$$\frac{\mathrm{d}}{\mathrm{d}t}\left(\frac{\partial T}{\partial \dot{q}_C}\right) = 0 , \qquad \frac{\partial W_C}{\partial q_C} = \frac{1}{C} q_C , \qquad \frac{\partial D}{\partial \dot{q}_C} = R_1 (\dot{q}_C + \dot{q}_L + \dot{q}_3) , \qquad \frac{\partial W_s}{\partial q_C} = e_s$$

代入拉氏方程（1.5.4）得

$$\frac{1}{C_1} q_C + R_1 (\dot{q}_C + \dot{q}_L + \dot{q}_3) = e_s \tag{1.5.8}$$

同理得关于 q_L 和 q_3 的拉氏方程：

$$L \ddot{q}_L + r \dot{q}_3 + R_1 (\dot{q}_C + \dot{q}_L + \dot{q}_3) + R_2 (\dot{q}_L + \dot{q}_3) = e_s \tag{1.5.9}$$

$$r \dot{q}_3 + R_1 (\dot{q}_C + \dot{q}_L + \dot{q}_3) + R_2 (\dot{q}_L + \dot{q}_3) + R_3 \dot{q}_3 = e_s \tag{1.5.10}$$

上述三个拉氏方程刚好是三个基本回路的 KVL 方程。

3. 电路三：含一种储能元件和运算放大器电路

RC 有源低通滤波器电路及其线图如图 1.5.3 所示，该电路的储能元件只有电容。图 1.5.3（b）的支路 7、8、9 为理想运算放大器的线图。理想运算放大器属于三端口元件，所以用 3 个支路来表示线图。图中有 9 个支路、5 个节点，因此有 9-(5-1)=5 个独立的连支电流，即 5 个广义坐标。选图 1.5.3（b）中实线为专用树。当考虑理想运算放大器存在虚断条件后，减少 2 个广义坐标，最终有 3 个广义坐标，选 q_{C1}、q_{C2}、q_o。

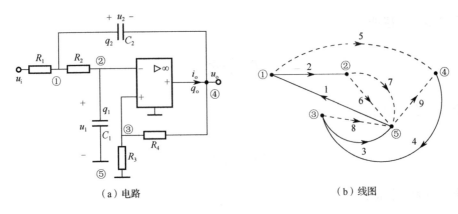

（a）电路　　　　　　　　　　　　（b）线图

图 1.5.3　*RC* 有源低通滤波器电路及其线图

对基本割集使用 KCL 求出树支电流与广义坐标导数的关系。

R_1 的电流：

$$\dot{q}_{R1} = \dot{q}_{C1} + \dot{q}_{C2}$$

R_2 的电流：

$$\dot{q}_{R2} = \dot{q}_{C1}$$

R_3 与 R_4 电流相等：

$$\dot{q}_{R3} = \dot{q}_{R4} = \dot{q}_2 + \dot{q}_{\mathrm{o}}$$

因为没有电感，所以总磁能 $T = 0$。

全部电容总电能：

$$W_C = \frac{1}{2C_1} q_{C1}^2 + \frac{1}{2C_2} q_{C2}^2$$

全部电阻总耗散：

$$
\begin{aligned}
D &= \frac{1}{2} R_1 \dot{q}_{R1}^2 + \frac{1}{2} R_2 \dot{q}_{R2}^2 + \frac{1}{2} R_3 \dot{q}_{R3}^2 + \frac{1}{2} R_4 \dot{q}_{R4}^2 \\
&= \frac{1}{2} R_1 (\dot{q}_{C1} + \dot{q}_{C2})^2 + \frac{1}{2} R_2 \dot{q}_{C1}^2 + \frac{1}{2} (R_3 + R_4)(\dot{q}_{C2} + \dot{q}_{\mathrm{o}})^2
\end{aligned}
$$

电源输出总能量：

$$W_S = u_i q_{R1} + u_{\mathrm{o}} q_{\mathrm{o}} = u_i (q_{C1} + q_{C2}) + u_{\mathrm{o}} q_{\mathrm{o}}$$

上式将运算放大器的输出端口视为受控电压源。

针对 q_{C1} 计算各偏导数：

$$\frac{\partial W_C}{\partial q_{C1}} = \frac{1}{C_1} q_{C1}, \qquad \frac{\partial D}{\partial \dot{q}_{C1}} = R_1 (\dot{q}_{C1} + \dot{q}_{C2}) + R_2 \dot{q}_{C1}, \qquad \frac{\partial W_S}{\partial q_{C1}} = u_i$$

代入拉氏方程（1.5.4）得

$$\frac{1}{C_1}q_{C1} + R_1(\dot{q}_{C1} + \dot{q}_{C2}) + R_2\dot{q}_{C1} = u_i \qquad (1.5.11)$$

同理，针对 q_{C2} 和 q_o 计算各偏导数，代入拉氏方程（1.5.4），分别得

$$\frac{q_{C2}}{C_2} + R_1(\dot{q}_{C1} + \dot{q}_{C2}) + (R_3 + R_4)(\dot{q}_{C2} + \dot{q}_o) = u_i \qquad (1.5.12)$$

$$(R_3 + R_4)(\dot{q}_{C2} + \dot{q}_o) = u_o \qquad (1.5.13)$$

上述三个方程分别是三个单连支回路的 KVL 方程，但是含有四个变量，还需补充一方程：

$$\frac{q_1}{C_1} = R_3(\dot{q}_{C2} + \dot{q}_o) \qquad (1.5.14)$$

该方程来自理想运算放大器的虚短条件。

4. 电路四：磁耦合双回路电路

电路如图 1.5.4 所示，这是当前研究热点——磁耦合无线电能传输中典型的电路模型。该电路较为简单，显然有两个独立回路，即两个独立的广义坐标，选 q_{C1} 和 q_{C2}，它们分别是流过这两个回路的电荷量。

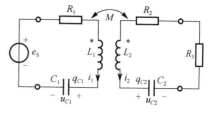

图 1.5.4 磁耦合无线电能传输电路模型

耦合电感总磁能：

$$T = \frac{1}{2}L_1\dot{q}_{C1}^2 + \frac{1}{2}L_2\dot{q}_{C2}^2 + M\dot{q}_{C1}\dot{q}_{C2}$$

全部电容总电能：

$$W_C = \frac{1}{2C_1}q_{C1}^2 + \frac{1}{2C_2}q_{C2}^2$$

全部电阻总耗散：

$$D = \frac{1}{2}R_1\dot{q}_{C1}^2 + \frac{1}{2}(R_2 + R_3)\dot{q}_{C2}^2$$

电源总输出：

$$W_s = e_s q_{C1}$$

针对坐标 q_{C1} 计算各偏导数：

$$\frac{d}{dt}\left(\frac{\partial T}{\partial \dot{q}_{C1}}\right) = L_1\ddot{q}_{C1} + M\ddot{q}_{C2}, \qquad \frac{\partial W_C}{\partial q_{C1}} = \frac{1}{C_1}q_{C1}, \qquad \frac{\partial D}{\partial \dot{q}_{C1}} = R_1\dot{q}_{C1}, \qquad \frac{\partial W_s}{\partial q_{C1}} = e_s$$

代入拉氏方程（1.5.4），得对坐标 q_{C1} 的拉氏方程为

$$L_1\ddot{q}_{C1} + M\ddot{q}_{C2} + \frac{1}{C_1}q_{C1} + R_1\dot{q}_{C1} = e_S \qquad (1.5.15)$$

同理，关于坐标 q_{C2} 的拉氏方程为

$$L_2\ddot{q}_{C2} + M\ddot{q}_{C1} + \frac{1}{C_2}q_{C2} + (R_2 + R_3)\dot{q}_{C2} = 0 \qquad (1.5.16)$$

共得到两个二阶微分方程。

如果以电容电压为变量，方程（1.5.15）、方程（1.5.16）则变成

$$\begin{cases} L_1C_1\ddot{u}_{C1} + MC_2\ddot{u}_{C2} + u_{C1} + R_1C_1\dot{u}_{C1} = e_S \\ L_2C_2\ddot{u}_{C2} + MC_1\ddot{u}_{C1} + u_{C2} + (R_2 + R_3)C_2\dot{u}_{C2} = 0 \end{cases}$$

显然，这两个方程分别是左、右两个回路的 KVL 方程。该电路拉氏方程个数少于状态方程数，这是由于独立广义坐标数少于储能元件数，但每个方程都是二阶微分方程。这是电路中拉氏方程的又一特点。

对含电流源情况的处理： ①如果电流源有并联电阻，可以等效为电压源；②如果没有并联电阻，则可以人为地并联两个绝对值相等、符号相反的电阻，将其中的一个电阻连同电流源等效为电压源；③将电流源的端电压增设为变量，计算其发出的电能；④采用位移-磁链相似性来建立拉氏方程。

1.5.4 用电路定律演绎拉氏方程

既然电路中的拉氏方程实质就是基本回路的 KVL 方程，因此也可以通过列写 KVL 方程来得到拉氏方程。这不是为了体现这种方法的优越性，而是为了说明二者的演绎关系，提升电路理论在自然规律中的层次。

用 KVL 演绎拉氏方程的电路及其线图如图 1.5.5 所示。因为图中的每个节点都必须与树支相连，所以不能将全部储能元件都选为连支，否则节点②没有树支与之相连。故所选择的树如图 1.5.5（b）实线所示。对基本回路列写 KVL 方程：

$$\begin{cases} u_{L1} + u_C + u_{R1} = e_S \\ u_{L2} + u_{R3} - u_C = 0 \\ u_{R2} + u_{R3} + u_{R1} = e_S \end{cases} \qquad (1.5.17)$$

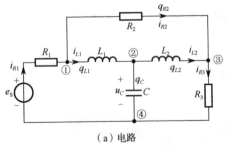

（a）电路

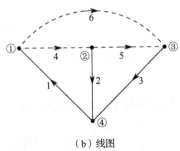

（b）线图

图 1.5.5 用 KVL 演绎拉氏方程的电路及其线图

除电源电压外，将其他电压都用广义坐标 q_{L1}、q_{L2} 和 q_{R2} 来表示：

$$\begin{cases} u_{L1} = L_1 \dot{i}_{L1} = L_1 \ddot{q}_{L1} \\ u_{L2} = L_2 \dot{i}_{L2} = L_2 \ddot{q}_{L2} \\ u_C = \dfrac{1}{C} q_C = \dfrac{1}{C}(q_{L1} - q_{L2}) \\ u_{R1} = R_1 i_{R1} = R_1(\dot{q}_{L1} + \dot{q}_{R2}) \\ u_{R2} = R_2 i_{R2} = R_2 \dot{q}_{R2} \\ u_{R3} = R_3 i_{R3} = R_3(\dot{q}_{L2} + \dot{q}_{R2}) \end{cases} \tag{1.5.18}$$

将式（1.5.18）代入式（1.5.17），便得到如下的拉氏方程：

$$\begin{cases} L_1 \ddot{q}_{L1} + \dfrac{1}{C}(q_{L1} - q_{L2}) + R_1(\dot{q}_{L1} + \dot{q}_{R2}) = e_S \\ L_2 \ddot{q}_{L2} - \dfrac{1}{C}(q_{L1} - q_{L2}) + R_3(\dot{q}_{L2} + \dot{q}_{R2}) = 0 \\ R_1(\dot{q}_{L1} + \dot{q}_{R2}) + R_2 \dot{q}_{R2} + R_3(\dot{q}_{L2} + \dot{q}_{R2}) = e_S \end{cases}$$

用拉氏方程观点来看，三个储能元件的广义坐标即电荷量是不独立的，它们可以通过 KCL 相互表示。而用状态方程观点看，这三个储能元件的状态变量（电容电压与电感电流）却是独立的。这是电路中拉氏方程的又一特点。在用 KVL 列写拉氏方程时，无须计算能量函数及其偏导数。

1.5.5　拉氏方程等价于独立的 KVL 方程的证明

命题 1.5.1： 按照位移-电荷相似性，对电路列写独立的拉氏方程，其结果刚好是一组独立的 KVL 方程。

证明：为简单起见，假设全部储能元件刚好形成全部连支，电阻和电压源刚好形成树支。如果不满足这样的假设，证明中只是矩阵分块变得复杂，但结论不变。还假设电路无互感元件和受控电源。

将支路电荷、电流和电压，按照先树支后连支的顺序编号和分块如下：

$$\boldsymbol{q} = \begin{bmatrix} \boldsymbol{q}_R \\ \boldsymbol{q}_S \\ \boldsymbol{q}_L \\ \boldsymbol{q}_C \end{bmatrix}, \quad \boldsymbol{I} = \begin{bmatrix} \boldsymbol{I}_R \\ \boldsymbol{I}_S \\ \boldsymbol{I}_L \\ \boldsymbol{I}_C \end{bmatrix} = \begin{bmatrix} \dot{\boldsymbol{q}}_R \\ \dot{\boldsymbol{q}}_S \\ \dot{\boldsymbol{q}}_L \\ \dot{\boldsymbol{q}}_C \end{bmatrix}, \quad \boldsymbol{U} = \begin{bmatrix} \boldsymbol{U}_R \\ \boldsymbol{E}_S \\ \boldsymbol{U}_L \\ \boldsymbol{U}_C \end{bmatrix}$$

将拉氏方程中的能量和耗散表达成矩阵形式如下：

$$T = \frac{1}{2} \sum_{k=1}^{N_L} L_k \dot{q}_{Lk}^2 = \frac{1}{2} \dot{\boldsymbol{q}}_L^{\mathrm{T}} \boldsymbol{L} \dot{\boldsymbol{q}}_L$$

$$W_C = \frac{1}{2}\sum_{k=1}^{N_C}\frac{1}{C_k}q_{Ck}^2 = \frac{1}{2}\dot{\boldsymbol{q}}_C^\mathrm{T}\boldsymbol{C}^{-1}\boldsymbol{q}_C$$

$$D = \frac{1}{2}\sum_{k=1}^{N_R}R_k\dot{q}_{Rk}^2 = \frac{1}{2}\dot{\boldsymbol{q}}_R^\mathrm{T}\boldsymbol{R}\dot{\boldsymbol{q}}_R$$

$$W_S = \sum_{k=1}^{N_S}e_{Sk}q_{Sk} = \boldsymbol{E}_S^\mathrm{T}\boldsymbol{q}_S$$

式中，$\boldsymbol{L}$、$\boldsymbol{C}$ 和 $\boldsymbol{R}$ 分别为电感、电容和电阻矩阵，它们都是对角矩阵，矩阵的阶数等于对应的元件个数。

按支路类型将基本回路矩阵 $\boldsymbol{B}$ 也写成分块形式：

$$\boldsymbol{B} = \begin{bmatrix} \boldsymbol{B}_{LR} & \boldsymbol{B}_{LS} & \boldsymbol{1} & \boldsymbol{0} \\ \boldsymbol{B}_{CR} & \boldsymbol{B}_{CS} & \boldsymbol{0} & \boldsymbol{1} \end{bmatrix} \tag{1.5.19}$$

下面将证明对电路列写的拉氏方程一定是一组独立的 KVL 方程，即

$$\boldsymbol{B}\boldsymbol{U} = \boldsymbol{0} \quad (\text{KVL 的基本回路矩阵形式})$$

分块后用矩阵 $\boldsymbol{B}$ 表示的 KCL 为

$$\begin{bmatrix} \boldsymbol{I}_R \\ \boldsymbol{I}_S \\ \boldsymbol{I}_L \\ \boldsymbol{I}_C \end{bmatrix} = \begin{bmatrix} \boldsymbol{B}_{LR}^\mathrm{T} & \boldsymbol{B}_{CR}^\mathrm{T} \\ \boldsymbol{B}_{LS}^\mathrm{T} & \boldsymbol{B}_{CS}^\mathrm{T} \\ \boldsymbol{1} & \boldsymbol{0} \\ \boldsymbol{0} & \boldsymbol{1} \end{bmatrix}\begin{bmatrix} \boldsymbol{I}_L \\ \boldsymbol{I}_C \end{bmatrix} \tag{1.5.20}$$

展开后，得到树支电流与连支电流的关系，进一步得到树支电荷量与连支电荷量的关系：

$$\boldsymbol{I}_R = \boldsymbol{B}_{LR}^\mathrm{T}\boldsymbol{I}_L + \boldsymbol{B}_{CR}^\mathrm{T}\boldsymbol{I}_C \to \boldsymbol{q}_R = \boldsymbol{B}_{LR}^\mathrm{T}\boldsymbol{q}_L + \boldsymbol{B}_{CR}^\mathrm{T}\boldsymbol{q}_C$$

$$\boldsymbol{I}_S = \boldsymbol{B}_{LS}^\mathrm{T}\boldsymbol{I}_L + \boldsymbol{B}_{CS}^\mathrm{T}\boldsymbol{I}_C \to \boldsymbol{q}_S = \boldsymbol{B}_{LS}^\mathrm{T}\boldsymbol{q}_L + \boldsymbol{B}_{CS}^\mathrm{T}\boldsymbol{q}_C$$

计算磁场能量相关导数：

$$\frac{\partial T}{\partial \dot{\boldsymbol{q}}_L} = \boldsymbol{L}\dot{\boldsymbol{q}}_L, \qquad \frac{\mathrm{d}}{\mathrm{d}t}\left(\frac{\partial T}{\partial \dot{\boldsymbol{q}}_L}\right) = \boldsymbol{L}\ddot{\boldsymbol{q}}_L = \boldsymbol{U}_L, \qquad \frac{\mathrm{d}}{\mathrm{d}t}\left(\frac{\partial T}{\partial \boldsymbol{q}_C}\right) = \boldsymbol{0}$$

合写后得

$$\frac{\mathrm{d}}{\mathrm{d}t}\left(\frac{\partial T}{\partial \dot{\boldsymbol{q}}}\right) = \begin{bmatrix} \dfrac{\mathrm{d}}{\mathrm{d}t}\left(\dfrac{\partial T}{\partial \dot{\boldsymbol{q}}_L}\right) \\[3mm] \dfrac{\mathrm{d}}{\mathrm{d}t}\left(\dfrac{\partial T}{\partial \dot{\boldsymbol{q}}_C}\right) \end{bmatrix} = \begin{bmatrix} \boldsymbol{L}\ddot{\boldsymbol{q}}_L \\ \boldsymbol{0} \end{bmatrix} = \begin{bmatrix} \boldsymbol{U}_L \\ \boldsymbol{0} \end{bmatrix}$$

计算电场能量相关导数：

$$\frac{\partial W_C}{\partial \boldsymbol{q}_L} = \boldsymbol{0}, \qquad \frac{\partial W_C}{\partial \boldsymbol{q}_C} = \boldsymbol{C}^{-1}\boldsymbol{q}_C$$

合写后得

$$\begin{bmatrix} \dfrac{\partial W_C}{\partial \boldsymbol{q}_L} \\ \dfrac{\partial W_C}{\partial \boldsymbol{q}_C} \end{bmatrix} = \begin{bmatrix} \boldsymbol{0} \\ \boldsymbol{C}^{-1}\boldsymbol{q}_C \end{bmatrix}$$

计算电源发出能量及其导数：

$$W_{\mathrm{S}} = \sum_{k=1}^{N_{\mathrm{S}}} e_{\mathrm{S}k} q_{\mathrm{S}k} = \boldsymbol{E}_{\mathrm{S}}^{\mathrm{T}} \boldsymbol{q}_{\mathrm{S}} = \boldsymbol{E}_{\mathrm{S}}^{\mathrm{T}} (\boldsymbol{B}_{LS}^{\mathrm{T}} \boldsymbol{q}_L + \boldsymbol{B}_{CS}^{\mathrm{T}} \boldsymbol{q}_C)$$

$$\frac{\partial W_{\mathrm{S}}}{\partial \boldsymbol{q}_L} = \boldsymbol{B}_{LS} \boldsymbol{E}_{\mathrm{S}} \quad （此为含电感单连支回路电动势）$$

$$\frac{\partial W_{\mathrm{S}}}{\partial \boldsymbol{q}_C} = \boldsymbol{B}_{CS} \boldsymbol{E}_{\mathrm{S}} \quad （此为含电容单连支回路电动势）$$

合写后得

$$\begin{bmatrix} \dfrac{\partial W_{\mathrm{S}}}{\partial \boldsymbol{q}_L} \\ \dfrac{\partial W_{\mathrm{S}}}{\partial \boldsymbol{q}_C} \end{bmatrix} = \begin{bmatrix} \boldsymbol{B}_{LS} \boldsymbol{E}_{\mathrm{S}} \\ \boldsymbol{B}_{CS} \boldsymbol{E}_{\mathrm{S}} \end{bmatrix}$$

计算电路总耗散的偏导数：

$$\frac{\partial D}{\partial \dot{\boldsymbol{q}}} = \begin{bmatrix} \dfrac{\partial D}{\partial \dot{\boldsymbol{q}}_L} \\ \dfrac{\partial D}{\partial \dot{\boldsymbol{q}}_C} \end{bmatrix} = \begin{bmatrix} \dfrac{\partial \dot{\boldsymbol{q}}_R}{\partial \dot{\boldsymbol{q}}_L} \dfrac{\partial D}{\partial \dot{\boldsymbol{q}}_R} \\ \dfrac{\partial \dot{\boldsymbol{q}}_R}{\partial \dot{\boldsymbol{q}}_C} \dfrac{\partial D}{\partial \dot{\boldsymbol{q}}_R} \end{bmatrix} = \begin{bmatrix} \boldsymbol{B}_{LR}\boldsymbol{R}\dot{\boldsymbol{q}}_R \\ \boldsymbol{B}_{CR}\boldsymbol{R}\dot{\boldsymbol{q}}_R \end{bmatrix} = \begin{bmatrix} \boldsymbol{B}_{LR}\boldsymbol{U}_R \\ \boldsymbol{B}_{CR}\boldsymbol{U}_R \end{bmatrix} \quad （此为基本回路中的电阻电压）$$

将以上偏导数代入拉氏方程，并写成矩阵形式得

$$\begin{bmatrix} \boldsymbol{L}\ddot{\boldsymbol{q}} \\ \boldsymbol{0} \end{bmatrix} + \begin{bmatrix} \dfrac{\partial W_C}{\partial \boldsymbol{q}_L} \\ \dfrac{\partial W_C}{\partial \boldsymbol{q}_C} \end{bmatrix} + \begin{bmatrix} \dfrac{\partial D}{\partial \dot{\boldsymbol{q}}_L} \\ \dfrac{\partial D}{\partial \dot{\boldsymbol{q}}_C} \end{bmatrix} = \begin{bmatrix} \boldsymbol{U}_L \\ \boldsymbol{0} \end{bmatrix} + \begin{bmatrix} \boldsymbol{0} \\ \boldsymbol{C}^{-1}\boldsymbol{q}_C \end{bmatrix} + \begin{bmatrix} \boldsymbol{B}_{LR}\boldsymbol{U}_R \\ \boldsymbol{B}_{CR}\boldsymbol{U}_R \end{bmatrix}$$

$$= \begin{bmatrix} \boldsymbol{U}_L \\ \boldsymbol{0} \end{bmatrix} + \begin{bmatrix} \boldsymbol{0} \\ \boldsymbol{U}_C \end{bmatrix} + \begin{bmatrix} \boldsymbol{B}_{LR}\boldsymbol{U}_R \\ \boldsymbol{B}_{CR}\boldsymbol{U}_R \end{bmatrix} = \begin{bmatrix} \boldsymbol{B}_{LS}\boldsymbol{E}_{\mathrm{S}} \\ \boldsymbol{B}_{CS}\boldsymbol{E}_{\mathrm{S}} \end{bmatrix}$$

展开后，提出支路电压列向量，得到

$$\begin{bmatrix} \boldsymbol{B}_{LR} & \boldsymbol{B}_{LS} & \boldsymbol{1} & \boldsymbol{0} \\ \boldsymbol{B}_{CR} & \boldsymbol{B}_{CS} & \boldsymbol{0} & \boldsymbol{1} \end{bmatrix} \begin{bmatrix} \boldsymbol{U}_R \\ -\boldsymbol{E}_{\mathrm{S}} \\ \boldsymbol{U}_L \\ \boldsymbol{U}_C \end{bmatrix} = \boldsymbol{0}$$

即 $BU = 0$ 。

由此证明了按照位移-电荷相似性，电路中的拉氏方程刚好是一组独立的 KVL 方程。

1.5.6　结语

本节探讨了拉氏方程与基尔霍夫定律之间的相互演绎关系，主要结论有：

（1）电路的动态行为与力学系统的动态行为都满足拉氏方程，在能量层面上是统一的。

（2）选流过支路的电荷为广义坐标，对电路列写拉氏方程，其结果自然就是 KVL 方程，但在列写的过程中，并不直接涉及回路的概念。

（3）对基本回路列写 KVL 方程，其结果自然就是拉氏方程，且广义坐标为流过支路的电荷，但在列写过程中，并不用计算能量函数及其偏导数。

（4）利用本节提出的"专用树"概念，可以用系统的方法选择独立的广义坐标，从而列出独立的拉氏方程。独立的拉氏方程数等于连支数。

（5）借助网络图论可以证明，以电荷为广义坐标，对电路列写的拉氏方程实质就是基本回路的 KVL 方程。

§1.6　建立集中参数电路的抽象化过程中电磁量演变的一种想象

 导　读

电路课程教材在表述基尔霍夫定律之前，首先要简单介绍一下集中（有的教材称为集总）参数电路的概念，以便明确电路理论的研究对象。在表述基尔霍夫定律时，几乎毫无例外地加上"在集中参数电路中"这样的前提条件。为什么要加上这个条件？这个条件到底意味着什么？诚然，在大学学习阶段，即使完全不理解"集中参数电路"的概念，或者像"电工学"课程那样，根本不涉及"集中参数电路"的概念，也不影响教学和考试，因为课程开始就默认了研究对象是集中参数电路。然而，当将所学理论用于解决实际问题时，往往没这么简单。例如，为什么不能用普通一对导线代替示波器探头线？在变频器-电动机传动系统中，为什么传输电缆两端的电压波形会明显不同？等等。这些现象都不能用集中参数电路理论来认识。

将实际电路抽象成集中参数电路，这是从普通电磁学理论中建立电路理论分支的重要步骤，这就像将实际物体抽象成质点模型，然后建立牛顿力学理论一样。但是，由于电磁学课程学时的长期不足，以及电路理论学时的一再压缩，使得这一关键性的过渡步骤得不到充分讲授，几乎相当于以公理形式给出。显然，这对培养基础扎实的专业技术人才是不利的。

由于在实际应用中，人们首先面对的总是实际电路，为了认识它才建立相应模型。

因此，本节依据麦克斯韦电磁学，按照从实际电路到集中参数电路的两种常用抽象过程，想象了在这些抽象过程中，电路空间（本节指元件和连线周围附近的空间）电磁量所发生的演变。虽然现实世界中并不存在某些演变结果，但讨论这些演变有助于培养学生"打破砂锅问到底"的钻研精神，激发人们的猜想和预言热情（位移电流起初也只是一种猜想），提高科学抽象能力，深入理解电路理论源于电磁学的含义，欣赏电与磁的对偶之美，在解决实际问题时，能够正确建立电路模型或电磁场模型。

1.6.1 从波速抽象出集中参数电路过程中电磁量的演变

在大多数电路课程教材中，虽然措辞不完全相同，但对集中参数电路的表述大意都是说，电路的最大尺度远远小于电磁波的最小波长，记作 $l \ll \lambda$。并进一步解释说，满足这样的尺度关系时，在电磁波传遍整个电路的时间内，电路中的电压和电流没有发生明显变化，用电磁学的概念来解释就是忽略推迟效应。这时就可以用理想元件组成的集中参数电路近似表示实际电路的主要特征，并使用电路理论加以分析[12,13]。

忽略推迟效应可以用相对关系，也可以用绝对关系。所谓相对关系就是普遍使用的 $l \ll \lambda$，相当于将 l/λ 当作整体来使用。只要比值足够小，以至于可以忽略不计，则时变场中的电磁方程便与恒定电磁场情况无异，因而可以建立集中参数电路模型。然而，考察 $l \ll \lambda$ 的由来可知，这里的 λ 是指正弦波的波长，所以对非正弦周期量（例如方波）或者非周期量（例如暂态响应中的指数函数），则要借助傅里叶级数原理，确定对计算有明显贡献的最高频率的谐波，用这个最高频率对应的波长与电路最大尺度进行比较。绝对关系是指波速为无限大，这样，电磁波传遍任何有限尺度的电路都不存在推迟效应，也无须使用波长的概念。

波速趋于无限大，这已突破相对论中光速不可超越的限制，所以这是一种高度抽象的极限结果。因此，本节仅以想象的方式，对电磁量在这种抽象过程中的演变规律展开推理。阅读时，要突破常规思维，用量变到质变的规律，或者数学极限的概念去理解推理结果。虽说是想象，但也包含着集中参数电路的建立过程及其性质。

设电路空间介质是无损的，根据电磁学原理，波速可用下式计算：

$$v = \frac{1}{\sqrt{\mu\varepsilon}} \tag{1.6.1}$$

可见，若波速趋于无限大，则磁导率 μ 和介电常数 ε 至少有一个趋于零，显然这比理想介质还抽象。所以，不能用客观世界的自然规律去理解后续所做的全部推演。那么，这两个参数趋于零会导致电磁量发生怎样的演变呢？

1. $\varepsilon \to 0$ 情况

虽然集中参数电路只是用元件符号和连接关系表示的分析模型，但出于理解抽象过程的目的，可以想象人们真的造出了集中参数电路。以下所述的点、闭合回路、封闭曲面，都针对电路空间。

（1）任一点的电位移趋于零，即

$$D = \varepsilon E \to 0 \quad （电场强度 \ E \ 非无限大） \qquad (1.6.2)$$

（2）任一封闭面内无电荷积累。根据式（1.6.2）和高斯定理，任意封闭面内的净电荷必然是

$$q = \oint_S D \cdot dS \to 0 \qquad (1.6.3)$$

（3）任一点电场能量密度趋于零，即

$$w_e = 0.5 E \cdot D \to 0 \qquad (1.6.4)$$

（4）任一点位移电流密度趋于零，即

$$j_D = \frac{\partial D}{\partial t} \to 0 \qquad (1.6.5)$$

由于不存在位移电流，根据电流连续性，流出节点的传导电流代数和便等于零，即传导电流必然满足 KCL。

（5）电路空间无分布性电容。因为无论何种导体结构，导体之间的电容都与介电常数成正比。所以当 $\varepsilon \to 0$ 时，电路空间便无分布性电容。

（6）极化率为 -1。对于电介质，介电常数 $\varepsilon = \varepsilon_0 \varepsilon_r$，相对介电常数 $\varepsilon_r = 1 + \chi_e$，$\chi_e$ 为极化率，极化强度 P 与电场强度 E 的关系为

$$P = \varepsilon_0 \chi_e E \qquad (1.6.6)$$

可见，在 $\varepsilon_0 \neq 0$（这是宇宙常数，假设不变）的条件下，$\varepsilon \to 0$ 意味着 $\varepsilon_r \to 0$，即 $\chi_e \to -1$。这又意味着电偶极矩的方向不是顺着外电场的方向，而是逆着外电场的方向，这种极化是不稳定的。虽然自然材料不会有这样的性质，但不排除人工材料的可能，就像人工制造的美特材料（meta-materials，也称为超材料），其等效介电常数或磁导率可以是负值。

2. $\mu \to 0$ 情况

（1）任一点的磁感应强度趋于零，即

$$B = \mu H \to 0 \qquad (1.6.7)$$

磁场强度 H 正比于电流，与介质无关，因此不会趋于无穷，故磁感应强度 B 趋于零。

（2）穿过任一闭合回路围成面积的磁通为零，即

$$\Phi = \int_S B \cdot dS \to 0 \qquad (1.6.8)$$

这意味着元件之间不存在磁感应，所有磁感应现象都发生在元件（例如互感）内部。

（3）磁场能量密度趋于零，即

$$w_m = 0.5 H \cdot B \to 0 \qquad (1.6.9)$$

（4）任一回路内感应电动势趋于零，即

$$e = -\frac{\partial \Phi}{\partial t} \to 0 \tag{1.6.10}$$

这意味着不存在感生电场，只有库仑电场，可以定义与路径无关的电压，并且沿任意闭合回路电压的代数和为零，即电压满足 $\sum u = 0$ 形式的 KVL。

（5）电路空间无分布性电感。因为无论何种形状，导线的电感都与磁导率成正比，所以当磁导率 $\mu \to 0$ 时，电路便无分布性电感。

（6）磁化率为 -1。对非铁磁物质，磁导率 $\mu = \mu_0 \mu_r$，相对磁导率 $\mu_r = 1 + \chi_m$，χ_m 为磁化率，磁化强度 $\boldsymbol{M}$ 与磁场强度 $\boldsymbol{H}$ 的关系为 $\boldsymbol{M} = \chi_m \boldsymbol{H}$。

可见，在 $\mu_0 \neq 0$（这是宇宙常数，假设不变）的条件下，$\mu \to 0$ 意味着 $\mu_r \to 0$，即 $\chi_m \to -1$。这使得磁偶极矩的方向不是顺着外磁场的方向，而是逆着外磁场的方向，即完全抗磁性物质，例如理想超导体。

根据抽象出的无限大波速可以得出 μ 和 ε 至少有一个趋于零的结论，也就是上述两套推理中至少有一套是成立的。但无论哪一套成立，坡印亭矢量都是存在的。正弦稳态下，坡印亭矢量的相量表达式为

$$\dot{\boldsymbol{\Pi}} = \dot{\boldsymbol{E}} \times \dot{\boldsymbol{H}}^* \neq 0 \tag{1.6.11}$$

这说明，在电路空间从电源到负载有能量流动，但电路空间并不存储能量（这点类似理想变压器），能量的吐纳过程完全发生在元件之间。也正因为电路空间不存储能量，不涉及能量的增减变化，才使得电磁波的传播速度能够趋于无限大。同样也是由于不存储能量，在使用特勒根定理分析集中参数电路时，只需涉及元件上的功率，并解释为能量守恒。这种仅元件功率便满足能量守恒性的定理，同样意味着元件以外的电路空间无电磁能量。其实，集中参数电路已经用理想元件集中表示了实际电路周围空间的电磁储能与耗能现象，因此不再考虑空间中的能量。

根据上述推理，集中参数电路空间存在电场强度 $\boldsymbol{E}$，因此不宜说集中参数电路空间没有电场，电场只集中在电容元件中；存在磁场强度 $\boldsymbol{H}$，因此也不宜说不存在磁场，磁场只集中在电感元件中。

在电磁波理论中，正弦电磁波电场与磁场横向分量的相量之比为特性阻抗，表达式为

$$Z = \frac{\dot{E}_T}{\dot{H}_T} = \sqrt{\frac{\mu}{\varepsilon}} \tag{1.6.12}$$

因为 $|\dot{E}_T| \neq 0$，$|\dot{H}_T|$ 非无限大，所以 $Z \neq 0$。故在假设波速趋于无限大的过程中，ε 和 μ 其实是按比例同时趋于零的。

3. 怎样的波长与尺度关系才能忽略推迟效应

实际波速不可能为无限大，所以也只能近似忽略推迟效应。那么，"远远小于"到底有怎样的数量关系呢？借助电磁场原理讨论如下。

设无限大真空中三维体电荷场源随时间按正弦规律变化，用电荷体密度 ρ_V 表示，它位于 r'（三维矢量）处，那么正弦稳态时，在 r 处的电位相量为

$$\dot{\varphi} = \frac{1}{4\pi\varepsilon_0} \int_V \frac{\mathrm{e}^{-jkl}}{l} \dot{\rho}_V(r')\mathrm{d}V(r') \tag{1.6.13}$$

式中，$l = |r - r'|$，代表某场点到场源的距离；$k = \omega/c$，ω 和 c 分别代表角频率和真空中的光速。式（1.6.13）中 e^{-jkl} 就是推迟项，在正弦稳态条件下，kl 就是滞后的相位。因此，所谓忽略推迟效应，就是要使 $\mathrm{e}^{-jkl} \approx 1$，或 kl 足够小。由此得到

$$kl = \frac{\omega l}{c} = \frac{2\pi l}{c/f} = \frac{2\pi l}{\lambda} \ll 1 \tag{1.6.14}$$

$$l \ll \frac{\lambda}{2\pi} \approx 0.1592\lambda \tag{1.6.15}$$

所以，更确切地说是电路最大尺度要远远小于最短波长的 0.1592 倍。为了方便，简单叙述成电路最大尺度远小于最短波长也可以，因为"远远小于"本身是不确定的概念。

1.6.2 从麦克斯韦方程抽象出集中参数电路过程中电磁量的演变

电路理论源于电磁学和电子学，但电路理论的基本定律则源于电磁学。因此，可以从麦克斯韦方程出发，由实际电路抽象出集中参数电路。

在时变情况下，电磁感应定律和安培环路定律的积分形式分别为（因为电路理论是用积分量描述电与磁现象的理论，所以使用积形式来叙述）

$$\oint_l E \cdot \mathrm{d}l = -\frac{\partial \Phi}{\partial t} \tag{1.6.16}$$

$$\oint_l H \cdot \mathrm{d}l = \int_s j_c \cdot \mathrm{d}S + \int_s \frac{\partial D}{\partial t} \cdot \mathrm{d}S = i_c + i_D \tag{1.6.17}$$

式中，i_c、i_D 分别代表穿过闭合回路 l 的总传导电流和总位移电流。

由式（1.6.17）可以导出电流连续性方程：

$$\oint_s \left(j_c + \frac{\partial D}{\partial t} \right) \cdot \mathrm{d}S = 0 \tag{1.6.18}$$

如果电路空间任一回路感应电动势 $\partial \Phi / \partial t$ 远小于所关心的最小电压，任一封闭面位移电流 $\oint_s \frac{\partial D}{\partial t} \cdot \mathrm{d}S$ 远小于所关心的最小电流，以至于可以把它们同时忽略，那么这样的电路便可用集中参数电路来近似表示其主要电磁特征。所以，用这两个定律表述的将实际

电路抽象成集中参数电路的条件是：①在电路空间任何不包括电感的回路内的感应电动势趋于零；②任何不包括电容元件的闭合面上的位移电流趋于零，即得到下面两个假设。

假设 1：

$$e = -\frac{\partial \Phi}{\partial t} \to 0 \tag{1.6.19}$$

假设 2：

$$\oint_s \frac{\partial \boldsymbol{D}}{\partial t} \cdot d\boldsymbol{S} \to 0 \tag{1.6.20}$$

这样式（1.6.16）～式（1.6.18）分别变成

$$\oint_l \boldsymbol{E} \cdot d\boldsymbol{l} \to 0 \tag{1.6.21}$$

$$\oint_l \boldsymbol{H} \cdot d\boldsymbol{l} = i_c \tag{1.6.22}$$

$$\oint_s \boldsymbol{j}_c \cdot d\boldsymbol{S} \to 0 \tag{1.6.23}$$

显然，它们与直流电路中的对应方程完全一致。一般说来（特例见后续讨论），对直流电路，可以使用集中参数电路模型和基尔霍夫定律来分析。所以满足式（1.6.19）和式（1.6.20）的非直流电路，可以像分析直流电路那样进行分析。式（1.6.21）就是 KVL（回路电压代数和等于零）的电磁学基础，式（1.6.23）则是 KCL（流出节点的传导电流代数和等于零）的电磁学基础。

那么，从式（1.6.19）和式（1.6.20）的抽象过程中又能对电磁量的演变做哪些想象和推理呢？下面加以讨论。

1. 根据假设 1 的推理

（1）感生电场趋于零。若满足假设 1 即式（1.6.19），则意味着感应电动势趋于零，感生电场趋于零，仅存在做功与路径无关的库仑电场，此时式（1.6.21）与静电场方程无异，所以这样的时变场称为准静态电场。只要满足这一假设，便可使用 KVL。

（2）穿过任一闭合回路的磁通趋于零。式（1.6.19）表明磁通的变化率趋于零，而任何磁通的建立都需要经历变化的过程。因此，不仅磁通变化率趋于零，磁通本身也趋于零，即 $\Phi \to 0$。

（3）磁感应强度趋于零。由于磁感应强度 $\boldsymbol{B}$ 也等于磁通密度，所以 $\boldsymbol{B} \to 0$。

（4）磁导率趋于零。因为 $\boldsymbol{B} = \mu \boldsymbol{H} \to 0$，而磁场强度 $\boldsymbol{H} \neq 0$，它由传导电流决定，因此磁导率 $\mu \to 0$。这与 1.6.1 小节情况 2 的因果关系刚好倒置，相互呼应。

（5）磁场能量密度趋于零。见式（1.6.9）。

（6）电磁波传播速度趋于无限大。因为 $\mu \to 0$，根据式（1.6.1），波速便趋于无限大。

2. 根据假设 2 的推理

（1）位移电流趋于零。若满足假设 2 即式（1.6.20），则意味着位移电流趋于零，只存在传导电流，此时式（1.6.22）与恒定磁场安培环路定律完全相同。这种时变场称为准静态磁场。它的电流连续方程即式（1.6.23）与恒定电场无异。因此，只要满足这一假设便可使用 KCL。

（2）电位移趋于零。式（1.6.20）表明电位移的变化率趋于零，而任何电位移的建立都需要经历变化的过程，因此在任一点，不仅电位移的变化率趋于零，电位移本身也趋于零，即 $D \to 0$。

（3）任一封闭面内的净电荷趋于零。根据高斯定理，即式（1.6.3）可知，任一封闭面内的净电荷 $q \to 0$。

（4）介电常数趋于零。因为 $D = \varepsilon E$，而 $E \neq 0$，所以介电常数 $\varepsilon \to 0$。这与 1.6.1 小节中情况 1 的因果关系刚好倒置，相互呼应。

（5）电场能量密度趋于零。见式（1.6.4）。

（6）电磁波传播的速度趋于无限大。因为 $\varepsilon \to 0$，根据式（1.6.1），波速便趋于无限大。

从上述推演可见，无论满足假设 1 还是假设 2，电磁波的波速都将趋于无限大。这相当于忽略了电磁波的推迟效应，可以建立集中参数电路模型。所以，1.6.2 小节的每个假设都包含了 1.6.1 小节波速为无限大的假设。从另一概念上看，忽略感生电场或位移电流，相当于忽略了电路空间磁场与电场的相互转化，电磁能量的转化都在元件之间以某种方式进行。在空间中没有了电磁转化，也就不存在电磁波动现象。所以，用准静态场的假设条件即式（1.6.19）和式（1.6.20），与使用无限大波速忽略推迟效应所做的推演是一致的。假设 1、假设 2 与忽略推迟效应，三者并不是独立的。

1.6.3　将直流电路抽象成集中参数电路

前面表述的能够抽象成集中参数电路的假设条件是针对非直流电路的，不能用于直流电路。因为直流电路可比作频率为零或波长为无限大的电路，而任何有限尺度的电路都远远小于这个无限大的波长，所以不能只用电路尺度和波长的大小关系来判断可否将直流电路抽象成集中参数电路。另外，在直流电路中，显然不存在位移电流和感生电场，式（1.6.19）和式（1.6.20）显然是满足的。但并不是对所有直流电路都能建立集中参数电路模型，因为集中参数电路除了忽略位移电流和感生电场外，还应忽略沿线电阻和线间漏电流。为此，针对直流电路，电路尺度需要这样表述：电路尺度不是很长，以至于线间漏电流远小于所关心的元件最小电流，从而忽略漏电流；沿线路的电压远小于所关心的元件最小电压，从而忽略沿线电压。

以远距离高压直流输电为例，线路不是很长的含义是，线间漏电流远小于输电线电流，同时沿输电线电压远小于线间电压。此时便可按照集中参数电路来近似分析。否则，不能按照单位长度的参数乘以长度的方法，将沿线电阻和电导简单地集中起来，需要使用分布参数电路来分析。也就是说，即使欲建立集中参数电路模型，也需要使用分布参数电路理论。

对于非直流电路，同样存在漏电流和沿导线电压。因此，只有当位移电流、感生电场、漏电流和沿线电压都可以忽略时，或者分布电容、分布电感、分布电导和分布电阻都可以忽略时，才能抽象成集中参数电路。否则需要建立分布参数电路或电磁场模型，或者用理想元件近似反映这些分布参数的作用。

1.6.4　集中参数电路相对实际电路的特征

下面总结一下集中参数电路的电磁特征。虽然一些叙述与教材相同，但为了完整起见，还是再复述一遍。这些特征并不完全独立，存在很强的物理联系。理解下列特征需要站在抽象的角度，不能用对客观世界的直观认识来理解它们，因为集中参数电路是抽象的结果，用于近似分析实际电路，客观上并不存在。

（1）只涉及元件端子上电流和端子之间电压，连接导线为理想导线，并且没有漏电流。

（2）在保持连接关系不变的情况下，元件电压、电流与元件位置无关，因此集中参数电路不涉及位置变量。

（3）元件之外的电路空间无感生电场和位移电流（不宜说没有磁场和电场）。

（4）在上述意义下（不是全部意义），特征（3）又等价于电路空间的磁导率和介电常数都趋于零。

（5）电路空间波速趋于无限大。

（6）电路空间任何封闭面内净电荷为零。

（7）电路空间任何回路内磁通为零。

（8）存在电场强度 E，但不存在电位移 D。

（9）存在磁场强度 H，但不存在磁感应强度 B。

（10）没有电场能量和磁场能量，故波速可以趋于无限大。

（11）电路空间只存在做功与路径无关的库仑电场，因此可以使用端电压，且任何闭合回路中端电压代数和为零。

（12）电路空间只有沿导线和元件流动的传导电流。全电流连续此时就变成传导电流连续，因此流出任何节点的传导电流代数和为零。

（13）由于不存在位移电流和感生电场，所以电磁波动方程也就不存在了（没有了对时间求导项，没有了时间和空间的转换），推迟效应也随之消失。例如，电位方程一般为

$$\nabla^2 \varphi - \frac{1}{v^2} \frac{\partial^2 \varphi}{\partial t^2} = -\frac{\rho_V}{\varepsilon} \tag{1.6.24}$$

当波速趋于无限大时，电位方程将变成

$$\nabla^2 \varphi = -\frac{\rho_V}{\varepsilon} \tag{1.6.25}$$

电位方程与时间导数无关，电位在时间上直接随场源变化，故推迟效应消失。

1.6.5　KCL 与 KVL 各自成立的条件

KCL（流出任意闭合面的传导电流代数和为零）是关于沿线传导电流的定律，所以根据前面的讨论，只要忽略了位移电流和线间漏电流，只考虑元件端子和导线上的传导

电流，根据电流连续性原理，KCL 便成立，它并不需要满足集中参数电路对感生电场提出的条件。

KVL（沿任意闭合回路的端电压代数和为零）是关于线间或元件端子间库仑场电压的定律，所以根据前面讨论，只要忽略做功与路径有关的感生电场和沿线电压，只考虑由库仑电场产生的线间电压或元件电压，根据库仑场做功性质，KVL 便成立，它不需要满足集中参数电路对位移电流提出的条件。

总之，KCL 和 KVL 各自成立需要电路满足不同的条件。但是，二者同时成立的充要条件则是电路满足集中参数假设，从而建立集中参数电路模型。所以，教材中在叙述 KCL 和 KVL 时，开头均加上"在集中参数电路中"，用意就是把集中参数电路作为 KCL 和 KVL 成立的共同条件，不去区分各自条件。

1.6.6 结语

将满足特定条件的实际电路抽象成集中参数电路，这是在电磁学理论基础上建立电路理论的关键。虽然客观世界中并不存在集中参数电路（就像不存在质点、刚体、点电荷一样），但是，想象着在抽象过程中有关电磁量的演变规律，无疑可以提高学生对客观事物的抽象意识，这是从事科学研究不可或缺的素养，同时有利于加强电路理论与电磁学的内在联系，起到强基固本的教学效果。

参 考 文 献

[1] 陈希有, 齐琛, 李冠林, 等. 关于电功率与器件储能和作用力的有条件叠加性讨论[J]. 电气电子教学学报, 2021, 43(3): 82-86.

[2] 李瀚荪. 简明电路分析基础[M]. 北京: 高等教育出版社, 2002: 118-121.

[3] 陈甘澍. 关于叠加定理用于功率计算的讨论[J]. 湖北民族学院学报(自然科学版), 1990(1): 24-28.

[4] 陈希有, 田社平, 齐琛, 等. 关于端口总功率有条件满足叠加性的讨论[J]. 电气电子教学学报, 2021, 43(4): 128-131.

[5] 巴拉巴尼安, 比卡特. 电网络理论(上册)[M]. 夏承铨, 刘国柱, 宁超, 等译. 北京: 高等教育出版社, 1982: 179-193.

[6] 邱关源. 电网络理论[M]. 北京: 科学出版社, 1988: 193-196.

[7] 吴宁. 电网络分析与综合[M]. 北京: 科学出版社, 2003: 106-120.

[8] 基尔霍夫, 雷则, 温伯格. 基尔霍夫定律[M]. 宗孔德, 译. 北京: 人民教育出版社, 1981: 1-48.

[9] 陈希有, 郭源博, 齐琛, 等. 论拉格朗日方程与基尔霍夫定律相互演绎[J]. 中国电机工程学报, 2022, 42(5): 2036-2044.

[10] Wells D A. Application of the Lagrangian equations to electrical circuits [J]. Journal of Applied Physics, 1938, 9(5): 312-320.

[11] 张晓华. 控制系统数字仿真与 CAD[M]. 4 版. 北京: 机械工业出版社, 2020: 53-58.

[12] 颜秋容. 电路理论(基础篇)[M]. 北京: 高等教育出版社, 2017: 6-8.

[13] 林争辉. 电路理论[M]. 北京: 高等教育出版社, 1988: 30-32.

第 2 章

正弦稳态电路分析

§2.1 相量与正弦量的数学变换原理

 导 读

　　1897 年，出生于德国的美籍电机工程师施泰因梅茨（Charles Proteus Steinmetz, 1865—1923）发表了他的研究成果 *Theory and Calculation of Alternating Current Phenomena*（《交流现象的理论与计算》），他提出的 "Symbolic Method of Alternating Current Calculations"（计算交流电流的符号法）提供了分析交流电路的有效方法，即相量分析法。使用相量分析法可以像分析直流电路那样分析正弦电路，大大提高了人们分析正弦电路的能力。正弦电路的相量分析法既是教学重点，也是教学难点。相量与正弦量的关系一般被说成是用相量"表示"或"代表"正弦量。正弦量等于旋转相量在复平面实轴或虚轴上的投影，这一关系容易理解，也可写成严密的数学表达式。但是，在由一个正弦量求出相应的相量过程中，通常是采用相量模与正弦量有效值（或最大值）、相量辐角与正弦量初相位分别对应相等的办法来得到。相量分析法实质是一种变换域分析法，从时间域的实数变换到复数域的复数。但是，由于没有使用显式的数学变换表达式，因此不易理解这是一种变换域分析法。

　　本节提出一种数学变换，称其为相量变换，将相量和正弦量的关系建立在变换和逆变换的严密数学基础上[1]。证明了这种变换的基本性质，基于这些性质得出了 KCL、KVL 和电阻、电感与电容元件方程的相量形式，并在电路方程时域形式的基础上，通过施加该变换得到电路方程的相量形式。根据相量变换的定义并从复功率出发，导出了复功率与有功功率（即平均功率）和无功功率的关系，并建立了有功功率、无功功率与瞬时功率的联系[2]。利用这些关系，仅基于瞬时功率的守恒性，即可证明复功率和复交流功率的守恒性。由于这些功率守恒性的证明不需要特勒根定理为基础，因而有助于学生在学习特勒根定理之前加深对交流电路功率守恒性的认识。

　　这种理论体系与动态电路暂态过程的复频域分析形成前后对照，可以加深学生对电路理论中变换域分析法的认识。

现阶段应用这种数学变换似乎有些简单问题复杂化的感觉，但将相量分析法建立在严密的数学变换基础上，能够使人们站在数学变换的角度认识问题，从而养成一种数学思维方式。

2.1.1 相量变换的定义

在正弦电路的相量分析法中已经得知，基于欧拉公式，正弦量（用余弦函数表示）$f(t) = A_m \cos(\omega t + \psi)$ 可以写成

$$
\begin{aligned}
f(t) &= \mathrm{Re}[A_m \cos(\omega t + \psi) + \mathrm{j} A_m \sin(\omega t + \psi)] \\
&= \mathrm{Re}[A_m \mathrm{e}^{\mathrm{j}(\omega t + \psi)}] = \mathrm{Re}[A_m \mathrm{e}^{\mathrm{j}\psi} \cdot \mathrm{e}^{\mathrm{j}\omega t}] = \mathrm{Re}[\dot{A}_m \mathrm{e}^{\mathrm{j}\omega t}]
\end{aligned}
\tag{2.1.1}
$$

式中，$\dot{A}_m = A_m \mathrm{e}^{\mathrm{j}\psi} = A_m \angle \psi$ 称为正弦量 $A_m \cos(\omega t + \psi)$ 的相量，正弦量的振幅对应相量的模，正弦量的初相位对应相量的辐角。

从数学角度看，一个正弦量对应一个相量，其实是一种数学变换。但由于没有将相量 $\dot{A}_m$ 表达成对 $f(t)$ 的某种数学运算，使得人们不易理解其中的数学变换关系，只看作是一种一一对应关系。那么，如何把这种变换用人们习惯的数学方法来表示，就像拉普拉斯变换和傅里叶变换那样，以便用严密的数学讨论和应用变换的性质呢？

众所周知，正弦函数滞后余弦函数四分之一周期。因此，若 $f(t) = A_m \cos(\omega t + \psi)$，则 $f(t - T/4) = A_m \sin(\omega t + \psi)$。据此，可以按如下方法用数学关系来定义相量。

定义 2.1.1： 设正弦量 $f(t) = A_m \cos(\omega t + \psi)$，周期为 T，$\mathrm{j} = \sqrt{-1}$，那么

$$
\dot{A}_m = \mathrm{e}^{-\mathrm{j}\omega t}[f(t) + \mathrm{j}f(t - T/4)]
\tag{2.1.2}
$$

称为 $f(t)$ 的相量变换，用符号 P 表示，$\dot{A}_m$ 称为 $f(t)$ 的振幅相量（以下简称相量），记作

$$
\dot{A}_m = \mathrm{P}[f(t)]
\tag{2.1.3}
$$

欲使用有效值相量，只需在式（2.1.2）的右边乘以 $1/\sqrt{2}$ 即可。

下面利用定义计算 $f(t)$ 的相量表达式。将

$$
f(t) = A_m \cos(\omega t + \psi)
$$

$$
f(t - T/4) = A_m \sin(\omega t + \psi)
$$

代入定义式（2.1.2），并利用欧拉公式得

$$
\begin{aligned}
\dot{A}_m &= \mathrm{e}^{-\mathrm{j}\omega t}[f(t) + \mathrm{j}f(t - T/4)] \\
&= \mathrm{e}^{-\mathrm{j}\omega t}[A_m \cos(\omega t + \psi) + \mathrm{j}A_m \sin(\omega t + \psi)] \\
&= \mathrm{e}^{-\mathrm{j}\omega t} A_m \mathrm{e}^{\mathrm{j}(\omega t + \psi)} = A_m \mathrm{e}^{\mathrm{j}\psi} = A_m \angle \psi
\end{aligned}
\tag{2.1.4}
$$

这正是以前电路课程中根据对应关系得到的相量：相量 $\dot{A}_m$ 是一个复常量，其模等于正弦量 $f(t)$ 的振幅，辐角等于 $f(t)$ 的初相位。

与相量变换式（2.1.2）对应的相量逆变换不难理解为

$$
f(t) = \mathrm{P}^{-1}[\dot{A}_m] = \mathrm{Re}[\dot{A}_m \mathrm{e}^{\mathrm{j}\omega t}]
\tag{2.1.5}
$$

即 $f(t)$ 等于旋转相量 $\dot{A}_{\mathrm{m}}\mathrm{e}^{\mathrm{j}\omega t}$ 在复平面实轴上的投影，旋转的起始位置就是相量 $\dot{A}_{\mathrm{m}}$ 所在的位置。

2.1.2　相量变换的性质

1. 唯一性质

同频率正弦量 $f_1(t)$ 和 $f_2(t)$ 相等的充要条件是它们的相量变换相等。

必要性的证明：设任意时刻正弦量 $f_1(t) = f_2(t)$，则它们的振幅和初相也必然相等，即 $A_{1\mathrm{m}} = A_{2\mathrm{m}}$，$\psi_1 = \psi_2$。所以，$f_1(t)$ 和 $f_2(t)$ 的相量变换一定也是相等的，即

$$\dot{A}_{1\mathrm{m}} = A_{1\mathrm{m}}\angle\psi_1 = A_{2\mathrm{m}}\angle\psi_2 = \dot{A}_{2\mathrm{m}} \tag{2.1.6}$$

充分性的证明：设相量变换 $\dot{A}_{1\mathrm{m}} = \dot{A}_{2\mathrm{m}}$，则根据相量逆变换表达式（2.1.5）得

$$f_1(t) = \mathrm{P}^{-1}[\dot{A}_{1\mathrm{m}}] = \mathrm{Re}[\dot{A}_{1\mathrm{m}}\mathrm{e}^{\mathrm{j}\omega t}] \tag{2.1.7}$$

$$f_2(t) = \mathrm{P}^{-1}[\dot{A}_{2\mathrm{m}}] = \mathrm{Re}[\dot{A}_{2\mathrm{m}}\mathrm{e}^{\mathrm{j}\omega t}] \tag{2.1.8}$$

式（2.1.7）、式（2.1.8）的右边表示旋转相量在复平面实轴上的投影。这两个旋转相量长度相同，起始位置相同，转动的角频率也相同，所以它们在实轴上的投影必然始终相等，即 $f_1(t) = f_2(t)$。

2. 线性性质

设 $f_1(t)$ 和 $f_2(t)$ 是两个同频率的正弦量，其相量变换分别为 $\dot{A}_{1\mathrm{m}}$ 和 $\dot{A}_{2\mathrm{m}}$，a_1、a_2 为常实数，则线性组合 $a_1 f_1(t) + a_2 f_2(t)$ 的相量变换 $\dot{A}_{\mathrm{m}}$ 为

$$\dot{A}_{\mathrm{m}} = \mathrm{P}[a_1 f_1(t) + a_2 f_2(t)] = a_1\dot{A}_{1\mathrm{m}} + a_2\dot{A}_{2\mathrm{m}} \tag{2.1.9}$$

即正弦量线性组合的相量变换等于相量变换的同一线性组合。证明如下：

$$
\begin{aligned}
\dot{A}_{\mathrm{m}} &= \mathrm{e}^{-\mathrm{j}\omega t}\{[a_1 f_1(t) + a_2 f_2(t)] + \mathrm{j}[a_1 f_1(t - T/4) + a_2 f_2(t - T/4)]\} \\
&= a_1 \mathrm{e}^{-\mathrm{j}\omega t}[f_1(t) + \mathrm{j}f_1(t - T/4)] + a_2 \mathrm{e}^{-\mathrm{j}\omega t}[f_2(t) + \mathrm{j}f_2(t - T/4)] \\
&= a_1\dot{A}_{1\mathrm{m}} + a_2\dot{A}_{2\mathrm{m}}
\end{aligned}
$$

3. 微分性质

设 $f(t)$ 为正弦量，其相量变换为 $\dot{A}_{\mathrm{m}}$，则 $f(t)$ 对时间一阶导数的相量变换为

$$\mathrm{P}\left[\frac{\mathrm{d}f(t)}{\mathrm{d}t}\right] = \mathrm{j}\omega\dot{A}_{\mathrm{m}} \tag{2.1.10}$$

即正弦量对时间一阶导数的相量变换等于该正弦量的相量变换乘以虚数 $j\omega$。证明如下。

因为

$$\frac{\mathrm{d}f(t)}{\mathrm{d}t} = -\omega A_{\mathrm{m}}\sin(\omega t + \psi) = \omega A_{\mathrm{m}}\cos(\omega t + \psi + \pi/2) = \omega f(t + T/4) \tag{2.1.11}$$

所以由定义式（2.1.2）得

$$P\left[\frac{\mathrm{d}f(t)}{\mathrm{d}t}\right] = P[\omega f(t + T/4)] = \mathrm{e}^{-\mathrm{j}\omega t}[\omega f(t + T/4) + \mathrm{j}\omega f(t)]$$
$$= \mathrm{j}\omega \mathrm{e}^{-\mathrm{j}\omega t}[f(t) - \mathrm{j}f(t + T/4)] \tag{2.1.12}$$

又因为

$$f(t + T/4) = A_{\mathrm{m}}\cos(\omega t + \psi + \pi/2)$$
$$= -A_{\mathrm{m}}\cos(\omega t + \psi - \pi/2) = -f(t - T/4) \tag{2.1.13}$$

将式（2.1.13）代入式（2.1.12）得

$$P\left[\frac{\mathrm{d}f(t)}{\mathrm{d}t}\right] = \mathrm{j}\omega \mathrm{e}^{-\mathrm{j}\omega t}[f(t) + \mathrm{j}f(t - T/4)] = \mathrm{j}\omega \dot{A}_{\mathrm{m}}$$

4. 积分性质

设 $f(t)$ 为正弦量，其相量变换为 $\dot{A}_{\mathrm{m}}$，则 $f(t)$ 的时间积分（不计积分常数，因为在正弦稳态电路中不存在电压、电流的直流分量，以下同）的相量变换为

$$P\left[\int f(t)\mathrm{d}t\right] = \frac{\dot{A}_{\mathrm{m}}}{\mathrm{j}\omega} \tag{2.1.14}$$

即正弦量对时间积分的相量变换等于该正弦量的相量变换除以虚数 $j\omega$。证明如下。

因为

$$\int f(t)\mathrm{d}t = \frac{A_{\mathrm{m}}}{\omega}\sin(\omega t + \psi) = \frac{A_{\mathrm{m}}}{\omega}\cos(\omega t + \psi - \pi/2) = \frac{1}{\omega}f(t - T/4) \tag{2.1.15}$$

所以由定义式（2.1.2）得

$$P\left[\int f(t)\mathrm{d}t\right] = \mathrm{e}^{-\mathrm{j}\omega t}\left[\frac{1}{\omega}f(t - T/4) + \mathrm{j}\frac{1}{\omega}f(t - T/2)\right]$$
$$= \frac{1}{\mathrm{j}\omega}\mathrm{e}^{-\mathrm{j}\omega t}[-f(t - T/2) + \mathrm{j}f(t - T/4)] \tag{2.1.16}$$

又因为

$$f(t - T/2) = A_{\mathrm{m}}\cos(\omega t + \psi - \pi) = -A_{\mathrm{m}}\cos(\omega t + \psi) = -f(t) \tag{2.1.17}$$

将式（2.1.17）代入式（2.1.16）得

$$P\left[\int f(t)\mathrm{d}t\right] = \frac{1}{\mathrm{j}\omega}\mathrm{e}^{-\mathrm{j}\omega t}[f(t) + \mathrm{j}f(t - T/4)] = \frac{\dot{A}_{\mathrm{m}}}{\mathrm{j}\omega}$$

上述各性质与拉普拉斯变换的各性质——对应，教学上实现了前后呼应。

2.1.3　正弦电路的变换域分析原理

利用 2.1.1 小节定义的相量变换，可以建立正弦电路的变换域分析法，其过程类似于动态电路暂态过程的复频域分析法。下面循此过程加以讨论。

1. 基尔霍夫定律的相量形式

KCL 的时域形式为

$$\sum_{k=1}^{N} \pm i_k(t) = 0 \tag{2.1.18}$$

对式（2.1.18）两边进行相量变换，并利用变换的唯一性质和线性性质得 KCL 的相量形式为

$$P\left[\sum_{k=1}^{N} \pm i_k(t)\right] = \sum_{k=1}^{N} P[\pm i_k(t)] = \sum_{k=1}^{N} \pm \dot{I}_{km} = 0 \tag{2.1.19}$$

同理可得 KVL 的相量形式，即

$$\sum_{k=1}^{M} \pm \dot{U}_{km} = 0 \tag{2.1.20}$$

2. 元件方程的相量形式

（1）电阻元件。在一致参考方向（即关联参考方向）下，电阻上的电压和电流满足欧姆定律，$u_R = Ri_R$。对该式等号两边进行相量变换，并利用唯一性质和线性性质得

$$\dot{U}_{Rm} = P[u_R] = P[Ri_R] = RP[i_R] = R\dot{I}_{Rm} \tag{2.1.21}$$

（2）电感元件。在一致参考方向下，电感上的电压和电流满足 $u_L = L\dfrac{di_L}{dt}$。对该式等号两边进行相量变换，并利用唯一性质、线性性质和微分性质得

$$\dot{U}_{Lm} = P[u_L] = P\left[L\frac{di_L}{dt}\right] = j\omega L P[i_L] = j\omega L \dot{I}_{Lm} \tag{2.1.22}$$

（3）电容元件。在一致参考方向下，电容上的电压和电流满足 $u_C = \dfrac{1}{C}\int i_C(t)dt$。对该式等号两边进行相量变换，并利用唯一性质、线性性质和积分性质得

$$\dot{U}_{Cm} = P[u_C] = P\left[\frac{1}{C}\int i_C(t)dt\right] = \frac{1}{j\omega C}P[i_C] = \frac{\dot{I}_{Cm}}{j\omega C} \tag{2.1.23}$$

3. 用相量变换建立相量形式的电路方程

在正弦电路教学中，一般是将基尔霍夫定律方程的相量形式和元件方程的相量形式与电阻电路或直流电路的相应方程加以对比，然后将电阻电路或直流电路方程、定理等推广到正弦电路的相量模型，从而得出正弦电路方程和定理的相量形式。本节基于相量变换的定义，从电路方程的时域形式出发，通过施加相量变换得到方程的相量形式，这有助于从不同角度来理解相量分析法的原理，毕竟时域形式的电路方程物理意义明确。举例如下。

设电路如图 2.1.1 所示，以电流 i_1、i_2 和 i_3 为变量，对节点①列写 KCL 方程：

$$-i_1 + i_2 + i_3 = 0 \tag{2.1.24}$$

对网孔 m_1 和 m_2 列写 KVL 方程：

$$网孔\, m_1: \quad R_1 i_1 + \frac{1}{C}\int i_3 \mathrm{d}t = u_S \tag{2.1.25}$$

$$网孔\, m_2: \quad R_2 i_2 + L\frac{\mathrm{d}i_2}{\mathrm{d}t} - \frac{1}{C}\int i_3 \mathrm{d}t = 0 \tag{2.1.26}$$

对上述方程等号两边进行相量变换，并利用变换的线性性质、微分性质和积分性质得

$$P[-i_1 + i_2 + i_3] = -\dot{I}_{1m} + \dot{I}_{2m} + \dot{I}_{3m} = 0 \tag{2.1.27}$$

$$P[R_1 i_1 + \frac{1}{C}\int i_3 \mathrm{d}t] = R_1 \dot{I}_{1m} + \frac{1}{\mathrm{j}\omega C}\dot{I}_{3m} = \dot{U}_{Sm} \tag{2.1.28}$$

$$P[R_2 i_2 + L\frac{\mathrm{d}i_2}{\mathrm{d}t} - \frac{1}{C}\int i_3 \mathrm{d}t] = R_2 \dot{I}_{2m} + \mathrm{j}\omega L\dot{I}_{2m} - \frac{1}{\mathrm{j}\omega C}\dot{I}_{3m} = 0 \tag{2.1.29}$$

方程（2.1.27）～方程（2.1.29）就是支路电流方程的相量形式。

4. 正弦电路变换域分析法示例

如将正弦电路的相量分析法建立在变换域分析基础上，可以避免学生因混淆相量和正弦量的关系而导致的一些常见错误。举例如下。

图 2.1.2 所示正弦 RL 电路。设 $u_S = 20\mathrm{V}\cos(\omega t + \pi/3)$，$\omega = 10^3\,\mathrm{rad/s}$，$R = 10\Omega$，$L = 0.01\mathrm{H}$。求电流 i 的变化规律。

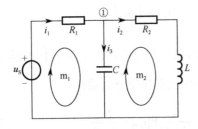

图 2.1.1　相量形式电路方程的建立

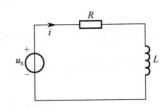

图 2.1.2　正弦 RL 电路

计算电压源的相量变换

$$\dot{U}_{\mathrm{Sm}} = \mathrm{P}[u_{\mathrm{S}}] = 20\mathrm{V}\angle(\pi/3)$$

在相量域内计算待求电流

$$\dot{I}_{\mathrm{m}} = \frac{\dot{U}_{\mathrm{Sm}}}{R + \mathrm{j}\omega L} = \frac{20\mathrm{V}\angle(\pi/3)}{(10 + \mathrm{j}10)\Omega} = \sqrt{2}\mathrm{A}\angle(\pi/12)$$

逆变换得

$$i = \mathrm{P}^{-1}[\dot{I}_{\mathrm{m}}] = \mathrm{Re}[\dot{I}_{\mathrm{m}}\mathrm{e}^{\mathrm{j}\omega t}] = \sqrt{2}\mathrm{A}\cos(\omega t + \pi/12)$$

由于采用了变换和逆变换的计算过程，可以有效避免诸如

$$\dot{I}_{\mathrm{m}} = \frac{\dot{U}_{\mathrm{Sm}}}{R + \mathrm{j}\omega L} = \frac{20\mathrm{V}\angle(\pi/3)}{(10 + \mathrm{j}10)\Omega} = \sqrt{2}\mathrm{A}\angle(\pi/12) = \sqrt{2}\mathrm{A}\cos(\omega t + \pi/12)$$

即相量等于正弦量等类似的常见错误。

2.1.4　用相量变换分析正弦电路功率

1. 用相量变换分析复功率

在正弦电路教学中，一般是在讲授有功功率和无功功率的基础上，人为定义复功率这一辅助计算量（实部为有功功率，虚部为无功功率）。利用本节提出的相量变换，可以先用 $\dot{U}\dot{I}^{*}$ 来定义复功率，经计算 $\dot{U}\dot{I}^{*}$ 的展开式得出复功率与有功功率和无功功率的关系，因而从不同角度来认识正弦电路的功率。

设一段支路的电压有效值相量和电流有效值相量分别为 $\dot{U}$ 和 $\dot{I}$（计算功率时使用有效值相量较为方便）。定义电压相量与电流相量共轭的乘积为复功率，即

$$
\begin{aligned}
\dot{U}\dot{I}^{*} &= \frac{1}{\sqrt{2}}\mathrm{e}^{-\mathrm{j}\omega t}[u(t) + \mathrm{j}u(t - T/4)] \times \frac{1}{\sqrt{2}}\mathrm{e}^{\mathrm{j}\omega t}[i(t) - \mathrm{j}i(t - T/4)] \\
&= 0.5[u(t)i(t) + u(t - T/4)i(t - T/4)] + \mathrm{j}0.5[u(t - T/4)i(t) - u(t)i(t - T/4)]
\end{aligned} \tag{2.1.30}
$$

式（2.1.30）等号右端 $u(t)i(t)$ 和 $u(t - T/4)i(t - T/4)$ 实际上分别是 t 时刻和 $t - T/4$ 时刻的瞬时功率。由于功率变化的周期是电压或电流周期的一半，所以这两个时刻功率之和等于 $u(t)i(t)$ 平均值 P 的 2 倍，如图 2.1.3 所示，故

$$0.5[u(t)i(t) + u(t - T/4)i(t - T/4)] = 0.5[p(t) + p(t - T/4)] = \frac{1}{T'}\int_{0}^{T'} p(t)\mathrm{d}t = P \tag{2.1.31}$$

式中，T' 表示瞬时功率 $p(t)$ 的周期，$T' = T/2$。式（2.1.31）说明复功率 $\dot{U}\dot{I}^{*}$ 的实部等于平均功率。

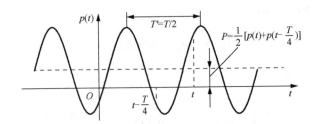

图 2.1.3　平均功率与 t 时刻和 $t-T/4$ 时刻瞬时功率的关系

继续分析式（2.1.30）等号右端的实部得

$$
\begin{aligned}
&0.5[u(t)i(t)+u(t-T/4)i(t-T/4)]\\
&=0.5U_\mathrm{m}I_\mathrm{m}[\cos(\omega t+\psi_u)\cos(\omega t+\psi_i)+\sin(\omega t+\psi_u)\sin(\omega t+\psi_i)]\\
&=0.5U_\mathrm{m}I_\mathrm{m}\cos(\psi_u-\psi_i)\\
&=UI\cos(\psi_u-\psi_i)
\end{aligned}\tag{2.1.32}
$$

由式（2.1.31）和式（2.1.32）得平均功率的计算公式为

$$
P=\frac{1}{T'}\int_0^{T'}p(t)\mathrm{d}t=UI\cos(\psi_u-\psi_i)\tag{2.1.33}
$$

这正是人们从前所熟悉的公式。

式（2.1.30）等号右端的虚部为

$$
\begin{aligned}
&0.5[u(t-T/4)i(t)-u(t)i(t-T/4)]\\
&=0.5U_\mathrm{m}I_\mathrm{m}[\sin(\omega t+\psi_u)\cos(\omega t+\psi_i)-\cos(\omega t+\psi_u)\sin(\omega t+\psi_i)]\\
&=0.5U_\mathrm{m}I_\mathrm{m}\sin(\psi_u-\psi_i)\\
&=UI\sin(\psi_u-\psi_i)
\end{aligned}\tag{2.1.34}
$$

它是常量，将其定义为电路的无功功率，记作

$$
Q=0.5[u(t-T/4)i(t)-u(t)i(t-T/4)]=UI\sin(\psi_u-\psi_i)\tag{2.1.35}
$$

以上式为基本公式，可以进一步讨论电阻、电感和电容上的无功功率，虽然所得结论与现有教材相同，但无功功率对应能量交换这一物理概念变得模糊，还是从瞬时功率来理解更方便。

式（2.1.35）彼此相乘的电压和电流，其实是不同时刻的电压与电流，因此乘积结果是一种"似功率"。

2. 用相量变换证明复功率的守恒性

在电路理论课教学中，一般是基于特勒根定理来证明复功率的守恒性，既简单又严密。但在某些课程内容体系中，将该定理安排在复功率之后讲授，这样就不易证明复功率守恒了，加之复功率和无功功率都是比较抽象的概念，理解和证明它们的守恒性也就变得格外困难。然而，由于瞬时功率物理概念清楚，用能量守恒性便可很好地解释瞬时功率的守恒性，所以本节接下来仅基于瞬时功率的守恒性和相量变换的定义，分别证明有功功率（以下将平均功率称为有功功率，以便与无功功率对应）的守恒性和无功功率的守恒性，合起来便证得复功率的守恒性。

根据式（2.1.31），对电路中全部支路的有功功率求和得（电压、电流全部为一致的参考方向）

$$\sum P_k = \sum 0.5[u_k(t)i_k(t) + u_k(t-T/4)i_k(t-T/4)]$$
$$= 0.5\sum[u_k(t)i_k(t)] + 0.5\sum u_k(t-T/4)i_k(t-T/4) \quad (2.1.36)$$
$$= 0.5\sum p_k(t) + 0.5\sum p_k(t-T/4)$$

由于瞬时功率满足守恒性，即

$$\sum p_k(t) = 0, \quad \sum p_k(t-T/4) = 0 \quad (2.1.37)$$

将式（2.1.37）代入式（2.1.36）便可证得有功功率满足守恒性，即

$$\sum P_k = 0 \quad (2.1.38)$$

注：有功功率满足守恒性的最好证明方法是利用瞬时功率的平均值：

$$\sum P_k = \sum \frac{1}{T'}\int_0^{T'} p_k(t)dt = \frac{1}{T'}\int_0^{T'}\left[\sum p_k(t)\right]dt = \frac{1}{T'}\int_0^{T'} 0dt = 0 \quad (2.1.39)$$

为证明无功功率的守恒性，即

$$\sum[u_k(t-T/4)i_k(t) - u_k(t)i_k(t-T/4)] = 0$$

可借助计算全部支路瞬时功率和的不定积分，即

$$\int\left[\sum p_k(t)\right]dt = \int\left[\sum u_k(t)i_k(t)\right]dt = \sum\int u_k(t)i_k(t)dt$$

令 $i_x = i_k(t)$，则

$$di_x = i_k'(t)dt = \omega i_k(t+T/4)dt$$

上式利用了

$$i'(t) = -\omega I_m\sin(\omega t + \psi_i) = \omega I_m\cos(\omega t + \psi_i + \pi/2) = \omega i(t+T/4) \quad (2.1.40)$$

即正弦量对时间求导一次，相位上便超前 $\pi/2$，或时间上超前 $T/4$。

再令 $du_y = u_k(t)dt$，又得

$$u_y = \int u_k(t)dt = \frac{1}{\omega}u_k(t-T/4)$$

上式利用了

$$\int u(t)dt = \frac{1}{\omega}U_m\sin(\omega t + \psi_u) = \frac{1}{\omega}U_m\cos(\omega t + \psi_u - \pi/2) = \frac{1}{\omega}u(t-T/4) \quad (2.1.41)$$

即正弦量对时间积分一次，相位上便滞后 $\pi/2$，或时间上滞后 $T/4$。

根据分部积分原理得

$$\sum \int u_k(t)i_k(t)\mathrm{d}t = \sum \left[i_x u_y - \int u_y \mathrm{d}i_x \right]$$
$$= \sum \frac{1}{\omega}i_k(t)u_k(t-T/4) - \sum \int u_k(t-T/4)i_k(t+T/4)\mathrm{d}t \qquad (2.1.42)$$

类似地，令 $i_x = i_k(t+T/4)$，得

$$\mathrm{d}i_x = i'_k(t+T/4)\mathrm{d}t = \omega i_k(t+T/4+T/4)\mathrm{d}t = -\omega i_k(t)\mathrm{d}t$$

再令 $\mathrm{d}u_y = u_k(t-T/4)\mathrm{d}t$，得

$$u_y = \int u_k(t-T/4)\mathrm{d}t = \frac{1}{\omega}u_k(t-T/2) = -\frac{1}{\omega}u_k(t)$$

根据分部积分原理，式（2.1.42）等号右端第二项为

$$\sum \int u_k(t-T/4)i_k(t+T/4)\mathrm{d}t = \sum \left[i_x u_y - \int u_y \mathrm{d}i_x \right]$$
$$= \sum -\frac{1}{\omega}u_k(t)i_k(t+T/4) - \sum \int u_k(t)i_k(t)\mathrm{d}t \qquad (2.1.43)$$
$$= \frac{1}{\omega}\sum u_k(t)i_k(t-T/4) - \sum \int u_k(t)i_k(t)\mathrm{d}t$$

将式（2.1.43）代入式（2.1.42）得

$$\sum \int u_k(t)i_k(t)\mathrm{d}t = \sum \frac{1}{\omega}u_k(t-T/4)i_k(t) - \sum \frac{1}{\omega}u_k(t)i_k(t-T/4) + \sum \int u_k(t)i_k(t)\mathrm{d}t \qquad (2.1.44)$$

划去等号两端的相同项，便证得无功功率的守恒性，即

$$\sum Q_k = \sum [u_k(t-T/4)i_k(t) - u_k(t)i_k(t-T/4)] = 0$$

如果已掌握了似功率的守恒性，则上式可以直接由下面的结论来证明：

$$\sum u_k(t-T/4)i_k(t) = 0$$
$$\sum u_k(t)i_k(t-T/4) = 0$$

这样的证明就与有功功率守恒性的证明，即从式（2.1.36）到式（2.1.38），相得益彰。

3. 复交流功率及其守恒性的证明

电压相量与电流相量之积称为复交流功率，即

$$\hat{S} = \dot{U}\dot{I} \qquad (2.1.45)$$

下面基于瞬时功率的守恒性证明复交流功率也具有守恒性，即对全部支路求和，有

$$\sum \mathrm{Re}[\dot{U}_k\dot{I}_k] = 0, \qquad \sum \mathrm{Im}[\dot{U}_k\dot{I}_k] = 0 \qquad (2.1.46)$$

虽然上式的物理意义尚未得到深入研究和应用,但对其进行理论探讨还是有必要的。按定义计算复交流功率与瞬时功率的关系为

$$\dot{U}\dot{I} = \frac{1}{\sqrt{2}}e^{-j\omega t}[u(t)+ju(t-T/4)] \times \frac{1}{\sqrt{2}}e^{-j\omega t}[i(t)+ji(t-T/4)]$$
$$= 0.5e^{-j2\omega t}[u(t)i(t)-u(t-T/4)i(t-T/4)] \qquad (2.1.47)$$
$$+ j0.5e^{-j2\omega t}[u(t-T/4)i(t)+u(t)i(t-T/4)]$$

对电路中的全部支路求式(2.1.47)的实部之和,得

$$\sum\mathrm{Re}[\dot{U}_k\dot{I}_k] = \mathrm{Re}[\sum\dot{U}_k\dot{I}_k]$$
$$= 0.5\,\mathrm{Re}\{e^{-j2\omega t}\sum[u_k(t)i_k(t)-u_k(t-T/4)i_k(t-T/4)]\} \qquad (2.1.48)$$
$$= 0.5\,\mathrm{Re}\{e^{-j2\omega t}\sum[p_k(t)-p_k(t-T/4)]\}$$

根据瞬时功率的守恒性即式(2.1.37)便证得各支路复交流功率的实部具有守恒性,即

$$\sum\mathrm{Re}[\dot{U}_k\dot{I}_k] = 0 \qquad (2.1.49)$$

如对电路中的全部支路求式(2.1.47)的虚部之和,得

$$\sum\mathrm{Im}[\dot{U}_k\dot{I}_k] = \mathrm{Im}[\sum\dot{U}_k\dot{I}_k]$$
$$= 0.5\,\mathrm{Im}[e^{-j2\omega t}\sum[u_k(t-T/4)i_k(t)+u_k(t)i_k(t-T/4)]] \qquad (2.1.50)$$

因为各支路在 $t-T/4$ 时刻的瞬时功率满足守恒性,即

$$\sum p_k(t-T/4) = \sum u_k(t-T/4)i_k(t-T/4) = 0 \qquad (2.1.51)$$

所以上式的时间导数仍为零,即

$$\frac{\mathrm{d}}{\mathrm{d}t}\sum p_k(t-T/4) = \sum\frac{\mathrm{d}}{\mathrm{d}t}[u_k(t-T/4)i_k(t-T/4)]$$
$$= \sum\left[i_k(t-T/4)\frac{\mathrm{d}}{\mathrm{d}t}u_k(t-T/4)+u_k(t-T/4)\frac{\mathrm{d}}{\mathrm{d}t}i_k(t-T/4)\right] \qquad (2.1.52)$$
$$= \omega\sum[i_k(t-T/4)u_k(t)+u_k(t-T/4)i_k(t)]$$
$$= 0$$

将式(2.1.52)代入式(2.1.50)便证得各支路复交流功率的虚部具有守恒性,即

$$\sum\mathrm{Im}[\dot{U}_k\dot{I}_k] = 0 \qquad (2.1.53)$$

2.1.5　结语

本节提出了相量变换的数学表达式,从而将相量与正弦量的关系建立在严密的数学变换基础上。利用这种变换的基本性质,可以像电路的复频域分析过程一样,建立基尔霍夫定律和元件方程的相量形式,扩展学生对电路变换域分析法的认识,避免相量与正弦量相混淆等常见错误。基于相量变换还可以建立复功率、有功功率、无功功率以及复

交流功率与瞬时功率的关系，进而仅基于瞬时功率的守恒性便可证明复功率、有功功率、无功功率及复交流功率均满足守恒性。

§2.2　相序指示器的延伸理解

📝 导　读

　　由白炽灯和电容器组成的相序指示器是一个很好的理论联系实际的经典教学案例。由于结构简单、取材方便，因而在缺少专门仪器的场合可以自制。在理论教学上，可以帮助学生理解中性点位移、相电压不平衡、中性线作用等概念。为计算简便，大都假设白炽灯电阻和容抗满足 $\omega CR = 1$ 的条件。这样容易使学生误解成只有满足这个条件才能用于测定相序，难免给具体应用带来想象中的困难。另外，即使满足了上述条件，当直接用于测定电网电压相序时，必有一个白炽灯的电压超过额定值，存在烧毁的可能。作为具有实用意义的教学案例，这些问题都应该提示学生，以便在实践中获得正确的应用。

　　为此，本节对这一电路进行了更多的研究。把电容值当作变量，研究中性点位移轨迹、白炽灯亮度差别与电容值的关系、选择电容时的一般考虑、超过额定电压时的解决方案，以及将电容换成电感或电阻时用于测量相序的可行性等[3]。在论证中由于使用了清晰直观的相量图，因而也展示了用相量图分析交流电路的可视性效果。

2.2.1　中性点位移轨迹分析

　　教材上介绍的简易电容型相序指示器如图 2.2.1 所示。两个相同的白炽灯与一个电容按星形联结，然后再接入三相电源，并且容抗等于白炽灯电阻，即 $R = 1/(\omega C)$。

　　使用电容型相序指示器时，设电容所接的相为 A 相，两个相同的白炽灯较亮者为 B 相，较暗者为 C 相。之所以有明暗区别，是因为非对称的星形联结负载发生了中性点位移现象。为讨论白炽灯亮度与电容和所在相的关系，先分析中性点位移与电容的关系。根据节点电压法可求得电容为任意值时的中性点电压为

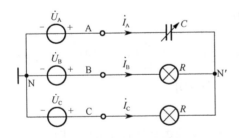

图 2.2.1　电容型相序指示器原理图

$$\dot{U}_{N'N} = \frac{j\omega C \dot{U}_A + \dot{U}_B / R + \dot{U}_C / R}{j\omega C + 1/R + 1/R} \tag{2.2.1}$$

将三相对称电源电压关系

$$\begin{cases} \dot{U}_B = \dot{U}_A e^{-j2\pi/3} = 0.5(-1 - j\sqrt{3})\dot{U}_A \\ \dot{U}_C = \dot{U}_A e^{j2\pi/3} = 0.5(-1 + j\sqrt{3})\dot{U}_A \end{cases} \tag{2.2.2}$$

代入式（2.2.1）得

$$\dot{U}_{N'N} = \frac{(R\omega C)^2 - 2 + j3R\omega C}{4 + (R\omega C)^2}\dot{U}_A = H(C)\dot{U}_A \qquad (2.2.3)$$

其中系数

$$H(C) = \frac{\dot{U}_{N'N}}{\dot{U}_A} = \frac{(R\omega C)^2 - 2 + j3R\omega C}{4 + (R\omega C)^2} = \frac{k^2 - 2 + j3k}{4 + k^2} = |H(C)|\angle\varphi \qquad (2.2.4)$$

式中，$k = R\omega C$。设 $\dot{U}_A$ 为参考相量，则 $H(C)$ 的辐角就是 $\dot{U}_{N'N}$ 的辐角，即

$$\varphi = \arctan\frac{3R\omega C}{(R\omega C)^2 - 2} = \arctan\frac{3k}{k^2 - 2} \qquad (2.2.5)$$

这是个关于电容 C 的单调函数。当 C 从 0 变化到 ∞ 时，φ 从 π 变化到 0。

数学上还可证明，

$$\left(\frac{k^2 - 2}{4 + k^2} - 0.25\right)^2 + \left(\frac{3k}{4 + k^2}\right)^2 = 0.75^2 \qquad (2.2.6)$$

所以，当 C 从 0 变化到 ∞ 时，中性点位移电压 $\dot{U}_{N'N}$ 的终点在复平面上的轨迹为上半圆，圆心位于 $(0.25U_A, 0)$，半径为 $0.75U_A$，如图 2.2.2 所示。根据此图可以简单地看出：最小位移发生在 $C \to 0$ 即 A 相开路时，中性点位移电压为 $U_{N'Nmin} = 0.5U_A$；最大位移发生在 $C \to \infty$ 即 A 相短路时，中性点位移电压为 $U_{N'Nmax} = U_A$，即 A 相电压值。

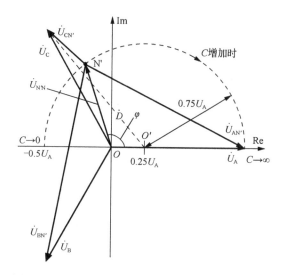

图 2.2.2　相序指示器中性点电压相量终端圆弧轨迹

2.2.2　白炽灯电压分析

为了根据白炽灯的亮度来识别相序，还需要讨论白炽灯所在相的电压特征。由

图 2.2.2 可见，由于 $\dot{U}_{N'N}$ 始终位于上半平面，故重要特征是：B 相白炽灯电压大于 C 相白炽灯电压，即

$$U_{BN'} = |\dot{U}_B - \dot{U}_{N'N}| > |\dot{U}_C - \dot{U}_{N'N}| = U_{CN'} \tag{2.2.7}$$

因此得出判断相序的方法是：设接电容的相为 A 相，则电压大或白炽灯较亮的相为 B 相，电压小或白炽灯较暗的相为 C 相。

事实上，白炽灯上的电压可以通过式（2.2.2）严格求得如下。

B 相白炽灯电压：
$$\dot{U}_{BN'} = \dot{U}_B - \dot{U}_{N'N} = \frac{-3k^2 - j(\sqrt{3}k^2 + 6k + 4\sqrt{3})}{2(4 + k^2)}\dot{U}_A \tag{2.2.8}$$

C 相白炽灯电压：
$$\dot{U}_{CN'} = \dot{U}_C - \dot{U}_{N'N} = \frac{-3k^2 + j(\sqrt{3}k^2 - 6k + 4\sqrt{3})}{2(4 + k^2)}\dot{U}_A \tag{2.2.9}$$

由于 $(\sqrt{3}k^2 + 6k + 4\sqrt{3})^2 > (\sqrt{3}k^2 - 6k + 4\sqrt{3})^2$，所以始终存在 $U_{BN'} > U_{CN'}$ 的关系。

白炽灯电压或亮度的差异随中性点之间电压 $\dot{U}_{N'N}$ 的变化而变化，而中性点电压又取决于电容的量值。用数值仿真绘制的中性点电压和各相电压随电容的变化规律如图 2.2.3 所示，对应电路参数为：$R = 1\text{k}\Omega$，$U_A = 220\text{V}$，$f = 50\text{Hz}$。

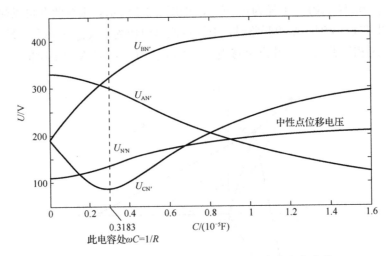

图 2.2.3　电容型相序指示器相电压随电容的变化曲线

人眼观察做不到仪器测量那样准确，所以希望白炽灯亮度或白炽灯电压有最大的区分度，以便正确辨认亮与暗。因此，希望找到区分度最大时对应的电容值。以下使用近似分析。从图 2.2.3 可以看出，当 C 相电压 $U_{CN'}$ 最小时，大致就是 $U_{BN'} - U_{CN'}$ 最大的时候。再从图 2.2.2 观察可见，当 $\dot{U}_{CN'}$ 与虚构的相量 $\dot{D}$（图中用虚线表示，从圆弧中心 O' 指向 $\dot{U}_C$ 的终点）重合时，$U_{CN'}$ 便达到最小。由图 2.2.2 知，

$$\dot{D} = \dot{U}_C - 0.25\dot{U}_A = (-0.75 + j0.5\sqrt{3})\dot{U}_A \tag{2.2.10}$$

$\dot{D}$ 与 $\dot{U}_{CN'}$ 重合时，$\dot{D}$ 与 $\dot{U}_{CN'}$ 辐角的正切值相等，再根据 $\dot{U}_{CN'}$ 的表达式（2.2.9）可以得出如下比例关系：

$$\frac{0.5\sqrt{3}}{-0.75} = \frac{\sqrt{3}k^2 - 6k + 4\sqrt{3}}{-3k^2} \tag{2.2.11}$$

由此求得

$$k = \sqrt{7} - \sqrt{3} \approx 0.9137 \tag{2.2.12}$$

当 k 取上述值时，由式（2.2.8）、式（2.2.9）得到两个白炽灯的电压分别为

B 相白炽灯电压：$\dot{U}_{BN'} \approx (-0.2590 - \mathrm{j}1.4330)\dot{U}_A \approx 1.4562\angle-100.25° \times \dot{U}_A$ (2.2.13)

C 相白炽灯电压：$\dot{U}_{CN'} \approx (-0.2590 + \mathrm{j}0.2991)\dot{U}_A \approx 0.3956\angle130.89° \times \dot{U}_A$ (2.2.14)

此时两个白炽灯电压有效值之差为

$$U_{BN'} - U_{CN'} \approx (1.4562 - 0.3956)U_A \approx 1.0606U_A \tag{2.2.15}$$

根据式（2.2.12），为计算方便，工程上常选择白炽灯电阻与电容满足 $k = R\omega C = 1$ 的参数关系，由式（2.2.3）、式（2.2.4）可算得

$$\dot{U}_{N'N} = \frac{k^2 - 2 + \mathrm{j}3k}{4 + k^2}\dot{U}_A = \frac{1 - 2 + \mathrm{j}3}{4 + 1}\dot{U}_A = (-0.2 + \mathrm{j}0.6)\dot{U}_A \tag{2.2.16}$$

再由式（2.2.8）和式（2.2.9）可求得在 $k = R\omega C = 1$ 条件下，B 相和 C 相所接白炽灯的电压分别为

B 相白炽灯电压：$\dot{U}_{BN'} \approx (-0.3000 - \mathrm{j}1.4660)\dot{U}_A \approx (1.4964\angle-101.56°)\dot{U}_A$ (2.2.17)

C 相白炽灯电压：$\dot{U}_{CN'} \approx (-0.3000 - \mathrm{j}0.2660)\dot{U}_A \approx (0.4010\angle138.43°)\dot{U}_A$ (2.2.18)

此时两个白炽灯电压有效值之差为

$$U_{BN'} - U_{CN'} \approx (1.4964 - 0.4010)U_A \approx 1.0954U_A \tag{2.2.19}$$

可见，式（2.2.15）与式（2.2.19）的结果已很接近。

2.2.3　应用中的实际问题

由式（2.2.19）可见，在 $k = R\omega C = 1$ 条件下，虽然获得了较好的亮度区分度，但 B 相白炽灯电压 $U_{BN'} \approx 1.5U_A$，所以当被测相序的三相电源线电压为 380V 时，$U_{BN'}$ 可以达到 $U_{BN'} \approx 1.5U_A = 1.5 \times 220\text{V} = 330\text{V}$，大大超过标准白炽灯的额定电压，B 相白炽灯将被烧毁。为防止此事，可以考虑如下方案，这些方案也可以启发学生考证。

（1）用两个相同的白炽灯串联代替原来的每盏白炽灯，这样白炽灯就不会过电压了。

（2）选择两个相同的电阻器，分别与 B、C 相白炽灯串联，降低白炽灯上的电压。

（3）采用功率电阻代替白炽灯，电阻的额定功率由其阻值和 330V 电压来确定，即 $P_N = (330\text{V})^2 / R$。由于电阻不能发光，所以使用时，可以考虑如下解决方案：①通电一段时间后切断电源，根据电阻温度来找出相序。温度较高的电阻接的是 B 相，另一电

阻接的则是 C 相；②在带电的情况下，用电压表测量两个电阻上的电压，电压大的便是 B 相。

（4）利用变压器降压之后再接入所设计的相序指示器，但要明确变压器的输出相与输入相的对应关系。

（5）选择较小的 k 值。根据式（2.2.8），k 值的选择要使得 B 相白炽灯电压不得超过额定电压，也就是 $U_{BN'} \leqslant U_A$，由此得到 k 须满足下式：

$$\frac{\sqrt{(3k^2)^2 + (\sqrt{3}k^2 + 6k + 4\sqrt{3})^2}}{2(4+k^2)} \leqslant 1 \tag{2.2.20}$$

较小的 k 值会降低两个白炽灯亮度的区分度，使用时须仔细观察。

2.2.4 原理扩展

1. 电感型相序指示器

既然用电容和白炽灯（或电阻）能够实现相序指示器，那么能否用电感和白炽灯（或电阻）来实现这一功能呢？回答是肯定的，电路如图 2.2.4 所示。下面给出主要结论。

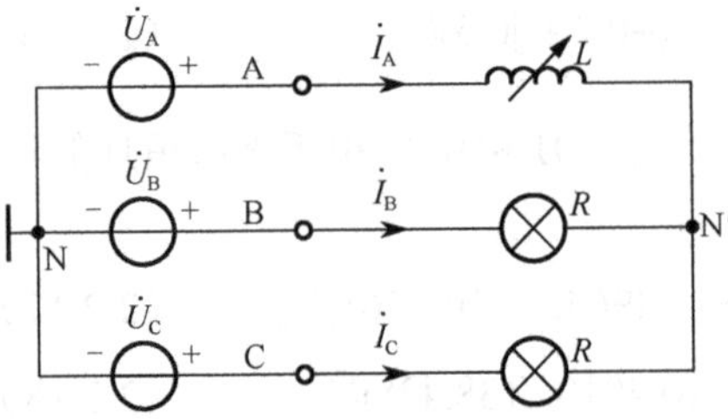

中性点位移电压：

图 2.2.4　电感型相序指示器原理图

$$\dot{U}_{N'N} = \frac{-1-jk}{2-jk}\dot{U}_A = \frac{k^2-2-j3k}{4+k^2}\dot{U}_A \tag{2.2.21}$$
$$= H(L)\dot{U}_A$$

其中系数

$$H(L) = \frac{\dot{U}_{N'N}}{\dot{U}_A} = \frac{k^2-2-j3k}{4+k^2} = |H(L)| \angle \varphi \tag{2.2.22}$$

式中，$k = R/\omega L$。设 $\dot{U}_A$ 为参考相量，则 $\dot{U}_{N'N}$ 的辐角为

$$\varphi = \arctan\frac{-3k}{k^2-2} \tag{2.2.23}$$

当 L 从 0 变化到 ∞ 时，k 则从 ∞ 变化到 0，φ 从 0 按顺时针方向变化到 π。此外，还可证明下式成立：

$$\left(\frac{k^2-2}{4+k^2}-0.25\right)^2 + \left(\frac{3k}{4+k^2}\right)^2 = 0.75^2 \tag{2.2.24}$$

所以，当 L 从 0 变化到 ∞ 时，中性点位移电压 $\dot{U}_{N'N}$ 的终点在复平面上的轨迹为下半圆，圆心位于 $(0.25U_A, 0)$，半径为 $0.75U_A$，如图 2.2.5 所示。最小位移发生在 $L \to \infty$ 即

A 相开路时，位移电压为 $U_{\text{N'Nmin}}=0.5U_{\text{A}}$；最大位移发生在 $L\to0$ 即 A 相短路时，位移电压为 $U_{\text{N'Nmax}}=U_{\text{A}}$。

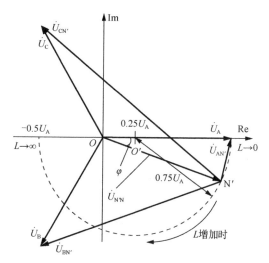

图 2.2.5 电感型相序指示器中性点电压位移图

此外，还可计算出两个白炽灯的电压。

B 相白炽灯电压：$\dot{U}_{\text{BN'}}=\dot{U}_{\text{B}}-\dot{U}_{\text{N'N}}=\dfrac{-3k^2-\text{j}(\sqrt{3}k^2-6k+4\sqrt{3})}{2(4+k^2)}\dot{U}_{\text{A}}$ （2.2.25）

C 相白炽灯电压：$\dot{U}_{\text{CN'}}=\dot{U}_{\text{C}}-\dot{U}_{\text{N'N}}=\dfrac{-3k^2+\text{j}(\sqrt{3}k^2+6k+4\sqrt{3})}{2(4+k^2)}\dot{U}_{\text{A}}$ （2.2.26）

由于 $(\sqrt{3}k^2+6k+4\sqrt{3})^2>(\sqrt{3}k^2-6k+4\sqrt{3})^2$，所以 $U_{\text{CN'}}>U_{\text{BN'}}$，即较亮的白炽灯接的是 C 相，较暗的则是 B 相。白炽灯电压随电感的变化曲线见图 2.2.6。

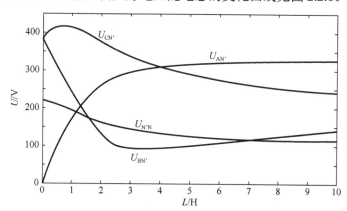

图 2.2.6 电感型相序指示器相电压随电感的变化曲线

2. 尝试电阻型相序指示器

电容型、电感型相序指示器虽然都是基于中性点位移原理工作的，但并不是存在中性点位移就能用作相序指示器。例如，将电容换成电阻，如图 2.2.7 所示，情况如何？经过分析，中性点电压为

$$
\begin{aligned}
\dot{U}_{\text{N'N}} &= \frac{\dot{U}_{\text{A}} / R_x + \dot{U}_{\text{B}} / R + \dot{U}_{\text{C}} / R}{1 / R_x + 2 / R} \\
&= \frac{1 / R_x + 0.5(-1 - j\sqrt{3}) / R + 0.5(-1 + j\sqrt{3}) / R}{1 / R_x + 2 / R} \dot{U}_{\text{A}} \\
&= \frac{1 / R_x - 1 / R}{1 / R_x + 2 / R} \dot{U}_{\text{A}} = \frac{R - R_x}{R + 2R_x} \dot{U}_{\text{A}}
\end{aligned}
\tag{2.2.27}
$$

$R > R_x$ 时，它与 $\dot{U}_{\text{A}}$ 同相；$R < R_x$ 时，它与 $\dot{U}_{\text{A}}$ 反相。因此，无论 R_x 如何选择，从 $\dot{U}_{\text{N'N}}$ 的终点到 $\dot{U}_{\text{B}}$ 和 $\dot{U}_{\text{C}}$ 终点的连线长度即 B、C 相负载电压有效值始终相等，如图 2.2.8 中 $U_{\text{BN'}} = U_{\text{CN'}}$ 所示。此时，虽然存在中性点位移，但白炽灯亮度或电阻温度没有差别，无法判断相序，该方案不可行。以上内容完全可以请学生自行分析。

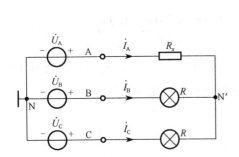

图 2.2.7 尝试电阻型相序指示器

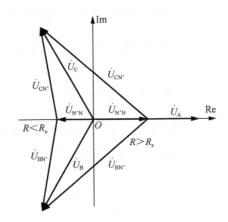

图 2.2.8 尝试的电阻型相序指示器电压相量图

2.2.5 结语

相序指示器是电路理论课程教学中经常提及的一个典型电路，由于它的理论联系实际价值，非常适合在案例教学中对其展开讨论。本节采用相量图和解析式对三种相序指示器进行了分析，其过程不仅是对现有教材内容的恰当延伸，而且对于正确设计和使用相序指示器具有启示作用，同时显示了用相量图理解电气量联动变化的可视效果。

§2.3　无穷多耦合支路并联等效电感的 多种求解方法

导　读

作者在电路理论课程教学中，给学生布置了一道计算等效电感的趣味练习题，即参考文献[4]的习题5.8。由于在现有出版物中不易找到该题的解答，因此学生努力思考，经提示和鼓励后，竟然想出九种不同的分析方法[5]。这些方法各具特色，有的从互感的基本特性和等效的基本含义出发，有的是利用已掌握的互感等效变换规律，有的则是创新性很强的分析方法，例如数学归纳法等。本节将这些方法加以完善，从而体会到分析无穷多电路问题的奥妙。

2.3.1　问题描述

根据文献[4]的习题5.8，陈述如下：图 2.3.1 所示电路，无穷多个相互耦合的支路并联，每个支路自感系数均为 L，任意两个支路之间的互感系数均为 M，求等效电感 L_{eq}。

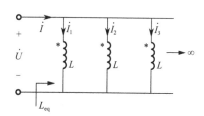

图 2.3.1　无穷多耦合支路并联电路

2.3.2　问题求解

方法一：利用并联支路电压相等原理

设有 n 个耦合支路并联。根据互感原理，每个支路上的电压均包括自身电流产生的自感电压和其他支路电流产生的互感电压。所有支路都是并联的，其电压都等于 $\dot{U}$。所以，可依次列出如下相量形式的电压方程：

$$\begin{cases} \dot{U} = \mathrm{j}\omega L\dot{I}_1 + \mathrm{j}\omega M(\dot{I}_2 + \dot{I}_3 + \cdots + \dot{I}_{n-1} + \dot{I}_n) \\ \qquad = \mathrm{j}\omega L\dot{I}_1 + \mathrm{j}\omega M(\dot{I} - \dot{I}_1) \\ \cdots\cdots \\ \dot{U} = \mathrm{j}\omega L\dot{I}_n + \mathrm{j}\omega M(\dot{I}_1 + \dot{I}_2 + \cdots + \dot{I}_{n-1}) \\ \qquad = \mathrm{j}\omega L\dot{I}_n + \mathrm{j}\omega M(\dot{I} - \dot{I}_n) \end{cases} \tag{2.3.1}$$

在上面过程中利用了 KCL，即

$$\dot{I} = \dot{I}_1 + \dot{I}_2 + \cdots + \dot{I}_n$$

将上述 n 个方程等号左、右两边分别相加，得到

$$n\dot{U} = j\omega L(\dot{I}_1 + \dot{I}_2 + \cdots + \dot{I}_n) + j\omega M \times n\dot{I} - j\omega M(\dot{I}_1 + \dot{I}_2 + \cdots + \dot{I}_n)$$
$$= j\omega L\dot{I} + j\omega M \times n\dot{I} - j\omega M\dot{I}$$
$$= jn\omega M\dot{I} + j\omega(L-M)\dot{I}$$

将上式等号两边同时除以 n，得到

$$\dot{U} = j\omega M\dot{I} + j\omega\frac{(L-M)}{n}\dot{I} = j\omega L_{eq}\dot{I}$$

所以 n 个耦合电感并联时等效电感为

$$L_{eq} = M + \frac{L-M}{n} \tag{2.3.2}$$

当 $n \to \infty$ 时，等效电感为

$$L_{eq} = M \tag{2.3.3}$$

这种方法是重复性地列写相似方程，然后再予以归纳，即将 n 个电压方程相加。虽然 n 支路电流是相同的，但证明过程中并不需要直接利用这个条件。实际上，它已被 n 个电压方程包括了。例如，对任意电流 $\dot{I}$，由

$$\dot{U} = j\omega L\dot{I}_1 + j\omega M(\dot{I} - \dot{I}_1) = j\omega M\dot{I} + j\omega(L-M)\dot{I}_1$$
$$\dot{U} = j\omega L\dot{I}_2 + j\omega M(\dot{I} - \dot{I}_2) = j\omega M\dot{I} + j\omega(L-M)\dot{I}_2$$

可以得出 $\dot{I}_1 = \dot{I}_2$。

方法二：利用支路电压与电流的关系式

根据方程组（2.3.1），各支路电压与电流的关系可以写成如下通式：

$$\dot{U} = j\omega L\dot{I}_k + j\omega M(\dot{I} - \dot{I}_k) \quad (k = 1, \cdots, n) \tag{2.3.4}$$

由于自感系数、互感系数的均匀性，使得流过每个支路的电流一定相等，都等于总电流的 $1/n$ 倍，即

$$\dot{I}_1 = \dot{I}_2 = \cdots \dot{I}_k = \cdots = \dot{I}_n = \dot{I}/n \tag{2.3.5}$$

用 $\dot{I}/n$ 表示 $\dot{I}_k$，由式（2.3.4）得

$$\dot{U} = j\omega L\frac{\dot{I}}{n} + j\omega M\left(\dot{I} - \frac{\dot{I}}{n}\right) = j\omega\left(M + \frac{L-M}{n}\right)\dot{I}$$
$$= j\omega L_{eq}\dot{I}$$

由上式得到与式（2.3.2）相同的等效电感 L_{eq}，$n \to \infty$ 时又与式（2.3.3）相同。

这种方法的要点是：利用支路结构和参数的均匀性，建立各支路电压与电流的通式，并利用各支路电流都相等的关系。

方法三：消去互感法之一

对方法一中的每一个电压方程再做改写，得到

$$\begin{cases} \dot{U} = j\omega L\dot{I}_1 + j\omega M(\dot{I} - \dot{I}_1) = j\omega M\dot{I} + j\omega(L-M)\dot{I}_1 \\ \dot{U} = j\omega L\dot{I}_2 + j\omega M(\dot{I} - \dot{I}_2) = j\omega M\dot{I} + j\omega(L-M)\dot{I}_2 \\ \cdots\cdots \\ \dot{U} = j\omega L\dot{I}_n + j\omega M(\dot{I} - \dot{I}_n) = j\omega M\dot{I} + j\omega(L-M)\dot{I}_n \end{cases} \tag{2.3.6}$$

仿照两个耦合电感并联时消去互感的原理，得到无互感等效电路，如图 2.3.2 所示。再根据电感的并联与串联等效关系，便可求得 n 个耦合电感并联时的等效电感：

$$L_{eq} = M + \frac{L-M}{n}$$

结果与式（2.3.2）相同。

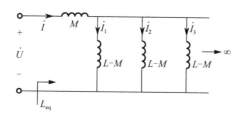

图 2.3.2　消去互感法之一

这种方法着眼于消去互感，这是模仿两个电感并联求等效电感的教学思路，说明模仿的重要性。

方法四：消去互感法之二

每个支路电流都相同，每个支路电压都包括自感电压和来自 $n-1$ 个其他支路的互感电压，可以分别写作

$$\begin{cases} \dot{U} = j\omega L\dot{I}_1 + (n-1)\times j\omega M[\dot{I} - (n-1)\dot{I}_1] \\ \dot{U} = j\omega L\dot{I}_2 + (n-1)\times j\omega M[\dot{I} - (n-1)\dot{I}_2] \\ \cdots\cdots \\ \dot{U} = j\omega L\dot{I}_n + (n-1)\times j\omega M[\dot{I} - (n-1)\dot{I}_n] \end{cases} \tag{2.3.7}$$

合并关于电流 $\dot{I}$ 与 $\dot{I}_k(k=1,2,\cdots,n)$ 的同类项，得到

$$\begin{cases} \dot{U} = j\omega(n-1)M\dot{I} + j\omega[L-(n-1)^2 M]\dot{I}_1 \\ \dot{U} = j\omega(n-1)M\dot{I} + j\omega[L-(n-1)^2 M]\dot{I}_2 \\ \cdots\cdots \\ \dot{U} = j\omega(n-1)M\dot{I} + j\omega[L-(n-1)^2 M]\dot{I}_n \end{cases} \tag{2.3.8}$$

依据上述方程组，得到无互感等效电路，如图 2.3.3 所示。再根据电感的并联与串联等效关系，便可求得 n 个耦合支路并联时的等效电感：

$$L_{\text{eq}} = (n-1)M + \frac{L-(n-1)^2 M}{n} = M + \frac{L-M}{n} \tag{2.3.9}$$

结果与式（2.3.2）相同；$n \to \infty$ 时与式（2.3.3）相同。

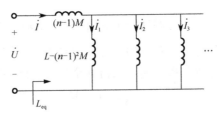

图 2.3.3　消去互感法之二

$n \to \infty$ 时，并联中的每一个等效电感以 n^2 速率趋于 $-\infty$，串联电感则以 n^1 的速率趋于 $+\infty$。虽然实际上不会出现这样的电感，但在人为的等效过程中出现这样的情况是允许的，如同在消去互感时，出现 $-M$ 的电感一样。这是抽象的结果。

方法五：利用等效前后能量相等原理

含有磁耦合时电感储存的磁场能量包括自感磁能与互感磁能。前者与自身电流平方成正比，共有 n 项；后者与存在耦合的两电感电流之积成正比，共有 $n(n-1)/2$ 项。考虑到各支路电流都等于总电流的 $1/n$，所以总磁能为

$$
\begin{aligned}
W_{\text{m}}(t) &= \frac{1}{2}L(i_1^2 + i_2^2 + \cdots + i_n^2) + M(i_1 i_2 + i_1 i_3 + \cdots + i_{n-1} i_n) \\
&= \frac{1}{2}Ln(i/n)^2 + M \times \left(\frac{i}{n}\right)^2 \times n(n-1)/2 = \frac{1}{2}\left(M + \frac{L-M}{n}\right)i^2
\end{aligned} \tag{2.3.10}
$$

式中电流为瞬时值。

根据等效的含义，在任意时刻，等效电感的储能必然与上述储能相等，即

$$W_{\text{m}}(t) = \frac{1}{2}\left(M + \frac{L-M}{n}\right)i^2 = \frac{1}{2}L_{\text{eq}}i^2 \tag{2.3.11}$$

由上式得到的等效电感 L_{eq} 与式（2.3.2）相同，$n \to \infty$ 时又与式（2.3.3）相同。

这种方法的特点是，把等效建立在能量层面，能够储能是电感的重要电磁特性。

方法六：利用等效前后磁链相等原理

每个电感的总磁链包括自感磁链和互感磁链，例如第 1 个电感总磁链为

$$
\begin{aligned}
\psi_1 &= Li_1 + Mi_2 + Mi_3 + \cdots + Mi_n = Li_1 + M(i - i_1) \\
&= L \times \frac{i}{n} + M \times \frac{i}{n}(n-1) = \left(M + \frac{L-M}{n}\right)i = L_{\text{eq}}i
\end{aligned} \tag{2.3.12}
$$

由上式得到的等效电感 L_{eq} 与式（2.3.2）相同，$n \to \infty$ 时又与式（2.3.3）相同。

注：因为各支路都是并联的，具有相同的电压，所以每个支路的总磁链及其变化率

都相同，并且并联后的总磁链就等于每个支路各自的自感磁链与互感磁链之和，不等于所有支路磁链之和，而总能量则等于所有支路储能之和。

这种方法的要点是，把等效建立在磁链层面。存在磁链是电感通电后的自然现象，即电生磁。

方法七：将 n 个耦合支路等效成两个耦合支路

首先将 n 个耦合支路分成两部分，并且不考虑它们之间的并联连接，但它们之间存在磁耦合，如图 2.3.4（a）、2.3.4（b）所示。下面研究这两部分之间的电压与电流关系。

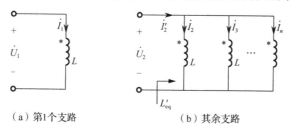

（a）第1个支路　　　　　　（b）其余支路

图 2.3.4　n 个耦合支路分成的两部分

根据耦合电感特性方程，图 2.3.4（a）、2.3.4（b）两部分电路的端口电压分别为

$$\dot{U}_1 = j\omega L\dot{I}_1 + j\omega M\dot{I}_2' \tag{2.3.13}$$

$$
\begin{aligned}
\dot{U}_2 &= j\omega M\dot{I}_1 + j\omega L\dot{I}_2 + j\omega M(\dot{I}_3 + \cdots + \dot{I}_{n-1} + \dot{I}_n) \\
&= j\omega M\dot{I}_1 + j\omega L \times \frac{\dot{I}_2'}{n-1} + j\omega M \times \frac{\dot{I}_2'}{n-1} \times (n-2) \\
&= j\omega M\dot{I}_1 + j\omega \frac{L+(n-2)M}{n-1}\dot{I}_2' \\
&= j\omega M\dot{I}_1 + j\omega L_{eq}'\dot{I}_2'
\end{aligned}
\tag{2.3.14}
$$

式中等效自感为

$$L_{eq}' = \frac{L+(n-2)M}{n-1} \tag{2.3.15}$$

再根据图 2.3.1 的连接关系，将分离的两部分并联起来，得到图 2.3.5 所示的只含两个支路的等效电路。由互感并联计算等效电感的方法得

$$
\begin{aligned}
L_{eq} &= \frac{LL_{eq}'-M^2}{L+L_{eq}'-2M} \\
&= \frac{L \times \dfrac{L+(n-2)M}{n-1} - M^2}{L + \dfrac{L+(n-2)M}{n-1} - 2M} \qquad (2.3.16) \\
&= M + \frac{L-M}{n}
\end{aligned}
$$

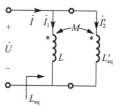

图 2.3.5　将 n 个耦合电感化为
两个耦合电感

这种方法的要点是，化 n 个支路并联为 2 个支

路并联，然后可以直接使用 2 个并联支路的等效电感计算公式。从一般意义上看，就是将待解决的问题化成已经解决的问题，进而利用已有方法解决新问题。说明了知识之间的链条关系。

方法八：将无穷个耦合支路等效成两个耦合支路

去掉图 2.3.1 左边第一个支路后，将其余支路等效为与第一个支路存在耦合关系的电感，如图 2.3.6（a）、2.3.6（b）所示。因为第一个支路的互感电压为

$$\dot{U}_{1M} = j\omega M(\dot{I}_2 + \dot{I}_3 + \cdots \dot{I}_n) = j\omega M(\dot{I} - \dot{I}_1)$$

所以，第一个支路和其余支路等效电感之间的互感系数仍为 M。

当并联支路的个数 $n \to \infty$ 时，除第一个支路以外的其余支路的等效电感显然也是 L_{eq}，因为在无穷多个支路并联时，增加一个或减少一个并联支路，不影响总的等效电感。

根据上述对互感和等效电感的分析，得到只含两个耦合电感的等效电路，如图 2.3.6（b）所示。由此求得总等效电感为

$$L_{eq} = \frac{LL_{eq} - M^2}{L + L_{eq} - 2M} \tag{2.3.17}$$

解得 $L_{eq} = M$。

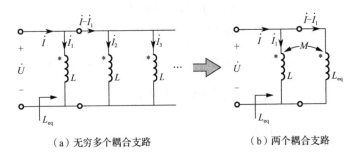

（a）无穷多个耦合支路　　　　　　　（b）两个耦合支路

图 2.3.6　将无穷多个耦合支路化为两个耦合支路的过程

这种方法的要点是，对无穷多个耦合支路而言，增加一个或减少一个支路，不影响总的等效电感。

方法九：利用数学归纳法

每次都只计算含两个耦合支路的等效电感。

（1）首先考虑只有两个耦合支路并联的情况，如图 2.3.7（a）所示，等效电感为

$$L_{eq}^{(2)} = \frac{LL - M^2}{L + L - 2M} = \frac{L + M}{2} = M + \frac{L - M}{2} \tag{2.3.18}$$

（2）在上述两个耦合支路并联的基础上，再并联第 3 个耦合支路，并且二者之间存在互感系数 M，如图 2.3.7（b）所示，等效电感为

$$L_{eq}^{(3)} = \frac{L_{eq}^{(2)}L - M^2}{L_{eq}^{(2)} + L - 2M} = M + \frac{L - M}{3} \tag{2.3.19}$$

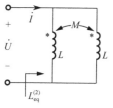
（a）前两个支路耦合

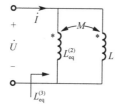
（b）再并联第3个支路

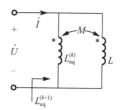
（c）前 k 个再并联第 $k+1$ 个支路

图 2.3.7　使用数学归纳法的过程

（3）根据数学归纳法思想，设 k 个耦合支路并联时的等效电感为

$$L_{\mathrm{eq}}^{(k)} = M + \frac{L-M}{k} \tag{2.3.20}$$

下面将第 $k+1$ 个支路与前 k 个耦合支路的等效电感并联，并且二者之间存在互感系数 M，得到图 2.3.7（c）所示的仅含两个耦合支路的电路，经计算等效电感为

$$L_{\mathrm{eq}}^{(k+1)} = \frac{L_{\mathrm{eq}}^{(k)}L - M^2}{L_{\mathrm{eq}}^{(k)} + L - 2M} = M + \frac{L-M}{k+1} \tag{2.3.21}$$

上式符合式（2.3.20）按照 k 的递推规律。所以，当有 n 个耦合支路并联时，等效电感如式（2.3.2）所示，$n \to \infty$ 时又与式（2.3.3）相同。

这种方法的要点是，电路的重复性刚好符合数学归纳法。

2.3.3　结语

一道习题之所以能够产生这么多种分析方法，除了与习题本身的趣味性有关外，还和学生的创新性独立思考有关。因此，任课教师在给学生布置作业时，适当地设计一些在公开出版物中不易找到解答、类似这种思维训练的题目，对了解学生的学习效果、提高学生的创新能力是有益的。

§2.4　互易性一端口网络等效阻抗的灵敏度分析

导　读

灵敏度分析在电网络优化设计（用于计算目标函数梯度，即偏导数）、电气系统参数辨识、故障诊断、容差分析、性能评估等工程问题中是不可缺少的计算内容。然而，由于网络响应、等效阻抗、网络函数等，它们与元件参数关系的解析表达式往往很难求得，因此，按照数学上的求导公式是很难求出灵敏度的。

一些研究生用教材介绍了计算灵敏度的伴随网络法或增量网络法[6-8]，各具特色。本节考虑本科生的理论基础，专门研究了互易性一端口网络（即由互易元件组成的一端口网络，例如由 R、L、C 以及互感和理想变压器组成的网络）等效阻抗的灵敏度计算问题，以此作为了解灵敏度分析概念的入门。在电气工程中，这是应用十分广泛的一类网络。在本节的计算方法中，不需要求得等效阻抗的解析表达式，也无须构造伴随网络。它只需对要分析的一端口网络，计算在单位电流源相量激励下，各电路元件的响应电流相量或电压相量，然后根据这些计算结果，仅利用乘法运算，便可简单而精确地计算出等效阻抗对元件参数的灵敏度[9]。

2.4.1 灵敏度的概念

电路的响应、等效阻抗、网络函数（以下统称它们为特性函数）等都是元件参数和工作频率的函数，并且往往是很复杂的函数。当元件参数发生变化时，电路的特性函数也必然发生改变。元件参数的变化可能来自标称值误差、元件老化、环境影响、敏感元件对被测物理量的反映，以及数值分析中的迭代运算等。电路的特性函数相对元件参数的变化率，称为电路的灵敏度。从数学上看，就是电路特性函数对元件参数的偏导数。显然，灵敏度代表了电路的特性函数对元件参数变化的敏感程度。特性函数往往是元件参数的非线性函数，因此灵敏度往往也是元件参数的非线性函数。

例如，图 2.4.1 是磁耦合非接触式电能传输常见的简化电路模型。高频发射电源 $\dot{U}_S$ 经阻抗补偿网络后，施加在磁耦合单元的发射线圈上，靠电磁感应在接收线圈上产生感应电动势。接收线圈经串联电容 C_2 补偿后，为后面的负载提供电能。其中的磁耦合单元是非接触且可分离的，R_L 是包括整流滤波电路（图中省略）在内的等效负载。图 2.4.1 中输入端等效阻抗 Z_{eq}，以及输入到输出的网络函数 H，都是所有元件参数和工作角频率的多元函数，抽象地记作：

$$Z_{eq} = \frac{\dot{U}_S}{\dot{I}_1} = f_Z(j\omega, R_1, R_2, R_L, C_1, C_2, C_f, L_1, L_2, L_f, M) \tag{2.4.1}$$

$$H = \frac{\dot{U}_L}{\dot{U}_S} = f_H(j\omega, R_1, R_2, R_L, C_1, C_2, C_f, L_1, L_2, L_f, M) \tag{2.4.2}$$

它们对这些参数的偏导数就是灵敏度，例如：

$$\frac{\partial Z_{eq}}{\partial \omega}, \ \frac{\partial Z_{eq}}{\partial R_1}, \ \frac{\partial Z_{eq}}{\partial L_1}, \ \frac{\partial Z_{eq}}{\partial M}, \cdots \tag{2.4.3}$$

$$\frac{\partial H}{\partial \omega}, \ \frac{\partial H}{\partial R_1}, \ \frac{\partial H}{\partial L_1}, \ \frac{\partial H}{\partial M}, \cdots \tag{2.4.4}$$

对频率的灵敏度属于频率特性研究范畴，使用专门方法进行分析，本节不予涉及。

式（2.4.3）和式（2.4.4）只是用来给出灵敏度的数学定义，实际计算时，尤其是数值计算时，并不需要求出电路特性函数与元件参数的函数关系，况且这些函数关系往往都很复杂。本节仅针对互易性一端口网络等效阻抗，介绍一种通过电路响应计算灵敏度的方法，而电路响应的计算已有很多方法可资利用。

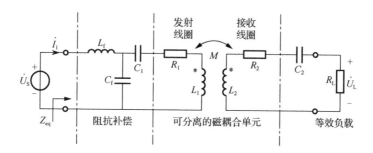

图 2.4.1　非接触式电能传输系统简化电路模型

2.4.2　一端口网络等效阻抗灵敏度的分类计算

为清晰起见，下面分类讨论一端口网络等效阻抗对不同类型元件参数的灵敏度。

1. 对二端元件参数的灵敏度

将讨论的第 k 个二端阻抗元件 Z_k 单独从电路中抽出，并占用一个端口。施加的电流源激励占用另一个端口。这样便建立了讨论灵敏度问题的二端口网络模型，如图 2.4.2 所示。本节假设网络是互易性的（非互易时本节方法不适用），因此二端口网络可以用不含受控源的 T 形电路来等效，如图 2.4.3 所示。但在本节的灵敏度计算中，并不需要求出 T 形等效电路参数，这里只是为了阐述原理而使用该等效电路。

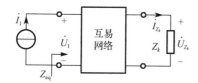

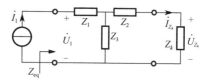

图 2.4.2　分析灵敏度问题的二端口网络模型　　图 2.4.3　用 T 形电路等效的互易二端口网络

由图 2.4.3 不难求出从左侧端口看进去的等效阻抗，即

$$Z_{\text{eq}} = \frac{\dot{U}_1}{\dot{I}_1} = Z_1 + \frac{Z_3(Z_2 + Z_k)}{Z_3 + Z_2 + Z_k} \tag{2.4.5}$$

如果 $Z_3 + Z_2 + Z_k \neq 0$（否则偏导数不存在），那么 Z_{eq} 对 Z_k 可导，求出该偏导数，便得到一端口网络等效阻抗对 Z_k 的灵敏度，即

$$\frac{\partial Z_{\text{eq}}}{\partial Z_k} = \frac{Z_3^2}{(Z_3 + Z_2 + Z_k)^2} \tag{2.4.6}$$

另外，在 $\dot{I}_1 = 1$ 条件下（为了得到灵敏度数值，这里不必考虑单位，将方程理解成是数的方程，而不是量的方程），计算流过 Z_k 的电流：

$$\dot{I}_{Z_k} = \frac{Z_3 \dot{I}_1}{Z_2 + Z_3 + Z_k} = \frac{Z_3}{Z_2 + Z_3 + Z_k} \tag{2.4.7}$$

比较式（2.4.6）与式（2.4.7），得如下灵敏度公式：

$$\frac{\partial Z_{eq}}{\partial Z_k} = \dot{I}_{Z_k}^2 \tag{2.4.8}$$

上式表明，只需算得 $\dot{I}_1 = 1$ 时流过 Z_k 的电流 $\dot{I}_{Z_k}$，就可得到 Z_{eq} 对 Z_k 的灵敏度，无须事先获得 Z_{eq} 的解析表达式。

下面再将 Z_k 具体化到各类元件。

（1）如果 Z_k 对应电阻，则 $Z_k = R_k$，Z_{eq} 对电阻的灵敏度就是

$$\frac{\partial Z_{eq}}{\partial R_k} = \frac{\partial Z_{eq}}{\partial Z_k} \times \frac{\partial Z_k}{\partial R_k} = \dot{I}_{R_k}^2 \tag{2.4.9}$$

（2）如果 Z_k 对应电导，则 $Z_k = 1/G_k$，利用复合函数求导，得到 Z_{eq} 对电导的灵敏度就是

$$\frac{\partial Z_{eq}}{\partial G_k} = \frac{\partial Z_{eq}}{\partial Z_k} \times \frac{\partial Z_k}{\partial G_k} = \dot{I}_{G_k}^2 (-1/G_k^2) = -\dot{U}_{G_k}^2 \tag{2.4.10}$$

（3）如果 Z_k 对应电感，则 $Z_k = j\omega L_k$，Z_{eq} 对电感的灵敏度就是

$$\frac{\partial Z_{eq}}{\partial L_k} = \frac{\partial Z_{eq}}{\partial Z_k} \times \frac{\partial Z_k}{\partial L_k} = j\omega \dot{I}_{L_k}^2 \tag{2.4.11}$$

（4）如果 Z_k 对应电容，则 $Z_k = 1/(j\omega C_k)$，Z_{eq} 对电容的灵敏度就是

$$\frac{\partial Z_{eq}}{\partial C_k} = \frac{\partial Z_{eq}}{\partial Z_k} \times \frac{\partial Z_k}{\partial C_k} = \dot{I}_{C_k}^2 [-1/(j\omega C_k^2)] = -j\omega \dot{U}_{C_k}^2 \tag{2.4.12}$$

2. 对理想变压器参数的灵敏度

含理想变压器的电路如图 2.4.4 所示。根据等效阻抗的定义，当激励电流源相量 $\dot{I}_1 = 1$ 时，等效阻抗及其增量分别为

$$Z_{eq} = \left.\frac{\dot{U}_1}{\dot{I}_1}\right|_{\dot{I}_1=1} = \dot{U}_1 \big|_{\dot{I}_1=1}$$

$$\Delta Z_{eq} = \Delta \dot{U}_1 \big|_{\dot{I}_1=1} \tag{2.4.13}$$

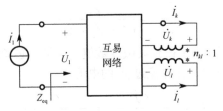

图 2.4.4　等效阻抗对理想变压器的灵敏度

当元件参数未发生变化时，节点上的支路电流满足 KCL，回路中的支路电压满足 KVL，即

$$\sum \pm \dot{I}_i = 0, \qquad \sum \pm \dot{U}_i = 0 \tag{2.4.14}$$

当元件参数发生变化，从而导致支路电流和支路电压也发生变化时，电流变化的增量和电压变化的增量也分别满足 KCL 和 KVL，即

$$\sum \pm \Delta \dot{I}_i = 0, \qquad \sum \pm \Delta \dot{U}_i = 0 \tag{2.4.15}$$

这样就可以使用特勒根定理之似功率守恒。针对图 2.4.4 中的三个端口，有下式成立：

$$-\dot{I}_1 \Delta \dot{U}_1 + \dot{I}_k \Delta \dot{U}_k + \dot{I}_l \Delta \dot{U}_l = -\Delta \dot{I}_1 \dot{U}_1 + \Delta \dot{I}_k \dot{U}_k + \Delta \dot{I}_l \dot{U}_l \tag{2.4.16}$$

式中，$\dot{I}_1 = 1$，$\Delta \dot{I}_1 = 0$，$\Delta \dot{U}_1 = \Delta Z_{eq}$，$\dot{U}_k = n_{kl} \dot{U}_l$，$\dot{I}_l = -n_{kl} \dot{I}_k$。由理想变压器特性可得如下增量之间的关系：

$$\begin{cases} \Delta \dot{U}_k = (n_{kl} + \Delta n_{kl})(\dot{U}_l + \Delta \dot{U}_l) - n_{kl}\dot{U}_l \approx \Delta n_{kl}\dot{U}_l + n_{kl}\Delta \dot{U}_l \\ \Delta \dot{I}_l = -(n_{kl} + \Delta n_{kl})(\dot{I}_k + \Delta \dot{I}_k) + n_{kl}\dot{I}_k \approx -\Delta n_{kl}\dot{I}_k - n_{kl}\Delta \dot{I}_k \end{cases} \tag{2.4.17}$$

近似的原因是忽略了二阶无穷小项，例如 $\Delta n_{kl} \Delta \dot{U}_l$ 等。

将式（2.4.17）代入式（2.4.16），再由式（2.4.13）得到等效阻抗的增量：

$$\Delta Z_{eq} = \Delta \dot{U}_1 \approx 2\dot{I}_k \dot{U}_l \Delta n_{kl}$$

所以，等效阻抗 Z_{eq} 对变比 n_{kl} 的灵敏度为

$$\frac{\partial Z_{eq}}{\partial n_{kl}} = \lim_{\Delta n_{kl} \to 0} \frac{\Delta Z_{eq}}{\Delta n_{kl}} = 2\dot{I}_k \dot{U}_l \tag{2.4.18}$$

3. 对互感参数的灵敏度

这里又分两种情况。

（1）耦合电感存在公共端。

电路如图 2.4.5 所示，根据消去互感原理，得到图 2.4.6 所示不含互感的等效电路，图中 3 个电感分别为

$$L_a = L_k - M_{kl}, \qquad L_b = L_l - M_{kl}, \qquad L_c = M_{kl} \tag{2.4.19}$$

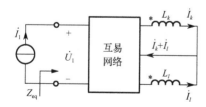

图 2.4.5　耦合电感存在公共端情况

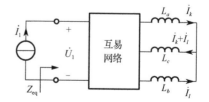

图 2.4.6　消去耦合后的等效电路

利用复合函数求偏导数的规则得

$$\frac{\partial Z_{eq}}{\partial M_{kl}} = \frac{\partial Z_{eq}}{\partial L_a} \times \frac{\partial L_a}{\partial M_{kl}} + \frac{\partial Z_{eq}}{\partial L_b} \times \frac{\partial L_b}{\partial M_{kl}} + \frac{\partial Z_{eq}}{\partial L_c} \times \frac{\partial L_c}{\partial M_{kl}} \qquad (2.4.20)$$

再根据式（2.4.11）、式（2.4.19）得到等效阻抗 Z_{eq} 对互感系数的灵敏度为

$$\frac{\partial Z_{eq}}{\partial M_{kl}} = -j\omega \dot{I}_k^2 - j\omega \dot{I}_l^2 + j\omega (\dot{I}_k + \dot{I}_l)^2 = j2\omega \dot{I}_k \dot{I}_l \qquad (2.4.21)$$

自感变化时，它只影响自感所在的支路方程，所以等效阻抗 Z_{eq} 对两个自感系数的灵敏度与式（2.4.11）相似，即

$$\frac{\partial Z_{eq}}{\partial L_k} = j\omega \dot{I}_k^2, \qquad \frac{\partial Z_{eq}}{\partial L_l} = j\omega \dot{I}_l^2 \qquad (2.4.22)$$

注：对实际制作的耦合电感，当自感发生变化时，例如增加或减少匝数，互感系数也随之发生变化，这是因为 $M_{kl} = k_{kl}\sqrt{L_k L_l}$，$k_{kl}$ 为耦合系数。因此，上述等效阻抗对自感的灵敏度分析是认识问题的一种处理方法，即把自感和互感当作彼此独立的参数。

（2）耦合电感不存在公共端。

电路如图 2.4.7 所示，此时无法消去互感。使用与理想变压器相同的思路，并根据互感元件方程可以得到互感的端口电压增量为

$$\begin{cases} \Delta \dot{U}_k \approx j\omega(\Delta L_k \dot{I}_k + L_k \Delta \dot{I}_k) + j\omega(\Delta M_{kl} \dot{I}_l + M_{kl} \Delta \dot{I}_l) \\ \Delta \dot{U}_l \approx j\omega(\Delta L_l \dot{I}_l + L_l \Delta \dot{I}_l) + j\omega(\Delta M_{kl} \dot{I}_k + M_{kl} \Delta \dot{I}_k) \end{cases} \qquad (2.4.23)$$

代入式（2.4.16）得到等效阻抗 Z_{eq} 的增量为

$$\Delta Z_{eq} \approx j\omega \Delta L_k \dot{I}_k^2 + j\omega \Delta L_l \dot{I}_l^2 + j2\omega \Delta M_{kl} \dot{I}_k \dot{I}_l \qquad (2.4.24)$$

因此，等效阻抗 Z_{eq} 对自感系数和互感系数的灵敏度分别为

$$\begin{cases} \dfrac{\partial Z_{eq}}{\partial L_k} = \lim_{\Delta L_k \to 0} \dfrac{\Delta Z_{eq}}{\Delta L_k} = j\omega \dot{I}_k^2 \\ \dfrac{\partial Z_{eq}}{\partial L_l} = \lim_{\Delta L_l \to 0} \dfrac{\Delta Z_{eq}}{\Delta L_l} = j\omega \dot{I}_l^2 \\ \dfrac{\partial Z_{eq}}{\partial M_{kl}} = \lim_{\Delta M_{kl} \to 0} \dfrac{\Delta Z_{eq}}{\Delta M_{kl}} = j2\omega \dot{I}_k \dot{I}_l \end{cases} \qquad (2.4.25)$$

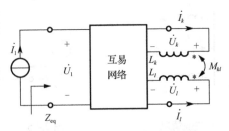

图 2.4.7　耦合电感不存在公共端情况

显然，上述过程和结果同样适用于含有公共节点的情况，不过使用消去互感的方法，对含有公共节点的情况更加简单和易于理解。

利用耦合系数与自感系数和互感系数的关系，还可以进一步求出 Z_{eq} 对耦合系数 k_{kl} 的灵敏度，过程如下：

$$M_{kl} = k_{kl}\sqrt{L_k L_l}$$

$$\frac{\partial Z_{eq}}{\partial k_{kl}} = \frac{\partial Z_{eq}}{\partial M_{kl}}\frac{\partial M_{kl}}{\partial k_{kl}} = \mathrm{j}2\omega \dot{I}_k \dot{I}_l \times \sqrt{L_k L_l}$$

4. 对二端口网络方程系数的灵敏度

如果图 2.4.2 的网络内部还含有互易的二端口网络，端口编号和端口变量如图 2.4.8 所示，此时可以讨论一端口网络等效阻抗 Z_{eq} 对该内部二端口网络某种参数方程系数的灵敏度。以开路阻抗参数为例讨论如下。

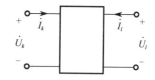

图 2.4.8　一端口网络内部含有的
互易二端口网络

二端口网络的开路阻抗参数方程为

$$\begin{cases} \dot{U}_k = Z_{11}\dot{I}_k + Z_{12}\dot{I}_l \\ \dot{U}_l = Z_{21}\dot{I}_k + Z_{22}\dot{I}_l \end{cases} \quad (Z_{12} = Z_{21}) \tag{2.4.26}$$

它在形式上与互感的特性方程相同，因此得到与互感情况相似的下列灵敏度：

$$\begin{cases} \dfrac{\partial Z_{eq}}{\partial Z_{11}} = \dot{I}_k^2, \quad \dfrac{\partial Z_{eq}}{\partial Z_{22}} = \dot{I}_l^2 \\ \dfrac{\partial Z_{eq}}{\partial Z_{12}} = \dfrac{\partial Z_{eq}}{\partial Z_{21}} = 2\dot{I}_k \dot{I}_l \end{cases} \tag{2.4.27}$$

由上述求灵敏度的各公式可见，计算互易性一端口网络等效阻抗对电路元件参数的灵敏度问题，化成了计算在单位电流源作用下的元件电流相量与电压相量问题，并不需要建立等效阻抗与元件参数的解析表达式。事实上，即使对元件个数较少的一端口网络，其等效阻抗的解析表达式往往也是很复杂的，若再求偏导数则会难以进行。

在以上计算灵敏度的各公式中，分别使用了电流相量平方、电压相量平方，或者电流相量与电压相量之积，因此改变单位电流源的方向，不影响灵敏度计算结果。这也使得相量平方与相量之积有了具体应用。

另外，即使对较复杂的一端口网络，在已知端口电流的条件下，计算其他元件电流和电压也是很容易的，这属于电路分析的典型问题。已有许多有效方法可供选用，例如节点法、回路法、混合法等，还可借助计算机进行数值计算。

2.4.3　灵敏度公式正确性验证

为了验证本节计算灵敏度方法的正确性，下面结合两个简单的具体电路，分别用等效阻抗的解析表达式，通过求导计算灵敏度，以及使用本节方法，通过计算元件电流或电压相量来计算灵敏度。二者结果的一致性，说明了本节计算灵敏度的方法是正确的。

验证一：电路如图 2.4.9 所示，计算 Z_{eq} 对元件参数 R、L、C 的灵敏度。

步骤一：计算等效阻抗的解析表达式为

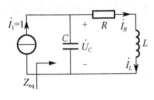

图 2.4.9　验证灵敏度公式的电路之一

$$Z_{eq} = \frac{\dfrac{1}{j\omega C}(R + j\omega L)}{\dfrac{1}{j\omega C} + R + j\omega L} = \frac{R + j\omega L}{-\omega^2 LC + j\omega RC + 1}$$

求偏导数得到各灵敏度为

$$\begin{cases} \dfrac{\partial Z_{eq}}{\partial R} = \dfrac{1}{(-\omega^2 LC + j\omega RC + 1)^2} \\[4mm] \dfrac{\partial Z_{eq}}{\partial L} = \dfrac{j\omega}{(-\omega^2 LC + j\omega RC + 1)^2} \\[4mm] \dfrac{\partial Z_{eq}}{\partial C} = \dfrac{-j\omega(R + j\omega L)^2}{(-\omega^2 LC + j\omega RC + 1)^2} \end{cases} \tag{2.4.28}$$

步骤二：利用本节方法计算灵敏度。

在 $\dot{I}_1 = 1$ 时，元件电流或电压分别为

$$\dot{I}_R = \dot{I}_L = \frac{\dfrac{1}{j\omega C} \times \dot{I}_1}{\dfrac{1}{j\omega C} + R + j\omega L} = \frac{1}{-\omega^2 LC + j\omega RC + 1}$$

$$\dot{U}_C = Z_{eq}\dot{I}_1 = \frac{R + j\omega L}{-\omega^2 LC + j\omega RC + 1}$$

根据式（2.4.9）、式（2.4.11）、式（2.4.12），Z_{eq} 对元件参数 R、L、C 的灵敏度分别为

$$\begin{cases} \dfrac{\partial Z_{eq}}{\partial R} = \dot{I}_R^2 = \dfrac{1}{(-\omega^2 LC + j\omega RC + 1)^2} \\[4mm] \dfrac{\partial Z_{eq}}{\partial L} = j\omega \dot{I}_L^2 = \dfrac{j\omega}{(-\omega^2 LC + j\omega RC + 1)^2} \\[4mm] \dfrac{\partial Z_{eq}}{\partial C} = -j\omega \dot{U}_C^2 = \dfrac{-j\omega(R + j\omega L)^2}{(-\omega^2 LC + j\omega RC + 1)^2} \end{cases} \tag{2.4.29}$$

结果与式（2.4.28）完全相同。

验证二：电路如图 2.4.10 所示，计算 Z_{eq} 对元件参数 L_1、L_2 和 M_{12} 的灵敏度。

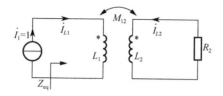

图 2.4.10　验证灵敏度公式的电路之二

步骤一：利用互感引入阻抗的概念计算一端口等效阻抗的解析表达式为

$$Z_{eq} = j\omega L_1 + \frac{(\omega M_{12})^2}{R_2 + j\omega L_2}$$

求偏导数得到各灵敏度为

$$\begin{cases} \dfrac{\partial Z_{eq}}{\partial L_1} = j\omega \\[3mm] \dfrac{\partial Z_{eq}}{\partial L_2} = \dfrac{-j\omega(\omega M_{12})^2}{(R_2 + j\omega L_2)^2} \\[3mm] \dfrac{\partial Z_{eq}}{\partial M_{12}} = \dfrac{2\omega^2 M_{12}}{R_2 + j\omega L_2} \end{cases} \tag{2.4.30}$$

步骤二：利用本节方法计算灵敏度。

在 $\dot I_1 = 1$ 时，计算元件电流如下：

$$\dot I_{L_1} = 1, \qquad \dot I_{L_2} = -\frac{j\omega M_{12}}{R_2 + j\omega L_2}$$

根据式（2.4.25），Z_{eq} 对元件参数 L_1、L_2 和 M_{12} 的灵敏度分别为

$$\begin{cases} \dfrac{\partial Z_{eq}}{\partial L_1} = j\omega \dot I_{L_1}^2 = j\omega \\[3mm] \dfrac{\partial Z_{eq}}{\partial L_2} = j\omega \dot I_{L_2}^2 = \dfrac{-j\omega(\omega M_{12})^2}{(R_2 + j\omega L_2)^2} \\[3mm] \dfrac{\partial Z_{eq}}{\partial M_{12}} = j2\omega \dot I_{L_1} \dot I_{L_2} = \dfrac{2\omega^2 M_{12}}{R_2 + j\omega L_2} \end{cases} \tag{2.4.31}$$

结果与式（2.4.30）完全相同。

2.4.4　关于一端口等效导纳灵敏度的讨论

如果关心的是一端口网络等效导纳对元件参数的灵敏度，可以采用两种思路来分析。

第一，使用复合函数的导数。因为 $Y_{eq} = 1/Z_{eq}$，所以导纳的灵敏度可以通过阻抗的灵敏度计算如下：

$$\frac{\partial Y_{eq}}{\partial p_k} = \frac{\partial Y_{eq}}{\partial Z_{eq}} \times \frac{\partial Z_{eq}}{\partial p_k} = -\frac{1}{Z_{eq}^2} \times \frac{\partial Z_{eq}}{\partial p_k} \tag{2.4.32}$$

第二，按照与等效阻抗灵敏度对偶的分析思路，将图 2.4.2 和图 2.4.3 中的单位电流源相量替换为单位电压源相量，将 T 形等效电路替换为 Π 形等效电路，阻抗替换为导纳。这样便得到等效导纳 Y_{eq} 对某元件导纳 Y_k 的灵敏度，即

$$\frac{\partial Y_{eq}}{\partial Y_k} = \dot{U}_{Y_k}^2 \tag{2.4.33}$$

式中，Y_k 表示第 k 个导纳元件，$\dot{U}_{Y_k}$ 表示它的电压相量。分类列出的灵敏度公式如下。

（1）如果 Y_k 对应电导 G_k，则

$$\frac{\partial Y_{eq}}{\partial G_k} = \dot{U}_{G_k}^2 \tag{2.4.34}$$

（2）如果 Y_k 对应电阻 R_k，则

$$\frac{\partial Y_{eq}}{\partial R_k} = \frac{\partial Y_{eq}}{\partial Y_k} \frac{\partial Y_k}{\partial R_k} = \dot{U}_{R_k}^2 \left(-1/R_k^2\right) = -\dot{I}_{R_k}^2 \tag{2.4.35}$$

（3）如果 Y_k 对应电容 C_k，则

$$\frac{\partial Y_{eq}}{\partial C_k} = \frac{\partial Y_{eq}}{\partial Y_k} \frac{\partial Y_k}{\partial C_k} = j\omega \dot{U}_{C_k}^2 \tag{2.4.36}$$

（4）如果 Y_k 对应电感 L_k，则

$$\frac{\partial Y_{eq}}{\partial L_k} = \frac{\partial Y_{eq}}{\partial Y_k} \frac{\partial Y_k}{\partial L_k} = \dot{U}_{L_k}^2 \left[-1/(j\omega L_k^2)\right] = -j\omega \dot{I}_{L_k}^2 \tag{2.4.37}$$

按照与等效阻抗灵敏度相似的分析思路，还可以得到等效导纳对理想变压器变比和互感系数的灵敏度公式，结果如下：

$$\frac{\partial Y_{eq}}{\partial n_{kl}} = -2\dot{I}_k \dot{U}_l, \qquad \frac{\partial Y_{eq}}{\partial M_{kl}} = -j2\omega \dot{I}_k \dot{I}_l \tag{2.4.38}$$

2.4.5　结语

互易性一端口网络等效阻抗的灵敏度分析，不需要获得等效阻抗的解析表达式，也不需要构造伴随网络，只需计算在单位电流源作用下的元件电流相量或电压相量，然后按照本节各灵敏度公式就可计算出灵敏度。使用节点法、回路法、混合法，或借助数值分析法，能够很容易地计算出电流相量或电压相量。本节的灵敏度公式给电流相量或电

压相量的平方，以及电压相量与电流相量之积赋予了一定的理论意义。灵敏度分析使人们能够站在参数变动的角度来认识电路，实现了由"静"到"动"的提升。

§2.5　参数变动条件下的电路分析

 导　读

上节讨论了元件参数发生微小变动时，互易性一端口等效阻抗对元件参数的灵敏度。工程上往往遇到这样的问题：处于稳定工作的电路，由于人为或周围环境等原因，它的某支路参数会突然发生明显变化，甚至发生突然短路或断路这样的极端故障。例如，电路元件在原来基础上突然被调整，电力系统输电线突然发生相间短路、单相断路，或突然切除、接通某地区负荷等。这些突然性的参数变化和极端故障（本节统称参数变动），必然会引起所有响应的大范围变化。这时不能使用上节的灵敏度概念进行分析。为了认识电路参数变动产生的后果，就需要分析参数变动后的电路。假如参数变动前电路的响应是已知的，那么在这种条件下，分析参数变动后的响应便可以采用相对简单的方法，只需分析响应在原来基础上所产生的增量。本节专门介绍参数变动条件下计算稳态响应增量的方法，并使读者感受置换定理与叠加定理所起的关键作用。

2.5.1　参数大范围变动电路的分析

方法一：应用置换定理和叠加定理

下面仅以直流电路为例加以说明，其原理完全可以推广到正弦电路。

图 2.5.1（a）是已经处于稳态的电路，感兴趣的元件是电阻 R，因此从电路中单独抽出。当该电阻发生增量为 ΔR 的变动时，所有支路电流在原来基础上产生大小不一的增量，如图 2.5.1（b）所示。下面讨论计算增量的第一种方法。

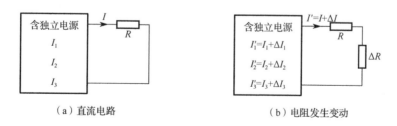

（a）直流电路　　　　　　　　　（b）电阻发生变动

图 2.5.1　电阻发生变动前后的电路

根据置换定理，将电流 I' 用两个电流源置换，其中一个为电阻变动前的电流 I，另一个为变动引起的电流增量 ΔI，如图 2.5.2（a）所示，置换后电阻 R 消失。再根据叠加定理，电阻变动后的各支路电流可以分解为两部分：网络内的独立电源与电流源 I 共同作用产生的电流，如图 2.5.2（b）所示，以及电流源 ΔI 单独作用产生的电流。由于电阻 R 在图 2.5.2（b）中被电流源等价置换，所以图 2.5.2（b）中的各支路电流实际就是电阻变动之前的电流。而图 2.5.2（c）产生的各支路电流显然就是电阻发生 ΔR 增量变化时引起的电流增量。

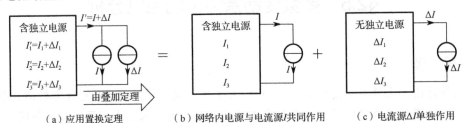

| （a）应用置换定理 | （b）网络内电源与电流源 I 共同作用 | （c）电流源 ΔI 单独作用 |

图 2.5.2　方法一的原理

根据上述原理，如果同时有多条支路参数发生了变动，这种方法也是适用的。

下面举例加以示范。

【例 2.5.1】图 2.5.3（a）所示电路，已知 $R_1 = 3\Omega$，$R_2 = 8\Omega$，$R_3 = 6\Omega$，$R_4 = 6\Omega$，$R_5 = 8\Omega$，$R_6 = 4\Omega$。当 $R = 10\Omega$ 时，电流 $I = 2\mathrm{A}$。求 $R = 14\Omega$ 时各电流的增量。

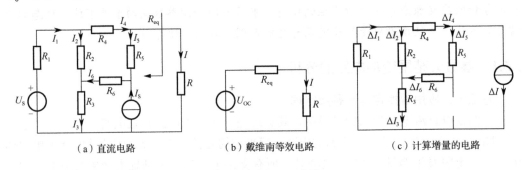

| （a）直流电路 | （b）戴维南等效电路 | （c）计算增量的电路 |

图 2.5.3　例 2.5.1 电路

【解】先求出电阻 $R = 14\Omega$ 时的电流 I 及其增量 ΔI。为此，利用戴维南定理将原电路等效为图 2.5.3（b）。除掉图 2.5.3（a）中的电压源与电流源后，从 R 向左看时存在平衡电桥，这是因为

$$\frac{R_5 + R_6}{R_3} = \frac{R_4}{R_1} = 2$$

故 R_2 支路电压、电流均为零。将其视为开路，求得戴维南等效电阻为

$$R_{\mathrm{eq}} = (R_1 + R_4)//(R_3 + R_5 + R_6) = (9//18)\Omega = 6\Omega$$

由 $R = 10\Omega$ 时的电流 I 计算开路电压为

$$U_{\mathrm{OC}} = I(R_{\mathrm{eq}} + R) = 2\mathrm{A}(6 + 10)\Omega = 32\mathrm{V}$$

由图 2.5.3（b）得 $R = 14\Omega$ 时，

$$I' = \frac{U_{OC}}{R + R_{eq}} = \frac{32V}{14\Omega + 6\Omega} = 1.6A$$

电流 I 的增量为

$$\Delta I = I' - I = 1.6A - 2A = -0.4A$$

根据图 2.5.3（c）计算各支路电流增量。图中存在平衡电桥，所以 $\Delta I_2 = 0$。将 R_2 支路断开，然后利用分流公式求得

$$\Delta I_3 = -\frac{R_1 + R_4}{R_1 + R_4 + R_5 + R_6 + R_3} \times \Delta I = \frac{2}{15}A = \Delta I_5 = \Delta I_6$$

$$\Delta I_1 = \Delta I + \Delta I_3 = -\frac{4}{15}A = \Delta I_4$$

方法二：应用参数变动定理

在变动前的电阻支路串入两个元件，一个是阻值为 ΔR 的电阻，另一个是电压为 $I\Delta R$ 的电压源，如图 2.5.4（a）所示。由于串入的这两个元件电压相等而极性相反，电压之和为零，所以串入后对其他电压和电流没有任何影响。再根据叠加定理，电路的电压和电流都由两部分组成：一部分是串入的电压源不作用，仅由网络内的独立电源产生的分量，如图 2.5.4（b）所示；另一部分是网络内部独立电源不作用，仅由串入的电压源产生的分量，如图 2.5.4（c）所示。显然，前者就是电阻变动之后的实际电压和电流，而后者必然是变动产生的电压和电流增量的负值。如果改变图 2.5.4（c）中电压源的电动势方向，如图 2.5.4（d）所示，得到的就是支路电流的增量值。以上分析过程相当于证明了如下定理。

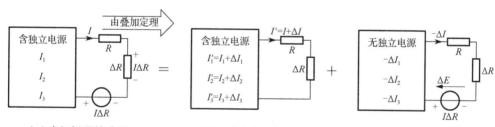

（a）串入电压源与电阻　　　（b）网络内电源单独作用　　　（c）串入的电压源单独作用

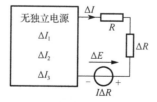

（d）改变电动势方向

图 2.5.4　方法二的原理

定理 2.5.1　参数变动定理[10]：当电路中载有电流 I 的某支路电阻改变 ΔR 时，相当于在原有工作状态上叠加一个新的工作状态，此工作状态就是用一个与原有电流反方向的电动势 $\Delta E = I\Delta R$，作用在电阻发生变化的支路后，在各支路产生的电流。

对例 2.5.1 而言，根据参数变动定理，得到图 2.5.5 所示的计算增量的电路。图中，

$$I\Delta R = 2\text{A} \times 4\Omega = 8\text{V}$$

各电流增量分别是

$$\Delta I = -\frac{I\Delta R}{R + \Delta R + R_{eq}} = -\frac{8\text{V}}{(10 + 4 + 6)\Omega} = -0.4\text{A}$$

$$\Delta I_3 = -\frac{R_1 + R_4}{R_1 + R_4 + R_5 + R_6 + R_3} \times \Delta I = \frac{2}{15}\text{A} = \Delta I_5 = \Delta I_6$$

$$\Delta I_1 = \Delta I + \Delta I_3 = -\frac{4}{15}\text{A} = \Delta I_4$$

根据对偶原理，也可用电流源与电阻的并联来计算电路的增量，如图 2.5.6 所示。

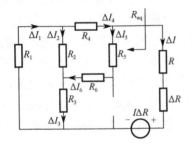

图 2.5.5　计算增量的电路

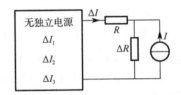

图 2.5.6　用电流源与电阻并联计算电流增量的电路

2.5.2　发生短路故障电路的分析

1. 电阻发生短路

如果某支路电阻发生了短路故障，则相当于 $\Delta R = -R$ 的参数变动，因此使用图 2.5.4（d）（用电压源）或图 2.5.6（用电流源），便可计算短路后产生的响应增量。由于 $\Delta R = -R$，所以计算电路可以简化成图 2.5.7。根据此图可得出如下结论。

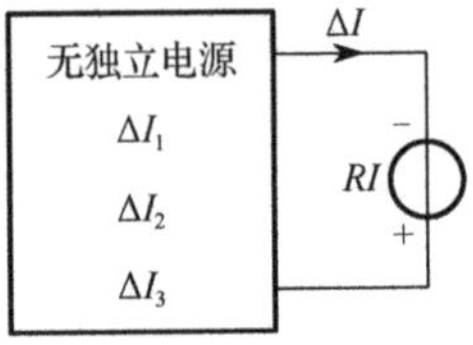

结论 2.5.1：若某电阻发生短路，则可以用这样的电路来计算由此引起的电流增量，即在短路处串入一个电压源，量值为 RI，电动势方向与短路前电流方向相同，而其余独立电源全部被置零。

图 2.5.7　电阻发生短路时计算增量的电路

2. 两点发生短路

电路原本分离的两个点 a、b，存在开路电压 U_{OC}，如图 2.5.8（a）所示。如果突然发生短路，那么各支路电流便发生变动，产生增量，如图 2.5.8（b）所示。

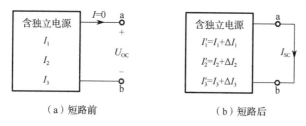

（a）短路前　　　　　　　　　（b）短路后

图 2.5.8　短路故障发生前后

用两个大小相等、极性相反的电压源的串联来等效短路，如图 2.5.9（a）所示，该电压源的电压为任意值时都与图 2.5.8（b）等效，但选择其为 a、b 开路时的电压 U_{OC} 更便于计算增量。利用叠加定理，得到图 2.5.9（b）、2.5.9（c）两个电路。图 2.5.9（b）显然就是未发生短路时的电路，因为该电路相当于使用置换定理，用大小等于开路电压的电压源置换开路端口。图 2.5.9（c）则是短路发生后，计算增量的电路。根据此图可得出如下结论。

结论 2.5.2： 若某两点发生短路，则可以用这样的电路来计算由此引起的电流增量，即在短路处串入一个电压源，量值为短路前两点之间的开路电压 U_{OC}，电动势方向与短路前电压方向相同，而其余独立电源全部被置零。

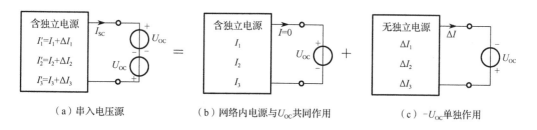

（a）串入电压源　　　　　（b）网络内电源与 U_{OC} 共同作用　　　　　（c）$-U_{OC}$ 单独作用

图 2.5.9　计算两点短路故障后电流增量的原理

如果图 2.5.8 中的开路电压刚好是某电阻上的电压，即 $U_{OC} = RI$，将其应用在图 2.5.9（c）中，所得电路与图 2.5.7 相同。所以图 2.5.7 可以看作是图 2.5.9（c）的特殊情况。

【例 2.5.2】电路如图 2.5.10 所示，设 $R_1 = 90\Omega$，$R_2 = 80\Omega$，$R_3 = 120\Omega$，$R_4 = 56\Omega$，$R_5 = 84\Omega$，$U_{S1} = 24V$，$U_{S2} = 60V$，$I_S = 2A$。计算开关闭合后各支路电流的增量。

【解】用电路分析的任一种方法求出开关接通前各支路电流为

$I_1 \approx 0.9091A$，　$I_2 \approx -0.8075A$，　$I_3 \approx -0.2834A$，　$I_4 \approx 1.1925A$，　$I_5 \approx -0.2834A$

开关两端的电压为 $U_{OC} = -R_2 I_2 + R_3 I_3 \approx 30.59V$。计算增量的电路如图 2.5.11 所示。此

电路存在平衡电桥（这是参数条件特殊性造成的），R_1 支路无电流，断开后可以简化计算。

$$\Delta I_1 = 0 \quad \text{（不受开关动作影响）}$$

$$\Delta I_2 = -\Delta I_3 = \frac{U_{OC}}{R_2 + R_3} \approx 0.1529\text{A}$$

$$\Delta I_5 = -\Delta I_4 = \frac{U_{OC}}{R_4 + R_5} \approx 0.2185\text{A}$$

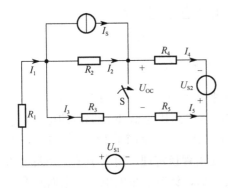
图 2.5.10　例 2.5.2 电路

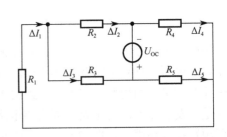
图 2.5.11　计算例 2.5.2 电路响应增量的电路

2.5.3　发生开路故障电路的分析

1. 电阻发生开路故障

如果某支路电阻发生了开路故障，则相当于 $\Delta R \to \infty$ 的参数变动，因此令图 2.5.6 中 $\Delta R \to \infty$，便得到图 2.5.12 所示的计算增量的电路。根据此图可得出如下结论。

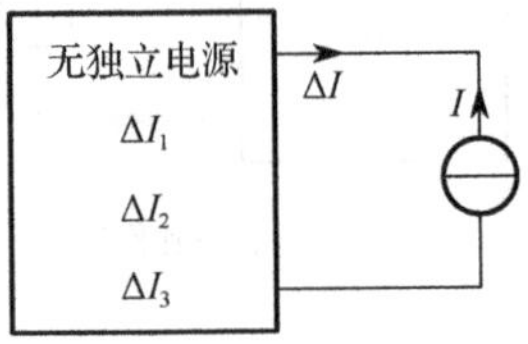

图 2.5.12　电阻发生开路故障时计算增量的电路

结论 2.5.3：若某电阻发生开路故障，则可以用这样的电路来计算由此引起的电流增量，即在开路处串入一个电流源，量值为开路前电阻电流 I，方向与开路短路前电流方向相反，而其余独立电源全部被置零。

2. 两点发生开路故障

如果电路中两点发生开路故障，只需按照对偶原理，参照短路故障来理解即可，过程如图 2.5.13、图 2.5.14 所示。结果是，用图 2.5.14（c）来计算开路后的电流增量。根据此图可得出如下结论。

结论 2.5.4：若某两点发生开路，则可以用这样的电路来计算由此引起的电流增量，即在开路处串入一个电流源,量值为开路前两点之间的短路电流 I_{SC}、方向与开路前电流方向相反,而其余独立电源全部被置零。

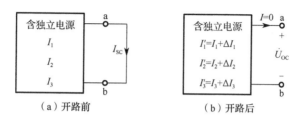

（a）开路前　　　　　　　　（b）开路后

图 2.5.13　开路故障发生前后

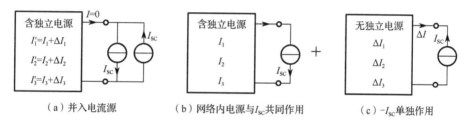

（a）并入电流源　　　（b）网络内电源与 I_{SC} 共同作用　　　（c）$-I_{SC}$ 单独作用

图 2.5.14　计算两点开路故障引起响应增量的原理

如果被断开的支路是电阻支路,那么图 2.5.14（c）中的短路电流就是断开前流过电阻的电流 I。因此图 2.5.12 可以看作是图 2.5.14（c）的特例。

2.5.4　结语

正常工作的电路难免发生大范围的参数变动,综合运用置换定理和叠加定理,可以得到计算电流与电压增量的简单电路。当只有一个支路发生参数变动,则无论原电路有多少个独立电源,计算增量的电路都只含有一个独立电源。参数变动电路的计算让人们能够站在参数变动的角度认识电路,既体现电路定理的综合运用,又符合工程实际,是对现有教学内容的一种提升。

§2.6　用矩阵形式的电路方程分析多层特斯拉线圈

 导　读

在许多高校的电路类课程中,都介绍了网络图论在电路理论中的应用。内容大都包括图的基本概念及图的矩阵表示,KCL、KVL 及支路方程的矩阵形式,通过矩阵运算列写节点方程、回路方程与割集方程,等等。这对于提高电路的系统分析能力无疑起到积极的教学作用,并使学生对电路分析耳目一新。但是,由于教学基本要求和学时的限制,在教学或教材中,得出矩阵形式的电路方程并简单举例后,内容便终止,没有进一步介绍矩阵形式电路方程的应用，导致一些学生甚至青年教师们产生困惑：这种利用矩阵运算列写电路方程的过程，还不如凭观察列写来得简单。因此，影响了对这部分内容教与学的积极性。只有极少数学生会在研究生阶段的网络分析与综合课程中，能够进一步理解矩阵形式电路方程的数学推演优势，大部分同学对学习这部分内容的目的性不甚明了。

作者在科研中制作了多层特斯拉线圈，用于研究谐振式电能传输。在建立线圈的电路模型以后，需要对其进行多种分析。该模型包含众多互感支路，可以作为矩阵形式电路方程具体应用的很好案例[11]。

2.6.1 多层特斯拉线圈及其电路模型

特斯拉线圈是以伟大发明家尼古拉·特斯拉（Nikola Tesla，1856—1943）的名字命名的，是特斯拉诸多重要发明之一，它能够利用线圈的分布参数产生谐振，从而得到高频高压电能，或收发无线电信号。特斯拉在研究无线电能传输时使用了此线圈。以此为教学案例，可以激发学生进一步溯源特斯拉诸多益于全人类的超前发明，在潜移默化中提高对伟大发明家的敬仰之情。

作者制作的特斯拉线圈为多层结构，如图 2.6.1 所示。线圈骨架为聚氯乙烯管。低压绕组只有一层，位于最外层，采用利兹线且非紧密缠绕。高压绕组有 7 层，位于低压绕组层内，采用硅胶线且紧密缠绕。层与层之间、高低压绕组之间，均采用绝缘纸隔离。

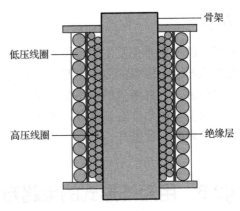

（a）实物图　　　　　　　　　　　　（b）轴向截面示意图

图 2.6.1　作者制作的多层特斯拉线圈

由上述结构可知，多层特斯拉线圈各层之间均存在自感、互感，以及导线电阻，层与层之间存在电容。但高、低压绕组之间，由于所用绝缘纸层数较多，且低压绕组匝数很少，因此高、低压绕组之间的电容相对较小，故忽略不计。当不详细关心特斯拉线圈内部电磁行为时，正弦稳态条件下，可以用集中参数元件来近似表示上述分布参数的作用，由此得到图 2.6.2 所示的多层特斯拉线圈正弦稳态电路模型。

根据缠绕工艺进行合理简化，即均匀化。低压绕组等效电阻为 R_1、等效电感为 L_1；低压绕组与高压绕组每层之间的磁耦合系数均为 k_1、互感均为 M_1。高压绕组每层等效电阻均为 R_2、等效电感均为 L_2，彼此之间的耦合系数均为 k_2、互感均为 M_2。上述参数的具体量值可以通过电磁场计算来获得，为突出重点，本节对此不进行介绍，将在后面直接给出经仿真或解析计算后得出的量值。

特斯拉线圈用于电能变换与传输时，高压绕组要接负载或另一特斯拉线圈的高压绕组。但为了建立模型的等效电路，在分析时需要用电压源置换负载，如图 2.6.2 中的 $\dot{U}_{S2}$ 所示。

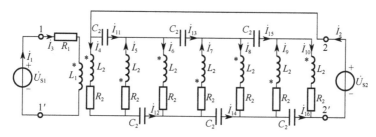

图 2.6.2   多层特斯拉线圈正弦稳态电路模型

2.6.2   网孔电流方程的建立

由于模型中含有多个互感，用支路电流表示支路电压比较容易，反之则比较困难。因此宜使用以电流为变量的方法列写方程。为使方程个数尽可能少，宜采用网孔电流法。但是，当使用观察法列写网孔电流方程时，由于存在诸多互感，使得网孔之间的互阻抗很容易被漏掉或重复，或者发生符号错误。使用矩阵运算列写网孔电流方程则可避免这些问题，这是因为分析者只需简单地写出网孔-支路关联矩阵、支路阻抗矩阵和支路电压源列向量，其余步骤都交给程序，按矩阵运算来建立方程。

画出图 2.6.2 的网络线图，如图 2.6.3 所示。它是非连通图，其中包含 16 条支路、8 个网孔。因此网孔-支路关联矩阵有 8 行 16 列，如式（2.6.1）所示，矩阵元素的取值方法与基本回路矩阵元素相同。

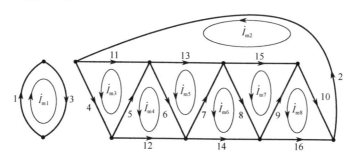

图 2.6.3   多层特斯拉线圈电路模型的网络线图

$$\boldsymbol{B}_{\mathrm{m}} = \begin{bmatrix} 1 & 0 & 1 & 0 & 0 & 0 & 0 & 0 & 0 & 0 & 0 & 0 & 0 & 0 & 0 & 0 \\ 0 & 1 & 0 & 0 & 0 & 0 & 0 & 0 & 0 & 1 & 1 & 0 & 1 & 0 & 1 & 0 \\ 0 & 0 & 0 & 1 & 1 & 0 & 0 & 0 & 0 & -1 & 0 & 0 & 0 & 0 & 0 & 0 \\ 0 & 0 & 0 & 0 & -1 & -1 & 0 & 0 & 0 & 0 & 0 & 1 & 0 & 0 & 0 & 0 \\ 0 & 0 & 0 & 0 & 0 & 1 & 1 & 0 & 0 & 0 & 0 & 0 & -1 & 0 & 0 & 0 \\ 0 & 0 & 0 & 0 & 0 & 0 & -1 & -1 & 0 & 0 & 0 & 0 & 0 & 1 & 0 & 0 \\ 0 & 0 & 0 & 0 & 0 & 0 & 0 & 1 & 1 & 0 & 0 & 0 & 0 & 0 & -1 & 0 \\ 0 & 0 & 0 & 0 & 0 & 0 & 0 & 0 & -1 & -1 & 0 & 0 & 0 & 0 & 0 & 1 \end{bmatrix} \tag{2.6.1}$$

选择支路电压和支路电流使它们具有相同的参考方向,其列向量分别记作

$$\dot{\boldsymbol{U}}_{\mathrm{b}} = [\dot{U}_1, \cdots, \dot{U}_{16}]^{\mathrm{T}} \quad \text{和} \quad \dot{\boldsymbol{I}}_{\mathrm{b}} = [\dot{I}_1, \cdots, \dot{I}_{16}]^{\mathrm{T}} \tag{2.6.2}$$

支路阻抗矩阵记作 $\boldsymbol{Z}_{\mathrm{b}}$,支路电压源列向量记作 $\dot{\boldsymbol{U}}_{\mathrm{Sb}}$,则支路电压-电流方程的简写形式为

$$\dot{\boldsymbol{U}}_{\mathrm{b}} = \boldsymbol{Z}_{\mathrm{b}} \dot{\boldsymbol{I}}_{\mathrm{b}} - \dot{\boldsymbol{U}}_{\mathrm{Sb}} \tag{2.6.3}$$

式中的 $\boldsymbol{Z}_{\mathrm{b}}$ 具有分块矩阵形式:

$$\boldsymbol{Z}_{\mathrm{b}} = \begin{bmatrix} \boldsymbol{Z}_L & \boldsymbol{0} \\ \boldsymbol{0} & \boldsymbol{Z}_C \end{bmatrix}_{16 \times 16} \tag{2.6.4}$$

矩阵中左上角对应电压源支路和电感支路的分块,是 10 行 10 列的对称矩阵,如式(2.6.5)所示。对角线元素对应支路阻抗,非对角线元素对应支路之间的互感阻抗。

$$\boldsymbol{Z}_L = \begin{bmatrix} 0 & 0 & 0 & 0 & 0 & 0 & 0 & 0 & 0 & 0 \\ 0 & 0 & 0 & 0 & 0 & 0 & 0 & 0 & 0 & 0 \\ 0 & 0 & Z_1 & Z_{M1} & Z_{M1} & Z_{M1} & Z_{M1} & Z_{M1} & Z_{M1} & Z_{M1} \\ 0 & 0 & Z_{M1} & Z_2 & Z_{M2} & Z_{M2} & Z_{M2} & Z_{M2} & Z_{M2} & Z_{M2} \\ 0 & 0 & Z_{M1} & Z_{M2} & Z_2 & Z_{M2} & Z_{M2} & Z_{M2} & Z_{M2} & Z_{M2} \\ 0 & 0 & Z_{M1} & Z_{M2} & Z_{M2} & Z_2 & Z_{M2} & Z_{M2} & Z_{M2} & Z_{M2} \\ 0 & 0 & Z_{M1} & Z_{M2} & Z_{M2} & Z_{M2} & Z_2 & Z_{M2} & Z_{M2} & Z_{M2} \\ 0 & 0 & Z_{M1} & Z_{M2} & Z_{M2} & Z_{M2} & Z_{M2} & Z_2 & Z_{M2} & Z_{M2} \\ 0 & 0 & Z_{M1} & Z_{M2} & Z_{M2} & Z_{M2} & Z_{M2} & Z_{M2} & Z_2 & Z_{M2} \\ 0 & 0 & Z_{M1} & Z_{M2} & Z_{M2} & Z_{M2} & Z_{M2} & Z_{M2} & Z_{M2} & Z_2 \end{bmatrix} \tag{2.6.5}$$

式中, $Z_1 = R_1 + \mathrm{j}\omega L_1$; $Z_2 = R_2 + \mathrm{j}\omega L_2$; $Z_{M1} = \mathrm{j}\omega M_1 = \mathrm{j}\omega k_1 \sqrt{L_1 L_2}$; $Z_{M2} = \mathrm{j}\omega M_2 = \mathrm{j}\omega k_2 L_2$。

$\boldsymbol{Z}_{\mathrm{b}}$ 的右下角对应电容支路的分块,是对角矩阵:

$$\boldsymbol{Z}_C = \mathrm{diag}[Z_{C2}, Z_{C2}, Z_{C2}, Z_{C2}, Z_{C2}, Z_{C2}] \tag{2.6.6}$$

式中, $Z_{C2} = 1/(\mathrm{j}\omega C_2)$。

图 2.6.2 中只有 1、2 支路含理想电压源,因此支路电压源列向量为

$$\dot{\boldsymbol{U}}_{\mathrm{Sb}} = [\dot{U}_{S1}, \dot{U}_{S2}, 0, \cdots, 0]^{\mathrm{T}} \tag{2.6.7}$$

再设待求的网孔电流列向量为

$$\dot{\boldsymbol{I}}_{\mathrm{m}} = [\dot{I}_{\mathrm{m1}}, \dot{I}_{\mathrm{m2}}, \dot{I}_{\mathrm{m3}}, \dot{I}_{\mathrm{m4}}, \dot{I}_{\mathrm{m5}}, \dot{I}_{\mathrm{m6}}, \dot{I}_{\mathrm{m7}}, \dot{I}_{\mathrm{m8}}]^{\mathrm{T}} \tag{2.6.8}$$

根据 KCL 和 KVL 的网孔-支路关联矩阵形式,不难得到用矩阵运算表示的网孔电流方程:

$$\boldsymbol{B}_{\mathrm{m}} \boldsymbol{Z}_{\mathrm{b}} \boldsymbol{B}_{\mathrm{m}}^{\mathrm{T}} \dot{\boldsymbol{I}}_{\mathrm{m}} = \boldsymbol{B}_{\mathrm{m}} \dot{\boldsymbol{U}}_{\mathrm{Sb}} \tag{2.6.9}$$

其中系数矩阵称为网孔阻抗矩阵,记作 $\boldsymbol{Z}_{\mathrm{m}} = \boldsymbol{B}_{\mathrm{m}} \boldsymbol{Z}_{\mathrm{b}} \boldsymbol{B}_{\mathrm{m}}^{\mathrm{T}}$,它的非对角线元素便是网孔之间的互阻抗。

网孔电流可通过网孔阻抗矩阵的逆并用下式来求得:

$$\dot{\boldsymbol{I}}_{\mathrm{m}} = \boldsymbol{Z}_{\mathrm{m}}^{-1} \boldsymbol{B}_{\mathrm{m}} \dot{\boldsymbol{U}}_{\mathrm{Sb}} \tag{2.6.10}$$

求出网孔电流后,还可以继续分析其他感兴趣的问题,以此彰显矩阵形式电路方程的数学推演优势,为矩阵形式的电路方程找到应用场景。下面选几个方面进行介绍。

2.6.3 网孔电流对电路参数的灵敏度

灵敏度反映了电路特性对电路参数变化的敏感程度,用偏导数表示。灵敏度分析是电路分析与优化设计的重要内容。使用矩阵形式的电路方程很容易计算各种灵敏度。

假设发生变化的参数是 p(例如自感系数、耦合系数等),将网孔电流方程(2.6.9)对参数 p 求偏导数(矩阵对 p 的偏导数,等于该矩阵各元素对 p 的偏导数组成的矩阵):

$$\boldsymbol{B}_{\mathrm{m}} \frac{\partial \boldsymbol{Z}_{\mathrm{b}}}{\partial p} \boldsymbol{B}_{\mathrm{m}}^{\mathrm{T}} \dot{\boldsymbol{I}}_{\mathrm{m}} + \boldsymbol{B}_{\mathrm{m}} \boldsymbol{Z}_{\mathrm{b}} \boldsymbol{B}_{\mathrm{m}}^{\mathrm{T}} \frac{\partial \dot{\boldsymbol{I}}_{\mathrm{m}}}{\partial p} = \boldsymbol{0} \tag{2.6.11}$$

由上式求得网孔电流对参数 p 的灵敏度为

$$\frac{\partial \dot{\boldsymbol{I}}_{\mathrm{m}}}{\partial p} = -(\boldsymbol{B}_{\mathrm{m}} \boldsymbol{Z}_{\mathrm{b}} \boldsymbol{B}_{\mathrm{m}}^{\mathrm{T}})^{-1} \left(\boldsymbol{B}_{\mathrm{m}} \frac{\partial \boldsymbol{Z}_{\mathrm{b}}}{\partial p} \boldsymbol{B}_{\mathrm{m}}^{\mathrm{T}} \dot{\boldsymbol{I}}_{\mathrm{m}} \right) \tag{2.6.12}$$

上式 $(\boldsymbol{B}_{\mathrm{m}} \boldsymbol{Z}_{\mathrm{b}} \boldsymbol{B}_{\mathrm{m}}^{\mathrm{T}})^{-1}$ 是网孔阻抗矩阵的逆,它并不需要重新计算,已在求解方程(2.6.10)时得到。

2.6.4 二端口阻抗参数矩阵 $\boldsymbol{Z}$ 的计算

如果只关心特斯拉线圈的输入和输出关系,而对线圈内部的电磁现象不感兴趣,那么可以建立特斯拉线圈的二端口网络模型,低压绕组为输入端口即端口 1,高压绕组为输出端口即端口 2,如图 2.6.4 所示。图 2.6.4 中的 $\dot{U}_1$、$\dot{U}_2$ 是端口电压,不是图 2.6.2 中的支路电压。

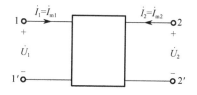

图 2.6.4 特斯拉线圈的二端口网络模型

根据图 2.6.2，网孔 1、2 的网孔电流同时也是图 2.6.4 的端口电流，因此二端口网络的阻抗参数方程可以表述成

$$\begin{bmatrix} \dot{U}_1 \\ \dot{U}_2 \end{bmatrix} = \begin{bmatrix} Z_{11} & Z_{12} \\ Z_{21} & Z_{22} \end{bmatrix} \begin{bmatrix} \dot{I}_1 \\ \dot{I}_2 \end{bmatrix} = \begin{bmatrix} Z_{11} & Z_{12} \\ Z_{21} & Z_{22} \end{bmatrix} \begin{bmatrix} \dot{I}_{m1} \\ \dot{I}_{m2} \end{bmatrix} \tag{2.6.13}$$

在求解方程（2.6.10）后，式（2.6.13）中电压和电流便都是已知量，待求的是阻抗矩阵的 4 个元素。但两个方程不足以求出 4 个元素，为此，改变端口外接电压源量值，并使其与改变之前的电压不成同一比例，计算改变后的端口电流。由于是线性电路且不改变频率，所以端口电压与端口电流仍满足相同的阻抗参数方程：

$$\begin{bmatrix} \dot{U}_1' \\ \dot{U}_2' \end{bmatrix} = \begin{bmatrix} Z_{11} & Z_{12} \\ Z_{21} & Z_{22} \end{bmatrix} \begin{bmatrix} \dot{I}_1' \\ \dot{I}_2' \end{bmatrix} = \begin{bmatrix} Z_{11} & Z_{12} \\ Z_{21} & Z_{22} \end{bmatrix} \begin{bmatrix} \dot{I}_{m1}' \\ \dot{I}_{m2}' \end{bmatrix} \tag{2.6.14}$$

联立式（2.6.13）和式（2.6.14）便可求出阻抗参数矩阵元素。为便于编写计算程序，以阻抗参数矩阵元素为待求量，将方程（2.6.13）和方程（2.6.14）合写成如下形式：

$$\begin{bmatrix} \dot{U}_1 \\ \dot{U}_2 \\ \dot{U}_1' \\ \dot{U}_2' \end{bmatrix} = \begin{bmatrix} \dot{I}_1 & \dot{I}_2 & 0 & 0 \\ 0 & 0 & \dot{I}_1 & \dot{I}_2 \\ \dot{I}_1' & \dot{I}_2' & 0 & 0 \\ 0 & 0 & \dot{I}_1' & \dot{I}_2' \end{bmatrix} \begin{bmatrix} Z_{11} \\ Z_{12} \\ Z_{21} \\ Z_{22} \end{bmatrix} \tag{2.6.15}$$

简记为

$$\dot{U}_p = \dot{I}_p Z_p \tag{2.6.16}$$

据此求得由阻抗参数矩阵元素组成的列向量：

$$Z_p = \dot{I}_p^{-1} \dot{U}_p \tag{2.6.17}$$

由 Z_p 的计算结果得到图 2.6.4 的 T 形等效电路，如图 2.6.5 所示，图中各阻抗分别为

$$\begin{cases} Z_{T1} = Z_{11} - Z_{12} \\ Z_{T2} = Z_{22} - Z_{12} \\ Z_{T3} = Z_{12} \end{cases} \tag{2.6.18}$$

注意，这种等效是相对端口特性的等效，实际上两个端口并没有公共节点。这说明了等效的相对性。

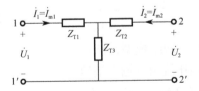

图 2.6.5　特斯拉线圈的 T 形等效电路

2.6.5　阻抗参数矩阵对电路参数的灵敏度

由阻抗参数矩阵可以确定网络的许多特性，例如输入（输出）阻抗、电压（电流）增益、转移阻抗（导纳）等，因此分析阻抗参数矩阵的灵敏度，是分析其他灵敏度的基础。

将式（2.6.16）两边对参数 p 求偏导数得

$$\mathbf{0} = \frac{\partial \dot{\mathbf{I}}_{\mathrm{p}}}{\partial p}\mathbf{Z}_{\mathrm{p}} + \dot{\mathbf{I}}_{\mathrm{p}}\frac{\partial \mathbf{Z}_{\mathrm{p}}}{\partial p} \tag{2.6.19}$$

因此，由阻抗参数矩阵元素组成的列向量 $\mathbf{Z}_{\mathrm{p}}$ 对参数 p 的灵敏度可按下式计算：

$$\frac{\partial \mathbf{Z}_{\mathrm{p}}}{\partial p} = -\dot{\mathbf{I}}_{\mathrm{p}}^{-1}\frac{\partial \dot{\mathbf{I}}_{\mathrm{p}}}{\partial p}\mathbf{Z}_{\mathrm{p}} \tag{2.6.20}$$

上式中含有端口电流，似乎阻抗的灵敏度与端口电流量值有关，但这只是形式上的。阻抗的灵敏度不会与端口电流量值有关，因为阻抗参数取决于二端口网络内部情况和工作频率，与端口电流的量值无关。

2.6.6　有载电压增益

特斯拉线圈具有很大升压比，且与频率关系密切。在建立 T 形等效电路之后，在 T 形等效电路的端口 2 接入负载 Z_{L}，根据电路理论的弥尔曼定理和分压公式，便可获得用等效电路参数表示的电压增益解析表达式，结果如下：

$$G_V = \frac{\dot{U}_2}{\dot{U}_{\mathrm{S1}}} = \frac{1/Z_{\mathrm{T1}}}{\dfrac{1}{Z_{\mathrm{T1}}}+\dfrac{1}{Z_{\mathrm{T3}}}+\dfrac{1}{Z_{\mathrm{T2}}+Z_{\mathrm{L}}}} \times \frac{Z_{\mathrm{L}}}{Z_{\mathrm{T2}}+Z_{\mathrm{L}}} \tag{2.6.21}$$

或者根据图 2.6.2，由定义直接计算有载电压增益，此时要将 $\dot{U}_{\mathrm{S2}}$ 替换为负载阻抗 Z_{L}，同时修正支路阻抗矩阵 $\mathbf{Z}_{\mathrm{b}}$，第 2 行、第 2 列由 0 改为 Z_{L}，支路电压源列向量修正为 $\dot{U}_{\mathrm{Sb}}=[\dot{U}_{\mathrm{S1}},0,0,\cdots,0]^{\mathrm{T}}$。如此，有载电压增益为

$$G_V = \frac{\dot{U}_2}{\dot{U}_{\mathrm{S1}}} = \frac{-Z_{\mathrm{L}}\dot{I}_{\mathrm{m2}}}{\dot{U}_{\mathrm{S1}}} \tag{2.6.22}$$

此时电压增益灵敏度可以通过网孔电流的灵敏度来得到：

$$\frac{\partial G_V}{\partial p} = -\frac{Z_{\mathrm{L}}}{\dot{U}_{\mathrm{S1}}}\frac{\partial \dot{I}_{\mathrm{m2}}}{\partial p} \tag{2.6.23}$$

2.6.7　仿真分析

1. 网孔电流仿真

根据电磁学原理和电磁场仿真分析结果，获得图 2.6.2 中的元件参数，给出如下：耦

合系数 $k_1 = 0.82$，$k_2 = 0.82$；$R_1 = 0.3\Omega$，$L_1 = 292\mu\text{H}$；$R_2 = 9.5\Omega$，$L_2 = 6\text{mH}$；$C_2 = 1.7\text{nF}$。仿真时，外加电压源 $\dot{U}_{S1} = 220\text{V}$，$\dot{U}_{S2} = 11\text{kV}$，频率 $f = 23\text{kHz}$。在上述参数条件下，利用式（2.6.10）计算网孔电流 $\dot{I}_{\text{m}}$，结果列于表 2.6.1。

表 2.6.1　网孔电流仿真结果

网孔序号	网孔电流
1	13.42A∠92.7°
2	0.6211A∠88.0°
3	0.1392A∠−82.7°
4	0.7896A∠89.9°
5	0.1714A∠−83.2°
6	0.7909A∠89.9°
7	0.1701A∠−83.1°
8	0.7581A∠90.1°

第 1 个网孔为低压绕组网孔，绕组匝数最少，因此电流最大。其他网孔电流有效值大小呈交替变化，相位在接近±90°的量值上交替改变。

2. 网孔电流对耦合系数的灵敏度仿真

本书将耦合系数 k_1 视为发生微小变化的参数 p。式（2.6.12）中支路阻抗矩阵 $\bm{Z}_\text{b}$ 对 k_1 的偏导数写成分块矩阵形式就是

$$\frac{\partial \bm{Z}_\text{b}}{\partial p} = \frac{\partial \bm{Z}_\text{b}}{\partial k_1} = \begin{bmatrix} \dfrac{\partial \bm{Z}_L}{\partial k_1} & \bm{0} \\[2mm] \bm{0} & \dfrac{\partial \bm{Z}_C}{\partial k_1} \end{bmatrix} \tag{2.6.24}$$

根据式（2.6.5）列出的子矩阵 $\bm{Z}_L$，它对 k_1 的偏导数矩阵为 10 行 10 列对称矩阵：

$$\frac{\partial \bm{Z}_L}{\partial k_1} = \begin{bmatrix} 0 & 0 & 0 & 0 & 0 & 0 & 0 & 0 & 0 & 0 \\ 0 & 0 & 0 & 0 & 0 & 0 & 0 & 0 & 0 & 0 \\ 0 & 0 & 0 & W & W & W & W & W & W & W \\ 0 & 0 & W & 0 & 0 & 0 & 0 & 0 & 0 & 0 \\ 0 & 0 & W & 0 & 0 & 0 & 0 & 0 & 0 & 0 \\ 0 & 0 & W & 0 & 0 & 0 & 0 & 0 & 0 & 0 \\ 0 & 0 & W & 0 & 0 & 0 & 0 & 0 & 0 & 0 \\ 0 & 0 & W & 0 & 0 & 0 & 0 & 0 & 0 & 0 \\ 0 & 0 & W & 0 & 0 & 0 & 0 & 0 & 0 & 0 \\ 0 & 0 & W & 0 & 0 & 0 & 0 & 0 & 0 & 0 \end{bmatrix} \tag{2.6.25}$$

式中，$W = \mathrm{j}\omega\sqrt{L_1 L_2}$。

另一子矩阵因为不含 k_1，所以偏导数为零矩阵，即

$$\frac{\partial \mathbf{Z}_C}{\partial k_1} = [0]_{6\times 6} \tag{2.6.26}$$

式（2.6.12）右边的网孔电流 $\mathbf{\dot{I}}_\mathrm{m}$ 在求偏导数之前已经通过求解网孔电流方程而得，见表 2.6.1。由式（2.6.12）计算网孔电流对 k_1 的灵敏度，结果见表 2.6.2。由于 k_1 无量纲，因此灵敏度与电流的量纲及单位相同。

表 2.6.2　网孔电流对耦合系数 k_1 的灵敏度

网孔序号	网孔电流灵敏度
1	174.2A∠94.5°
2	5.822A∠−85.6°
3	5.822A∠−85.6°
4	0
5	5.822A∠−85.6°
6	0
7	5.822A∠−85.6°
8	0

网孔 4、6、8 为层间等效电容电流，灵敏度为 0，表明这些电流不受耦合系数 k_1 的影响，这是因为这些电流其实是通过层间电容的电流，它们与磁场耦合情况无关。

3. 阻抗参数矩阵及灵敏度仿真

从表 2.6.1 可知，端口电流为

$$\dot{I}_1 = \dot{I}_\mathrm{m1} \approx 13.42\mathrm{A}\angle 92.7°，\qquad \dot{I}_2 = \dot{I}_\mathrm{m2} \approx 0.6211\mathrm{A}\angle 88.0°$$

改变端口电压使得 $\dot{U}'_\mathrm{S1} = 2\dot{U}_\mathrm{S1}$，$\dot{U}'_\mathrm{S2} = 0.5\dot{U}_\mathrm{S2}$，重新计算端口电流，又得到

$$\dot{I}'_1 \approx 31.42\mathrm{A}\angle -87.7°，\qquad \dot{I}'_2 \approx 1.475\mathrm{A}\angle 91.6°$$

由以上四个端口电流形成 4 行 4 列的端口电流矩阵 $\mathbf{\dot{I}}_\mathrm{p}$，即式（2.6.15）的系数矩阵。端口电压列向量为 $\mathbf{\dot{U}}_\mathrm{p} = [\dot{U}_\mathrm{S1}, \dot{U}_\mathrm{S2}, \dot{U}'_\mathrm{S1}, \dot{U}'_\mathrm{S2}]^\mathrm{T}$。由式（2.6.17）求得二端口阻抗参数列向量，再进一步写成 2×2 的阻抗矩阵形式，结果为

$$\mathbf{Z} \approx \begin{bmatrix} 0.4123 - \mathrm{j}1.322 & 1.040 - \mathrm{j}326.3 \\ 1.040 - \mathrm{j}326.3 & 14.27 - \mathrm{j}10678 \end{bmatrix} \Omega \tag{2.6.27}$$

上式中出现了 $Z_{12} = Z_{21}$ 的结果，这是因为多层特斯拉线圈的电路模型是互易的。图 2.6.5 所示的 T 形等效电路中各阻抗分别为

$$\begin{cases} Z_{T1} = Z_{11} - Z_{12} \approx (-0.6275 + \mathrm{j}325.0)\Omega \\ Z_{T2} = Z_{22} - Z_{12} \approx (13.23 - \mathrm{j}10350)\Omega \\ Z_{T3} = Z_{12} \approx (1.040 - \mathrm{j}326.3)\Omega \end{cases} \tag{2.6.28}$$

上述结果中，Z_{T2} 实部和虚部绝对值远大于另外两个阻抗，这是因为 Z_{T2} 主要受高压绕组影响，而高压绕组的匝数远多于低压绕组。

由式（2.6.20）计算阻抗参数矩阵对耦合系数 k_1 的灵敏度，仿真结果如下：

$$\frac{\partial \boldsymbol{Z}}{\partial k_1} = \begin{bmatrix} 0.2739 - \mathrm{j}106.2 & 1.268 - \mathrm{j}397.9 \\ 1.268 - \mathrm{j}397.9 & 0 \end{bmatrix} \Omega \tag{2.6.29}$$

可见 $\partial Z_{22} / \partial k_1 = 0$，这是因为 Z_{22} 是当端口 1 开路时，从端口 2 看进去的等效阻抗，显然与高、低压绕组之间的耦合系数 k_1 无关。$\partial Z_{12} / \partial k_1$ 的模大于 $\partial Z_{11} / \partial k_1$ 的模，这是因为 Z_{12} 代表两个端口之间的耦合情况，而耦合系数 k_1 正是低压绕组与高压绕组之间的耦合系数，自然 Z_{12} 对其敏感。仿真结果与客观事实相符。

4. 有载电压增益及灵敏度仿真

特斯拉线圈在谐振时有很大的电压增益，并且增益与负载阻抗有关。利用式（2.6.21）或（2.6.22）可以对增益的频率特性进行仿真。选择 5 种纯阻性负载，分别是 20kΩ、40kΩ、60kΩ、80kΩ 和 100kΩ，得到增益的幅频特性，如图 2.6.6 所示。随着负载电阻的增加，电压增益变得越来越陡峭，但峰值对应的频率基本不变，约为 24.2kHz。

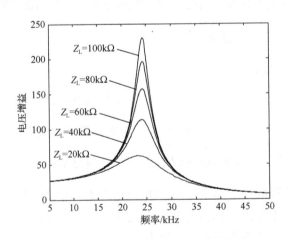

图 2.6.6　有载电压增益的幅频特性

同样选择上述五种负载电阻，利用式（2.6.23）计算电压增益灵敏度的幅频特性，结果如图 2.6.7 所示。随着负载电阻的增加，电压增益灵敏度同样变得越来越陡峭，但峰值

对应的频率基本不变，约为 24.2kHz。电压增益灵敏度频率特性与电压增益在相同频率处出现峰值，说明在增益最大的谐振频率处，增益对耦合系数 k_1 的变化最敏感。

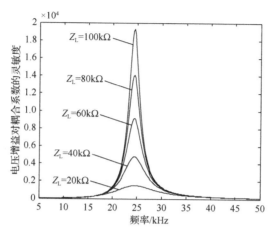

图 2.6.7　有载电压增益灵敏度的幅频特性

2.6.8　结语

将科研项目加以"提炼"后用于教学，可以提高教学亲和性，这是因为抽象的电路理论得到了具体应用，也能让学生体会到电路理论对科学研究的重要作用。将矩阵形式的电路方程适当延伸，能够体现矩阵形式电路方程的数学推演优势，从而加强网络图论分析的教学目的性。

§2.7　特斯拉线圈电网络模型的宽频等值化简

 导　读

将复杂电网络化简为简单电网络，无论在理论上还是在实践上，无疑都具有化繁为简的实际意义。已有许多严密理论用来准确化简电路，例如等效电源定理、二端口网络 T 形或 Π 形等效电路、传输线集中参数等效电路等。但工程上有很多电网络难以直接使用这些方法，或者使用这些方法也只能得到单一频率下的等效电路，不能用于更多频率。

如果在某种条件下，复杂网络与简单网络具有足够接近的行为特征量值，那么这个简单网络就称为复杂网络的等值网络，等值不是严格的等效。等值技术在电力系统中早有应用，其基本思想是，首先将复杂电力系统划分成内部网络、边界节点和外部网络，然后根据某种要求，用简单结构的等值网络近似代替复杂且不必关心、信息不全或信息保密的外部网络，从而简化分析。在计算等值网络之前，需要计算基本潮流，所以这些等值网络都是对基本潮流状态而言的，不是在外特性上的严格等效。

　　本节基于等值的基本思想，结合科研中涉及的多层特斯拉线圈的复杂耦合电网络模型，提出了通过求解非线性方程或优化目标函数来建立宽频等值网络的方法，等值前后网络的某些特性，于所选的较宽频率范围内，在数值上足够接近，因此可用等值网络替代原网络进行稳态与暂态分析[12]。

2.7.1　问题描述

　　多层特斯拉线圈的构造见上一节图 2.6.1 所示，简化前的电路模型如图 2.7.1 所示。因为本节将要讨论宽频等值化简问题，所以使用复频域模型比较合理。但为了使符号尽可能简单，图中以及后续方程中有时省略了复频率 s，I_1 应理解成 $I_1(s)$，等等。

　　特斯拉线圈用于电能的谐振传输时，高压绕组要连接负载，或连接另一个特斯拉线圈的高压绕组。但为了分析电路模型并加以等值化简，需要用电压源置换负载，如图 2.7.1 中的 U_{S2} 所示。

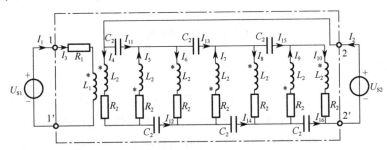

图 2.7.1　多层特斯拉线圈的复杂二端口网络模型

　　本节将对上述电路模型从端口特性等效的角度进行化简，并且在很宽的频率范围内，所得到的简单电路都与化简前的电路高度等值（这里使用等值的概念，是因为它不同于端口特性在某频率下严格等效的概念，例如 T 形等效电路），为此将涉及阻抗参数及其灵敏度的计算等。

2.7.2　原网络阻抗参数的计算

　　本节将图 2.7.1 所示的二端口网络称为原网络。由于网络很复杂，因此宜用数值方法计算其阻抗参数。在 2.6.4 小节已经介绍了类似计算过程，为阅读方便，这里再重述一下。在同一个复频率 s 下（不是同一个角频率 ω），分别施加两组线性无关的端口电压，得到两组端口电压和电流关系，对应的阻抗参数方程分别如式（2.7.1）和式（2.7.2）所示：

$$\begin{cases} U_1' = Z_{11\mathrm{E}}I_1' + Z_{12\mathrm{E}}I_2' \\ U_2' = Z_{21\mathrm{E}}I_1' + Z_{22\mathrm{E}}I_2' \end{cases} \tag{2.7.1}$$

$$\begin{cases} U_1'' = Z_{11\mathrm{E}}I_1'' + Z_{12\mathrm{E}}I_2'' \\ U_2'' = Z_{21\mathrm{E}}I_1'' + Z_{22\mathrm{E}}I_2'' \end{cases} \tag{2.7.2}$$

下标 E 表示来自原网络的阻抗参数值。对确定的复频率 s，上述电压、电流和阻抗通常都是复常量。

所谓两组线性无关的端口电压是指 U_1' 与 U_1''、U_2' 与 U_2'' 不成同一比例关系，比如，

$$U' = \begin{bmatrix} U_1' \\ U_2' \end{bmatrix} = \begin{bmatrix} U_{S1} \\ U_{S2} \end{bmatrix}, \qquad U'' = \begin{bmatrix} U_1'' \\ U_2'' \end{bmatrix} = \begin{bmatrix} 2U_{S1} \\ 0.5U_{S2} \end{bmatrix}$$

这就是两组线性无关的端口电压。

对图 2.7.1，分别针对两组线性无关的端口电压进行数值分析后（例如，使用网孔电流法），方程（2.7.1）和方程（2.7.2）中的电压和电流便都是已知量，联立便得到关于 4 个系数即阻抗参数的线性方程组，将其写成下式：

$$\begin{bmatrix} I_1' & I_2' & 0 & 0 \\ 0 & 0 & I_1' & I_2' \\ I_1'' & I_2'' & 0 & 0 \\ 0 & 0 & I_1'' & I_2'' \end{bmatrix} \begin{bmatrix} Z_{11E} \\ Z_{12E} \\ Z_{21E} \\ Z_{22E} \end{bmatrix} = \begin{bmatrix} U_1' \\ U_2' \\ U_1'' \\ U_2'' \end{bmatrix} \qquad (2.7.3)$$

由式（2.7.3）不难求得阻抗参数。对图 2.7.1 所示的互易网络，结果一定存在 $Z_{12E} = Z_{21E}$ 的关系，仿真过程验证了这一关系。

2.7.3 等值二端口网络及其阻抗参数

图 2.7.1 含有较多元件，使用起来不够方便，希望加以等值化简。根据所制作的多层特斯拉线圈的物理构造和电磁关系，可以用元件较少的含耦合电感的电路来等值，如图 2.7.2 所示。这里的等值是指，等值前后的两个二端口网络在所关心的频率范围内，具有近似相等的阻抗参数。之所以选择阻抗参数作为等值量，是因为阻抗参数与外接电路一起能够完整地描述二端口网络的其他电气特性，例如

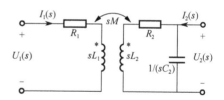

图 2.7.2 特斯拉线圈的等值网络模型

电压增益、输入阻抗、输出阻抗、传输功率、传输效率等。

设输出端口开路时，右侧接收回路复频域自阻抗为 $Z_{2T} = R_2 + sL_2 + 1/(sC_2)$，则根据电路理论不难求出图 2.7.2 的阻抗参数为

$$\begin{cases} Z_{11} = R_1 + sL_1 - \dfrac{(sM)^2}{Z_{2T}} \\[2mm] Z_{12} = Z_{21} = \dfrac{sM}{Z_{2T}} \times \dfrac{1}{sC_2} \\[2mm] Z_{22} = \dfrac{(R_2 + sL_2)/(sC_2)}{Z_{2T}} \end{cases} \qquad (2.7.4)$$

2.7.4　用求解非线性方程的方法确定等值网络

为了确定等值电路参数，将等值前后阻抗参数差值模的平方定义为待求解的非线性方程，因为等值电路中有 6 个待识别的元件参数，故需要 6 个独立的非线性方程，数学描述如下：

$$\begin{cases} f_1(\boldsymbol{X}) = (Z_{11} - Z_{11E}) \times (Z_{11} - Z_{11E})^* = 0 \\ f_2(\boldsymbol{X}) = (Z_{12} - Z_{12E}) \times (Z_{12} - Z_{12E})^* = 0 \\ f_3(\boldsymbol{X}) = (Z_{22} - Z_{22E}) \times (Z_{22} - Z_{22E})^* = 0 \\ f_4(\boldsymbol{X}) = (Z_{11}' - Z_{11E}') \times (Z_{11}' - Z_{11E}')^* = 0 \\ f_5(\boldsymbol{X}) = (Z_{12}' - Z_{12E}') \times (Z_{12}' - Z_{12E}')^* = 0 \\ f_6(\boldsymbol{X}) = (Z_{22}' - Z_{22E}') \times (Z_{22}' - Z_{22E}')^* = 0 \end{cases} \tag{2.7.5}$$

式中，列向量 $\boldsymbol{X} = [R_1, L_1, R_2, L_2, M, C_2]^{\mathrm{T}}$ 为待求等值电路（图 2.7.2）参数。带下标 E 的阻抗表示来自原网络的阻抗参数计算值，也就是期望值。不带下标 E 的阻抗则表示来自等值网络的计算值，也就是迭代值，它们与迭代的进程有关。带撇和不带撇的阻抗，分别代表两种不同复频率下的阻抗参数。当每一个非线性函数值小于预先设定的足够小量时，便意味着迭代值与期望值足够接近，迭代收敛。

方程 (2.7.5) 是关于待求参数 $\boldsymbol{X}$ 的非线性方程组，常用牛顿-拉弗森法进行数值求解。为此，需要计算方程（2.7.5）的雅可比矩阵，它形如

$$\boldsymbol{J} = \begin{bmatrix} \dfrac{\partial f_1}{\partial R_1} & \cdots & \dfrac{\partial f_1}{\partial C_2} \\ \vdots & \ddots & \vdots \\ \dfrac{\partial f_6}{\partial R_1} & \cdots & \dfrac{\partial f_6}{\partial C_2} \end{bmatrix}_{6 \times 6} \tag{2.7.6}$$

以 J_{11} 的计算为例讨论如下。

令 $h_{11} = Z_{11} - Z_{11E}$，则

$$J_{11} = \frac{\partial f_1}{\partial R_1} = h_{11}^* \times \frac{\partial h_{11}}{\partial R_1} + h_{11} \times \frac{\partial h_{11}^*}{\partial R_1} = q + q^* = 2\,\mathrm{Re}[q] \tag{2.7.7}$$

式中，

$$q = h_{11}^* \times \frac{\partial h_{11}}{\partial R_1} = h_{11}^* \times \frac{\partial Z_{11}}{\partial R_1} \tag{2.7.8}$$

类似地，只要求出阻抗参数对元件参数的灵敏度，便可计算出雅可比矩阵的所有元素。

2.7.5　等值网络阻抗参数灵敏度的计算

由式（2.7.8）可见，为了求得雅可比矩阵，还需要计算等值网络阻抗参数对各元件参数的偏导数，即灵敏度。分类阐述如下，原理是伴随网络法，见网络分析与综合类教材，例如文献[6]～[8]。

1. Z_{11} 各灵敏度的计算

计算电路如图 2.7.3 所示，该电路是复频域电路模型，它的激励是输入端口的电流源，激励值为 1 A·s，即 1C（相当于时域中的单位冲激电流源）。根据文献[9]或本书§2.4 节，只需计算元件的电流或电压数值，便可准确得出灵敏度值，无须对式（2.7.4）计算偏导数，且原理具有普遍性。

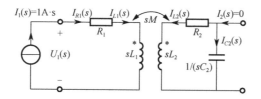

图 2.7.3　计算 Z_{11} 灵敏度的网络

Z_{11} 各灵敏度的表达式如下：

$$
\begin{cases}
\dfrac{\partial Z_{11}}{\partial R_1} = I_{R1}^2, & \dfrac{\partial Z_{11}}{\partial R_2} = I_{R2}^2 \\[2mm]
\dfrac{\partial Z_{11}}{\partial L_1} = sI_{L1}^2, & \dfrac{\partial Z_{11}}{\partial L_2} = sI_{L2}^2 \\[2mm]
\dfrac{\partial Z_{11}}{\partial M} = 2sI_{L1}I_{L2}, & \dfrac{\partial Z_{11}}{\partial C_2} = -sU_{C2}^2
\end{cases}
\tag{2.7.9}
$$

式中，电压、电流、复频率 s 和各灵敏度均代表它们的数值，无量纲。

2. Z_{22} 各灵敏度的计算

原理同上，但计算电路如图 2.7.4 所示，电流源接于输出端口。

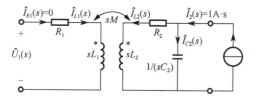

图 2.7.4　计算 Z_{22} 灵敏度的网络

Z_{22} 各灵敏度如下：

$$\begin{cases} \dfrac{\partial Z_{22}}{\partial R_1} = \hat{I}_{R1}^2, & \dfrac{\partial Z_{22}}{\partial L_1} = s\hat{I}_{L1}^2 \\[3mm] \dfrac{\partial Z_{22}}{\partial R_2} = \hat{I}_{R2}^2, & \dfrac{\partial Z_{22}}{\partial L_2} = s\hat{I}_{L2}^2 \\[3mm] \dfrac{\partial Z_{22}}{\partial M} = 2s\hat{I}_{L1}\hat{I}_{L2}, & \dfrac{\partial Z_{22}}{\partial C_2} = -s\hat{U}_{C2}^2 \end{cases} \tag{2.7.10}$$

3. Z_{12} 各灵敏度的计算

根据图 2.7.3 和图 2.7.4 对元件电压和电流的计算结果，以及伴随网络法原理[8]，计算 Z_{12} 各灵敏度的表达式，给出如下：

$$\begin{cases} \dfrac{\partial Z_{12}}{\partial R_1} = I_{R1}\hat{I}_{R1}, & \dfrac{\partial Z_{12}}{\partial L_1} = sI_{L1}\hat{I}_{L1} \\[3mm] \dfrac{\partial Z_{12}}{\partial R_2} = I_{R2}\hat{I}_{R2}, & \dfrac{\partial Z_{12}}{\partial L_2} = sI_{L2}\hat{I}_{L2} \\[3mm] \dfrac{\partial Z_{12}}{\partial M} = s(I_{L1}\hat{I}_{L2} + \hat{I}_{L1}I_{L2}), & \dfrac{\partial Z_{12}}{\partial C_2} = -sU_{C2}\hat{U}_{C2} \end{cases} \tag{2.7.11}$$

求得雅可比矩阵后，便可使用牛顿-拉弗森法进行数值迭代，公式为

$$\boldsymbol{X}_{k+1} = \boldsymbol{X}_k - \boldsymbol{J}_k^{-1}\boldsymbol{F}(\boldsymbol{X}_k) \tag{2.7.12}$$

2.7.6 利用优化方法确定等值网络

选择 n 个复频率，将每个复频率下等值网络的阻抗参数与原网络阻抗参数差值模的平方和定义为目标函数，即

$$F(\boldsymbol{X}) = \sum_{k=1}^{n}[\,|\,Z_{11} - Z_{11E}\,|_k^2 + |\,Z_{12} - Z_{12E}\,|_k^2 + |\,Z_{22} - Z_{22E}\,|_k^2\,] \tag{2.7.13}$$

那么，目标函数的梯度为

$$\boldsymbol{G} = \frac{\partial F}{\partial \boldsymbol{X}} = \left[\frac{\partial F}{\partial R_1}, \frac{\partial F}{\partial R_2}, \frac{\partial F}{\partial L_1}, \frac{\partial F}{\partial L_2}, \frac{\partial F}{\partial M}, \frac{\partial F}{\partial C_2}\right]^{\mathrm{T}}$$

类似于 2.7.4 小节计算雅可比矩阵的过程，计算上述目标函数的梯度同样归结为计算阻抗参数对等值电路元件参数的灵敏度。为此，令

$$\begin{cases} h_{11} = Z_{11} - Z_{11E} \\ h_{12} = Z_{12} - Z_{12E} \\ h_{22} = Z_{22} - Z_{22E} \end{cases} \tag{2.7.14}$$

以梯度向量的第 1 个分量为例计算如下：

$$\frac{\partial F}{\partial R_1} = \left(h_{11}^* \frac{\partial h_{11}}{\partial R_1} + h_{11} \frac{\partial h_{11}^*}{\partial R_1} \right) + \left(h_{12}^* \frac{\partial h_{12}}{\partial R_1} + h_{12} \frac{\partial h_{12}^*}{\partial R_1} \right) + \left(h_{22}^* \frac{\partial h_{22}}{\partial R_1} + h_{22} \frac{\partial h_{22}^*}{\partial R_1} \right)$$

$$= 2\mathrm{Re}\left[h_{11}^* \frac{\partial Z_{11}}{\partial R_1} + h_{12}^* \frac{\partial Z_{12}}{\partial R_1} + h_{22}^* \frac{\partial Z_{22}}{\partial R_1} \right] \tag{2.7.15}$$

照此便可求出梯度向量的所有分量。

等值网络即图 2.7.2，为 3 阶电路，因此梯度法寻优过程至少需要选定三个复频率。根据文献[7]，这三个复频率应将复平面上的单位圆三等分，例如，复频率的数值

$$s_1 = 1, \qquad s_2 = \mathrm{e}^{\mathrm{j}2\pi/3}, \qquad s_3 = \mathrm{e}^{-\mathrm{j}2\pi/3}$$

寻优过程在此从略。

2.7.7　计算示例

根据电磁学原理和电磁场仿真结果，图 2.7.1 中的元件参数经计算和均匀化为：$k_1 = 0.82$，$k_2 = 0.82$；$R_1 = 0.3\Omega$，$L_1 = 292\mu H$；$R_2 = 9.5\Omega$，$L_2 = 6mH$；$C_2 = 1.7nF$。进一步算得互感分别为

$$M_1 = k_1\sqrt{L_1 L_2} = 1.085mH$$

$$M_2 = k_2\sqrt{L_2 L_2} = k_2 L_2 = 4.92mH$$

迭代初值的选择对迭代的收敛性影响明显，宜根据具体的物理背景来选择初值，也就是使初值尽可能接近收敛值。根据多层特斯拉线圈的结构特点，选择下面的初始值是合理的：

$$\boldsymbol{X}_0 = [R_{10}, L_{10}, R_{20}, L_{20}, M_0, C_{20}]^{\mathrm{T}}$$

式中，

$$\begin{cases} R_{10} = R_1 = 0.3\Omega \\ L_{10} = L_1 = 292\mu H \\ R_{20} = 7R_2 = 66.5\Omega \\ L_{20} = 7L_2 + 36M_2 \approx 219.1mH \\ M_0 = 0.82\sqrt{L_{10} L_{20}} \approx 6.559mH \\ C_{20} = C_2 / 6 \approx 0.2833nF \end{cases} \tag{2.7.16}$$

根据文献[7]，所选择的两个复频率应将复平面单位圆等分。例如，可以分别是+1 和-1，或 $\pi/4$ 和 $5\pi/4$ 等，但仿真表明，+j 和-j 导致不收敛，所以复频率不能选择在虚轴上。

利用 2.7.4 小节介绍的方法进行迭代求解。迭代收敛后，得到的等值电路参数是

$$\begin{cases} R_1 = 0.3\Omega \\ L_1 = 0.292\text{mH} \\ R_2 = 66.5\Omega \\ L_2 = 248.6\text{mH} \\ M = 7.598\text{mH} \\ C_2 = 0.8327\text{nF} \end{cases} \qquad (2.7.17)$$

耦合系数为

$$k = \frac{M}{\sqrt{L_1 L_2}} = \frac{7.598\text{mH}}{\sqrt{0.292\text{mH} \times 248.6\text{mH}}} \approx 0.8917$$

收敛后，R_1、L_1、R_2 与初始值很接近，而 C_2 的收敛值与初始值相差较大，说明等值电容不能简单地按照与层数相同的倍数关系变小。

为验证等值结果的准确性，分别对原网络和等值网络就以下三个方面进行仿真对比。

1. 阻抗参数 Z_{12} 的频率特性对比

取阻抗参数中典型的 Z_{12} 为对比对象，分别根据原网络和等值网络绘制其幅频特性，如图 2.7.5（a）、（b）所示。Z_{12} 与二端口网络两个端口的连接情况无关，是网络本身的开路转移阻抗。

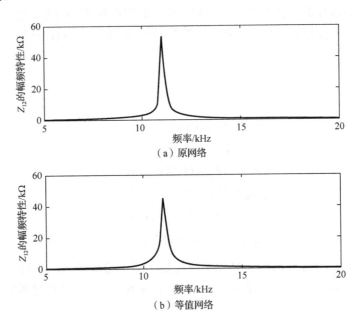

图 2.7.5　阻抗参数 Z_{12} 的幅频特性

通过编程分析等值误差。在 1.5kHz 到 15kHz 这段出现峰值的区间内，Z_{12} 幅频特性相对误差最大值是 15.73%，平均值是 2.24%。对 Z_{11} 和 Z_{22} 的频率特性仿真，也得到了很高的等值结果，波形从略。由于阻抗矩阵可以完全确定二端口网络的其他特性，所以图 2.7.2 建立的等值电路和通过灵敏度求解非线性方程得到的式（2.7.17）的等值参数，可以替代图 2.7.1 较复杂的电路模型，用来研究含有多层特斯拉线圈的电路，并进行正弦稳态分析。通过以下几方面的仿真对比，可以进一步验证这一结论。

2. 有载电压增益频率特性对比

负载为纯电阻，接于高压绕组端口，阻值分别为 20kΩ、40kΩ、60kΩ、80kΩ 和 100kΩ。有载电压增益定义为负载电压与输入电压的相量之比。根据原网络和等值网络绘制的幅频特性分别如图 2.7.6（a）、（b）所示，相频特性分别如图 2.7.7（a）、（b）所示。

编程仿真并进行误差分析。幅频特性相对误差最大值是 7.58%，平均值是 3.4%；相频特性相对误差最大值是 9.7%，平均值是 0.89%。在上述各种负载下，等值前后的频率特性都非常接近。

在科研实际中，特斯拉线圈工作在增益幅频特性的峰值附近，从图 2.7.6 和图 2.7.7 可以看出，这时输出电压较输入电压在相位上大约滞后 90°，滞后的相角相当于四分之一波长传输线产生的相位滞后。

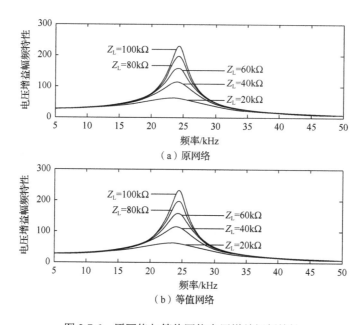

图 2.7.6　原网络与等值网络电压增益幅频特性

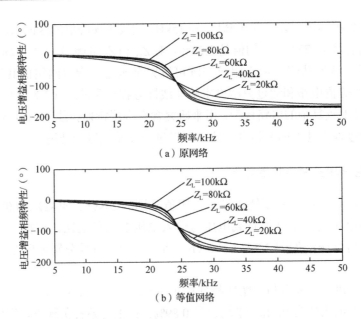

（a）原网络

（b）等值网络

图 2.7.7　原网络与等值网络电压增益相频特性

3. 有载输入阻抗频率特性对比

负载仍为 2.7.2 小节中的情况。有载输入阻抗定义为有负载时，输入端口电压与电流的相量之比。根据原网络和等值网络绘制其幅频特性，结果分别如图 2.7.8（a）、（b）所示（相频特性从略）。

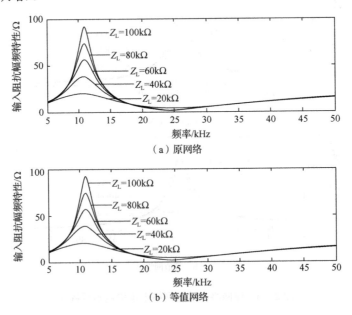

（a）原网络

（b）等值网络

图 2.7.8　原网络与等值网络输入阻抗的幅频特性

编程仿真并进行误差分析。幅频特性相对误差最大值是 4.978%，平均值是 1.8%。说明在上述各种负载下，等值前后输入阻抗的幅频特性都非常接近。

2.7.8　结语

化繁为简是科学研究的有效方法，研究电网络更是如此。基于电磁原理确立等值网络的结构，求解合理的数学模型确定等值网络的元件参数，是一种物理和数学相结合的等值方法。从科研中挖掘教学案例，可以扩展教学内容的广度和深度。反过来则会夯实科学研究的理论基础。本节对特斯拉线圈电网络模型的宽频等值化简原理，可以辐射到其他电网络的等值化简。

参 考 文 献

[1] 陈希有, 盛贤君, 刘凤春. 相量与正弦量的数学变换原理[J]. 电气电子教学学报, 2007, 29(2): 36-39.

[2] 陈希有, 刘凤春, 盛贤君. 相量与正弦量电路功率分析中的应用[J]. 电气电子教学学报, 2007, 29(3): 41-44.

[3] 章艳, 陈希有. 相序指示器案例教学探索[J]. 电气电子教学学报, 2012, 34 (3): 9-12.

[4] 陈希有. 电路理论教程[M]. 2 版. 北京: 高等教育出版社, 2020: 205.

[5] 陈希有, 李冠林, 周惠巍. 无穷耦合电感电路等效电感的多种解法[J]. 电气电子教学学报, 2016, 38(3): 77-80.

[6] 吴宁. 电网络分析与综合[M]. 北京: 科学出版社, 2003: 213-241.

[7] 瓦拉赫, 辛格尔. 电路分析和设计的计算机方法[M]. 汪蕙, 李普成, 刘润生, 等译. 北京: 科学出版社, 1992: 185-240.

[8] 特密斯, 拉帕特雷. 电路综合与设计导论[M]. 贾毓聪, 韩宝珍, 译. 北京: 人民邮电出版社, 1985: 435-462.

[9] 陈希有, 李冠林, 牟宪民, 等. 互易性一端口网络等效阻抗的灵敏度分析[J]. 电气电子教学学报, 2016, 38(4): 66-69.

[10] 俞大光. 电工基础(上册)(修订本)[M]. 北京: 人民教育出版社, 1964: 212-215.

[11] 陈希有, 金鑫, 李冠林, 等. 用矩阵形式的电路方程分析多层特斯拉线圈[J]. 电气电子教学学报, 2023, 45(6): 125-129.

[12] 陈希有, 李冠林, 牟宪民, 等. 特斯拉线圈电网络模型的宽频等值化简[J]. 电气电子教学学报, 2024, 46(2): 128-133.

第 **3** 章

暂态电路分析

§3.1 戴维南定理在暂态电路时域分析中的应用

📓 导　读

在讲授戴维南定理时，一般都限定在线性电阻电路分析、正弦稳态电路的相量分析，以及暂态电路的复频域分析。这些电路的共同特点是：描述电路的方程都是线性代数方程。作者经过教学研究，认为戴维南定理也可用于暂态电路的时域分析。这是对现有教学内容的一种补充。虽然这种应用并没有特别明显的优点，但对提倡教师钻研教学内容、启发学生质疑、加深学生对戴维南定理和暂态电路分析方法的理解、加强前后知识的有机联系、培养学生推广应用所学知识的能力，无疑具有一定的示范作用。

以下阐明了在暂态电路时域分析中应用戴维南定理的原理，并分两种情况讨论了应用戴维南定理的方法[1]。

3.1.1 基本原理

图 3.1.1（a）方框内为含独立电源和储能元件的一端口网络 N_a，可以是零状态，也可以是非零状态。不失一般性，假设网络外接电阻为 R。在 $t=0$ 时电路某处发生换路，求换路后电流 i 或电压 u。

借助暂态电路的复频域分析法来阐述原理更为简单。图 3.1.1（a）所示时域电路的复频域模型如图 3.1.1（b）所示。

为求 $I(s)$ 或 $U(s)$，根据复频域分析中的戴维南定理，将一端口网络 $N_a(s)$ 用戴维南电路来等效，如图 3.1.1（c）所示。其中，$U_{OC}(s)$ 就是复频域电路模型中端口 1-1' 处的开路电压，$Z_{eq}(s)$ 则是从复频域模型中除去所有独立电源与附加电源后所得一端口网络的等效运算阻抗。

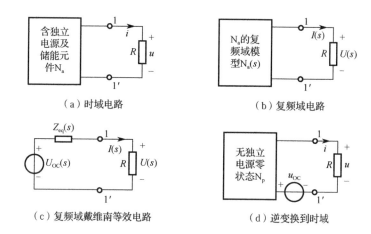

（a）时域电路　　　　　　　　　　　（b）复频域电路

（c）复频域戴维南等效电路　　　　　（d）逆变换到时域

图 3.1.1　用复频域阐述时域中的戴维南定理的电路

现在把复频域中的戴维南等效电路即图 3.1.1（c）逆变换到时域，得到图 3.1.1（d）所示电路，那么在时域中的开路电压 u_{OC} 就变成 $U_{OC}(s)$ 的拉普拉斯逆变换，即

$$u_{OC} = \mathscr{L}^{-1}[U_{OC}(s)] \tag{3.1.1}$$

所以，u_{OC} 就是图 3.1.1（a）电路中端口 1-1′ 开路时，端口电压全响应的时域表达式。

图 3.1.1（c）中的 $Z_{eq}(s)$ 来自对 $N_a(s)$ 除源后，所得无独立电源也无附加电源一端口网络的等效运算阻抗。因此，$Z_{eq}(s)$ 对应的时域模型就是从网络 N_a 中除去全部独立电源，并令储能元件为零状态时所得无独立电源一端口网络，记作 N_p。至此便得到在时域中计算暂态响应的戴维南等效电路，如图 3.1.1（d）所示。概括如下。

命题 3.1.1：暂态响应时域分析的戴维南定理　含独立电源和储能元件的一端口网络 N_a，在暂态响应时域分析中，可以用一个电压源 u_{OC} 和一个无独立电源且为零状态的电路 N_p 的串联来等效。其中，u_{OC} 是一端口网络在换路后的开路电压，N_p 是将一端口网络 N_a 除源并令其为零状态时的网络。

由于 N_p 是零状态电路，从此意义上说，这种使用戴维南定理的方法也属于一种化为零状态响应的分析方法，见 §3.2 节。

需要明确的是：在直流电路和正弦稳态电路中，一端口网络的戴维南等效电路与端口外面所接电路是无关的，而图 3.1.1（d）所示的戴维南等效电路则不同，图中的开路电压 u_{OC} 一般说来与端口外的连接情况有关，这是因为端口外的连接情况会影响储能元件的初始值，也就是会影响 u_{OC} 的零输入响应部分。这一特点与在复频域中应用戴维南定理是相同的。

下面以一阶电路为例并分情况说明具体应用方法。

3.1.2　使用方法

1. 开路电压中不含自由分量的情况

当换路动作不是发生在被等效的网络内部，且换路前电路处于直流稳态或正弦稳态，这时的开路电压便没有自由分量，只有强制分量，且强制分量是一种稳态分量。此时使用直流电路或正弦稳态电路分析方法，很容易求得开路电压。举例示范如下。

【例 3.1.1】电路如图 3.1.2（a）所示，设 $R_1 = 10\Omega$，$R_2 = 30\Omega$，$R_3 = 60\Omega$，$L = 0.3\text{H}$，直流电压 $U_\text{S} = 360\text{V}$。求开关接通后电流 i 的全响应。

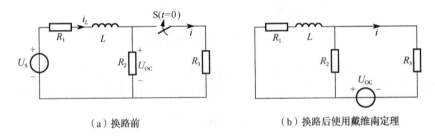

（a）换路前　　　　　　　　　　（b）换路后使用戴维南定理

图 3.1.2　例 3.1.1 电路

【解】图 3.1.2（a）换路前是直流稳态，故开路电压为

$$U_\text{OC} = \frac{R_2}{R_1 + R_2} U_\text{s} = \frac{30\Omega}{10\Omega + 30\Omega} \times 360\text{V} = 270\text{V} \qquad (3.1.2)$$

戴维南等效电路如图 3.1.2（b）所示，该电路为零状态电路。使用三要素公式计算如下：

$$i(0_+) = \frac{U_\text{OC}}{R_2 + R_3} = \frac{270\text{V}}{90\Omega} = 3\text{A}$$

$$i(\infty) = \frac{U_\text{OC}}{R_3 + R_1 /\!/ R_2} = \frac{270\text{V}}{60\Omega + \dfrac{30}{4}\Omega} = 4\text{A}$$

$$\tau = \frac{L}{R} = \frac{0.3\text{H}}{10\Omega + \dfrac{30 \times 60}{30 + 60}\Omega} = 0.01\text{s}$$

$$i = i(\infty) + [i(0_+) - i(\infty)]\text{e}^{-t/\tau} = (4 - \text{e}^{-t/\tau})\text{A}$$

作为验证，可以直接对图 3.1.2（a）应用三要素公式，也得到同样的结果，步骤略。

【例 3.1.2】电路如图 3.1.3（a）所示，设正弦电源 $u_\text{s} = 24\sqrt{2}\text{V}\sin(\omega t)$，$\omega = 10^3\,\text{rad/s}$，$R_1 = R_2 = 1\text{k}\Omega$，$C = 1\mu\text{F}$，$t < 0$ 时处于正弦稳态。求开关接通后电流 i 的全响应。

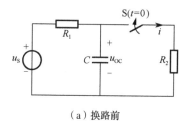 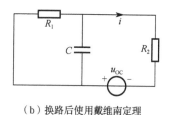

（a）换路前   （b）换路后使用戴维南定理

图 3.1.3　例 3.1.2 电路

【解】图 3.1.3（a）换路前是正弦稳态，利用相量分析法求得开路电压为

$$u_{OC} = 24\text{V} \sin(\omega t - 45°) \tag{3.1.3}$$

根据本节戴维南定理，$t > 0$ 时得图 3.1.3（b）所示的等效电路。该电路为零状态，在换路时电容相当于短路，因此待求电流的初始值为

$$i(0_+) = \frac{u_{OC}(0_+)}{R_2} = \frac{24\text{V}\sin(-45°)}{1\text{k}\Omega} \approx -16.97\text{mA}$$

使用相量分析法求得图 3.1.3（b）电流 i 的稳态分量即强制分量为（过程略）

$$i_p(t) \approx 15.18\text{mA}\sin(\omega t - 26.57°)$$

电路的时间常数为

$$\tau = \frac{R_1 R_2}{R_1 + R_2} C = 0.5\text{k}\Omega \times 1\mu\text{F} = 0.5\text{ms}$$

由三要素公式得待求电流为

$$\begin{aligned}
i(t) &= i_p(t) + [i(0_+) - i_p(0_+)]e^{-t/\tau} \\
&= [15.18\sin(\omega t - 26.57°) - 10.18e^{-t/\tau}]\text{mA} \quad (t > 0)
\end{aligned} \tag{3.1.4}$$

2. 开路电压中含自由分量的情况

若图 3.1.1（a）的一端口网络内部有开关动作，或含有阶跃与冲激激励，此时开路电压 u_{OC} 同时含有强制分量和自由分量，分别记作 u_{OCp} 和 u_{OCh}，即 $u_{OC} = u_{OCp} + u_{OCh}$。此时应用戴维南定理时须注意：

开路电压中的自由分量 u_{OCh}（对待求响应来说，它是激励的一部分，因为它来自等效的独立电源），不会在外电路产生对应的强制分量，即图 3.1.4（b）中 $i_p'' = 0$，见后面证明。所以计算待求响应的强制分量或稳态分量 i_p 时，只需考虑 u_{OCp} 的作用。但是，计算自由分量 i_h 时，必须同时考虑 u_{OCp} 与 u_{OCh}，具体就是要用 $u_{OC}(0_+)$ 来计算待求响应的初始值，而 $u_{OC}(0_+) = u_{OCp}(0_+) + u_{OCh}(0_+)$。

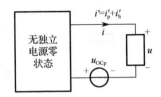 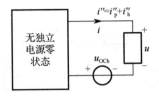

（a）u_{OC}的强制分量单独作用　　　　　（b）u_{OC}的自由分量单独作用

图 3.1.4　开路电压中含自由分量情况

【例 3.1.3】电路如图 3.1.5（a）所示，$t<0$ 时处于直流稳态。求 $t>0$ 时电流 i 的全响应。

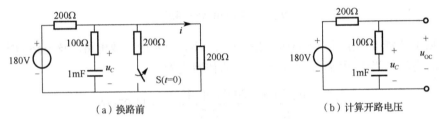

（a）换路前　　　　　　　　　　　　（b）计算开路电压

图 3.1.5　例 3.1.3 电路

【解】该电路换路发生在被等效的一端口网络内部，计算开路电压的电路如图 3.1.5（b）所示。须注意，其中的 $u_C(0_+)$ 应由图 3.1.5（a）的 $u_C(0_-)$ 求得。使用三要素公式求解如下：

$$u_C(0_+) = u_C(0_-) = \frac{200//200}{200 + 200//200} \times 180\text{V} = \frac{1}{3} \times 180\text{V} = 60\text{V} \tag{3.1.5}$$

$$u_{OC}(0_+) = \frac{180\text{V} - u_C(0_+)}{(200+100)\Omega} \times 100\Omega + u_C(0_+) = 100\text{V} \tag{3.1.6}$$

$$u_{OCp} = u_{OC}(\infty) = 180\text{V} \tag{3.1.7}$$

$$\tau_1 = (200+100)\Omega \times 1\text{mF} = 0.3\text{s} \tag{3.1.8}$$

$$u_{OC} = u_{OCp} + u_{OCh} = u_{OC}(\infty) + [u_{OC}(0_+) - u_{OC}(\infty)]e^{-t/\tau_1} \tag{3.1.9}$$
$$= 180\text{V} - 80\text{V}e^{-t/\tau_1} \quad (t>0)$$

戴维南等效电路如图 3.1.6 所示，该电路为零状态电路。

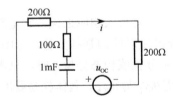

图 3.1.6　例 3.1.3 的戴维南等效电路

根据注意事项计算 i 的强制分量即稳态分量 i_p 的电路如图 3.1.7（a）所示。

$$i_p(t) = i(\infty) = \frac{180\text{V}}{200\Omega + 200\Omega} = 0.45\text{A} \tag{3.1.10}$$

计算初始值 $i(0_+)$ 的电路如图 3.1.7（b）所示，根据式（3.1.9），图中

$$u_{OC}(0_+) = 180\text{V} - 80\text{V} = 100\text{V}$$

即 $u_{OC}(0_+)$ 要同时包括强制分量和自由分量在 $t \to 0_+$ 时的值。由图 3.1.7（b）求得待求电流的初始值为（用短路代替电容）

$$i(0_+) = \frac{u_{OC}(0_+)}{200\Omega + \dfrac{100 \times 200}{100 + 200}\Omega} = 0.375\text{A} \tag{3.1.11}$$

由图 3.1.6 求得时间常数为

$$\tau_2 = \left(100 + \frac{200 \times 200}{200 + 200}\right)\Omega \times 1\text{mF} = 0.2\text{s} \tag{3.1.12}$$

所以，由三要素公式得

$$i(t) = i(\infty) + [i(0_+) - i(\infty)]\text{e}^{-t/\tau_2} = 0.45\text{A} - 0.075\text{Ae}^{-t/\tau_2} \quad (t > 0) \tag{3.1.13}$$

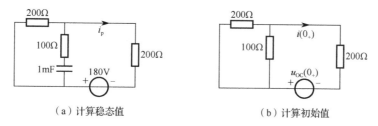

（a）计算稳态值　　　　　　　　（b）计算初始值

图 3.1.7　例 3.1.3 的稳态值和初始值电路的计算

由此可见，在计算 u_{OC} 时，只需求出 $u_{OC}(0_+)$ 和 $u_{OC}(\infty)$，无须求出 u_{OC} 的时间常数 τ_1，因为待求响应中并无 τ_1 对应的指数项，见后面的证明。

作为验证，可以直接对图 3.1.5（a）应用三要素公式，得到同样结果。

3. 对开路电压中自由分量 u_{OCh} 不会在外电路产生强制分量的证明

这一问题可用图 3.1.8 来表示，设 u_s 对应 u_{OC} 中的自由分量，即 $u_s = u_{OCh} = A\text{e}^{-t/\tau_1}$。不失一般性，又设一端口网络的端口电压（响应）对端口电流（激励）的冲激特性（本书不称为冲激响应，理由见本章§3.7 节）为 $h(t) = B\text{e}^{-t/\tau_1} + F\delta(t)$，$h(t)$ 与 u_s 具有相同的时间常数。电流 i'' 包括强制分量和自由分量，强制分量取决于外加激励 u_s，故 i'' 的一般形式为

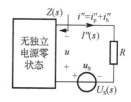

图 3.1.8　注意事项的证明

$$i'' = i''_p + i''_h = De^{-t/\tau_1} + Ee^{-t/\tau_2} \tag{3.1.14}$$

由 KVL 和卷积积分得

$$
\begin{aligned}
u_S &= u + Ri'' = \int_0^t i''(\lambda)h(t-\lambda)\mathrm{d}\lambda + Ri'' \\
&= \int_0^t (De^{-\lambda/\tau_1} + Ee^{-\lambda/\tau_2})[Be^{-(t-\lambda)/\tau_1} + F\delta(t-\lambda)]\mathrm{d}\lambda + R(De^{-t/\tau_1} + Ee^{-t/\tau_2}) \\
&= BDte^{-t/\tau_1} + \left(BE\frac{\tau_1\tau_2}{\tau_1-\tau_2} + RD + DF\right)e^{-t/\tau_1} + E\left(-B\frac{\tau_1\tau_2}{\tau_1-\tau_2} + F + R\right)e^{-t/\tau_2}
\end{aligned} \tag{3.1.15}
$$

注：式（3.1.15）的详细推导过程如下。

$$
\begin{aligned}
u_S &= u + Ri'' = \int_0^t i''(\lambda)h(t-\lambda)\mathrm{d}\lambda + Ri'' \\
&= \int_0^t (De^{-\lambda/\tau_1} + Ee^{-\lambda/\tau_2})[Be^{-(t-\lambda)/\tau_1} + F\delta(t-\lambda)]\mathrm{d}\lambda + R(De^{-t/\tau_1} + Ee^{-t/\tau_2}) \\
&= BD\int_0^t e^{-\lambda/\tau_1}e^{-(t-\lambda)/\tau_1}\mathrm{d}\lambda + BE\int_0^t e^{-\lambda/\tau_2}e^{-(t-\lambda)/\tau_1}\mathrm{d}\lambda + \int_0^t (De^{-\lambda/\tau_1} + Ee^{-\lambda/\tau_2})F\delta(t-\lambda)]\mathrm{d}\lambda \\
&\quad + R(De^{-t/\tau_1} + Ee^{-t/\tau_2}) \\
&= BDe^{-t/\tau_1}\int_0^t e^{-\lambda/\tau_1}e^{\lambda/\tau_1}\mathrm{d}\lambda + BEe^{-t/\tau_1}\int_0^t e^{-\lambda/\tau_2}e^{\lambda/\tau_1}\mathrm{d}\lambda + (De^{-t/\tau_1} + Ee^{-t/\tau_2})F \\
&\quad + R(De^{-t/\tau_1} + Ee^{-t/\tau_2}) \\
&= BDe^{-t/\tau_1}\int_0^t \mathrm{d}\lambda + BEe^{-t/\tau_1}\int_0^t e^{-\lambda(\tau_1-\tau_2)/(\tau_1\tau_2)}\mathrm{d}\lambda + (De^{-t/\tau_1} + Ee^{-t/\tau_2})F + R(De^{-t/\tau_1} + Ee^{-t/\tau_2}) \\
&= BDte^{-t/\tau_1} - BEe^{-t/\tau_1}\frac{\tau_1\tau_2}{\tau_1-\tau_2}[e^{-t(\tau_1-\tau_2)/(\tau_1\tau_2)} - 1] + (De^{-t/\tau_1} + Ee^{-t/\tau_2})F + R(De^{-t/\tau_1} + Ee^{-t/\tau_2}) \\
&= BDte^{-t/\tau_1} - BEe^{-t/\tau_1}\frac{\tau_1\tau_2}{\tau_1-\tau_2}[e^{-t/\tau_2}e^{t/\tau_1} - 1] + (De^{-t/\tau_1} + Ee^{-t/\tau_2})F + R(De^{-t/\tau_1} + Ee^{-t/\tau_2}) \\
&= BDte^{-t/\tau_1} - BE\frac{\tau_1\tau_2}{\tau_1-\tau_2}e^{-t/\tau_2} + BE\frac{\tau_1\tau_2}{\tau_1-\tau_2}e^{-t/\tau_1} + (De^{-t/\tau_1} + Ee^{-t/\tau_2})F + R(De^{-t/\tau_1} + Ee^{-t/\tau_2}) \\
&= BDte^{-t/\tau_1} + \left(BE\frac{\tau_1\tau_2}{\tau_1-\tau_2} + RD + DF\right)e^{-t/\tau_1} + E\left(-B\frac{\tau_1\tau_2}{\tau_1-\tau_2} + F + R\right)e^{-t/\tau_2}
\end{aligned}
$$

比较系数可知，等式右方第一项必然为零，这是因为 u_S 中无 te^{-t/τ_1} 项，故有 $D = 0$。由式（3.1.14）可见，i'' 中不含 u_{OCh} 对应的指数项即 e^{-t/τ_1}，故 u_{OC} 中的自由分量 u_{OCh} 不会在外电路中产生强制分量。第三项也必然为零，这是因为 u_S 中无时间常数为 τ_2 的指数项，故 $E\left(-B\dfrac{\tau_1\tau_2}{\tau_1-\tau_2} + F + R\right) = 0$。从复频域来理解就是，$U_{\text{OCh}}(s)$ 的极点与一端口等效运算阻抗 $Z(s)$ 的极点相约了。

由式（3.1.15）可以得出如下有趣关系。

$D=0$ 说明系数之间满足下面关系：

$$\frac{A}{BE}=\frac{\tau_1\tau_2}{\tau_1-\tau_2} \tag{3.1.16}$$

$E\left(-B\dfrac{\tau_1\tau_2}{\tau_1-\tau_2}+F+R\right)=0$ 说明系数之间满足下面关系：

$$\frac{R+F}{B}=\frac{\tau_1\tau_2}{\tau_1-\tau_2} \tag{3.1.17}$$

联合起来就是

$$\frac{A}{E}=R+F \tag{3.1.18}$$

若在复频域中证明，对一阶电路过程则是

$$Z(s)=\frac{as+b}{s+1/\tau_1}, \qquad U_S(s)=\frac{A}{s+1/\tau_1} \tag{3.1.19}$$

$$I''(s)=\frac{U_S(s)}{Z(s)+R}=\frac{\dfrac{A}{s+1/\tau_1}}{\dfrac{as+b}{s+1/\tau_1}+R}=\frac{\dfrac{A}{a+R}}{s+\dfrac{b+R/\tau_1}{a+R}} \quad (s+1/\tau_1\ \text{相约掉}) \tag{3.1.20}$$

拉普拉斯逆变换得

$$i''=\frac{A}{a+R}\mathrm{e}^{-\frac{b+R/\tau_1}{a+R}t} \tag{3.1.21}$$

电流 i'' 中无对应时间常数 τ_1 的指数项，由此证明了 u_{OC} 的自由分量 $u_{OCh}=A\mathrm{e}^{-t/\tau_1}$ 不会在 i 中产生对应的强制分量。计算 i 的强制分量，只需考虑开路电压 u_{OC} 的强制分量，即稳态值 $u_{OC}(\infty)$。

对证明过程的验证如下。

B、F 的计算：电路如图 3.1.9 所示，计算 $h(t)$，过程为

$$Z(s)=\frac{200(100+1000/s)}{200+100+1000/s}=\frac{\dfrac{200}{3}(s+10)}{s+10/3}=\frac{200}{3}+\frac{4\times10^3/9}{s+10/3}$$

$$h(t)=\mathscr{L}^{-1}[Z(s)]=\frac{4\times10^3}{9}\Omega/\mathrm{se}^{-10t/3}+\frac{200}{3}\Omega\delta(t)=B\mathrm{e}^{-10t/3}+F\delta(t)$$

比较系数得

$$B=\frac{4\times10^3}{9}\Omega/\mathrm{s}, \qquad F=\frac{200}{3}\Omega$$

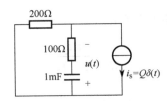

图 3.1.9　B、F 的电路的计算

E 的计算：电路如图 3.1.10 所示，在复频域内，$i(t)$ 的象函数为

$$I(s) = \frac{-80/(s+10/3)}{200+Z(s)} = \frac{-80}{200(s+10/3) + \dfrac{\dfrac{200}{3}(s+10)}{s+10/3} \times (s+10/3)} = \frac{-80}{\dfrac{800}{3}s + \dfrac{4000}{3}} = \frac{-0.3}{s+5}$$

经拉普拉斯逆变换得

$$i(t) = -0.3 \mathrm{A} e^{-5t/\mathrm{s}} = E e^{-t/0.2\mathrm{s}}$$

所以 $E = -0.3\mathrm{A}$。式中，t/s 表示时间 t 以秒为单位来计量，类似之处含义同理。这是为了保证量纲的正确性。

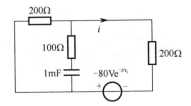

图 3.1.10　E 的电路的计算

至此得到：$A = -80\mathrm{V}$，$B = \dfrac{4 \times 10^3}{9} \Omega/\mathrm{s}$，$F = \dfrac{200}{3}\Omega$，$E = -0.3\mathrm{A}$，$\tau_1 = 0.3\mathrm{s}$，$\tau_2 = 0.2\mathrm{s}$。

故

$$\frac{A}{BE} = \frac{-80\mathrm{V}}{\dfrac{4 \times 10^3}{9} \Omega/\mathrm{s} \times (-0.3\mathrm{A})} = 0.6\mathrm{s} = \frac{\tau_1 \tau_2}{\tau_1 - \tau_2}$$

$$\frac{R+F}{B} = \frac{200\Omega + \dfrac{200}{3}\Omega}{\dfrac{4 \times 10^3}{9} \Omega/\mathrm{s}} = 0.6\mathrm{s} = \frac{\tau_1 \tau_2}{\tau_1 - \tau_2}$$

$$\frac{A}{E} = \frac{-80\mathrm{V}}{-0.3\mathrm{A}} = \frac{800}{3}\Omega, \qquad R+F = 200\Omega + \frac{200}{3}\Omega = \frac{800}{3}\Omega, \qquad \frac{A}{E} = R+F$$

3.1.3　结语

将戴维南定理应用于暂态电路时域分析，扩大了戴维南定理的应用范围。在原理分析中，时域方法与复频域方法在等效电路层面得以相互变换。在暂态电路时域分析中能够使用戴维南定理，说明在一些被认为已经很完善的学术领域也存在值得研究的课题。

§3.2 化为零状态电路的暂态分析

 导 读

根据暂态电路的复频域分析原理，当电路中含有多个非零状态的储能元件，或多个独立电源时，复频域电路模型中便含有较多的附加电源或独立电源，这使计算变得复杂。利用本节介绍的原理，可以将这种电路简化为零状态且仅含一个独立电源的电路[2,3]，有时仅使用阻抗的串联或并联等就可获得解答。这种化为零状态的计算方法，特别适合含储能元件较多、激励为直流电源且由开关动作引起的暂态电路。

3.2.1 基本原理

先以开关突然接通为例。设图 3.2.1（a）电路原来处于直流稳态，开关是断开的，两端存在电压 U_{sw}。$t = 0$ 时开关突然接通，如图 3.2.1（b）所示。接通后的开关可以用两个大小相同、方向相反的理想电压源的串联来等效，如图 3.2.1（c）所示。为说明原理，这两个电压源的源电压都要选择开关断开时的电压 U_{sw}，为简单且不失一般性，假设 U_{sw} 是直流量。根据叠加定理，对图 3.2.1（c）的计算可以分解成对图 3.2.1（d）和图 3.2.1（e）的计算。其中图 3.2.1（d）实际就是开关一直保持断开即换路前的电路，只是根据置换定理，用理想电压源代替了开关，电压源电压等于开关两端的电压，因此流过该电压源的电流 $I_{sw} = 0$，该电压源并不向电路提供能量。而图 3.2.1（e）的网络内部既无独立电源，又是零状态，因此它的复频域电路模型只含有一个在开关位置的独立电源，无任何附加电源。将开关接通前电路 [图 3.2.1（a）] 的解答与图 3.2.1（e）的解答相叠加，就是图 3.2.1（a）电路换路后的全响应。也就是说，图 3.2.1（e）代表了换路后各响应的增量。

如果电路中含有时变电源，开关两端的电压便不是常量，但上述原理仍是适用的，只需将 U_{sw} 改为开关一直未接通情况下两端电压在 $t > 0$ 时的变化规律。

上述原理其实就是§2.5 节故障条件下的电路分析方法在暂态电路中的应用。本节将通过若干例子，具体说明应用过程。

如果计算接通后开关的电流，只需计算图 3.2.1（e）即可。如果计算其他电压或电流，还需要计算开关接通之前的电压或电流。如果是直流电路，这一计算很容易，因为电感都视为短路，电容都视为开路。

如果开关是由接通突然断开，那么根据对偶原理，用两个大小相等、方向相反的电流源的并联代替断开的开关即可，电流源的电流等于开关处于接通状态时流过开关的电流。然后使用叠加定理，便可化为零状态电路来计算。

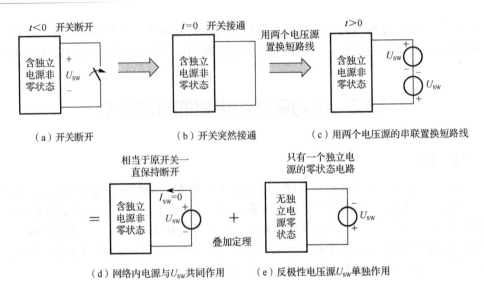

（a）开关断开　　　　　　（b）开关突然接通　　　　（c）用两个电压源的串联置换短路线

（d）网络内电源与U_{sw}共同作用　　（e）反极性电压源U_{sw}单独作用

图 3.2.1　化为零状态电路计算的原理

3.2.2　应用举例

1. 开关由断开到接通

【例 3.2.1】电路如图 3.2.2 所示，$R=1\Omega$，$L=1.25\text{H}$，$C_1=C_2=0.1\text{F}$，$U_\text{S}=10\text{V}$。开关接通之前电路处于稳态，$t=0$ 时突然接通。求开关接通之后电压 u_{C2} 的变化规律。

【解】开关接通之前，电感处于短路状态。电容值相等的两个电容串联，设串联前都无储能，则串联后的电压保持相等，即

$$u_{C1}(0_-)=u_{C2}(0_-)=U_\text{S}/2=5\text{V}$$

所以开关两端的电压是

$$U_\text{sw}=u_{C1}(0_-)=U_\text{S}/2=5\text{V}$$

建立零状态复频域模型，如图 3.2.3 所示。由于它只含一个独立电源，因此便于使用阻抗的串联、并联规律进行计算。电压源电流为

$$I''(s)=\frac{U_\text{sw}/s}{\dfrac{R\times sL}{R+sL}+\dfrac{1}{s(C_1+C_2)}}$$

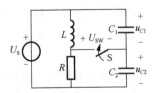

图 3.2.2　例 3.2.1 电路

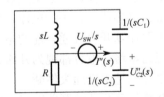

图 3.2.3　例 3.2.1 电路的零状态复频域模型

电容电压象函数为

$$U''_{C2}(s) = I''(s) \times \frac{1}{s(C_1 + C_2)} = \frac{(R + sL)U_{\text{sw}}}{s[RL(C_1 + C_2)s^2 + Ls + R]} = \frac{25s + 20}{s(s^2 + 5s + 4)}$$

$$= \frac{5\text{V}}{s} + \frac{(5/3)\text{V}}{s + 1} - \frac{(20/3)\text{V}}{s + 4}$$

求拉普拉斯逆变换得

$$u''_{C2} = \mathscr{L}^{-1}[U''_{C2}(s)] = 5\text{V} + \frac{5}{3}\text{Ve}^{-t/s} - \frac{20}{3}\text{Ve}^{-4t/s} \quad (t \geqslant 0)$$

将上述电压与开关接通前的电容电压即 $u_{C2}(0_-) = U_S/2 = 5\text{V}$ 相加，就是所求的电容电压，即

$$u_{C2} = u_{C2}(0_-) + u''_{C2} = 10\text{V} + \frac{5}{3}\text{Ve}^{-t/s} - \frac{20}{3}\text{Ve}^{-4t/s} \quad (t \geqslant 0)$$

如果直接计算开关接通后的图 3.2.2 电路，则复频域模型中将含有三个附加电源和一个外加的独立电源，因此不能直接使用阻抗的串联与并联等效。由此可以体会化为零状态计算的优点。

2. 开关由接通到断开

【例 3.2.2】图 3.2.4 所示电路原处于稳态，开关原是接通的，$t = 0$ 时突然断开。求 $t > 0$ 时的电压 u_C。

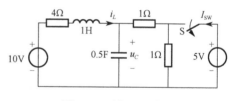

图 3.2.4　例 3.2.2 电路

【解】换路前电路处于直流稳态，电感相当于短路，电容相当于开路，原始值（换路前一瞬间的值）为

$$i_L(0_-) = \frac{10\text{V} - 5\text{V}}{4\Omega + 1\Omega} = 1\text{A}, \quad u_C(0_-) = 1\Omega \times i_L(0_-) + 5\text{V} = 6\text{V}$$

开关断开前流过开关的电流为

$$I_{\text{sw}} = \frac{5\text{V}}{1\Omega} - i_L(0_-) = 4\text{A}$$

零状态复频域模型如图 3.2.5 所示。为便于直接写出电容电压，用戴维南定理将电容右侧的电路等效化简，得到图 3.2.6 所示的双节点电路。电容电压可直接写出为

$$U''_C(s) = \frac{-(4\text{V}/s)/2\Omega}{\dfrac{1}{4\Omega + sL} + sC + \dfrac{1}{2\Omega}} = -\frac{4s + 16}{s(s^2 + 5s + 6)}$$

$$U''_C(s) = \frac{-(8/3)\text{V}}{s} + \frac{4\text{V}}{s + 2} + \frac{-(4/3)\text{V}}{s + 3}$$

$$u_C''(t) = \mathscr{L}^{-1}[U_C''(s)] = -\frac{8}{3}\mathrm{V} + 4\mathrm{V}\,\mathrm{e}^{-2t/s} - \frac{4}{3}\mathrm{V}\,\mathrm{e}^{-3t/s}$$

将上述电压与换路前的原始值相加得电容电压为

$$u_C(t) = u_C(0_-) + u_C''(t) = \frac{10}{3}\mathrm{V} + 4\mathrm{V}\,\mathrm{e}^{-2t/s} - \frac{4}{3}\mathrm{V}\,\mathrm{e}^{-3t/s}$$

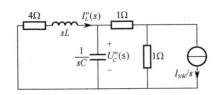

图 3.2.5　例 3.2.2 电路的零状态复频域模型

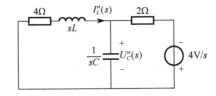

图 3.2.6　应用了戴维南定理的等效电路

根据化为零状态计算法中的叠加思想，对某些问题不一定需要计算开关动作前开关上的电压或电流，也不一定需要计算储能元件的原始值。下面就是一例，这里的规律请读者自行总结。

【例 3.2.3】图 3.2.7 所示电路原处于稳态，$t=0$ 时开关突然接通，已知 $U_1 = 1\mathrm{V}$，$U_2 = 2\mathrm{V}$，$R_1 = 2\Omega$，$R_2 = R_3 = 4\Omega$，$L = (5/6)\mathrm{H}$，$C = 0.2\mathrm{F}$。求 $t>0$ 时的电压 u。

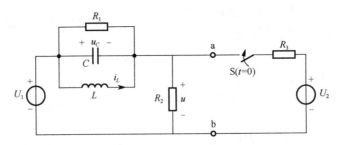

图 3.2.7　例 3.2.3 电路

【解】将 a、b 端口左侧电路用戴维南定理进行等效。因为是直流稳态，所以很容易求得时域中的开路电压为

$$u_{\mathrm{OC}} = u_{\mathrm{ab}}(0_-) = U_1 = 1\mathrm{V}$$

开路电压的象函数为

$$U_{\mathrm{OC}}(s) = \frac{u_{\mathrm{ab}}(0_-)}{s} = \frac{1\mathrm{V}}{s}$$

因为并联支路较多，所以使用复频域等效导纳比等效阻抗更方便，即

$$Y_{\mathrm{eq}}(s) = \frac{1}{R_1} + \frac{1}{R_2} + \frac{1}{sL} + sC$$

戴维南等效电路如图 3.2.8 所示。利用节点电压法，待求电压的象函数可以写为

$$U(s) = \frac{Y_{eq}(s)U_{OC}(s) + \dfrac{U_2}{s}/R_3}{Y_{eq}(s) + 1/R_3}$$

代入已知数据后得

$$U(s) = \frac{s^2 + 6.25s + 6}{s(s+2)(s+3)} = \frac{1\text{V}}{s} + \frac{1.25\text{V}}{s+2} - \frac{1.25\text{V}}{s+3}$$

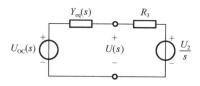

图 3.2.8　例 3.2.3 电路的零状态复频域戴维南等效电路

对上式求拉普拉斯逆变换得

$$u(t) = 1\text{V} + 1.25\text{V}e^{-2t/s} - 1.25\text{V}e^{-3t/s} \quad (t > 0)$$

本题没有计算两个储能元件的原始值，因此也没有出现相应的附加电源，计算起来简便不少。

3. 化为零状态原理在暂态响应时域分析中的应用

【例 3.2.4】　图 3.2.9 所示电路，开关原是断开的，$E = 20\text{V}$，$R_1 = 52\Omega$，$R_2 = 80\Omega$，$R_3 = 120\Omega$，$R_4 = 25\Omega$，$R_5 = 100\Omega$，$C = 0.8\mu\text{F}$。$t = 0$ 时开关突然接通，求 $t > 0$ 以后电压 u 的变化规律。

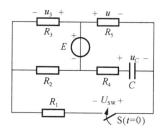

图 3.2.9　例 3.2.4 电路

【解】开关接通前，开关两端电压为

$$U_{SW} = -u + u_3 = 0 + \frac{R_3 E}{R_2 + R_3} = \frac{120\Omega \times 20\text{V}}{80\Omega + 120\Omega} = 12\text{V}$$

化为图 3.2.10 所示的零状态电路。因为 $u_C''(0) = 0$，所以在 $t = 0$ 时刻，电容相当于短路，R_4 和 R_5 在换路时刻是并联关系。为书写简便，设

$$R_{23} = R_2 /\!/ R_3 = \frac{80 \times 120}{80 + 120}\Omega = 48\Omega, \qquad R_{45} = R_4 /\!/ R_5 = \frac{25 \times 100}{25 + 100}\Omega = 20\Omega$$

则流过电压源的电流初始值为

$$i_1''(0_+) = \frac{U_{sw}}{R_1 + R_{23} + R_{45}} = \frac{12\text{V}}{52\Omega + 48\Omega + 20\Omega} = 0.1\text{A}$$

待求电压的初始值为

$$u''(0_+) = i_1''(0_+)R_{45} = 0.1\text{A} \times 20\Omega = 2\text{V}$$

$t \to \infty$ 时，电容处于开路，流过电压源的电流为

$$i_1''(\infty) = \frac{U_{sw}}{R_1 + R_{23} + R_5} = \frac{12\text{V}}{52\Omega + 48\Omega + 100\Omega} = 0.06\text{A}$$

待求电压的稳态值为

$$u''(\infty) = i_1''(\infty)R_5 = 0.06\text{A} \times 100\Omega = 6\text{V}$$

为求时间常数，需计算图 3.2.11 中的等效电阻。

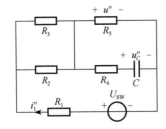
图 3.2.10   例 3.2.4 电路的零状态电路

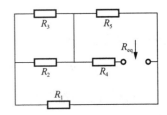
图 3.2.11   等效电阻的计算

设 $R_{123} = R_1 + R_{23} = 52\Omega + 48\Omega = 100\Omega$，则 $R_{eq} = R_4 + R_{123}//R_5 = 25\Omega + 50\Omega = 75\Omega$。所以时间常数为

$$\tau = R_{eq}C = 75\Omega \times 0.8 \times 10^{-6}\text{F} = 60 \times 10^{-6}\text{s}$$

根据三要素公式，图 3.2.10 电路的零状态响应为

$$u'' = u''(\infty) + [u''(0_+) - u''(\infty)]e^{-t/\tau} = 6\text{V} - 4\text{Ve}^{-t/\tau}$$

在换路之前，电压 $u = u' = 0$，所以换路后

$$u = u' + u'' = 6\text{V} - 4\text{Ve}^{-t/\tau}$$

如果把开关突然动作理解成是一种开路或短路故障，那么本节的分析方法与§2.5 节有相似之处，以此从不同角度加深对知识的理解。

3.2.3   结语

使用置换定理和叠加定理，可以将非零状态电路化为零状态电路。无论在时域还是在复频域进行分析，都能得到简化。据此原理，当电路中含有多个独立电源时，也可以化为零状态且只含一个独立电源的电路。

§3.3　*RC* 电路充电效率分析及提高效率的方法

导　读

　　许多电路类教材都介绍了 *RC* 电路在直流电压作用下的零状态响应，即充电过程。分析重点大都是电容电压和电流的变化规律，以及时间常数的概念。只有少数教材和文献涉及对能量或效率的简单讨论[2,4-6]，并结论性地指出：无论 *R*、*C* 为何值，这种电路在充电完毕时的效率为 50%。但没有详细给出提高效率的具体方法。这个电路有较多的应用背景，易于作为工程案例用于教学。例如图 3.3.1 就是电容储能式点焊机[7,8]的简化电路原理图，开关 S 扳到左侧，电容充电，

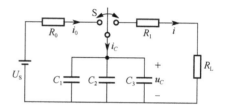

图 3.3.1　点焊机的简化电路原理图

扳到右侧，电容放电，实现焊接。一旦与工程实际相联系，*RC* 电路的充电效率问题就必须考虑。效率低时，既浪费能量，又给散热和系统集成带来困难。

　　如何提高 *RC* 电路的充电效率？虽然相关论述的详细过程不宜写进教材，但在工程案例教学时，可以作为一个很好的问题提出，启发学生思考[9]。

3.3.1　直流电压充电时的效率分析

　　图 3.3.2 为各种用途的 *RC* 充电电路模型。这个电路的特点是，无论电阻 *R* 为何值，电容从零状态到充电结束时的充电效率都是 50%，总有一半的能量被电阻 *R*（外接电阻、线路电阻、电源等效内阻等）所消耗。下面先从移动电荷和做功的物理角度对此加以阐释。

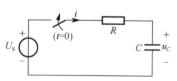

图 3.3.2　*RC* 充电电路模型

　　设电容最终充满电时，存储的电荷量为 Q。在此过程中，电源以恒定电压 U_S 输出电荷，因此电源总共输出的能量为 $U_S Q$，即图 3.3.3（a）中矩形 $OU_S DQ$ 的面积。而电容电压与电荷成正比，即 $u_C = q/C$，如图 3.3.3（a）中斜直线所示。可见，在充电过程中，电容是以正比于电荷的电压储存来自电源的电荷即充电。因此，图 3.3.3（a）中阴影三角形部分的面积即为电容储存的能量。显然，此三角形的面积是矩形面积的一半，即电容满电时的充电效率必为 50%，并且与串联的电阻大小无关，电阻影响充电速率。

　　在充满电之前，电容储存的能量为图 3.3.3（b）中阴影三角形的面积，而电源通过电荷输出的能量则为矩形 $OU_S DQ'$ 的面积。显然，三角形的面积小于矩形面积的一半，即效率小于 50%。

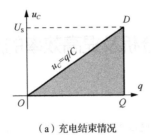 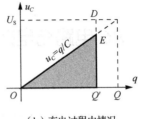

（a）充电结束情况　　　　　　　　（b）充电过程中情况

图3.3.3　电容充电效率的物理-几何解释

下面再用电路方法详细分析。图 3.3.2 电路开关于 $t=0$ 时接通，由三要素公式可求得开关接通后电容电压随时间的变化规律为

$$u_C = U_s(1 - e^{-t/\tau})$$

由此又可求得电容储能随时间的变化规律为

$$w_C = 0.5Cu_C^2$$

电容上的电荷是靠电源电动势"搬运"的，因此电源发出的电能为

$$w_s = U_s q = U_s C u_C$$

于是，截止到 t 时刻的充电效率便是

$$\eta = \frac{w_C}{w_s} = \frac{0.5Cu_C^2}{U_s C u_C} = 0.5(1 - e^{-t/\tau}) \qquad (3.3.1)$$

电路各元件能量和充电效率随时间变化的仿真曲线分别如图 3.3.4、图 3.3.5 所示。仿真参数参照某点焊机，$R = 5\Omega$，$C = 0.02\text{F}$，$U_s = 200\text{V}$，仿真工具：PSIM。w_R、w_C 和 w_s 分别表示电阻消耗的能量、电容储存的能量和电源发出的能量。

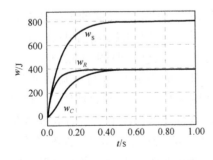 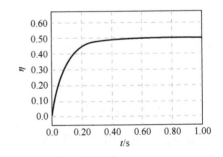

图3.3.4　能量随时间的变化规律　　　　图3.3.5　效率随时间的变化规律

由此可见，在充电初期，充电效率很低。可以这样解释：由于初期电容电压较低，大部分电压加在了电阻上。这样，一方面使得电场能量增加较慢，另一方面又使得电路中产生较大电流，因而电阻消耗的能量明显大于电容储能。

据此设想，如果电容从非零状态开始充电，以减小电阻上的电压，效率便会有所提高。继续分析如下。

设 $u_C(0) = U_0$，由于从非零状态开始充电，所以要用增量进行分析。电容的储能增量和电荷增量分别是

$$\Delta w_C = 0.5C[U_S + (U_0 - U_S)\mathrm{e}^{-t/\tau}]^2 - 0.5CU_0^2$$

$$\Delta q = q(t) - q(0) = C[U_S + (U_0 - U_S)\mathrm{e}^{-t/\tau}] - CU_0$$

$$= C(U_S - U_0)(1 - \mathrm{e}^{-t/\tau})$$

电源提供的电能增量是

$$\Delta w_S = U_S \times \Delta q = U_S C(U_S - U_0)(1 - \mathrm{e}^{-t/\tau})$$

因此，充电效率为

$$\eta = \frac{\Delta w_C}{\Delta w_S} = \frac{0.5(U_S + U_0) - U_S\mathrm{e}^{-t/\tau} + 0.5(U_S - U_0)\mathrm{e}^{-2t/\tau}}{U_S(1 - \mathrm{e}^{-t/\tau})} \tag{3.3.2}$$

这个效率随时间而变化，并且与 U_S 和 U_0 有关。取 $U_S = 200\mathrm{V}$，$\tau = 0.1\mathrm{s}$，对应不同初始电压 U_0 的充电效率曲线如图 3.3.6 所示。

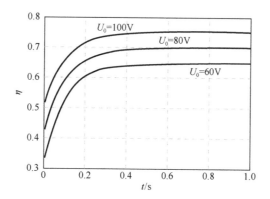

图 3.3.6 对应不同初始电压的充电效率曲线

当充电结束时充电效率为

$$\eta_\infty = \lim_{t \to \infty} \frac{\Delta w_C}{\Delta w_S} = \frac{0.5(U_S + U_0)}{U_S} \tag{3.3.3}$$

显然上述充电效率大于 50%，且随着初始电压的增大而增大。

3.3.2 分段充电时的效率分析

为获得非零的初始电压，可以选择分段式充电。先分析两段式充电情况，即充电电压分两阶段施加。第一阶段用量值为 kU_S（$0 < k < 1$）的电压进行充电，一段时间 T 后，再

施加全部电压 U_S，进行第二阶段充电，充电用电压如图 3.3.7 所示。第一阶段的充电结果便给第二阶段提供了非零的初始值，使第二阶段的充电效率得以提高。

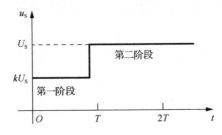

图 3.3.7　两段充电时的电源电压

下面分析 $t \to \infty$ 时的充电效率。$t = T$ 时，

$$u_C(T) = kU_S(1 - e^{-T/\tau})$$

此期间电源提供的能量为

$$w_S(T) = kU_S q(T) = kU_S C u_C(T) = Ck^2 U_S^2 (1 - e^{-T/\tau})$$

$t \to \infty$ 时，电容储能为

$$w_C = 0.5 C U_S^2$$

电容电荷相对 $t = T$ 时的增量为

$$\Delta q = CU_S - CkU_S(1 - e^{-T/\tau})$$

由于电容电荷是通过两种量值的电动势"搬运"的，所以充电结束时，电源提供的总能量为

$$
\begin{aligned}
w_S &= w_S(T) + U_S \Delta q = Ck^2 U_S^2 (1 - e^{-T/\tau}) + U_S[CU_S - CkU_S(1 - e^{-T/\tau})] \\
&= CU_S^2 (k^2 - k + 1) + CkU_S^2 (1 - k)e^{-T/\tau}
\end{aligned}
$$

因此，$t \to \infty$ 时的充电效率为

$$\eta_\infty = \frac{w_C}{w_S} = \frac{0.5CU_S^2}{CU_S^2(k^2 - k + 1) + CkU_S^2(1 - k)e^{-T/\tau}} = \frac{0.5}{(k^2 - k + 1) + k(1 - k)e^{-T/\tau}} \tag{3.3.4}$$

在 T 一定时，η_∞ 与 k 有关。为求得 k 的最佳值，令

$$f(k) = (k^2 - k + 1) + k(1 - k)e^{-T/\tau}$$

$$\frac{\mathrm{d}f(k)}{\mathrm{d}k} = (2k - 1) + (1 - 2k)e^{-T/\tau} = 0$$

由此得知，当 $k = 0.5$ 时可以获得最大的充电效率，此效率为

$$\eta = \frac{w_C}{w_S} = \frac{2}{3 + e^{-T/\tau}} \tag{3.3.5}$$

这个充电效率又与分段时刻 T 有关。$T > 5\tau$ 时（第一阶段充电基本结束），总充电效

率近似为66.67%。但 T 增大会使得总的充电时间延长，需综合考虑。

图 3.3.8 电路是一种便于教学的分段充电方案。选择 $U_{S2} > U_{S1}$，因此在开关闭合后的一段时间内，由于电容电压较低，二极管 D 处于正向偏置而导通，U_{S1} 和 U_{S2} 同时向电容充电。随着电容电压的升高，二极管变成反向偏置而截止。设此时的时间为 T，当 $t > T$ 时，只有 U_{S2} 为电容继续充电。很明显，两次充电的时间常数是不同的，但能够提高充电效率的结论仍是成立的。

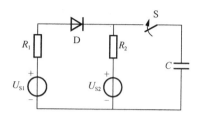

图 3.3.8　两段式充电电路

既然分成两段可以提高充电效率，那么分成更多段，例如 n 段，如图 3.3.9 所示，一定可以进一步提高充电效率。对图 3.3.8 电路向左侧扩充，便可实现这种充电方案。图 3.3.10 是四段充电电路模型。

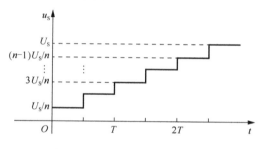

图 3.3.9　采用 n 段时的充电电压

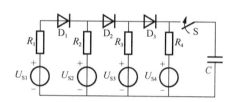

图 3.3.10　四段充电电路的实现

3.3.3　采用直线型电压源进行充电

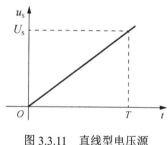

图 3.3.11　直线型电压源

既然段数越多，充电效率越高。那么选用直线型电压源进行充电便是提高效率的更好方案，如图 3.3.11 所示。它相当于无限多段的分段充电情况，下面分析充电效率。

设 $u_S = Kt$，利用经典法可求得电容电压和电流在 $t > 0$ 时的零状态响应分别为

$$u_C = K(t - \tau + \tau \mathrm{e}^{-t/\tau}) \qquad (3.3.6)$$

和

$$i = C\frac{\mathrm{d}u_C}{\mathrm{d}t} = KC(1 - \mathrm{e}^{-t/\tau})$$

电容储能为

$$w_C = 0.5Cu_C^2 = 0.5CK^2(t - \tau + \tau \mathrm{e}^{-t/\tau})^2$$

电源发出电能为

$$w_S = \int_0^t u_S i \mathrm{d}t = K^2 C \int_0^t t(1 - \mathrm{e}^{-t/\tau}) \mathrm{d}t = K^2 C[0.5t^2 + \tau(t + \tau)\mathrm{e}^{-t/\tau} - \tau^2]$$

于是，求得截止到不同充电时刻的效率为

$$\eta = \frac{w_C}{w_S} = \frac{0.5(t - \tau + \tau\mathrm{e}^{-t/\tau})^2}{0.5t^2 + \tau(t + \tau)\mathrm{e}^{-t/\tau} - \tau^2} \tag{3.3.7}$$

它与斜率 K 无关，是一个随着时间而单调增加的函数，因此当 $t \to \infty$ 时，理论上效率可以达到 100%，但此时需要极慢的充电速率。图 3.3.12 为对应不同时间常数的 η-t 关系曲线。

在 RC 充电时，通常设计使得电容电压达到某量值 U 后便停止充电。当充电时间 $t > 3\tau$ 时，由式（3.3.6）可知电容电压可近似表示为

$$u_C \approx Kt - K\tau$$

因此，充电到量值 U 所需时间 T 可近似按下式计算：

$$T \approx \tau + \frac{U}{K}$$

将这个时间代入式（3.3.7）便求得对应的充电效率。

如果充电时间是时间常数的倍数，即 $T = m\tau$，由式（3.3.7）得

$$\eta = \frac{w_C}{w_S} = \frac{0.5\tau^2(m - 1 + \mathrm{e}^{-m})^2}{0.5(m\tau)^2 + \tau^2(m + 1)\mathrm{e}^{-m} - \tau^2} = \frac{0.5(m - 1 + \mathrm{e}^{-m})^2}{0.5m^2 + (m + 1)\mathrm{e}^{-m} - 1} \tag{3.3.8}$$

可见，这时效率与 R、C 和 K 无关，仅取决于 m。图 3.3.13 是 η-m 关系曲线。起初效率增加明显，$m > 4$ 后，增加变缓。

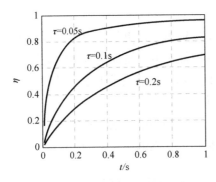
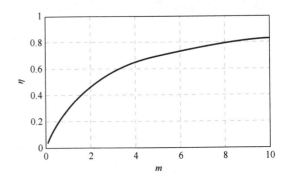

图 3.3.12　直线型电压源 RC 充电效率-时间曲线　　图 3.3.13　效率与充电时间倍数 m 的关系曲线

由于采用直线型电压源进行充电可以获得较高的充电效率，而在这种电源作用下，$t > 3\tau$ 后，电容电压随时间近似按直线关系增长，其充电电流近似恒定。因此，用恒流进行充电便相当于使用直线型电压源进行充电。

3.3.4 不同电容条件下的直流充电比较

下面对比研究两个不同电容充电时的规律，如图 3.3.14（a）、3.3.14（b）所示，其中 $C_2 > C_1$，其他完全相同，用直流电压源为它们充电。对比内容为充电时的储能变化和充电功率变化。通过对比可以产生新的认识。

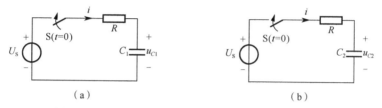

（a）　　　　　　　　　　　（b）

图 3.3.14　不同电容条件下的充电比较（设 $C_2 > C_1$）

在充电过程中，由电容电压的变化规律不难求得电容储能的变化规律：

$$\begin{cases} w_{C1} = \dfrac{1}{2}C_1 u_{C1}^2 = \dfrac{1}{2}C_1 U_s^2 (1 - e^{-t/\tau_1})^2 \\ w_{C2} = \dfrac{1}{2}C_2 u_{C2}^2 = \dfrac{1}{2}C_2 U_s^2 (1 - e^{-t/\tau_2})^2 \end{cases} \tag{3.3.9}$$

式中，$\tau_1 = RC_1$，$\tau_2 = RC_2$，$\tau_2 > \tau_1$。画出储能随时间的变化曲线，如图 3.3.15 所示。结论是，在 $0 < t < t_0$ 时间内，较小的电容能量增加较快。但当 $t > t_0$ 时，较大电容储能较多。

能量增加快慢用功率来表示，电容的充电功率分别为

$$\begin{cases} p_{C1} = u_{C1} i_{C1} = \dfrac{U_s^2}{R} e^{-t/\tau_1} (1 - e^{-t/\tau_1}) \\ p_{C2} = u_{C2} i_{C2} = \dfrac{U_s^2}{R} e^{-t/\tau_2} (1 - e^{-t/\tau_2}) \end{cases} \tag{3.3.10}$$

画出充电功率随时间的变化曲线，如图 3.3.16 所示。充电功率是非单调变化的，存在极大值。根据功率 p_{C1}、p_{C2} 的函数形式，定义 $f(x) = x(1-x)$。为求极大值，令导数

$$f'(x) = 1 - 2x = 0$$

求得 $x = 0.5$。故分别在 $e^{-t/\tau_1} = 0.5$ 和 $e^{-t/\tau_2} = 0.5$ 时刻充电功率达到各自极大值，也是最大值，即

$$t_1 = \tau_1 \ln 2, \quad t_2 = \tau_2 \ln 2 \tag{3.3.11}$$

可见，达到最大值的时间与时间常数成正比，小电容先达到充电功率的最大值。

然而，它们充电功率的最大值是相同的，由式（3.3.10）可求得这个最大值为

$$p_{C1\max} = \left. \frac{U_s^2}{R} e^{-t/\tau_1} (1 - e^{-t/\tau_1}) \right|_{e^{-t/\tau_1} = 0.5} = \frac{U_s^2}{4R} = p_{C2\max} \tag{3.3.12}$$

可见，充电功率的最大值与电容大小无关。

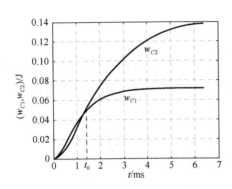

图 3.3.15 不同电容储能变化曲线比较

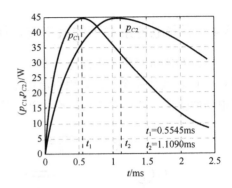

图 3.3.16 不同电容充电功率变化曲线比较

电容的最大充电功率时刻并不是电源输出最大功率时刻。电源输出的最大功率发生在换路时，因为此时充电电流最大。

验证：设 $U_s = 120V$， $R = 80\Omega$， $C_1 = 10\mu F$， $C_2 = 2C_1 = 20\mu F$。由式（3.3.11）计算功率达到最大的时间分别为 $t_1 = 0.5545ms$、 $t_2 = 1.109ms$，最大充电功率相等，为

$$p_{C1\max} = p_{C2\max} = \frac{U_s^2}{4R} = 45W \tag{3.3.13}$$

如果图 3.3.14 中的两个电阻不同，其余相同，读者可参照上述过程自行分析，并对比得出结论。

3.3.5 结语

在结合工程案例教学时，RC 充电效率是需要认真考虑的问题。这个效率与充电电源的变化规律和初始状态有关。本节所介绍的方法由于存在清晰的内在联系和层层递进的关系，因此便于启发式或研究型教学。

§3.4 用耦合模原理分析 RLC 串联电路

📖 导 读

在电网络或其他系统中，广泛存在着能量的振荡性相互转换与传递现象。例如，电场能量与磁场能量、动能与势能、一个系统的能量与另一个系统的能量等。这种转换与传递物理上称为模式耦合。着眼于这种模式耦合的一种分析方法为耦合模原理。早在1964 年以前就有专门介绍耦合模原理的著作[10]。耦合模已在行波管、回波振荡器、参量放大器、均匀传输线中得到不同程度的应用。耦合模原理为认识这类具有模式耦合的系统提供了有效的统一分析方法。近些年，由于无线电能传输技术的研究热潮，以及麻

省理工学院学者在他们的研究文献中使用了耦合模原理[11]等，耦合模重新被人们所关注[12]。本节以 *RLC* 串联电路为例，论述了用耦合模原理分析电路的方法和特点[13]。

3.4.1　耦合模的电路定义

在含有电容与电感的电路中，如图 3.4.1 所示，由电容电压和电感电流按下式组成的复数形式的状态变量称为耦合模，即

$$a_{\pm} = \sqrt{\frac{C}{2}} \times u \pm \mathrm{j}\sqrt{\frac{L}{2}} \times i \qquad (3.4.1)$$

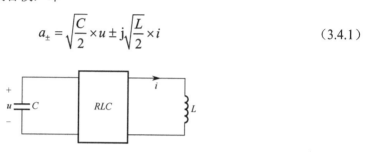

图 3.4.1　含有电容和电感的电路

耦合模用两个共轭复变量之一代替两个实的状态变量。当有多个电感和电容时，存在多个耦合模。当电感和电容个数不相等时，可能存在纯实数或纯虚数的耦合模。

由上述定义，不难总结出耦合模的下列性质。

（1）耦合模是随时间变化的复数，实部和虚部分别正比于电容电压和电感电流。它用一个复数代表两个状态变量，可以称为"复状态变量"。

（2）耦合模以共轭复数形式成对出现，即 $a_{-} = a_{+}^{*}$，由其一便可得到两个状态变量的变化规律。

（3）耦合模绝对值的平方等于它所联系的电场能量与磁场能量的总和，即

$$|a_{+}|^2 = |a_{-}|^2 = a_{+}a_{-} = \frac{1}{2}Cu^2 + \frac{1}{2}Li^2 = w(t) \qquad (3.4.2)$$

（4）由耦合模可以分别求得电场能量和磁场能量，即

$$\begin{cases} w_{\mathrm{e}} = \dfrac{1}{2}Cu^2 = \dfrac{1}{4}(a_{+} + a_{-})^2 \\ w_{\mathrm{m}} = \dfrac{1}{2}Li^2 = -\dfrac{1}{4}(a_{+} - a_{-})^2 \end{cases} \qquad (3.4.3)$$

或者

$$\begin{cases} w_{\mathrm{e}} = \dfrac{1}{2}Cu^2 = \mathrm{Re}^2[a_{+}] \\ w_{\mathrm{m}} = \dfrac{1}{2}Li^2 = \mathrm{Im}^2[a_{+}] \end{cases} \qquad (3.4.4)$$

（5）由耦合模按照下式可以分别求得电容电压和电感电流，即

$$\begin{cases} u = \dfrac{1}{\sqrt{2C}}(a_+ + a_-) = \sqrt{\dfrac{2}{C}}\,\mathrm{Re}[a_+] \\ i = \dfrac{1}{\mathrm{j}\sqrt{2L}}(a_+ - a_-) = \sqrt{\dfrac{2}{L}}\,\mathrm{Im}[a_+] \end{cases} \tag{3.4.5}$$

（6）下式也可作为耦合模的定义：

$$a_{\pm} = \sqrt{\dfrac{L}{2}} \times i \pm \mathrm{j}\sqrt{\dfrac{C}{2}} \times u \tag{3.4.6}$$

当使用不同的定义时，由耦合模计算电容电压、电感电流，以及元件和电路储能时，计算公式是不同的，但都不难从耦合模的定义推导出相应的计算公式。

所谓耦合模分析，就是以耦合模为复状态变量，依据电路定律列写状态方程并求解。下面用具体电路说明用耦合模概念分析电路的方法和特点。

3.4.2 理想 LC 回路的零输入响应

按照由易到难的原则，先讨论图 3.4.2 所示的理想 LC 回路，即忽略回路中的电阻。以耦合模为复状态变量，列写电路方程的一般步骤如下。

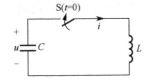

图 3.4.2 理想 LC 回路

（1）依据基尔霍夫定律，对电路列写状态方程得

$$\begin{cases} C\dfrac{\mathrm{d}u}{\mathrm{d}t} = -i \\ L\dfrac{\mathrm{d}i}{\mathrm{d}t} = u \end{cases} \tag{3.4.7}$$

（2）将式（3.4.5）代入式（3.4.7），消去电容电压和电感电流得

$$\begin{cases} C \times \dfrac{1}{\sqrt{2C}}\dfrac{\mathrm{d}(a_+ + a_-)}{\mathrm{d}t} = -\dfrac{1}{\mathrm{j}\sqrt{2L}}(a_+ - a_-) \\ L \times \dfrac{1}{\mathrm{j}\sqrt{2L}}\dfrac{\mathrm{d}(a_+ - a_-)}{\mathrm{d}t} = \dfrac{1}{\sqrt{2C}}(a_+ + a_-) \end{cases} \tag{3.4.8}$$

（3）整理后得到以耦合模为变量的状态方程：

$$\begin{cases} \dfrac{\mathrm{d}a_+}{\mathrm{d}t} = \mathrm{j}\omega_0 a_+ \\ \dfrac{\mathrm{d}a_-}{\mathrm{d}t} = -\mathrm{j}\omega_0 a_- \end{cases} \tag{3.4.9}$$

式中，ω_0 表示电路的固有角频率，即

$$\omega_0 = \frac{1}{\sqrt{LC}} \tag{3.4.10}$$

方程（3.4.9）就是图 3.4.2 电路的耦合模方程。式中的两个方程不存在数学上的耦合项，无须联立，单独求解便能得到

$$\begin{cases} a_+(t) = A_+ \mathrm{e}^{\mathrm{j}\omega_0 t} \\ a_-(t) = A_- \mathrm{e}^{-\mathrm{j}\omega_0 t} \end{cases} \tag{3.4.11}$$

式中，A_+、A_- 由初始条件确定，即

$$\begin{cases} A_+ = a_+(0) \\ A_- = a_-(0) \end{cases} \tag{3.4.12}$$

而 $a_+(0)$、$a_-(0)$ 又由电容电压和电感电流的初值，并通过耦合模的定义来计算。例如，设 $u(0) = U$、$i(0) = 0$，则由耦合模定义式（3.4.1）得

$$a_+(0) = a_-(0) = \sqrt{\frac{C}{2}} \times U \tag{3.4.13}$$

代入式（3.4.11）得耦合模的零输入响应为

$$\begin{cases} a_+(t) = \sqrt{\frac{C}{2}} U \mathrm{e}^{\mathrm{j}\omega_0 t} \\ a_-(t) = \sqrt{\frac{C}{2}} U \mathrm{e}^{-\mathrm{j}\omega_0 t} \end{cases} \tag{3.4.14}$$

可见 $a_\pm$ 分别代表复平面两个旋转方向相反的复变量，对称于实轴，如图 3.4.3 所示。复变量的模相等且为常量，即

$$|a_+(t)| = |a_-(t)| = \sqrt{\frac{C}{2}} U \tag{3.4.15}$$

因为耦合模绝对值的平方就是总能量，所以模为常量意味着在时间进程中电路的总能量保持不变，这符合理想 LC 回路的无损性质。

由于耦合模的实部和虚部分别正比于电容电压和电感电流，所以图 3.4.3 的圆也可以理解成以 u 为横轴、以 i 为纵轴的状态平面上的相图。

由电路理论可知，对于图 3.4.2 所示的理想 LC 回路，开关接通后，电路立即按正弦规律变化，并且表达式为

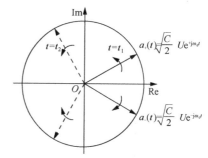

图 3.4.3 理想 LC 回路中耦合模的几何意义

$$\begin{cases} u = U\cos(\omega_0 t) \\ i = -C\dfrac{\mathrm{d}u}{\mathrm{d}t} = \sqrt{\dfrac{C}{L}}\,U\sin(\omega_0 t) \end{cases} \tag{3.4.16}$$

由式（3.4.16）及耦合模的定义式（3.4.1），利用欧拉公式也可得到式（3.4.14）的耦合模响应，即

$$a_{\pm} = \sqrt{\dfrac{C}{2}} \times u \pm \mathrm{j}\sqrt{\dfrac{L}{2}} \times i = \sqrt{\dfrac{C}{2}} \times U\cos(\omega_0 t) \pm \mathrm{j}\sqrt{\dfrac{L}{2}} \times \sqrt{\dfrac{C}{L}}\,U\sin(\omega_0 t) = \sqrt{\dfrac{C}{2}}\,U\mathrm{e}^{\pm \mathrm{j}\omega_0 t} \tag{3.4.17}$$

由此验证了式（3.4.14）的耦合模响应。

如果按式（3.4.2）计算电路的总能量，结果是

$$|a_+|^2 = |a_-|^2 = a_+ a_- = \dfrac{1}{2}Li^2 + \dfrac{1}{2}Cu^2 = \dfrac{1}{2}CU^2 \tag{3.4.18}$$

3.4.3 *RLC* 串联电路的零输入响应

再讨论回路含有电阻的情况，电路如图 3.4.4 所示。将固有角频率和阻尼因子分别记作：

$$\omega_0 = \dfrac{1}{\sqrt{LC}}, \qquad \Gamma = \dfrac{R}{2L} \tag{3.4.19}$$

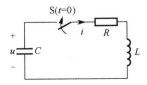

图 3.4.4 *RLC* 串联电路

按照与图 3.4.2 相似的分析步骤，先依据基尔霍夫定律列写状态方程：

$$\begin{cases} C\dfrac{\mathrm{d}u}{\mathrm{d}t} = -i \\ L\dfrac{\mathrm{d}i}{\mathrm{d}t} = u - Ri \end{cases} \tag{3.4.20}$$

将式（3.4.5）代入式（3.4.20），整理后得到关于耦合模的齐次状态方程，即

$$\begin{bmatrix} \dfrac{\mathrm{d}a_+}{\mathrm{d}t} \\ \dfrac{\mathrm{d}a_-}{\mathrm{d}t} \end{bmatrix} = \begin{bmatrix} \mathrm{j}\omega_0 - \Gamma & \Gamma \\ \Gamma & -\mathrm{j}\omega_0 - \Gamma \end{bmatrix} \begin{bmatrix} a_+ \\ a_- \end{bmatrix} \tag{3.4.21}$$

利用耦合模可以分析电阻消耗的功率，对此有如下途径。

（1）利用耦合模求出电流，然后代入电阻功率公式，即

$$p_R = Ri^2 = R\left[\frac{1}{j\sqrt{2L}}(a_+ - a_-)\right]^2 = 2\Gamma a_+ a_- - \Gamma(a_+^2 + a_-^2) \tag{3.4.22}$$

$$= 2\Gamma w(t) - 2\Gamma[w_e(t) - w_m(t)] = 4\Gamma w_m(t)$$

（2）利用电阻消耗的功率必然等于系统总能量随时间减少的速率，得

$$p_R = -\frac{\mathrm{d}w(t)}{\mathrm{d}t} = -\frac{\mathrm{d}(a_+ a_-)}{\mathrm{d}t} = 2\Gamma a_+ a_- - \Gamma(a_+^2 + a_-^2) \tag{3.4.23}$$

（3）根据 $w_m(t) = \frac{1}{2}Li^2$，求得 i^2，再代入电阻功率计算公式，简单可得

$$p_R = Ri^2 = R[2w_m(t)/L] = 4\Gamma w_m(t)$$

可见电阻消耗能量的速率与磁场能量成正比，这是因为二者都正比于电流的平方。

为求解耦合模方程（3.4.21），可以利用拉普拉斯变换。在自动控制原理中已经给出了求解齐次状态方程的公式，即

$$\boldsymbol{X}(t) = \mathscr{L}^{-1}[(s\boldsymbol{I} - \boldsymbol{A})^{-1}]\boldsymbol{X}(0) \tag{3.4.24}$$

下面按照公式（3.4.24）给出主要计算结果。

系数矩阵行列式为

$$\Delta = \det(s\boldsymbol{I} - \boldsymbol{A}) = \begin{vmatrix} s-(j\omega_0-\Gamma) & -\Gamma \\ -\Gamma & s-(-j\omega_0-\Gamma) \end{vmatrix} \tag{3.4.25}$$

$$= s^2 + 2\Gamma s + \omega_0^2 = (s-\lambda_1)(s-\lambda_2)$$

特征根为

$$\lambda_{1,2} = \frac{-2\Gamma \pm \sqrt{(2\Gamma)^2 - 4\omega_0^2}}{2} = -\Gamma \pm \sqrt{\Gamma^2 - \omega_0^2} \tag{3.4.26}$$

逆矩阵为

$$\begin{bmatrix} s-(j\omega_0-\Gamma) & -\Gamma \\ -\Gamma & s-(-j\omega_0-\Gamma) \end{bmatrix}^{-1} = \begin{bmatrix} \dfrac{c_1}{s-\lambda_1}+\dfrac{c_2}{s-\lambda_2} & \dfrac{d_1}{s-\lambda_1}+\dfrac{d_2}{s-\lambda_2} \\ \dfrac{d_1}{s-\lambda_1}+\dfrac{d_2}{s-\lambda_2} & \dfrac{f_1}{s-\lambda_1}+\dfrac{f_2}{s-\lambda_2} \end{bmatrix} \tag{3.4.27}$$

其中各分式的系数为

$$\begin{cases} c_1 = [\lambda_1 - (-j\omega_0 - \Gamma)]/(\lambda_1 - \lambda_2) \\ c_2 = [\lambda_2 - (-j\omega_0 - \Gamma)]/(\lambda_2 - \lambda_1) \\ d_1 = \Gamma/(\lambda_1 - \lambda_2) \\ d_2 = \Gamma/(\lambda_2 - \lambda_1) \\ f_1 = [\lambda_1 - (j\omega_0 - \Gamma)]/(\lambda_1 - \lambda_2) \\ f_2 = [\lambda_2 - (j\omega_0 - \Gamma)]/(\lambda_2 - \lambda_1) \end{cases} \tag{3.4.28}$$

逆矩阵的拉普拉斯逆变换为

$$\mathscr{L}^{-1}\left\{\begin{bmatrix} s-(\mathrm{j}\omega_0-\varGamma) & -\varGamma \\ -\varGamma & s-(-\mathrm{j}\omega_0-\varGamma) \end{bmatrix}^{-1}\right\} = \begin{bmatrix} c_1\mathrm{e}^{\lambda_1 t}+c_2\mathrm{e}^{\lambda_2 t} & d_1\mathrm{e}^{\lambda_1 t}+d_2\mathrm{e}^{\lambda_2 t} \\ d_1\mathrm{e}^{\lambda_1 t}+d_2\mathrm{e}^{\lambda_2 t} & f_1\mathrm{e}^{\lambda_1 t}+f_2\mathrm{e}^{\lambda_2 t} \end{bmatrix} \quad (3.4.29)$$

根据式（3.4.24）得耦合模方程，即式（3.4.21）的解为

$$\begin{bmatrix} a_+ \\ a_- \end{bmatrix} = \begin{bmatrix} c_1\mathrm{e}^{\lambda_1 t}+c_2\mathrm{e}^{\lambda_2 t} & d_1\mathrm{e}^{\lambda_1 t}+d_2\mathrm{e}^{\lambda_2 t} \\ d_1\mathrm{e}^{\lambda_1 t}+d_2\mathrm{e}^{\lambda_2 t} & f_1\mathrm{e}^{\lambda_1 t}+f_2\mathrm{e}^{\lambda_2 t} \end{bmatrix} \begin{bmatrix} a_+(0) \\ a_-(0) \end{bmatrix} \quad (3.4.30)$$

根据耦合模的解答，进一步可以求得电场能量 $w_e(t)$ 与磁场能量 $w_m(t)$，以及电路总能量 $w(t)$ 随时间的变化规律。图 3.4.5 是根据式（3.4.30）和式（3.4.3），并通过数值计算获得的响应波形，它们与用传统的电路分析方法获得的波形完全一致。

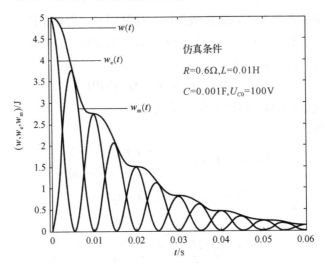

图 3.4.5　用耦合模计算的电路储能

由于式（3.4.21）的两个方程中存在交叉耦合项，即第一个方程中的 $\varGamma a_-$ 和第二个方程中 $\varGamma a_+$，因此需要联立求解，求解过程略显复杂。然而，对某些问题，这些耦合项的作用相对其他项很小，因此可以忽略它们。振荡频率足够高且 R 很小时就可以这样忽略。这样就得到相对简单的耦合模方程，即

$$\begin{bmatrix} \dfrac{\mathrm{d}a_+}{\mathrm{d}t} \\ \dfrac{\mathrm{d}a_-}{\mathrm{d}t} \end{bmatrix} = \begin{bmatrix} \mathrm{j}\omega_0-\varGamma & 0 \\ 0 & -\mathrm{j}\omega_0-\varGamma \end{bmatrix} \begin{bmatrix} a_+ \\ a_- \end{bmatrix} \quad (3.4.31)$$

对无耦合项的齐次方程（3.4.31），很容易求得解答为

$$\begin{cases} a_+ = A_+\mathrm{e}^{(\mathrm{j}\omega_0-\varGamma)t} = A_+\mathrm{e}^{-\varGamma t}[\cos(\omega_0 t)+\mathrm{j}\sin(\omega_0 t)] \\ a_- = A_-\mathrm{e}^{(-\mathrm{j}\omega_0-\varGamma)t} = A_-\mathrm{e}^{-\varGamma t}[\cos(\omega_0 t)-\mathrm{j}\sin(\omega_0 t)] \end{cases} \quad (3.4.32)$$

其中，$\begin{cases} A_+ = a_+(0) \\ A_- = a_-(0) \end{cases}$，由初始值确定。

由耦合模的解答即式（3.4.32）可以求得系统总能量的近似变化规律，即

$$w(t) = a_+ a_- = A_+ A_- e^{-2\Gamma t} = w(0)e^{-2\Gamma t} \qquad (3.4.33)$$

总能量近似按指数规律减少，指数规律的时间常数为 $1/(2\Gamma) = L/R$。用式（3.4.33）表示的能量随时间的近似变化规律如图 3.4.6 所示。虽然它与精确计算结果存在误差，但由于忽略了耦合项，耦合模方程的求解变得非常容易。

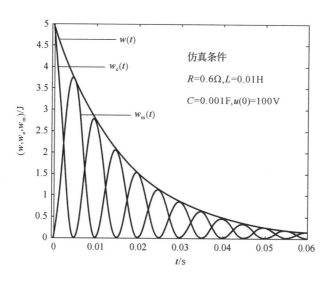

图 3.4.6 用简化耦合模方程计算的电路储能

3.4.4 RLC 串联电路的正弦稳态响应

图 3.4.7 是正弦电压激励下的 RLC 串联电路。根据基尔霍夫定律列出状态方程，即

$$\begin{cases} C\dfrac{\mathrm{d}u}{\mathrm{d}t} = -i \\[2mm] L\dfrac{\mathrm{d}i}{\mathrm{d}t} = u - Ri + u_S \end{cases} \qquad (3.4.34)$$

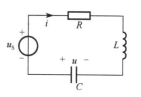

图 3.4.7 正弦电压激励下的 RLC 串联电路

不妨设 $u_S = \sqrt{2}U_S \sin(\omega t)$。根据欧拉公式，正弦输入电压可以表达成下式：

$$u_S = \frac{U_S}{\sqrt{2}\mathrm{j}}(e^{\mathrm{j}\omega t} - e^{-\mathrm{j}\omega t}) \qquad (3.4.35)$$

将耦合模的性质即式（3.4.5）及式（3.4.35）代入方程（3.4.34），并利用与式（3.4.19）相同的定义，得到正弦激励下 RLC 串联电路的耦合模方程，写成矩阵形式就是

$$\begin{bmatrix} \dfrac{\mathrm{d}a_+}{\mathrm{d}t} \\ \dfrac{\mathrm{d}a_-}{\mathrm{d}t} \end{bmatrix} = \begin{bmatrix} \mathrm{j}\omega_0 - \varGamma & \varGamma \\ \varGamma & -\mathrm{j}\omega_0 - \varGamma \end{bmatrix}\begin{bmatrix} a_+ \\ a_- \end{bmatrix} + \frac{U_\mathrm{S}}{2\sqrt{L}}(\mathrm{e}^{\mathrm{j}\omega t} - \mathrm{e}^{-\mathrm{j}\omega t})\begin{bmatrix} 1 \\ -1 \end{bmatrix} \tag{3.4.36}$$

这是关于耦合模的非齐次状态方程，非齐次项包括 $\mathrm{e}^{\mathrm{j}\omega t}$ 和 $\mathrm{e}^{-\mathrm{j}\omega t}$。为求其正弦稳态解，即微分方程的一个特解，可使用叠加定理按如下步骤进行。

1. $\mathrm{e}^{\mathrm{j}\omega t}$ 单独作用

此时耦合模方程是

$$\begin{bmatrix} \dfrac{\mathrm{d}a'_+}{\mathrm{d}t} \\ \dfrac{\mathrm{d}a'_-}{\mathrm{d}t} \end{bmatrix} = \begin{bmatrix} \mathrm{j}\omega_0 - \varGamma & \varGamma \\ \varGamma & -\mathrm{j}\omega_0 - \varGamma \end{bmatrix}\begin{bmatrix} a'_+ \\ a'_- \end{bmatrix} + \frac{U_\mathrm{S}\mathrm{e}^{\mathrm{j}\omega t}}{2\sqrt{L}}\begin{bmatrix} 1 \\ -1 \end{bmatrix} \tag{3.4.37}$$

由于激励是 $\mathrm{e}^{\mathrm{j}\omega t}$ 形式的函数，根据微分方程性质，它的特解也具有相同的形式，因此令

$$a'_+ = B'\mathrm{e}^{\mathrm{j}\omega t}, \qquad a'_- = D'\mathrm{e}^{\mathrm{j}\omega t} \tag{3.4.38}$$

其中，B' 和 D' 是需要待定的系数。待定方法是，将式（3.4.38）代入方程（3.4.37），约掉等号两边的 $\mathrm{e}^{\mathrm{j}\omega t}$ 项后再简单整理，便得到下式：

$$\begin{bmatrix} \mathrm{j}\omega - (\mathrm{j}\omega_0 - \varGamma) & -\varGamma \\ -\varGamma & \mathrm{j}\omega - (-\mathrm{j}\omega_0 - \varGamma) \end{bmatrix}\begin{bmatrix} B' \\ D' \end{bmatrix} = \begin{bmatrix} \dfrac{U_\mathrm{S}}{2\sqrt{L}} \\ \dfrac{-U_\mathrm{S}}{2\sqrt{L}} \end{bmatrix} \tag{3.4.39}$$

下面给出求解方程（3.4.39）的主要结果。系数行列式

$$\Delta' = (\omega_0^2 - \omega^2) + \mathrm{j}2\varGamma\omega \tag{3.4.40}$$

代数余子式为

$$\begin{cases} \Delta_{B'} = \dfrac{U_\mathrm{S}}{2\sqrt{L}}[\mathrm{j}(\omega + \omega_0)] \\ \Delta_{D'} = \dfrac{U_\mathrm{S}}{2\sqrt{L}}[\mathrm{j}(\omega_0 - \omega)] \end{cases} \tag{3.4.41}$$

因此，待定系数为

$$
\begin{cases}
B' = \dfrac{\varDelta_{B'}}{\varDelta'} = \dfrac{\dfrac{U_{\mathrm{S}}}{2\sqrt{L}}[\mathrm{j}(\omega+\omega_0)]}{(\omega_0^2-\omega^2)+\mathrm{j}2\varGamma\omega} \\[4mm]
D' = \dfrac{\varDelta_{D'}}{\varDelta'} = \dfrac{\dfrac{U_{\mathrm{S}}}{2\sqrt{L}}[\mathrm{j}(\omega_0-\omega)]}{(\omega_0^2-\omega^2)+\mathrm{j}2\varGamma\omega}
\end{cases}
\tag{3.4.42}
$$

2. $\mathrm{e}^{-\mathrm{j}\omega t}$ 单独作用

此时耦合模方程是

$$
\begin{bmatrix} \dfrac{\mathrm{d}a_+''}{\mathrm{d}t} \\[3mm] \dfrac{\mathrm{d}a_-''}{\mathrm{d}t} \end{bmatrix} = \begin{bmatrix} \mathrm{j}\omega_0-\varGamma & \varGamma \\ \varGamma & -\mathrm{j}\omega_0-\varGamma \end{bmatrix}\begin{bmatrix} a_+'' \\ a_-'' \end{bmatrix} - \dfrac{U_{\mathrm{S}}\mathrm{e}^{-\mathrm{j}\omega t}}{2\sqrt{L}}\begin{bmatrix} 1 \\ -1 \end{bmatrix}
\tag{3.4.43}
$$

此时须令耦合模的特解为

$$
a_+'' = B''\mathrm{e}^{-\mathrm{j}\omega t}, \qquad a_-'' = D''\mathrm{e}^{-\mathrm{j}\omega t}
\tag{3.4.44}
$$

其中待定系数 B'' 和 D'' 可以仿照 B' 和 D' 的求解过程来得到。但由于

$$
\begin{cases}
a_+ = a_+' + a_+'' = B'\mathrm{e}^{\mathrm{j}\omega t} + B''\mathrm{e}^{-\mathrm{j}\omega t} \\
a_- = a_-' + a_-'' = D'\mathrm{e}^{\mathrm{j}\omega t} + D''\mathrm{e}^{-\mathrm{j}\omega t}
\end{cases}
\tag{3.4.45}
$$

并且根据耦合模的性质可知，在任何时刻都有 $a_+ = a_-^*$，因此待定系数 B'' 和 D'' 可以根据 B' 和 D' 的结果，通过共轭运算来求得，即

$$
B'' = D'^{*}, \qquad D'' = B'^{*}
\tag{3.4.46}
$$

根据耦合模计算出电路储能的变化规律，如图 3.4.8 所示。计算条件是 $R=2\Omega$，$L=0.01\mathrm{H}$，$C=0.1\mathrm{mF}$，$U_{\mathrm{S}}=100\mathrm{V}$，$\omega=0.8\omega_0$。

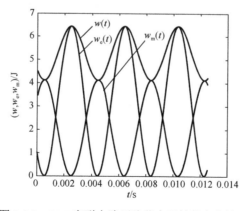

图 3.4.8 RLC 串联电路正弦稳态下储能变化情况

当 $\omega = \omega_0$，即满足谐振条件时，由电路理论早已知道，此时电场能量与磁场能量实现完全互补交换，电路总能量保持不变。这一结论也可由耦合模方程的解答得到验证。当 $\omega = \omega_0$ 时，根据式（3.4.42）和式（3.4.46）可知

$$B'' = D'^{*} = 0 \tag{3.4.47}$$

此时耦合模解答中只有一个指数项，即

$$\begin{cases} a_+ = B' \mathrm{e}^{\mathrm{j}\omega t} \\ a_- = D'' \mathrm{e}^{-\mathrm{j}\omega t} \end{cases} \tag{3.4.48}$$

上述耦合模的绝对值平方为常量，正好符合谐振时电路总储能不随时间变化的性质。

根据耦合模计算出谐振时电路储能的变化规律，波形如图 3.4.9 所示。

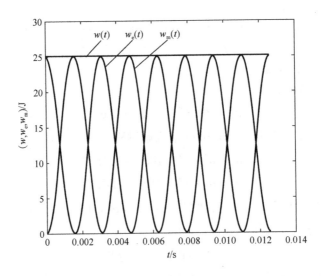

图 3.4.9 谐振条件下的电路储能变化情况

在耦合模方程（3.4.36）中，由于存在耦合项，待定系数的求解变得比较复杂，需要求解二元联立方程。如果忽略耦合项（R 很小时可以这样忽略），则可简化待定系数的计算。忽略后的耦合模方程为

$$\begin{bmatrix} \dfrac{\mathrm{d}a_+}{\mathrm{d}t} \\ \dfrac{\mathrm{d}a_-}{\mathrm{d}t} \end{bmatrix} \approx \begin{bmatrix} \mathrm{j}\omega_0 - \varGamma & 0 \\ 0 & -\mathrm{j}\omega_0 - \varGamma \end{bmatrix} \begin{bmatrix} a_+ \\ a_- \end{bmatrix} + \frac{U_\mathrm{S}}{2\sqrt{L}}(\mathrm{e}^{\mathrm{j}\omega t} - \mathrm{e}^{-\mathrm{j}\omega t}) \begin{bmatrix} 1 \\ -1 \end{bmatrix} \tag{3.4.49}$$

可以令其稳态解为

$$\begin{cases} a_+ \approx B' \mathrm{e}^{\mathrm{j}\omega t} + B'' \mathrm{e}^{-\mathrm{j}\omega t} \\ a_- \approx D' \mathrm{e}^{\mathrm{j}\omega t} + D'' \mathrm{e}^{-\mathrm{j}\omega t} \end{cases} \tag{3.4.50}$$

仍然按照叠加定理的思路确定待定系数，但无须求解联立方程，得到的待定系数分别是

$$\begin{cases} B' = \dfrac{U_s}{2\sqrt{L}[j\omega - (j\omega_0 - \Gamma)]} \\[3mm] B'' = \dfrac{-U_s}{2\sqrt{L}[-j\omega - (j\omega_0 - \Gamma)]} \end{cases} \tag{3.4.51}$$

并且

$$D' = B''^*, \qquad D'' = B'^* \tag{3.4.52}$$

　　根据简化后的耦合模方程及其解答，近似计算谐振条件下电路储能的变化规律，波形如图 3.4.10 所示。总能量不再是常量，这是由于近似计算的原因。

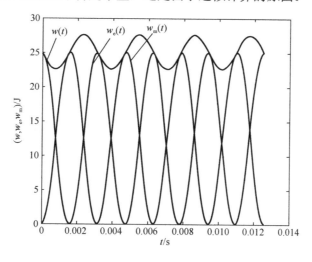

图 3.4.10　谐振时电路储能的近似计算

3.4.5　结语

　　（1）耦合模分析法以复数形式的状态变量为待求量，这种分析问题的角度是独特的，是对电路理论的一种丰富，值得深入研究。

　　（2）当忽略交叉耦合项时，耦合模方程不用联立便可求解。

§3.5　运算放大器输出饱和对微分电路与积分电路的影响

导　读

　　实现对输入信号的微分和积分运算是运算放大器的典型应用之一。微分电路和积分电路在信号测量、有源滤波、相位校正等专门技术中具有重要作用。因此，在大学本科

电路理论、电工学、电子技术等课程中都将其作为主要内容加以讲授。为便于理解并掌握微分器和积分器的基本原理，在这些课程中，一般都将运算放大器视为理想的，其输入电阻、开环电压增益和共模抑制比为无限大，输出电阻为零，并且不考虑运算放大器的饱和现象，输入端口电压视为零（虚短路）。当运算放大器未出现饱和现象时，这样分析可以得到与实际十分相近的结果。但在实际应用中，或学生从事某些科研实践时，时常会遇到运算放大器饱和现象，此时输入输出不再满足预期的微分关系和积分关系。对此学生常常质疑课堂所学内容。为使理论教学能够准确联系实际，本节结合脉冲输入这一特例，应用电路理论、数值仿真和电路实验等手段，详细分析了运算放大器出现饱和时，微分电路和积分电路的输入输出关系。分析过程和结论对学生深入掌握理想运算放大器模型的应用条件，以及出现饱和时微分电路与积分电路的分析方法，能够起到很好的指导作用。

3.5.1 运算放大器输出饱和对微分电路的影响

1. 微分电路分析

由运算放大器构成的微分电路原理图如图 3.5.1 所示。在运算放大器未饱和时（此时近似用理想运算放大器进行分析），输出电压与输入电压的关系是

$$u_o = -RC\frac{\mathrm{d}u_i}{\mathrm{d}t} \tag{3.5.1}$$

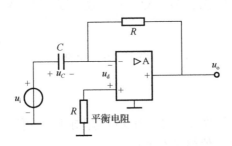

图 3.5.1　微分电路原理图

现分析当输入电压为方波脉冲时的情形，如图 3.5.2（a）所示。

在下降沿到来前，电路处于稳定状态，输出电压为零，电容电压等于输入电压的正幅值。若将下降沿到来时刻设为计算起始时刻，则有

$$u_C(0_+) = u_C(0_-) = U_1$$

在脉冲的下降沿，电压随时间的变化率很大。由于电容电压的连续变化特性，在脉冲沿到来的瞬间，运算放大器的输入端不满足虚短条件，即 $u_d \neq 0$，从而导致运算放大器立即进入饱和工作状态。

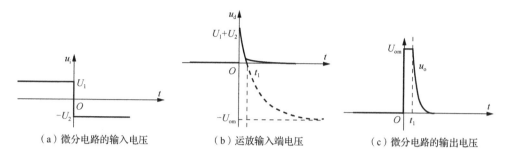

（a）微分电路的输入电压　　（b）运放输入端电压　　（c）微分电路的输出电压

图 3.5.2 微分电路的激励和响应波形

微分电路在饱和期间的电路模型如图 3.5.3 所示，其中运算放大器的输出为恒定的饱和电压 U_{om}，可用理想电压源近似表示，运算放大器的输入端口可视为开路。

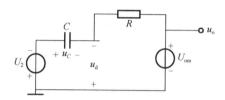

图 3.5.3 微分电路在饱和期间的电路模型

利用分析一阶电路暂态响应的三要素公式，图 3.5.3 电容电压和运算放大器输入端电压计算如下：

$$u_C(\infty) = -U_2 - U_{om}, \qquad \tau = RC$$
$$u_C = u_C(\infty) + [u_C(0_+) - u_C(\infty)]e^{-t/\tau}$$
$$= -U_2 - U_{om} + (U_1 + U_2 + U_{om})e^{-t/\tau} \tag{3.5.2}$$

由此求得运算放大器输入端口电压为

$$u_d = U_2 + u_C = -U_{om} + (U_1 + U_2 + U_{om})e^{-t/\tau} \tag{3.5.3}$$

u_d 的变化规律如图 3.5.2（b）所示。由于电容电压是连续变化的，所以在 $t = 0$ 时刻，u_d 发生了跳变：

$$u_d(0_-) = 0, \qquad u_d(0_+) = U_1 + U_2$$

输入电压下降沿过去后，u_d 开始按指数规律衰减，需要经过一段时间后 u_d 才能变为零。令式（3.5.3）$u_d = 0$ 可求得这段时间为

$$\Delta t = t_1 = \tau \ln \frac{U_1 + U_2 + U_{om}}{U_{om}} \tag{3.5.4}$$

在 $0 < t \leqslant t_1$ 时间内，运算放大器的输出一直处于正饱和状态，$u_o = U_{om}$，如图 3.5.2（c）所示。

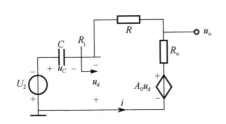

图 3.5.4　运算放大器处于放大状态时的微分电路模型

当 $t > t_1$ 时，运算放大器由饱和状态进入放大状态。此时若作为理想运算放大器进行分析，则输出电压将立即变为零并保持至下一脉冲沿到来时刻。但经仿真和实验观察，还是能够观察到很短暂的暂态过程，这是由运算放大器的非理想因素产生的。为分析这一过程，需建立图 3.5.4 所示的电路模型，图中将运算放大器的开环增益 A_0 视为有限值，并考虑输出电阻 R_o 的影响。

分析图 3.5.4 所示电路得

$$u_d = -A_0 u_d + (R + R_o)i \tag{3.5.5}$$

$$R_i = \frac{u_d}{i} = \frac{R + R_o}{1 + A_0}, \qquad \tau_1 = R_i C$$

$$u_o = U_{om} e^{-(t - t_1)/\tau_1} \tag{3.5.6}$$

由于时间常数 τ_1 很小，所以上述暂态过程持续时间极短。

2. 微分电路仿真

仿真工具是用于个人计算机的集成电路模拟器，它能够基于实际器件特性进行仿真，运算放大器选择 LM324，工作电压 ±12V，微分电阻 $R = 10\text{k}\Omega$，电容 $C = 1\mu\text{F}$，输入脉冲频率 $f = 10\text{Hz}$，峰-峰电压 $U_{pp} = U_1 - (-U_2) = 2\text{V}$，高、低电压持续时间比为 1:1。图 3.5.5 是在上述条件下的仿真结果。从图中可以看出，在输入脉冲沿到来后的瞬间，运算放大器立即进入饱和状态并持续一段时间 Δt，输出电压有一段平顶波形。待运算放大器输入电压 u_d 变为零时，方才退出饱和进入放大状态。

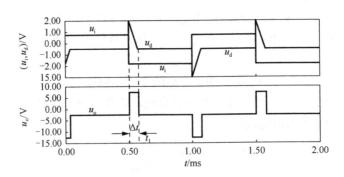

图 3.5.5　微分电路仿真波形

3. 微分电路实验

按原理图 3.5.1 设计实验电路，运算放大器为 LM324，工作电压为 ±10V，微分电阻 $R = 1\text{k}\Omega$，电容 $C = 1\mu\text{F}$，用 Tektronix（泰克）AFG3021 函数发生器做信号源，信号设置为周期脉冲电压，$U_{\text{pp}} = 1.6\text{V}$。测试设备：Tektronix TDS3032B 双通道数字示波器。测得的输入、输出电压波形如图 3.5.6 所示。图中输出电压的上升沿不够陡峭，是由于运算放大器的频率特性所致，即实际运算放大器的带宽较窄，不能立即跟随输入电压的变化。当输出电压以很大的变化率进入饱和状态后，饱和电压将维持 Δt 时间。之后，按指数规律衰减至零。

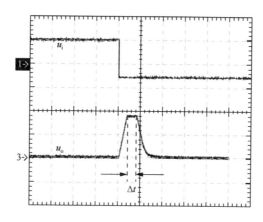

图 3.5.6　微分电路输入与输出电压实验波形

3.5.2　运算放大器输出饱和对积分电路的影响

1. 积分电路分析

积分电路原理图如图 3.5.7 所示，设输入电压为周期性脉冲信号，如图 3.5.8（a）所示。按输出电压是否饱和，分时段分析如下。

（1）$0 < t \leqslant t_0$，运算放大器工作在线性区。

此时段可按理想运算放大器进行分析。

运算放大器输入端口电压和电流：$u_{\text{d}} = 0$（虚短路），$i_{\text{d}} = 0$（虚断路）。

电容充电电流为恒流：$i_C = \dfrac{u_{\text{i}}}{R} = \dfrac{U_1}{R}$。

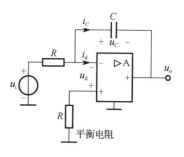

图 3.5.7　积分电路原理图

电容电压随时间按直线规律增加，即

$$u_C(t) = u_C(0) + \frac{1}{C}\int_0^t i_C(\lambda)\mathrm{d}\lambda = u_C(0) + \frac{1}{RC}\int_0^t u_i(\lambda)\mathrm{d}\lambda = u_C(0) + \frac{U_1}{RC}t \quad (3.5.7)$$

式中，$u_C(0)$ 表示计算起始时刻的电容电压。

输出电压与输入电压满足积分关系，且等于电容电压的负值，即

$$u_o = -u_C(t) = -u_C(0) - \frac{U_1}{RC}t \quad (0 < t \leqslant t_0) \quad (3.5.8)$$

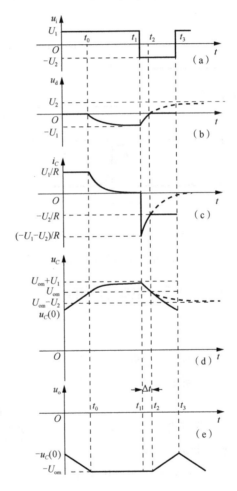

图 3.5.8　积分电路的脉冲响应波形（理论分析结果）

（2）$t_0 < t \leqslant t_1$，运算放大器进入负饱和状态。

此时运算放大器的输出电压保持在负饱和值，即

$$u_o = -U_{om} \quad (3.5.9)$$

运算放大器不能再视为理想的，输入端口电压 $u_d \neq 0$。在不计输入端电流和输出电阻时，积分电路模型如图 3.5.9 所示。

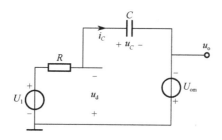

图 3.5.9 运算放大器进入负饱和时的积分电路模型（$t_0 < t \leqslant t_1$）

利用分析一阶电路暂态响应的三要素公式求得

$$u_d = -U_1[1 - \mathrm{e}^{-(t-t_0)/\tau}] \quad (t_0 < t < t_1) \tag{3.5.10}$$

式中，时间常数 $\tau = RC$。

注意，在此期间运算放大器输出电压虽然为负饱和值，但由于输入正脉冲尚未结束，所以电容仍将继续充电。只不过充电电流由恒流变为指数规律，电容电压也由直线上升变为按指数规律上升。利用分析一阶电路暂态响应的三要素公式求得电容的充电电流和电压分别为

$$i_C = \frac{U_1}{R}\mathrm{e}^{-(t-t_0)/\tau} \quad (t_0 < t < t_1) \tag{3.5.11}$$

$$u_C = (U_1 + U_{\mathrm{om}}) - U_1\mathrm{e}^{-(t-t_0)/\tau} \quad (t_0 < t \leqslant t_1) \tag{3.5.12}$$

若正脉冲宽度较大，即 t_1 足够长，使得 t_1 时刻电容充电基本结束，则 $u_C(t_1) \approx U_{\mathrm{om}} + U_1$，$U_1$ 就是电容被过度充电的电压。

（3）$t_1 < t \leqslant t_2$，输入电压改变极性，电容开始放电。

由于在 t_1 时刻电容充得过多电荷，使得电压 $u_C(t_1) \approx U_{\mathrm{om}} + U_1 > U_{\mathrm{om}}$，因此在电容电压下降到 $u_C = U_{\mathrm{om}}$ 之前，仍存在 $u_d < 0$，运算放大器依然处于负饱和状态。相应电路模型如图 3.5.10 所示。由该图求得在 $t_1 < t \leqslant t_2$ 期间的各个响应为

$$u_{\mathrm{o}} = -U_{\mathrm{om}} \quad (t_1 < t \leqslant t_2) \tag{3.5.13}$$

$$u_d = U_2 + (-U_1 - U_2)\mathrm{e}^{-(t-t_1)/\tau} \quad (t_1 < t \leqslant t_2) \tag{3.5.14}$$

$$i_C = -\frac{U_1 + U_2}{R}\mathrm{e}^{-(t-t_1)/\tau} \quad (t_1 < t \leqslant t_2) \tag{3.5.15}$$

$$u_C = (-U_2 + U_{\mathrm{om}}) + (U_1 + U_2)\mathrm{e}^{-(t-t_1)/\tau} \quad (t_1 < t \leqslant t_2) \tag{3.5.16}$$

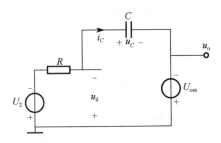

图 3.5.10 输入电压改变极性，但运算放大器仍处于负饱和时的积分电路模型（ $t_1 < t \leqslant t_2$ ）

设经过 Δt 时间，即在 $t_2 = t_1 + \Delta t$ 时刻，运算放大器输入电压下降至 $u_d = 0$ ，由式（3.5.14）可以求得运算放大器脱离饱和的时刻 t_2 为

$$t_2 = t_1 + \tau \ln \frac{U_1 + U_2}{U_2} \tag{3.5.17}$$

或令 $u_C = U_{om}$ ，由式（3.5.16）求得与上式相同的结果。由式（3.5.17）得出负脉冲到来时刻与运算放大器脱离饱和时刻的时间差为

$$\Delta t = t_2 - t_1 = \tau \ln \frac{U_1 + U_2}{U_2} \tag{3.5.18}$$

显然，U_1 越大，电容被过度充电的电压越大，积分器饱和越深，电容电压下降到 $u_C = U_{om}$ 所需的时间也就越长，即 Δt 越大。

（4） $t_2 < t \leqslant t_3$ ，运算放大器脱离负饱和状态进入放大状态。

此时可按理想运算放大器进行分析。由虚短条件即 $u_d = 0$ 和恒流充电规律可以求得电容电流、电压，以及积分电路输出电压分别为

$$i_C = -\frac{U_2}{R} \tag{3.5.19}$$

$$u_C = U_{om} - \frac{U_2}{RC}(t - t_2) \tag{3.5.20}$$

$$u_o = -u_C = -U_{om} + \frac{U_2}{RC}(t - t_2) \tag{3.5.21}$$

各时段的电压波形如图 3.5.8 所示。

2. 积分电路仿真

仿真工具及运算放大器与微分电路仿真相同。积分电阻 $R = 10\text{k}\Omega$ ，电容 $C = 1\mu\text{F}$ ，输入脉冲频率 $f = 10\text{Hz}$ ，峰-峰电压 $U_{pp} = U_1 - (-U_2) = 3.6\text{V}$ ，高低电压持续时间比为 7：3。图 3.5.11 是在上述条件下的仿真结果，验证了理论分析的正确性。

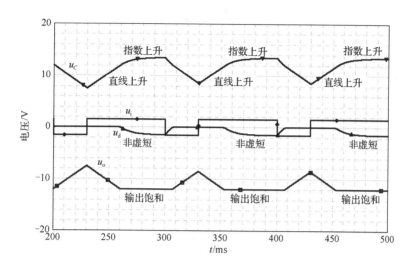

图 3.5.11 运算放大器存在饱和时的积分电路仿真波形

3. 积分电路实验

按原理图 3.5.7 设计实验电路，运算放大器仍为 LM324，工作电压为 ±12V，积分电阻 $R = 1\text{k}\Omega$，电容 $C = 1\mu\text{F}$，用 Tektronix AFG3021 函数发生器做信号源，信号设置为周期脉冲电压 $U_{\text{pp}} = 2\text{V}$，频率为 11Hz。测试设备：Tektronix TDS3032B 双通道数字示波器。积分电路电压波形如图 3.5.12 所示。由图可见，从输入信号变为负脉冲到积分器脱离饱和存在时间差 Δt。

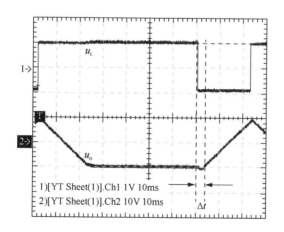

图 3.5.12 存在饱和时的积分电路输入与输出实验波形

3.5.3 结语

当输入电压相对时间的变化率很大，例如含有脉冲的上升沿或下降沿时，微分电路会出现饱和现象，影响期望的输入输出关系。饱和时，不能将运算放大器的输入端口视为虚短。当电容充电到输入电压的幅值时，微分电路才能脱离饱和，进入线性区，此后可近似按理想运算放大器进行分析。

当脉冲高电平持续时间相对时间常数较长，或输入电压含有直流分量时，积分电路会出现输出饱和现象。饱和时，不能将运算放大器的输入端口视为虚短，端口电压和电容电压将按指数规律变化。当反向脉冲到来时，电容需经过一段放电时间，积分电路才能脱离饱和，进入线性区，此后可近似按理想运算放大器进行分析。

§3.6 对 RC 振荡电路的扩展认识

 导 读

无论对电类或非电类工科专业学生，由运算放大器和 RC 正反馈网络组成的振荡电路都是必要的教学内容。这是因为该电路的振荡原理具有普遍性，并且该电路综合了运算放大器、正负反馈、频率特性等相关知识，振荡电路本身也得到了广泛的实际应用。目前，大多数教材都只在参数对等条件下，在频域里重点阐述了稳定振荡条件、起振条件、振荡频率等主要内容[14-16]。该电路前向放大倍数对暂态响应行为有哪些影响？如何计算振幅？振荡波形是否为正弦？选频网络是否完全决定了振荡频率？等等。虽有作者对这些问题进行了不同程度的讨论[17-19]，但仍有继续研究的必要。本节就此展开论述，虽然超出教学基本要求，但可以作为问题引导学生深入思考，从多个角度加以认识，体现教学内容的高阶性[20]。

3.6.1 RC 振荡电路暂态行为的多种分析方法

含有运算放大器的 RC 振荡电路原理如图 3.6.1 所示。图中 R_{11} 与 R_{12} 之一必须是非线性电阻，以便实现稳幅振荡。但为了分步骤认识该电路的行为，首先假设 R_{11} 与 R_{12} 都是线性电阻，然后再过渡到非线性电阻情况。下面归纳对该电路的多种分析方法。

1. 状态变量分析法

如果在电类专业"模拟电子技术"课程中讲授该振荡电路，可以在时域中列出状态方程，因为大部分学生在"电路理论"课程中已经学习了状态变量分析法。列写过

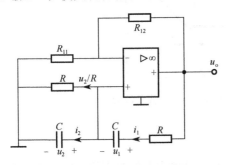

图 3.6.1 RC 振荡电路原理图

程如下：

$$\begin{cases} C\dot{u}_1 = i_1 = \dfrac{u_o - u_1 - u_2}{R} \\ C\dot{u}_2 = i_2 = i_1 - \dfrac{u_2}{R} \end{cases} \tag{3.6.1}$$

用 A_0 表示同相输入前向放大倍数，即 $A_0 = 1 + R_{12}/R_{11}$，$u_o = A_0 u_2$，代入式（3.6.1），并写成状态方程标准形式，得

$$\begin{cases} \dot{u}_1 = -\dfrac{u_1}{RC} + \dfrac{A_0 - 1}{RC} u_2 \\ \dot{u}_2 = -\dfrac{u_1}{RC} + \dfrac{A_0 - 2}{RC} u_2 \end{cases} \tag{3.6.2}$$

它没有激励项或称输入项，因此属于自治方程。再令 $\omega_0 = 1/(RC)$，表示振荡角频率，进而将上述方程写成矩阵形式：

$$\begin{bmatrix} \dot{u}_1 \\ \dot{u}_2 \end{bmatrix} = \begin{bmatrix} -\omega_0 & \omega_0(A_0 - 1) \\ -\omega_0 & \omega_0(A_0 - 2) \end{bmatrix} \begin{bmatrix} u_1 \\ u_2 \end{bmatrix} \tag{3.6.3}$$

由状态方程（3.6.3）得到状态转移矩阵的特征方程，即

$$\begin{vmatrix} -\omega_0 - \lambda & \omega_0(A_0 - 1) \\ -\omega_0 & \omega_0(A_0 - 2) - \lambda \end{vmatrix} = \lambda^2 + (3 - A_0)\omega_0\lambda + \omega_0^2$$
$$= a\lambda^2 + b\lambda + c = 0 \tag{3.6.4}$$

其根的判别式为

$$\Delta = b^2 - 4ac = \omega_0^2(A_0 - 1)(A_0 - 5) \tag{3.6.5}$$

因此，两个特征根分别为

$$\lambda_{1,2} = \frac{-(3 - A_0)\omega_0 \pm \sqrt{\Delta}}{2} = \alpha \pm \mathrm{j}\beta \tag{3.6.6}$$

根据特征根在复平面的位置，可以判断暂态响应的不同行为。

2. 经典分析法

如果对电路二阶微分方程比较熟悉，可以从方程（3.6.1）中消去 u_2，得到如下二阶微分方程（过程省略）：

$$\frac{\mathrm{d}^2 u_1}{\mathrm{d}t^2} + (3 - A_0)\omega_0 \frac{\mathrm{d}u_1}{\mathrm{d}t} + \omega_0^2 u_1 = 0 \tag{3.6.7}$$

它的特征根与式（3.6.6）完全相同。

3. 信号流图分析法

RC 振荡电路存在着正反馈，根据自动控制原理，可以抽象成图 3.6.2 所示的闭环系统。

图中，$F(s)$ 为反馈网络的传递函数。根据图 3.6.3 所示的复频域电路模型可求得 $F(s)$：

$$F(s) = \frac{U_f(s)}{U_o(s)} = \frac{\omega_0 s}{s^2 + 3\omega_0 s + \omega_0^2} \tag{3.6.8}$$

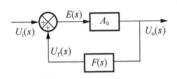 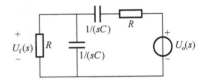

图 3.6.2　RC 振荡电路的闭环框图　　　图 3.6.3　计算反馈网络传递函数的等效电路

根据计算闭环控制系统传递函数的梅森公式可得

$$H(s) = \frac{U_o(s)}{U_i(s)} = \frac{s^2 + 3\omega_0 s + \omega_0^2}{s^2 + (3 - A_0)\omega_0 s + \omega_0^2} \tag{3.6.9}$$

传递函数的极点与式（3.6.6）所示的特征根完全相同。

在 RC 振荡电路问题中，综合运用了"电子技术""电路理论""控制原理""数学分析"等课程知识。各门课程在此产生交集，加强了彼此联系。不同的分析方法所得到的特征根或极点完全一致，其中包含的普适性道理就是：主观认识必须符合客观存在。尝试运用多种分析方法，能够提高教师和学生驾驭不同课程知识的能力。

3.6.2　RC 振荡电路暂态行为与前向放大倍数的关系

在课堂教学中，关于前向放大倍数一般只介绍了 $A_0 > 3$ 是起振条件，$A_0 = 3$ 是稳定振荡条件。其实 A_0 取其他值时，电路还有其他暂态行为。根据式（3.6.5）和式（3.6.6），具体讨论如下。

（1）如果 $0 < A_0 < 1$，则 λ_1 和 λ_2 为两个不相等的负实数，暂态响应为单调衰减。但这是从数学方程得出的结论。在实际的振荡电路中，同相比例运算电路的放大倍数 A_0 不可能小于 1，因此也就不存在单调衰减的现象。

（2）如果 $1 < A_0 < 3$，则 λ_1 和 λ_2 为共轭复数，实部为负值，暂态响应为衰减振荡，电路不能产生持续的自激振荡。

（3）如果 $A_0 = 3$，则 λ_1 和 λ_2 为纯虚数，暂态响应为不衰减振荡，这时电路能维持稳定的自激振荡，振荡的角频率就是 ω_0。这可以看作是稳定振荡条件的另一种由来，该由来突出了数学方程的作用。

（4）如果 $3 < A_0 < 5$ ，则 λ_1 和 λ_2 为共轭复数，且实部大于零，暂态响应为发散振荡，但振幅受运算放大器饱和电压限制，不会持续增加。因此，若要起振，需满足 $A_0 > 3$ 。这可以看成起振条件的另一种由来。 $A_0 = 3.2$ 、 $1/(RC) = 1000\mathrm{rad/s}$ 时的非正弦振荡仿真波形如图 3.6.4 所示，它由起初的发散振荡（ $t < 13\mathrm{ms}$ ）进入稳态的饱和振荡。

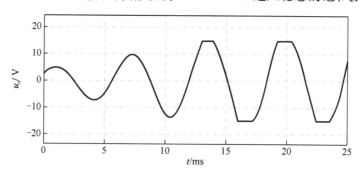

图 3.6.4　$A_0 = 3.2$ 、 $1/(RC) = 1000\mathrm{rad/s}$ 时的非正弦振荡仿真波形

（5）如果 $A_0 > 5$ ，则 λ_1 和 λ_2 为不相等的正实数，暂态响应为单调发散，但振幅受运算放大器饱和电压限制，不会持续增加。 $A_0 = 5.01$ 、 $1/(RC) = 1000\mathrm{rad/s}$ 时的非正弦振荡仿真波形如图 3.6.5 所示，它由起初的单调发散（ $t < 3.5\mathrm{ms}$ ）进入稳态的饱和振荡，类似于多谐振荡。

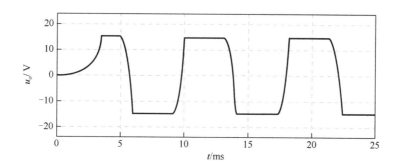

图 3.6.5　$A_0 = 5.01$ 、 $1/(RC) = 1000\mathrm{rad/s}$ 时非正弦振荡仿真波形

3.6.3　非对等参数条件下的分析

在 RC 反馈网络中，除了两个电阻相等和两个电容相等的参数条件外，其他电阻值和电容值是否也能产生振荡呢？回答是肯定的，图 3.6.6 就是这种情况的电路。讨论如下。

反馈系数为

$$F(\mathrm{j}\omega) = \cfrac{1}{1 + \cfrac{R_1}{R_2} + \cfrac{C_2}{C_1} + \mathrm{j}\left(\omega R_1 C_2 - \cfrac{1}{\omega R_2 C_1}\right)} \tag{3.6.10}$$

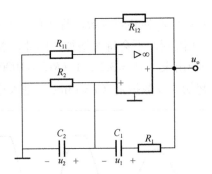

图 3.6.6 非对等参数的 RC 振荡电路

虚部为零时，满足振荡的相位条件，因此，振荡角频率为

$$\omega_0 = \frac{1}{\sqrt{R_1 R_2 C_1 C_2}} \qquad (3.6.11)$$

由起振条件得知，前向放大倍数需满足：

$$A_0 > \frac{1}{F(\mathrm{j}\omega_0)} = 1 + \frac{R_1}{R_2} + \frac{C_2}{C_1} \qquad (3.6.12)$$

上述可以看作是对振荡电路的一般化分析，在此基础上，可以讨论如下特殊情况。

（1）如果两个电容相等而电阻不等，即 $C_1 = C_2 = C$，那么反馈系数的表达式为

$$F(\mathrm{j}\omega) = \frac{1}{2 + \dfrac{R_1}{R_2} + \mathrm{j}\left(\omega R_1 C - \dfrac{1}{\omega R_2 C}\right)} \qquad (3.6.13)$$

振荡角频率为

$$\omega_0 = \frac{1}{C\sqrt{R_1 R_2}} \qquad (3.6.14)$$

因此，改变某个电阻（电阻比电容更容易改变）便可以改变振荡角频率 ω_0。但在此角频率下：

$$F(\mathrm{j}\omega_0) = \frac{R_2}{2R_2 + R_1} \qquad (3.6.15)$$

可见，反馈系数不再是参数对等条件下的常数，即 1/3。如果通过改变电阻来改变振荡频率，则两个电阻宜按同一比例联动改变，否则会破坏振荡条件。如果通过改变电容（需满足 $C_1 = C_2 = C$）来改变振荡频率，则不存在此问题。

如果两个电阻相等而电容不等，即 $R_1 = R_2 = R$，也有类似情况，不再赘述。

（2）再回头考虑参数对等情况，即 $R_1 = R_2 = R$，$C_1 = C_2 = C$。这时反馈系数为

$$F(\mathrm{j}\omega) = \frac{1}{3 + \mathrm{j}\left(\omega RC - \dfrac{1}{\omega RC}\right)} \tag{3.6.16}$$

可见，无论改变电阻还是电容，只要保证参数对等关系，振荡角频率下的反馈系数都是 1/3，不会破坏振荡条件。这是经常使用参数对等 RC 振荡电路的理由之一。

3.6.4　关于振幅问题的讨论

根据前面的分析，前向放大倍数 A_0 必须是可变的。在起振过程中，由 $A_0 > 3$ 逐渐减小到 $A_0 = 3$。这就需要使用非线性的 R_{11} 或 R_{12} 来稳定振幅。带有二极管的稳幅电路如图 3.6.7 所示。稳幅的原理在许多教材中都有介绍。那么，如何具体计算稳定振荡的振幅？这在教材和文献中却很少涉及。毕竟频率和振幅是振荡电路的两个重要参数，因此有必要讨论。

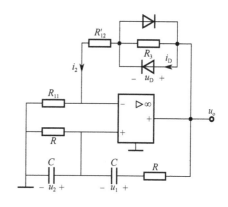

图 3.6.7　带有二极管的稳幅电路

在起振和稳定振荡中的某时刻，两个二极管只能有一个处于正向偏置，另一个则处于反向偏置。不妨将反向偏置的二极管等效电阻视为无限大。

根据二极管电压电流特性，当二极管足够导通时，正向偏置时等效电阻近似为

$$R_\mathrm{D} = \frac{u_\mathrm{D}}{i_\mathrm{D}} \approx \frac{u_\mathrm{D}}{I_0 \mathrm{e}^{u_\mathrm{D}/U_\mathrm{T}}} \tag{3.6.17}$$

式中，U_T、I_0 为二极管的参数。R_D 依赖于 u_D，是非线性电阻，它与 R_3 并联后的等效电阻为

$$R_3 /\!/ R_\mathrm{D} = \frac{\dfrac{u_\mathrm{D}}{I_0 \mathrm{e}^{u_\mathrm{D}/u_\mathrm{T}}} \times R_3}{\dfrac{u_\mathrm{D}}{I_0 \mathrm{e}^{u_\mathrm{D}/u_\mathrm{T}}} + R_3} = \frac{u_\mathrm{D} R_3}{u_\mathrm{D} + R_3 I_0 \mathrm{e}^{u_\mathrm{D}/u_\mathrm{T}}}$$

根据稳定振荡的振幅条件，即 $A_0 = 1 + (R_{12}' + R_3 /\!/ R_\mathrm{D})/R_{11} = 3$，当二极管最大正向电压 U_Dm 使得下式成立时，振幅便达到稳定，即

$$R_{12}' + R_3 /\!/ R_\mathrm{D} = R_{12}' + \frac{U_\mathrm{Dm} R_3}{U_\mathrm{Dm} + R_3 I_0 \mathrm{e}^{U_\mathrm{D}/U_\mathrm{T}}} = 2R_{11}$$

从上式求得

$$U_{Dm} = Be^{U_{Dm}/u_T} \qquad (3.6.18)$$

式中，

$$B = \frac{-(2R_{11} - R'_{12})R_3 I_0}{2R_{11} - R'_{12} - R_3} = \left(\frac{R_3}{2R_{11} - R'_{12}} - 1\right)^{-1} R_3 I_0 \qquad (3.6.19)$$

式（3.6.18）看上去很简单，但却是超越方程，可借助数值分析方法求解，在此略去。

根据 U_{Dm} 值，进一步求出稳定振荡的振幅，即

$$U_{om} = U_{Dm} + I_{2m}(R_{11} + R'_{12}) = U_{Dm} + (I_0 e^{U_{Dm}/u_T} + U_{Dm}/R_3)(R_{11} + R'_{12}) \qquad (3.6.20)$$

可见，振幅并不一定是运算放大器的饱和电压。

3.6.5 关于振荡波形正弦性的讨论

由于采用了属于非线性电阻的二极管，因此对同相输入电压 u_2 的可能量值来说，前向放大倍数并不是常数，不能对输入电压的所有量值一视同仁地放大，那么能得到期望的正弦振荡电压吗？图 3.6.8 是这种电路的一种仿真波形，肉眼便可看出这是非正弦波形。

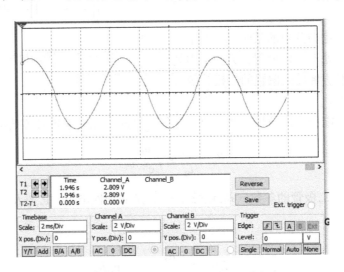

图 3.6.8 带二极管反馈的非正弦振荡仿真波形

选择 $R_{11} = R'_{12} = 1k\Omega$，$1/(RC) = 1000rad/s$，二极管为 MUR110，运算放大器为 OP727AR。$R_3 = 10k\Omega$ 和 $R_3 = 2k\Omega$ 的实验波形分别如图 3.6.9 和图 3.6.10 所示。它们都是非正弦的振荡波形，并且图 3.6.9 比图 3.6.10 更甚。这是因为图 3.6.9 对应的电阻 R_3 大于图 3.6.10 对应的电阻 R_3，而 R_3 越大，运算放大器负反馈通道的总电阻受二极管导通情况的影响也就越甚。

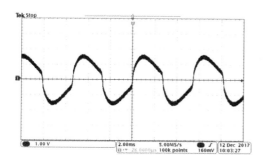

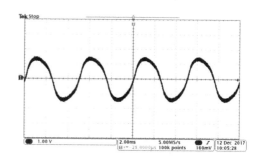

图 3.6.9 $R_3 = 10\text{k}\Omega$ 的振荡实验波形   图 3.6.10 $R_3 = 2\text{k}\Omega$ 的振荡实验波形

　　那么，如何得到正弦性更好的振荡波形呢？为此可以采用正温度系数的热敏电阻作为图 3.6.1 中的 R_{11}，并使其体积有足够的热惯性。这种热敏电阻属于有惯性的非线性电阻，其阻值取决于它的温度。或者说，只要电阻的温度稳定了，它的阻值也就不变了。而温度取决于电阻消耗的平均功率以及所处环境温度，平均功率又取决于电流或电压的有效值。因此，对有惯性的非线性电阻，电压与电流有效值之间虽然是非线性关系，但瞬时值之间则是线性关系，这是由于热惯性的作用，温度很难在一个振荡周期内发生明显变化。这样，当热敏电阻的电压为正弦量时，电流也为正弦量，前向放大器对输入电压各个时刻的瞬时值就可以一视同仁地放大。二极管特性虽然也受温度影响，但非线性的原因主要是由 PN 结特有的载流子运动规律所致，而与所散逸的热量和它的体温关系不大。

3.6.6　关于振荡频率的再讨论

　　在教材上给出的振荡频率就是反馈系数为实数时的频率，因此反馈网络也称为选频网络。然而，振荡频率始终由选频网络来决定吗？回答是否定的。

　　图 3.6.11 是含有电容 C_3 的比例积分电路，选择一组参数如下：$R_{11} = 300\Omega$，$R'_{12} = 500\Omega$，$R_3 = 1\text{k}\Omega$，$C_3 = 0.47\mu\text{F}$，$R = 1\text{k}\Omega$，$C = 1\mu\text{F}$，二极管为 1N1206C，运算放大器为 μA741。仿真结果如图 3.6.12 所示。该波形的频率为 134.84Hz，而不是由选频网络决定的 $1/(2\pi RC) = 159.15\text{Hz}$。因为该电路的 A_0 是与频率有关的复数，该电路的振荡频率需要根据前向放大倍数和反馈系数之积，即 $A_0(\omega)F(\omega) = 1$ 的相位条件来决定，而不能仅由 $F(\omega)$ 为实数来决定。

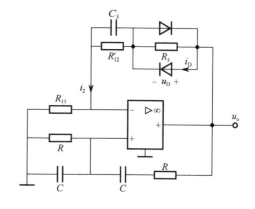

图 3.6.11 A_0 为复数的振荡电路

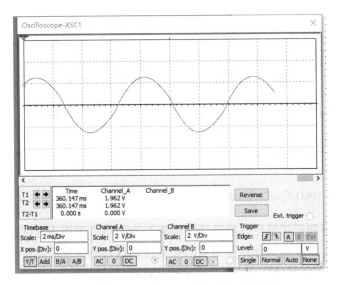

图 3.6.12 A_0 为复数时的稳定振荡仿真波形

3.6.7 结语

本节对 RC 振荡电路从多角度进行了认识。对教师来说，有助于提高备课质量，丰富相关知识，融合多门课程，做到授课时游刃有余，并体现教学内容的高阶性；对学生来说，有助于培养质疑精神，提高发散思维能力，使其所学知识不完全局限在教材中。

§3.7 由卷积想到的物理量的量纲与单位问题

导 读

在"电路理论""信号与系统"等课程中已知，线性电路对任意激励的零状态响应可以用卷积来计算。笔者在分析卷积公式中各物理量的量纲时发现，所谓的单位冲激响应 $h(t)$，并不具有电压或电流的量纲，因而不是普通意义下的电压或电流。否则，从"量"的等式观点看，卷积式的量纲无法平衡，而量纲自动平衡是所有物理方程的固有属性。为了理清 $h(t)$ 的量纲，笔者通过向前追溯和向后延伸，利用量纲的运算规则，分析了单位阶跃特性、单位冲激函数、冲激强度、单位冲激特性、复频域象函数、网络函数等物理量的量纲，从而在量纲层面上加强了这些物理量的逻辑联系。

目前在教学中为了简化表达，一般都是在计算结果中标出物理量的单位，计算过程中大都省略单位，更不考虑量纲是否平衡。如果事先声明，将物理量全部统一到主单位，然后加以适当省略，这样做在师生彼此都能理解的情况下还算可以接受，也不太影响考试成绩。然而，在实际工作中，尤其是在交叉学科的学术交流中，在不同部门或不同国家的技术合作中，难免导致对数值与单位的误解，由此导致的严重恶果曾有发生。因此，确保量纲平衡和正确使用单位，在科学研究和工程实际中非常重要。

"电路理论"是工科电类专业学生最先接触的专业基础课程，并且物理量众多。因此，在电路理论课程中，关注并正确使用物理量的量纲与单位，对培养学生严谨的科学作风和正确的工程观点，提高在学术表达中严格贯彻国家标准的意识和能力等，不仅必要而且可行[21,22]。

3.7.1 问题的提出

根据电路理论，设某线性电路的单位冲激响应（暂用这一名称，后面将改称为单位冲激特性）为 $h(t)$，那么它在任意激励 $e(t)$（电压或电流）作用下产生的零状态响应 $r(t)$（电压或电流）可用卷积积分表示为

$$r(t) = \int_0^t h(t-\lambda)e(\lambda)\mathrm{d}\lambda \tag{3.7.1}$$

式中，λ 表示沿时间轴的积分变量，与时间 t 具有相同量纲 T。以下用前缀 dim 表示取后面物理量的量纲，例如时间的量纲写作 T=dim t；电流的量纲写作 I=dim i。同时认为读者已具备量纲知识的必要基础。

问题 1：如果激励是电流，响应是电压，那么 $h(t)$ 的量纲应该是什么，才能由积分得到响应电压的量纲？

回答：按照量纲的乘除运算规则，$h(t)$ 的量纲可根据式（3.7.1）并利用下式导出：

$$\dim h(t) = \frac{\dim r(t)}{\dim e(t) \times \dim \lambda} = \frac{\dim u}{\dim i \times \mathrm{T}} = \dim R \times \mathrm{T}^{-1} \tag{3.7.2}$$

显然，$h(t)$ 既不是电流的量纲，也不是电压的量纲，它是电阻的量纲乘以倒时间量纲，其单位可能是 Ω/s、Ω/ms 等。

问题 2：众所周知，单位冲激响应 $h(t)$ 与单位阶跃响应（为使初读易懂，暂用这一名称，后面将改称为单位阶跃特性）$s(t)$ 满足如下导数关系：

$$h(t) = \frac{\mathrm{d}s(t)}{\mathrm{d}t} \tag{3.7.3}$$

那么 $s(t)$ 的量纲又应该是什么，才能得到式（3.7.2）所示 $h(t)$ 的量纲，或单位 Ω/s 呢？

回答：按照量纲的乘除运算规则，$s(t)$ 的量纲可由下式导出：

$$\dim s(t) = \dim h(t) \times \dim t = \dim R \tag{3.7.4}$$

显然，单位阶跃响应 $s(t)$ 的量纲既不是电流的量纲，也不是电压的量纲，它在这里与电阻的量纲相同，其单位是 Ω。

问题 3：如何定义 $s(t)$ 和 $h(t)$ 才能得到上述式（3.7.2）与式（3.7.4）所示的正确量纲呢？

接下来先给出答案，然后再分步理清答案的由来，并阐述相关物理概念。

答案： $s(t)$ 是阶跃响应与引起该响应的阶跃激励幅值之比，根据激励与响应是电压还是电流，其量纲可能是电阻、电导的量纲，或无量纲（即量纲的指数项为零，故也称量纲为 1）；$h(t)$ 是冲激响应与引起该响应的冲激激励的冲激强度之比，其量纲是相关 $s(t)$ 的量纲乘以倒时间量纲。只有将这样定义的 $h(t)$ 代入卷积公式（3.7.1），量纲才是自动平衡的。

鉴于 $s(t)$ 和 $h(t)$ 的量纲都不是电压的量纲或电流的量纲，所以最好不要称它们为响应，因为在大多数教材中，已把响应定义成电路中的电压或电流。以下将它们分别称为单位阶跃特性和单位冲激特性，以示与响应在物理概念上的区别，但仍分别用符号 $s(t)$ 和 $h(t)$ 来表示。

3.7.2 数的等式还是量的等式

为了阐明上述答案的由来，有必要从物理学等式的形式讲起。物理学中的所有等式有"数"的等式和"量"的等式两种观点[23]。

根据"数"的等式观点，等式中表示物理量的所有符号，只能理解成是物理量的数值，该数值是以某种计量单位去测量该物理量而得到的结果（倍数）。这种观点显然使得对方程的计算变成完全的数学问题，每步计算都有严格的数学依据。在代入已知条件求解方程时，物理量的数值和单位是分开使用的，不能在一个方程中同时看到物理量的数值和所用的计量单位。而计算结果的单位，则需从原方程各物理量所用单位通过单位运算来得到。由于数的等式不含量纲，因此不易通过量纲平衡原则来检验计算过程正确与否。电力系统分析中使用标幺值所列写的等式（例如潮流方程）就是一种数的等式（相对单位制）。所谓标幺值，就是用实际有名值除以基准值，其中有名值和基准值具有相同的量纲与单位。可见标幺值是无量纲的纯数。在电力系统分析中使用标幺值有许多优点，这是由电力系统的特殊性决定的。比如易于比较电力系统各元件的特性及参数，可以用计算单相电路的方法计算同时包含不同电压等级的三相电路，不同电压等级的系统其标幺值处在同一范围等。但使用标幺值也有明显的缺点：因为没有量纲，因而其物理概念不如有名值明确（见电力系统分析类教材）。

根据"量"的等式观点，方程中的符号同时代表物理量的数值和单位，具有确定的量纲。在代入其量值时，要同时包含物理量的数值与单位，数值和单位都参与运算。数值之间的运算与"数"的等式完全相同，单位的运算（一种量的运算）也有严密的逻辑。由于单位出现在"量"的等式中，因此十分便于用量纲平衡原则检验方程的正确性，并使得求解过程更加严谨，甚至发现新的物理规律。

两种观点各有所长，单持哪一种都有可取之处。但二者不要兼持，否则会带来混乱和误解，并难以体现两种观点的各自优势。

我国根据国情，经国家标准局批准，早在 1982 年就颁布了《电学和磁学的量和单位》（GB 3102.5—82），规定所有物理方程都是量的等式[24]。标准实施后，要求出版单位都要按照国家标准出版教材或刊物。但在具体执行的程度上存在差异，主要原因是在严谨性和方便性方面有不同程度的侧重。文献[25]和[26]侧重于严谨性。文献[27]和[28]是特别强调物理量单位的国外教材，可供参考。若忽视物理量的量纲与单位的正确应用，可能会给学术交流及技术合作带来麻烦，甚至酿成巨大损失[22]。以下内容完全基于"量"的等式观点加以叙述。

3.7.3　单位阶跃函数与单位阶跃特性 $s(t)$ 的量纲

在电路类教材中，单位阶跃函数一般定义为

$$\varepsilon(t) = \begin{cases} 0 & (t < 0) \\ 1 & (t > 0) \end{cases} \tag{3.7.5}$$

它只有 0、1 两种取值，且为纯数，无量纲，但自变量为时间 t，有量纲。利用单位阶跃函数，任意阶跃电压或阶跃电流可以写成阶跃幅值与单位阶跃函数乘积的形式：

$$u(t) = U\varepsilon(t), \qquad i(t) = I\varepsilon(t)$$

定义 3.7.1： 零状态条件下，电路在阶跃激励作用下产生的响应，与阶跃激励的幅值之比，称为单位阶跃特性，用符号 $s(t)$ 表示，即

$$s(t) = \frac{阶跃响应}{阶跃激励的幅值} \tag{3.7.6}$$

分母中阶跃激励的幅值包括数值和单位，例如 10V、8A。如果激励是电流，单位 A，响应是电压，单位 V，那么 $s(t)$ 的单位就是 V/A = Ω 。

式（3.7.6）也可简述成在单位阶跃激励作用下产生的响应。这就像叙述速度的定义一样：单位时间内物体运动的距离。虽然话中说的是距离，但速度的单位是 m/s，而不是 m。

根据激励与响应是电流还是电压，单位阶跃特性 $s(t)$ 的量纲有表 3.7.1 所示的四种情况。

表 3.7.1　单位阶跃特性 $s(t)$ 的量纲

	响应电流	响应电压
阶跃电流激励	电流比，无量纲	电阻的量纲
阶跃电压激励	电导的量纲	电压比，无量纲

使用带有上述量纲的单位阶跃特性 $s(t)$，根据齐性定理，电路对任意幅值阶跃激励的零状态响应，便等于该阶跃激励的幅值与 $s(t)$ 的乘积。例如 $10\text{A}\varepsilon(t)$ 电流源产生的响应电压为 $u(t) = 10\text{A} \times s(t)$，乘积之后的单位自然就是电压的单位 V。

3.7.4 单位冲激函数的量纲

在电路理论和信号与系统中，冲激函数是既重要又抽象的函数。本书认为，$\delta(t)$ 的量纲是倒时间的量纲，即 $\dim \delta(t) = T^{-1}$。下面给出具体理由。

理由 1：依据一般教材给出的单位冲激函数的定义。

该定义为

$$\begin{cases} 0 & (t \neq 0) \\ \int_{-\infty}^{+\infty} \delta(t)\mathrm{d}t = 1 \end{cases} \tag{3.7.7}$$

注意到，积分式等号右侧为纯数 1。而 $\mathrm{d}t$ 代表时间轴的微分，量纲当然是时间的量纲 T。因此，根据积分运算量纲变化规则，$\delta(t)$ 的量纲只有是 T^{-1}，积分后才能得到无量纲的数。所以，站在"量"的等式角度，$\delta(t)$ 是"量"，其单位取决于时间 t 所用的单位。但这个单位不能明显地写在 $\delta(t)$ 后面，因为 $\delta(t)$ 不是"数"。延迟的单位冲激函数应该写成形如 $\delta(t-0.01\mathrm{s})$、$\delta(t-0.01\mathrm{ms})$ 等形式，注意延迟时间由数值和单位共同组成。

理由 2：依据单位冲激函数与单位阶跃函数的关系。

该关系为

$$\delta(t) = \frac{\mathrm{d}\varepsilon(t)}{\mathrm{d}t} \tag{3.7.8}$$

由求导运算量纲变化规则可知，$\delta(t)$ 的量纲显然是

$$\dim \delta(t) = \frac{\dim \varepsilon(t)}{\dim t} = T^{-1} \tag{3.7.9}$$

理由 3：依据拉普拉斯变换的定义。

单位冲激函数的象函数为纯数 1，无量纲。而根据拉普拉斯变换的定义，象函数的量纲等于原函数的量纲乘以时间的量纲，即

$$\dim\{\mathscr{L}[\delta(t)]\} = \dim \delta(t) \times \dim t = 1$$

所以原函数 $\delta(t)$ 的量纲必然是倒时间的量纲 T^{-1}。

根据上述分析可知，$\delta(t)$ 不具有电压或电流的量纲，因此 $\delta(t)$ 不能单独作为普通意义上的激励（独立电压源的电压，独立电流源的电流）。不宜写成 $i_S = \delta(t)\,\mathrm{A}$，或 $u_S = \delta(t)\,\mathrm{V}$ 的形式。

3.7.5 冲激强度的量纲

由于单位冲激函数本身具有倒时间的量纲，所以必须乘以系数得到 $K\delta(t)$，使其变成冲激电压或冲激电流，才能当作普通意义上的激励使用。这个系数就是冲激强度。如果从脉冲函数到冲激函数的演变过程来看，冲激强度就是在脉冲宽度趋于零的过程中，所

保持不变的那个面积，即脉冲高度（电压或电流）与脉冲宽度（时间）的乘积，因此其量纲必然是电压或电流的量纲再乘以时间的量纲，即

$$\dim K = \begin{cases} \dim u \times \mathrm{T} & \text{（对冲激电压）} \\ \dim i \times \mathrm{T} & \text{（对冲激电流）} \end{cases} \tag{3.7.10}$$

对冲激电压，其冲激强度与磁链的量纲相同，单位是 V·s，即 Wb。该电压相当于在极短时间内，产生了 K 的量值所代表的磁链变化，可用 Ψ 来表示这个冲激强度。对冲激电流，冲激强度与电荷的量纲相同，单位是 A·s，即 C。该电流相当于在极短时间内，通过了 K 的量值所代表的电荷，可用 Q 来表示这个冲激强度。

冲激强度的量纲还可从复频域象函数的量纲来理解。设冲激电流 $i(t) = K\delta(t)$，其拉普拉斯变换为

$$I(s) = \mathscr{L}[i(t)] = \mathscr{L}[K\delta(t)] = K \tag{3.7.11}$$

根据象函数量纲等于原函数量纲乘以时间量纲的关系可知，K 的量纲等于电流的量纲乘以时间的量纲，即

$$\dim I(s) = \dim K = \dim i \times \mathrm{T} \tag{3.7.12}$$

基于上述讨论，在分析暂态电路时，可以采用如下电流和电压表达式：

$$i(t) = 10\mathrm{C} \times \delta(t), \qquad u(t) = 9\mathrm{Wb} \times \delta(t)$$

但不宜采用如下表达式：

$$i(t) = 10\delta(t)\mathrm{A}, \qquad u(t) = 9\delta(t)\mathrm{V}$$

这是因为 $i(t) = 10\delta(t)\mathrm{A}$ 意味着起作用的是电流的幅值，而冲激电流的幅值是无限大，无限大属于不定式，不能用来定量描述电流大小。冲激函数靠冲激强度起作用，不是靠冲激幅值。

由于 $\delta(t)$ 的量纲为 T^{-1}，$\delta(t)$ 需要乘以冲激强度才能得到电压或电流的量纲，所以，如果从量纲平衡的方程出发，并经过正确的推导，绝不会出现下列运算情况：$\sin(\omega t) + \delta(t)$、$\mathrm{e}^{-t/\tau} + \delta(t)$。它们应该按照线性组合相加：$A\sin(\omega t) + B\delta(t)$，$A\mathrm{e}^{-t/\tau} + B\delta(t)$。组合中的系数保证了相加的两个量具有相同的量纲。

3.7.6 单位冲激特性 $h(t)$ 的量纲

定义 3.7.2：零状态条件下，电路在冲激激励作用下产生的响应，与冲激激励的冲激强度之比，称为单位冲激特性，用符号 $h(t)$ 表示，即

$$h(t) = \frac{\text{冲激响应}}{\text{冲激激励的冲激强度}} \tag{3.7.13}$$

考虑到激励和响应都可能是电压或电流,因此单位冲激特性 $h(t)$ 的量纲有表 3.7.2 中的四种情况。

表 3.7.2 单位冲激特性 $h(t)$ 的量纲

	响应电流	响应电压
冲激电流激励	时间的倒量纲,T^{-1}	电阻的量纲乘以 T^{-1}
冲激电压激励	电导的量纲乘以 T^{-1}	时间的倒量纲,T^{-1}

上述 $h(t)$ 的量纲实际就是 $s(t)$ 的量纲除以时间的量纲,这正好符合式(3.7.3)所包含的量纲关系。

使用具有上述量纲的 $h(t)$,电路对任意强度的冲激激励产生的响应便等于该冲激强度与 $h(t)$ 的乘积,且量纲与单位是自动平衡的。例如,设激励为电流,响应为电压,单位冲激特性为 $h(t)$,那么 $h(t)$ 的量纲是电阻的量纲乘以 T^{-1},单位是 Ω/s。当激励电流为 $i_s = 5C \times \delta(t)$ 时,由此引起的冲激响应为 $u(t) = 5C \times h(t)$。等式右边的单位是 $C \times \Omega/\text{s} = V$,显然它自然就是电压的单位,与等式左边一致。

至此解释了问题 3 答案的由来。唯有按照式(3.7.13)得出的 $h(t)$ 量纲(具体见表 3.7.2),在使用卷积计算对任意激励的零状态响应时,方程两边的量纲才是自动平衡的,验证如下。

卷积积分式:

$$r(t) = \int_0^t e(\lambda)h(t-\lambda)\,\mathrm{d}\lambda \tag{3.7.14}$$

量纲关系式:

$$\dim r(t) = \dim e(t) \times \dim h(t) \times \dim \lambda$$
$$= \dim e(t) \times \left[\frac{\dim r(t)}{\dim e(t)} \times T^{-1}\right] \times T = \dim r(t) \quad (\text{量纲自动平衡})$$

设想,如果 $h(t)$ 是电压或电流,则按式(3.7.14)计算的 $r(t)$ 不可能具有电压或电流的量纲,因为方程右边存在时间的量纲,并且还要乘以激励(电压或电流)的量纲。

综上论述可以总结如下。

(1)单位阶跃特性 $s(t)$ 与单位冲激特性 $h(t)$ 都是响应与激励的某种比值,不是普通意义上的响应电压或电流。前者是阶跃响应与引起该响应的阶跃激励幅值之比,后者是冲激响应与引起该响应的冲激激励的冲激强度之比。

(2)只有把它们都理解成比值,才能在它们所出现的方程中,自动保持量纲平衡。

【例 3.7.1】图 3.7.1 所示电路,设 $u_s(t) = Ue^{-t/\tau_2}\varepsilon(t)$。写出用卷积计算零状态响应 $u(t)$ 和 $i(t)$ 的表达式。

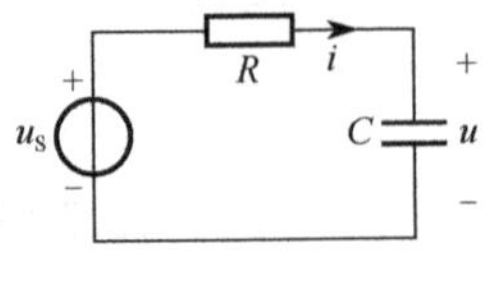

【解】先设激励为阶跃电压,即 $u_s(t) = U\varepsilon(t)$。由三要素公式可求得阶跃响应分别为

图 3.7.1 例 3.7.1 电路

$$u(t) = U(1 - e^{-t/\tau})\varepsilon(t) \text{ 和 } i(t) = \frac{U}{R}e^{-t/\tau}\varepsilon(t)$$

式中时间常数 $\tau = RC$ 。

将它们分别除以 U 得到电压与电流的单位阶跃特性：

$$s_u(t) = \frac{u(t)}{U} = (1 - e^{-t/\tau})\varepsilon(t) \quad \text{（无量纲）}$$

$$s_i(t) = \frac{i(t)}{U} = \frac{1}{R}e^{-t/\tau}\varepsilon(t) \quad \text{（电导的量纲）}$$

然后将阶跃响应对时间求导，得到电压与电流的单位冲激特性：

$$h_u(t) = \frac{\mathrm{d}s_u(t)}{\mathrm{d}t} = \frac{1}{\tau}e^{-t/\tau}\varepsilon(t) \quad \text{（倒时间的量纲）} \tag{3.7.15}$$

$$h_i(t) = \frac{\mathrm{d}s_i(t)}{\mathrm{d}t} = -\frac{1}{R\tau}e^{-t/\tau}\varepsilon(t) + \frac{1}{R}\delta(t) \quad \text{（电导的量纲乘以倒时间的量纲）} \tag{3.7.16}$$

也可首先令 $u_\mathrm{S}(t) = \psi\delta(t)$ ，计算冲激响应，结果它们分别是

$$u(t) = \frac{\psi}{RC}e^{-t/\tau}\varepsilon(t) = \frac{\psi}{\tau}e^{-t/\tau}\varepsilon(t) \ \text{和}\ i(t) = -\frac{\psi}{R\tau}e^{-t/\tau}\varepsilon(t) + \frac{\psi}{R}\delta(t)$$

再分别除以冲激强度 ψ ，得到分别与式（3.7.15）和式（3.7.16）一致的结果。

将上述冲激特性代入卷积公式（3.7.1），并考虑在积分区间内，$\varepsilon(t - \lambda) = 1$ ，$\varepsilon(t) = 1$ ，从而省略不写，因此当 $u_\mathrm{S}(t) = Ue^{-t/\tau_2}\varepsilon(t)$ 时，电压与电流响应的卷积表达式分别为

$$u(t) = \int_0^t \frac{1}{\tau}e^{-(t-\lambda)/\tau} \times Ue^{-\lambda/\tau_2}\mathrm{d}\lambda \tag{3.7.17}$$

$$i(t) = \int_0^t \left[-\frac{1}{R\tau}e^{-(t-\lambda)/\tau} + \frac{1}{R}\delta(t - \lambda) \right] \times Ue^{-\lambda/\tau_2}\mathrm{d}\lambda \tag{3.7.18}$$

由于 $\mathrm{d}\lambda$ 代表时间，所以式（3.7.17）和式（3.7.18）中等号右边的量纲与左边的量纲是平衡的。

3.7.7　复频域象函数的量纲

1. 象函数的量纲

拉普拉斯变换的定义式为

$$F(s) = \int_{0_-}^{+\infty} f(t)e^{-st}\mathrm{d}t = \mathscr{L}[f(t)] \tag{3.7.19}$$

因为是在时间轴上积分，所以象函数 $F(s)$ 的量纲显然等于原函数 $f(t)$ 的量纲乘以时间的量纲。如果原函数是电流，单位 A，时间单位为 s，那么象函数的量纲就是 $\dim i \times \dim t = \mathrm{IT}$ ，单位是 A·s，即 C；如果原函数是电压，单位 V，时间单位为 s，那么象函数的量纲就是 $\dim u \times \dim t$ ，单位是 V·s，即韦伯（Wb）。

此外，根据电感的复频域模型：

$$U_L(s) = sLI_L(s) - Li_L(0_-)$$

可知，式中附加电压源 $Li_L(0_-)$ 显然具有磁链的量纲。因此，电压象函数 $U_L(s)$ 的量纲与磁链的量纲相同。$Li_L(0_-)$ 虽然被称为附加电压源，但已不具有电压的量纲。

对偶地，根据电容的复频域模型：

$$I_C(s) = sCU_C(s) - Cu_C(0_-)$$

可知，式中的附加电流源 $Cu_C(0_-)$ 显然具有电荷的量纲。因此，电流象函数 $I_C(s)$ 的量纲与电荷的量纲相同。

2. 象函数极点的量纲

象函数的极点对应复平面上的点，因此，极点 p 与复频率 s 具有相同的量纲，用数值表示极点时，数值后面须带有单位，例如，

$$p = -10\text{s}^{-1}$$

因为实际中，时间的单位也完全可能是 ms，因此必须明确极点的单位，不宜省略。

3. 待定系数的量纲

在象函数的部分分式展开中，如果是一阶极点，那么对应待定系数便具有电压或电流的量纲；如果是二阶或二阶以上的极点，情况则不然。例如，设某电容电压的象函数及其展开式为

$$U_C(s) = \frac{s^2 + 2s + 2}{s(s+1)^2} = \frac{A_1}{s} + \frac{A_2}{(s+1)^2} + \frac{A_3}{s+1}$$

分母中的 1 并不是纯数，存在单位，例如 s^{-1}。为不与表示复频率的斜体 s 混淆，这里省略了 s^{-1}。

经计算，待定系数 $A_1 = 2\text{V}$，$A_3 = -1\text{V}$，它们具有电压的量纲，与各自的分母运算后，得到的量纲都是电压象函数的量纲。然而，A_2 的情况与 A_1、A_3 不同，因为

$$A_2 = \lim_{s \to 1} U_C(s)(s-1)^2 = -1\text{V} \cdot \text{s}^{-1}$$

所以 A_2 的量纲为 $U_C(s)$ 的量纲乘以倒时间量纲的-2 次方，或者等于电压的量纲乘以倒时间的量纲，即

$$\dim A_2 = \dim U_C(s) \times \text{T}^{-2} = \dim u \times \text{T}^{-1}$$

只有这样，才能从 $A_2/(s+1)^2$ 中得出 $U_C(s)$ 的量纲。

4. 网络函数 $H(s)$ 及其逆变换 $h(t)$ 的量纲

网络函数定义为零状态响应的象函数与激励的象函数之比，其量纲有四种情况，类似单位阶跃特性，见表 3.7.3。

表 3.7.3 复频域网络函数 $H(s)$ 的量纲

	响应电流	响应电压
激励电流	电流比，无量纲	电阻的量纲
激励电压	电导的量纲	电压比，无量纲

网络函数的拉普拉斯逆变换就是单位冲激特性，即

$$h(t) = \frac{1}{2\pi j} \int_{\sigma - j\infty}^{\sigma + j\infty} H(s) e^{st} ds$$

由于 ds 是倒时间的量纲，单位是 s^{-1}，因此按照拉普拉斯逆变换得到的 $h(t)$ 的量纲，必然是 $H(s)$ 的量纲乘以倒时间量纲 T^{-1}，这与 3.7.6 小节所述 $h(t)$ 的量纲完全相同，相互印证。

3.7.8 结语

本节仅就卷积积分联想到某些物理量的量纲与单位问题进行了讨论，类似问题是广泛存在的，教学时应给予必要考虑，以便在电路分析中注重检查等式量纲的平衡性，因为通过检查量纲平衡性，能够发现等式是否错误，并使方程表达的物理概念更加清楚。注重量纲平衡，正确使用物理量的单位，有助于培养学生严谨的学术态度和正确的工程观点。

参 考 文 献

[1] 陈希有. 在暂态电路时域分析中使用戴维南定理[J]. 电工教学, 1996, 18(4): 11-13.

[2] 俞大光. 电工基础(中册)(修订本)[M]. 北京: 人民教育出版社, 1965: 115-117, 181-183.

[3] 陈希有. 电路理论教程[M]. 北京: 高等教育出版社, 2012: 370-371.

[4] 付永庆. 电路基础(上册)[M]. 北京: 高等教育出版社, 2008: 277-281.

[5] 邱关源, 罗先觉. 电路[M]. 6 版. 北京: 高等教育出版社, 2022: 144-145.

[6] 捷米尔强, 卡洛夫金, 涅依曼, 等. 电工理论基础[M]. 4 版. 赵伟, 肖曦, 王玉祥, 等译. 北京: 高等教育出版社, 2011: 385.

[7] 徐向前, 周好斌. 超薄不锈钢板超级电容储能点焊机的研制[J]. 焊接技术, 2021, 41(2): 32-35.

[8] 唐介, 王宁. 电工学(少学时)[M]. 5 版. 北京: 高等教育出版社, 2020: 48.

[9] 陈希有, 李冠林, 刘凤春. RC 电路充电效率分析[J]. 电气电子教学学报, 2012, 34(2): 32-35.

[10] 卢瑟. 耦合模与参量电子学[M]. 苏禾, 译. 上海: 上海科学技术出版社. 1964.

[11] Kurs A, Karalis A, Moffatt R, et al. Wireless power transfer via strongly coupled magnetic resonances[J]. Science, 2007, 317(5834): 83-86.

[12] 张波, 黄润鸿, 疏许健. 无线电能传输原理[M]. 北京: 科学出版社, 2018: 94-102.

[13] 陈希有, 齐琛, 李冠林, 等. 用耦合模原理分析 RLC 串联电路[J]. 电气电子教学学报, 2021, 43(1): 92-98.

[14] 童诗白, 华成英, 叶朝辉. 模拟电子技术基础[M]. 5 版. 北京: 高等教育出版社, 2015: 344-346.

[15] 秦曾煌. 电工学(下册)[M]. 5 版. 北京: 高等教育出版社, 2004: 147-148.

[16] 王淑娟, 蔡惟铮, 齐明. 模拟电子技术基础[M]. 北京: 高等教育出版社, 2009: 293-297.

[17] 任骏原. RC 桥式正弦波振荡电路的输出幅值分析[J]. 电子设计工程, 2013, 21(14): 107-108.

[18] 杨玉强, 腾香. RC 文氏桥正弦波振荡电路工作条件分析[J]. 渤海大学学报, 2017, 38(1): 76-80.

[19] 张云, 李建增, 左宪章. RC 正弦波振荡电路的教学设计[J]. 电气电子教学学报, 2014, 36(6): 89-92.

[20] 陈希有, 齐琛, 李冠林, 等. 对 RC 振荡电路的扩展认识[J]. 电气电子教学学报, 2019, 41(3): 91-95.

[21] 陈希有, 李冠林, 刘凤春, 等. 由卷积想到的计量单位及相关物理概念[J]. 电气电子教学学报, 2017, 39(4): 36-39.

[22] 陈希有. 关于电学基础课程物理量的量纲与单位的讨论[J]. 电气电子教学学报, 2022, 44(2): 1-9.

[23] 梁灿彬, 曹周键. 量纲理论与应用[M]. 北京: 科学出版社, 2020: 3-5.

[24] 俞大光. 谈教材编写中贯彻新国标 GB 3102.5—82[J]. 工科电工教学, 1984(4): 1-5.

[25] 许道展, 程桂敏, 王铁奎. 电路基础(上册)[M]. 北京: 中国计量出版社, 1989.

[26] 陈希有. 电路理论教程[M]. 2 版. 北京: 高等教育出版社, 2020.

[27] Boylestad R L. 电路分析导论(原著第 12 版)[M]. 陈希有, 张新燕, 李冠林, 等译. 北京: 机械工业出版社, 2014.

[28] 弗洛伊德, 布拉奇. 电路原理(原著第 10 版)[M]. 陈希有, 章艳, 齐琛, 等译. 北京: 机械工业出版社, 2021.

第 **4** 章

网络的端口分析

§4.1 确定无源一阶一端口网络最简等效电路的三电阻法

 导　读

在电气、电子技术领域经常涉及一阶一端口网络。无论是对已知结构的具体网络，还是对黑箱子式的抽象网络，我们都希望通过科学的方法获得最简等效电路，进而用最简等效电路取而代之，达到简化设计的目的。

本节提出的三电阻法，只需计算或测量三个特定电阻网络的端口等效电阻，便可获得阻抗函数复频域解析表达式，进而综合出最简等效电路[1]。这里的等效是指在任何频率下都与化简前电路的端口特性保持严格一致，因而既能用于稳态分析，又能用于暂态分析。由于测量对象是一端口网络等效电阻，所以使用简单的欧姆表即可方便地完成测量。

4.1.1　一阶一端口网络阻抗函数的传输参数形式

不失一般性，本节仅以 RC 一阶一端口网络为例展开讨论。按照电路理论中的对偶规律，很容易把结果推广到 RL 一阶一端口网络情况。

为分析 RC 一阶一端口网络的阻抗函数 $Z(s)$，可把网络中的电容抽出，得到一个纯电阻的二端口网络，并且外接电容 C，如图 4.1.1 所示。设该二端口网络的传输参数方程一般形式为

$$U_1(s) = T_{11}U_2(s) - T_{12}I_2(s) \tag{4.1.1}$$

$$I_1(s) = T_{21}U_2(s) - T_{22}I_2(s) \tag{4.1.2}$$

式中，T_{11}、T_{12}、T_{21}、T_{22} 均为实数。为了后续理解方便，给出它们的意义如下，可以按照这些意义，通过计算或测量来获得传输参数：

$$T_{11} = \left.\frac{U_1(s)}{U_2(s)}\right|_{I_2(s)=0} \tag{4.1.3}$$

$$T_{12} = \left.\frac{U_1(s)}{-I_2(s)}\right|_{U_2(s)=0} \tag{4.1.4}$$

$$T_{21} = \left.\frac{I_1(s)}{U_2(s)}\right|_{I_2(s)=0} \tag{4.1.5}$$

$$T_{22} = \left.\frac{I_1(s)}{-I_2(s)}\right|_{U_2(s)=0} \tag{4.1.6}$$

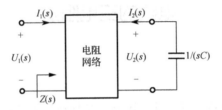

图 4.1.1　从一阶 RC 网络中抽出电容的电路

将 $U_2(s) = \dfrac{-I_2(s)}{sC}$ 代入式（4.1.1）及式（4.1.2）并计算二式之比，得到用传输参数表示的一端口阻抗函数，形式为

$$Z(s) = \frac{U_1(s)}{I_1(s)} = \frac{\dfrac{T_{11}}{sC} + T_{12}}{\dfrac{T_{21}}{sC} + T_{22}} = \frac{\dfrac{T_{12}}{T_{22}}\left(s + \dfrac{T_{11}}{T_{12}C}\right)}{s + \dfrac{T_{21}}{T_{22}C}} \tag{4.1.7}$$

令

$$R_{11} = \frac{T_{12}}{T_{22}} \tag{4.1.8}$$

$$R_{\mathrm{OC}} = \frac{T_{22}}{T_{21}} \tag{4.1.9}$$

$$R_{\mathrm{SC}} = \frac{T_{12}}{T_{11}} \tag{4.1.10}$$

将式（4.1.8）～式（4.1.10）代入式（4.1.7），得到阻抗函数的简写形式如下：

$$Z(s) = \frac{R_{11}\left(s + \dfrac{1}{R_{SC}C}\right)}{s + \dfrac{1}{R_{OC}C}} \qquad (4.1.11)$$

4.1.2 阻抗函数中各参数的物理意义及三电阻计算法

将式（4.1.4）、式（4.1.6）代入式（4.1.8）得

$$R_{11} = \frac{T_{12}}{T_{22}} = \left.\frac{U_1(s)}{I_1(s)}\right|_{U_2(s)=0} \qquad (4.1.12)$$

即 R_{11} 等于把电容用短路替代后，从1-1′端口看进去的等效电阻，如图4.1.2（a）所示。

在式（4.1.2）中令 $I_1(s)=0$ 得

$$R_{OC} = \frac{T_{22}}{T_{21}} = \left.\frac{U_2(s)}{I_2(s)}\right|_{I_1(s)=0} \qquad (4.1.13)$$

即 R_{OC} 等于把1-1′端口开路时，从2-2′看进去的等效电阻，如图4.1.2（b）所示。

在式（4.1.1）中令 $U_1(s)=0$ 得

$$R_{SC} = \frac{T_{12}}{T_{11}} = \left.\frac{U_2(s)}{I_2(s)}\right|_{U_1(s)=0} \qquad (4.1.14)$$

即 R_{SC} 等于把1-1′端口短路时，从2-2′看进去的等效电阻，如图4.1.2（c）所示。

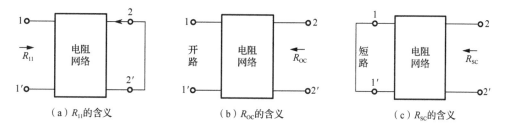

图 4.1.2　等效电阻 R_{11}、R_{OC}、R_{SC} 的含义

按照式（4.1.12）～式（4.1.14）分别求出三个特定一端口网络的等效电阻，代入式（4.1.11）后即得阻抗函数 $Z(s)$，因此称为三电阻法。由于 R_{11}、R_{OC}、R_{SC} 都是从某个一端口看进去的等效电阻，因此在不清楚网络内部情况而无法计算的条件下，便可用简单的仪器通过测量来获得。这是本方法的实用价值所在。

4.1.3 根据三电阻法求解阻抗函数的等效电路

根据网络综合理论，阻抗函数（4.1.11）可用图 4.1.3（a）、（b）两种最简电路来等效。为求得等效电路参数，先计算它们的等效阻抗。

对图 4.1.3（a）电路，

$$Z(s) = R_1 + \frac{\dfrac{1}{C_2}}{s + \dfrac{1}{R_2 C_2}} = \frac{R_1\left(s + \dfrac{1}{\dfrac{R_1 R_2}{R_1 + R_2} C_2}\right)}{s + \dfrac{1}{R_2 C_2}} \tag{4.1.15}$$

对图 4.1.3（b）电路，

$$Z(s) = \frac{R_1\left(R_2 + \dfrac{1}{sC_2}\right)}{R_1 + R_2 + \dfrac{1}{sC_2}} = \frac{R_1 R_2\left(s + \dfrac{1}{R_2 C_2}\right)}{(R_1 + R_2)\left[s + \dfrac{1}{(R_1 + R_2)C_2}\right]} \tag{4.1.16}$$

比较式（4.1.11）与式（4.1.15），得图 4.1.3（a）的电路参数如下：

$$R_1 = R_{11} \tag{4.1.17}$$

$$R_2 = \frac{R_{11}(R_{OC} - R_{SC})}{R_{SC}} \tag{4.1.18}$$

$$C_2 = \frac{R_{OC} R_{SC} C}{R_{11}(R_{OC} - R_{SC})} \tag{4.1.19}$$

比较式（4.1.11）与式（4.1.16），得图 4.1.3（b）的电路参数如下：

$$R_1 = \frac{R_{11} R_{OC}}{R_{SC}} \tag{4.1.20}$$

$$R_2 = \frac{R_{11} R_{OC}}{R_{OC} - R_{SC}} \tag{4.1.21}$$

$$C_2 = \frac{R_{SC}(R_{OC} - R_{SC})}{R_{11} R_{OC}} C \tag{4.1.22}$$

上述两种等效电路中都只含两个电阻，其中的电容都不是原一端口网络的电容 C。它们都是 $Z(s)$ 的最简等效电路。

上面关于 R_2 与 C_2 表达式中出现了 $R_{OC} - R_{SC}$ 项，只有当 $R_{OC} - R_{SC}$ 非负时，才能用无源的电阻和电容实现图 4.1.3 中的 R_2 与 C_2。下面的论述将证明 $R_{OC} - R_{SC} \geqslant 0$。

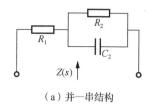
（a）并—串结构

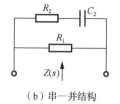
（b）串—并结构

图 4.1.3 阻抗函数即式（4.1.11）的两种等效电路

由网络综合理论得知，无源 RC 网络阻抗函数 $Z(s)$ 的零点和极点均在复频域的负实轴上，交替出现，并且距原点最近的点一定是极点，即式（4.1.11）中，

$$\frac{1}{R_{\mathrm{OC}}C} < \frac{1}{R_{\mathrm{SC}}C} \tag{4.1.23}$$

所以 $R_{\mathrm{OC}} > R_{\mathrm{SC}}$，$R_{\mathrm{OC}} - R_{\mathrm{SC}} > 0$，即等效电路参数 R_2 与 C_2 为正值。

如果对无源 RC 网络的这一性质不够了解，还可用二端口网络的 T 形或 Π 形等效电路来理解。用 T 形等效电路代替图 4.1.2 中的二端口电阻网络后，R_{OC} 和 R_{SC} 的计算电路分别如图 4.1.4（a）、（b）所示，图中电阻均为正值，显然 $R_{\mathrm{OC}} > R_{\mathrm{SC}}$。

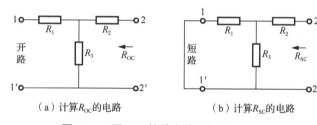
（a）计算 R_{OC} 的电路   （b）计算 R_{SC} 的电路

图 4.1.4 用 T 形等效电路理解 $R_{\mathrm{OC}} > R_{\mathrm{SC}}$

将二端口电阻网络用 T 形或 Π 形电路来等效，就像图 4.1.4 那样，也可以获得一种一阶一端口阻抗的等效电路，但需要三个电阻元件，不是最简等效电路，不过电容值未发生改变。

4.1.4 应用举例

【例 4.1.1】计算图 4.1.5 所示电路的阻抗函数及其最简等效电路。设 $R_a = 10\Omega$，$R_b = 30\Omega$，$C = 0.5\mathrm{F}$。

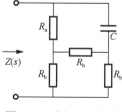

图 4.1.5 例 4.1.1 电路

【解】根据图 4.1.2 得图 4.1.6 所示的计算一端口等效电阻的电路。

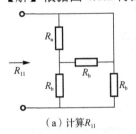 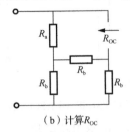 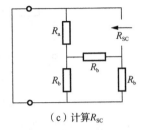

（a）计算 R_{11} （b）计算 R_{OC} （c）计算 R_{SC}

图 4.1.6 计算图 4.1.5 中 R_{11}、R_{OC}、R_{SC} 的电路

由式（4.1.12）～式（4.1.14）得

$$R_{11} = R_b \, // \, (R_b + R_a \, // \, R_b) = \frac{50}{3}\Omega$$

$$R_{OC} = R_a + (R_b + R_b) \, // \, R_b = 30\Omega$$

$$R_{SC} = (R_a \, // \, R_b + R_b) \, // \, R_b = \frac{50}{3}\Omega$$

将上述各式代入式（4.1.11），得阻抗函数为

$$Z(s) = \frac{250s + 30}{15s + 1} \quad （通过原电路可以验证之）$$

由式（4.1.17）～式（4.1.19）得图 4.1.3（a）所示等效电路参数为

$$R_1 = R_{11} = \frac{50}{3}\Omega, \quad R_2 = \frac{R_{11}(R_{OC} - R_{SC})}{R_{SC}} = \frac{40}{3}\Omega$$

$$C_2 = \frac{R_{OC} R_{SC} C}{R_{11}(R_{OC} - R_{SC})} = \frac{9}{8}\text{F}$$

由式（4.1.20）～式（4.1.22）得图 4.1.3（b）所示等效电路参数为

$$R_1 = \frac{R_{11} R_{OC}}{R_{SC}} = 30\Omega, \quad R_2 = \frac{R_{11} R_{OC}}{R_{OC} - R_{SC}} = 37.5\Omega$$

$$C_2 = \frac{R_{SC}(R_{OC} - R_{SC})}{R_{11} R_{OC}} C = \frac{2}{9}\text{F}$$

如果在电阻网络内增加了受控电源等有源元件，以上过程仍然可行，并且可以把含受控源的电路等效为不含受控源的电路，但其等效电路参数不一定均为正值。

【例 4.1.2】求图 4.1.7 所示电路的阻抗函数及其等效电路。

图 4.1.7 例 4.1.2 电路

【解】根据图 4.1.2，计算一端口等效电阻的电路如图 4.1.8 所示。由式（4.1.12）～式（4.1.14）得

$$R_{11} = 2.5\Omega, \qquad R_{OC} = 20\Omega, \qquad R_{SC} = 5\Omega$$

代入式（4.1.11）得阻抗函数为

$$Z(s) = \frac{100s + 10}{40s + 1} \quad \text{（通过原电路可以验证之）}$$

由式（4.1.17）～式（4.1.19）得图 4.1.3（a）所示等效电路参数为

$$R_1 = 2.5\Omega, \qquad R_2 = 7.5\Omega, \qquad C_2 = \frac{16}{3}\text{F}$$

由式（4.1.20）～式（4.1.22）得图 4.1.3（b）所示等效电路参数为

$$R_1 = 10\Omega, \qquad R_2 = \frac{10}{3}\Omega, \qquad C_2 = 3\text{F}$$

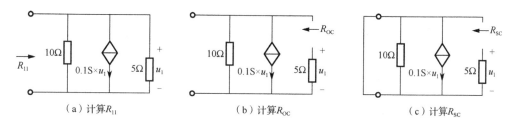

图 4.1.8　计算图 4.1.7 中 R_{11}、R_{OC}、R_{SC} 的电路

本例用不含受控源的网络等效了含受控源的网络，且元件参数都是正值。

4.1.5　结语

对 RC 无独立电源一阶一端口网络，在已知电容所在端口的情况下，通过计算或测量三个不同一端口网络的等效电阻，便可以确定该 RC 一端口网络的阻抗函数，进而用三个元件便获得阻抗函数的最简等效电路。这是一种化简复杂一阶一端口网络的有效方法。

当无法知道电容所在端口，也就是 RC 一端口网络完全是"黑箱子"时，本节方法无法使用。这时可以通过频率特性或阶跃响应，利用参数辨识的办法来获得最简等效电路及等效阻抗。例如，通过端口施加阶跃电压，根据响应电流的初始值、稳态值和时间常数，便可确定图 4.1.3（a）中的等效电阻和等效电容，但所用仪器和过程远复杂于对阻抗的测量。

§4.2 有载二端口网络几何分析法及其应用

📝 导 读

在电气、电子工程中，很多问题可以抽象成二端口网络模型加以研究，例如滤波器、阻抗变换电路、比例积分调节电路、非接触式电能传输系统、选频网络，等等。因此，二端口网络的任何分析方法都具有广泛的应用对象。解析分析法和数值分析法是目前普遍采用的两种方法。二者共同弊端是，当某参量发生改变时，难以直观地看出二端口网络的主要电气量是如何联动变化的，这给预测变化趋势和优化设计带来不便。解析几何是一种借助于解析式进行图形研究的几何学分支。它采用数值的方法来定义几何形状，并从中提取数值的信息。人类对事物的认知特点是，习惯接受用图形表达的信息，而费解于用复杂公式和数据串表达的信息。据此，本节参照文献[2]，结合我国习惯，向读者引介一种用复平面解析几何原理分析有载二端口网络的方法。以等效负载阻抗模即$|Z_L|$为自变量，通过平面图形，便可获得包括输入电流、输出电流与电压、输入功率、输出功率，以及传输效率在内的当前信息和变化趋势。该原理扩展了二端口网络的分析方法，并能促进复变函数和解析几何在电路分析中的应用[3]。

4.2.1 输入电流及其映射轨迹

有载二端口网络如图 4.2.1 所示，其中负载复阻抗 $Z_L = |Z_L|e^{j\varphi_L}$。二端口网络传输参数方程用 $\boldsymbol{T}$ 矩阵表示为

$$\begin{bmatrix} \dot{U}_1 \\ \dot{I}_1 \end{bmatrix} = \begin{bmatrix} T_{11} & T_{12} \\ T_{21} & T_{22} \end{bmatrix} \begin{bmatrix} \dot{U}_2 \\ -\dot{I}_2 \end{bmatrix} \tag{4.2.1}$$

图 4.2.1 的输入阻抗为

$$Z_{in} = \frac{\dot{U}_1}{\dot{I}_1} = \frac{T_{11}Z_L + T_{12}}{T_{21}Z_L + T_{22}} \tag{4.2.2}$$

将 Z_L 视为自变量，输入电流 $\dot{I}_1$ 可表示为

$$\dot{I}_1(Z_L) = \frac{\dot{U}_1}{Z_{in}} = \frac{\dot{U}_1(T_{21}Z_L + T_{22})}{T_{11}Z_L + T_{12}} \tag{4.2.3}$$

$\dot{I}_1(Z_L)$ 是复变函数（有时简单写作 $\dot{I}_1$）。根据复变函数理论，式（4.2.3）是分式线性映射。如果把直线看作半径为无限大的圆，那么式（4.2.3）对应的映射具有保圆性，它把 Z_L 平面的圆映射为 $\dot{I}_1$ 平面的圆。

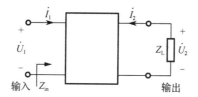

图 4.2.1 有载二端口网络

为进一步理解此意，并增强映射的物理意义，设二端口网络是互易的，即 $T_{11}T_{22}-T_{12}T_{21}=1$，将电流 $\dot{I}_1(Z_L)$ 写成

$$\dot{I}_1(Z_L)=\frac{\dot{U}_1 T_{21}}{T_{11}}+\frac{T_{11}T_{22}-T_{12}T_{21}}{T_{11}^2}\times\frac{\dot{U}_1}{Z_L+\dfrac{T_{12}}{T_{11}}}=\frac{\dot{U}_1 T_{21}}{T_{11}}+\frac{1}{T_{11}T_{12}}\times\frac{\dot{U}_1}{(T_{11}/T_{12})Z_L+1} \tag{4.2.4}$$

为了获得上述系数的物理意义，依次计算以下各量。

令式（4.2.4）中 $|Z_L|\to\infty$，得到输出端口开路时，输入端口电流为

$$\dot{I}_{1o}=\dot{I}_1\big|_{|Z_L|\to\infty}=\frac{\dot{U}_1}{T_{11}/T_{21}} \tag{4.2.5}$$

再令式（4.2.4）中 $|Z_L|=0$，得到输出端口短路时，输入端口电流为

$$\dot{I}_{1s}=\dot{I}_1\big|_{|Z_L|=0}=\frac{\dot{U}_1}{T_{12}/T_{22}} \tag{4.2.6}$$

上述电流之差为

$$\dot{I}_{1s}-\dot{I}_{1o}=\frac{\dot{U}_1}{T_{12}/T_{22}}-\frac{\dot{U}_1}{T_{11}/T_{21}}=\frac{\dot{U}_1(T_{11}T_{22}-T_{12}T_{21})}{T_{11}T_{12}}=\frac{\dot{U}_1}{T_{11}T_{12}} \tag{4.2.7}$$

可见，在输入电压和网络参数一定的条件下，上述电流在复平面上具有固定的长度和方向。

根据方程（4.2.1），输入端口处于短路状态时，从输出端口看进去的等效输出阻抗为

$$Z_{2s}=\frac{\dot{U}_2}{\dot{I}_2}\bigg|_{\dot{U}_1=0}=\frac{T_{12}}{T_{11}}=|Z_{2s}|\,\mathrm{e}^{\mathrm{j}\varphi_{2s}} \tag{4.2.8}$$

根据式（4.2.5）～式（4.2.8），$\dot{I}_1$ 与 Z_L 的关系可以写成用电流和输出阻抗来表达的形式：

$$\dot{I}_1=\dot{I}_{1o}+\frac{\dot{I}_{1s}-\dot{I}_{1o}}{1+\dfrac{Z_L}{Z_{2s}}}=\dot{I}_{1o}+\frac{\dot{I}_{1s}-\dot{I}_{1o}}{1+p\mathrm{e}^{\mathrm{j}(\varphi_L-\varphi_{2s})}} \tag{4.2.9}$$

式中，

$$p=\frac{|Z_L|}{|Z_{2s}|} \tag{4.2.10}$$

在保持 φ_L 不变（即 Z_L 在复平面沿直线变化）的条件下，$\dot{I}_1(Z_L)$ 的终点随 $|Z_L|$ 的变化曲线是圆弧，如图 4.2.2 所示，图中假设 $\varphi_L - \varphi_{2s} < 0$，因为负载通常是电阻。分析如下。

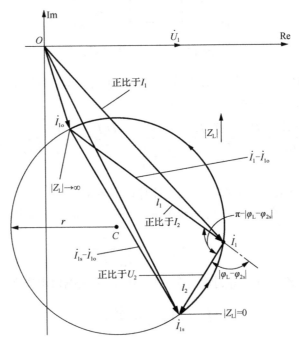

图 4.2.2 电流 $\dot{I}_1$ 的映射轨迹及 I_2 和 U_2 的几何读取

将式（4.2.9）写成

$$(\dot{I}_1 - \dot{I}_{1o}) + (\dot{I}_1 - \dot{I}_{1o})p\mathrm{e}^{\mathrm{j}(\varphi_L - \varphi_{2s})} = \dot{I}_{1s} - \dot{I}_{1o} \tag{4.2.11}$$

当保持 φ_L 不变而改变 $|Z_L|$，从而 p 变化时，$\dot{I}_1 - \dot{I}_{1o}$ 的终点在复平面上移动，但圆周角 $\angle I_{1o}I_1I_{1s} = \pi - |\varphi_L - \varphi_{2s}|$ 保持不变（注：$\angle I_{1o}I_1I_{1s}$ 表示图上以原点为起点的相量 $\dot{I}_{1o}$、$\dot{I}_1$、$\dot{I}_{1s}$，它们的终点之间形成的角度。类似之处同理），所以 $\dot{I}_1 - \dot{I}_{1o}$ 的终点轨迹是圆弧，$\dot{I}_1$ 的终点轨迹亦是同一圆弧。

利用弦长和圆周角可以求出这个圆弧的半径，结果是

$$r = \frac{|\dot{I}_{1s} - \dot{I}_{1o}|}{2\sin|\varphi_L - \varphi_{2s}|} = \frac{\overline{I_{1s}I_{1o}}}{2\sin|\varphi_L - \varphi_{2s}|} \tag{4.2.12}$$

（注：$\overline{I_{1s}I_{1o}} = |\dot{I}_{1s} - \dot{I}_{1o}|$，在几何上表示两个相量差值的长度，即两个相量终点连线的长度。类似之处同理）。根据 $\dot{I}_1$ 端点的圆弧轨迹和一些定长线段，便可在图上读出其他电压、电流、功率、效率等，下面分别介绍。

4.2.2 输出电流与输出电压的几何读取

由传输参数方程求得输出电流为

$$\dot{I}_2 = -\frac{T_{11}\dot{I}_1 - T_{21}\dot{U}_1}{T_{11}T_{22} - T_{12}T_{21}} = -(T_{11}\dot{I}_1 - T_{21}\dot{U}_1) = -T_{11}\left(\dot{I}_1 - \frac{T_{21}}{T_{11}}\dot{U}_1\right) = -T_{11}(\dot{I}_1 - \dot{I}_{1o}) \quad (4.2.13)$$

$$I_2 = |T_{11}(\dot{I}_1 - \dot{I}_{1o})| = |T_{11}|\,\overline{\dot{I}_1\dot{I}_{1o}} \quad (4.2.14)$$

可见，I_2 的大小正比于图 4.2.2 中线段 l_1。

由于 $U_2 = |Z_L|I_2$，所以，为了能够从线段长度上得到 U_2 的大小，需要寻找 Z_L 与已知相量的关系。为此，由式（4.2.9）得

$$Z_L = Z_{2s} \times \frac{\dot{I}_{1s} - \dot{I}_1}{\dot{I}_1 - \dot{I}_{1o}} \quad (4.2.15)$$

上式右边除了 $\dot{I}_1$ 外都是复常量，而 $\dot{I}_1$ 已被读取。因此，由式（4.2.13）和式（4.2.15），输出电压可以写成

$$\dot{U}_2 = Z_L(-\dot{I}_2) = Z_L T_{11}(\dot{I}_1 - \dot{I}_{1o}) = T_{11}Z_{2s}(\dot{I}_{1s} - \dot{I}_1)$$

$$U_2 = |T_{11}Z_{2s}| \times \overline{\dot{I}_{1s}\dot{I}_1} \quad (4.2.16)$$

可见，U_2 正比于 $\overline{\dot{I}_{1s}\dot{I}_1}$ 长度，比例系数是 $|T_{11}Z_{2s}|$，见图 4.2.2 线段 l_2。

4.2.3 负载阻抗和输入功率的几何读取

如果已知 $\dot{I}_1$，可以通过图中线段的长度确定所需要的 $|Z_L|$，数学上相当于求逆映射。根据式（4.2.14）和式（4.2.16），将 $|Z_L|$ 写成

$$|Z_L| = \frac{U_2}{I_2} = \frac{|T_{11}Z_{2s}| \times \overline{\dot{I}_{1s}\dot{I}_1}}{|T_{11}| \times \overline{\dot{I}_{1o}\dot{I}_1}} \quad (4.2.17)$$

再过 $\dot{I}_{1o}$ 的终点作圆的切线 l_o，过 $\dot{I}_{1s}$ 的终点作该切线的平行线 l_3，交 $\overline{\dot{I}_{1o}\dot{I}_{1s}}$ 的延长线于 F 点，如图 4.2.3 所示。根据平面几何弦切角定理可知，$\angle I_{1o}I_1I_{1s} = \angle I_{1o}I_{1s}F = \pi - (\varphi_L - \varphi_{2s})$，所以相量终点组成的三角形 $\triangle I_{1o}I_1I_{1s} \backsim \triangle I_{1o}FI_{1s}$。因此，

$$\frac{\overline{\dot{I}_1\dot{I}_{1s}}}{\overline{\dot{I}_{1s}F}} = \frac{\overline{\dot{I}_{1o}\dot{I}_1}}{\overline{\dot{I}_{1o}\dot{I}_{1s}}} \quad (4.2.18)$$

再根据式（4.2.17）和式（4.2.18），$|Z_L|$ 可以用线段长度表达如下：

$$|Z_L|=\frac{|T_{11}Z_{2s}|\times\overline{I_{1s}I_1}}{|T_{11}|\times\overline{I_1 I_{1o}}}=\frac{|Z_{2s}|}{\overline{I_{1o}I_{1s}}}\times\overline{I_{1s}F}$$

（4.2.19）

可见，$|Z_L|$ 正比于 $\overline{I_{1s}F}$，比例系数为 $|Z_{2s}|/\overline{I_{1o}I_{1s}}$，如图 4.2.3 中线段 l_3 所示。

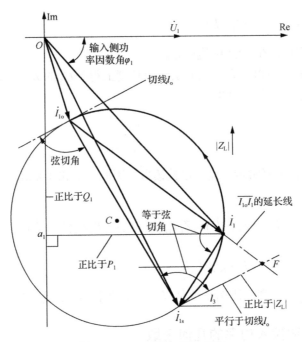

图 4.2.3　$|Z_L|$ 和 P_1 的几何图

输入至二端口的平均功率为 $P_1=U_1 I_1\cos\varphi_1$。在图 4.2.3 中，从 $\dot I_1$ 的终点向虚轴作垂线，得直角三角形 $\triangle Oa_1 I_1$，而 $I_1\cos\varphi_1=\overline{I_1 a_1}$，因此 P_1 正比于线段 $\overline{I_1 a_1}$，比例系数为 U_1，即

$$P_1=U_1\times\overline{I_1 a_1}$$

（4.2.20）

4.2.4　输出功率和传输效率的几何读取

根据式（4.2.14）和式（4.2.16），输出的平均功率可以写成

$$P_2=U_2 I_2\cos\varphi_L=(|T_{11}Z_{2s}|\times\overline{I_{1s}I_1})\times(|T_{11}|\,\overline{I_1 I_{1o}})\cos\varphi_L$$

（4.2.21）

由于图4.2.4中 $\triangle I_{1o}I_1I_{1s}$ 和 $\triangle I_{1o}a_2I_1$ 有一个公共角即 $\angle I_{1s}I_{1o}I_1$ ，并且 $\angle I_{1o}I_1I_{1s}$ 与 $\angle I_{1o}a_2I_1$ 相等（都等于弦切角 $\angle I_{1s}I_{1o}I_1$ ），所以 $\triangle I_{1o}I_1I_{1s} \backsim \triangle I_{1o}a_2I_1$ ，故

$$\overline{I_1I_{1s}} \times \overline{I_{1o}I_1} = \overline{I_{1o}I_{1s}} \times \overline{I_1a_2} \tag{4.2.22}$$

将式（4.2.8）和式（4.2.22）代入式（4.2.21）得

$$\begin{aligned} P_2 &= T_{12}T_{11} \times \overline{I_{1s}I_1} \times \overline{I_{1o}I_1} \times \cos\varphi_L = T_{12}T_{11} \times \overline{I_{1o}I_{1s}} \times \overline{I_1a_2} \times \cos\varphi_L \\ &= T_{12}T_{11}\frac{U_1}{T_{11}T_{12}} \times \overline{I_1a_2} \times \cos\varphi_L = U_1 \times \overline{I_1a_2}\cos\varphi_L \end{aligned} \tag{4.2.23}$$

可见，输出功率 P_2 与线段 $\overline{I_1a_2}$ 的长度成正比，比例系数为 $U_1\cos\varphi_L$ 。

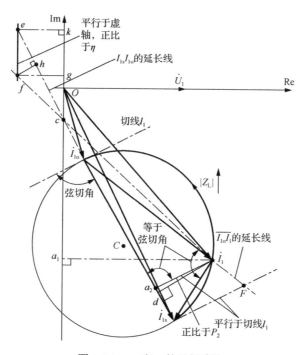

图 4.2.4　P_2 和 η 的几何读取

根据输出和输入功率的读取公式，即式（4.2.23）和式（4.2.20），得效率表达式为

$$\eta = \frac{P_2}{P_1} = \frac{U_1\cos\varphi_L\,\overline{I_1a_2}}{U_1\,\overline{I_1a_1}} = \frac{\overline{I_1a_2}\cos\varphi_L}{\overline{I_1a_1}} \tag{4.2.24}$$

因此，根据线段 $\overline{I_1a_2}$ 、$\overline{I_1a_1}$ 的长度，以及负载阻抗角，便可间接计算传输效率。

然而，在 $|Z_L|$ 变化时，式（4.2.24）中的 $\overline{I_1a_2}$ 、$\overline{I_1a_1}$ 都要变化，不易看出它们比值的变化趋势。为此可采用下面的办法。

作 $\overline{I_{1o}I_{1s}}$ 的延长线交虚轴于 c 点，如图 4.2.4 所示。连接 $\dot{I}_1$ 的终点和 c 点，由直角三角形 $\triangle ca_1I_1$ 得

$$\overline{I_1a_1} = \overline{cI_1}\sin\angle I_1ca_1 \tag{4.2.25}$$

再从 $\dot{I}_1$ 终点向 $\overline{I_{1o}I_{1s}}$ 作垂线，垂足为 d 点。由直角三角形 $\triangle I_1a_2d$ 和直角三角形 $\triangle I_1cd$ 得

$$\overline{I_1d} = \overline{I_1a_2}\sin|\varphi_L - \varphi_{2s}| = \overline{cI_1}\sin\angle I_1cd \tag{4.2.26}$$

将式（4.2.25）和式（4.2.26）代入式（4.2.24）得

$$\eta = \frac{\overline{I_1d}\cos\varphi_L}{\overline{I_1a_1}\sin|\varphi_L - \varphi_{2s}|} = \frac{\sin\angle I_1cd}{\sin\angle I_1ca_1} \times \frac{\cos\varphi_L}{\sin|\varphi_L - \varphi_{2s}|} \tag{4.2.27}$$

选择 $\overline{ec}$ 为某个定长 w，过 e 点作平行于虚轴的直线，它与 $\overline{I_1c}$ 的延长线交于 f 点。过 f 点作垂线 $\overline{fh}$，根据对顶角相等关系得

$$\frac{\sin\angle I_1cd}{\sin\angle I_1ca_1} = \frac{\sin\angle ecf}{\sin\angle kcf} = \frac{\overline{fh}/\overline{cf}}{\overline{fg}/\overline{cf}} = \frac{\overline{fh}}{\overline{fg}} \tag{4.2.28}$$

图 4.2.4 中存在相似直角三角形，即 $\triangle efh \backsim \triangle ekc$，因此，

$$\frac{\overline{fh}}{\overline{fg}} = \frac{\overline{fh}}{\overline{ek}} = \frac{\overline{ef}}{\overline{ec}} \tag{4.2.29}$$

将式（4.2.29）代入式（4.2.28），结果再代入式（4.2.27）得

$$\eta = \frac{\cos\varphi_L}{\overline{ec}\times\sin|\varphi_L - \varphi_{2s}|} \times \overline{ef} \tag{4.2.30}$$

可见，在选择 $\overline{ec}$ 为某个定长 w 时，效率 η 与线段 $\overline{ef}$ 的长度成正比。

4.2.5 几何分析法在非接触式电能传输系统分析中的应用

非接触式电能传输是指不通过导线或导体连接，利用某种场或波，在一定距离内实现电能的有效传输。非接触式电能传输系统由多个二端口网络级联构成，例如电源高频变换（高频逆变）、发射端口阻抗补偿、非接触式电能耦合单元、接收端口阻抗补偿、接收端口功率调节单元等。基于磁耦合的非接触式电能传输系统，对主电路可以建立图 4.2.5 所示的电路模型，其中 $\dot{U}_1$ 表示高频发射电源的基波相量，Z_L 代表接收侧的综合等效复阻抗。C_1、C_2 是阻抗补偿电容，共有四种连接组合。中间的互感代表可分离且具有磁耦合关系的非接触式电能耦合单元。R_1 代表发射侧总等效电阻。

　　从电路模型上看，非接触式电能传输系统可以抽象成有载二端口网络，如图 4.2.5 所示。利用电路理论可以很容易求出二端口网络的某种参数方程。这样，对非接触式电能传输系统电气性能的分析，就变成了对该有载二端口网络的分析。

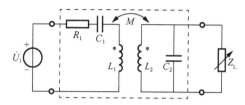

图 4.2.5　磁耦合非接触式电能传输系统简化电路模型

　　基于 4.2.1～4.2.4 小节的解析几何分析原理，作者设计了《非接触式电能传输系统的几何分析法》软件[4]。可以选择四种阻抗补偿结构，针对每种结构，都能用几何图形描绘出等效负载阻抗及其他元件参数变化时，主要电气量的联动变化趋势。软件设计了许多交互内容，可以通过交互窗口设置元件参数，图 4.2.6 是交互操作主窗口。

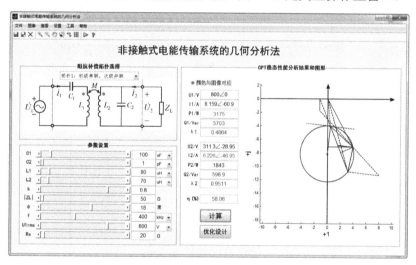

图 4.2.6　交互操作主窗口

　　当 Z_L 设置为电阻（在非接触式电能传输系统中总是希望得到电阻性负载），从初始的 10Ω，按照 30Ω 的步进量变到 250Ω，可以得到图 4.2.7 所示的图像。由图 4.2.7 可见，随着负载阻抗模的增大，输入电流沿着圆弧逐渐上移，输入电流值逐渐减小，输出电流也逐渐减小，输出电压则逐渐增大；输入有功功率先增大到一个最大值后，又很快下降；输入无功功率逐渐减小，开始减小得很快，之后较慢；输入侧功率因数角先减小后增大。

　　如果将等效负载阻抗角 φ_L 作为参变量来绘制几何图形，可以得到一簇图像。例如，设置阻抗角由 $-30°$ 变化到 $+30°$，步进量为 $10°$，其他量均保持不变，得到图 4.2.8 所示图像。从图 4.2.8 可见，随着阻抗角的变化，得到了一簇共弦的圆，这是因为负载短路时的

输入电流 $\dot{I}_{1s}$ 和负载开路时的输入电流 $\dot{I}_{1o}$ 与负载无关。随着阻抗角的增大，输入电流值 I_1 缓慢减小，输入侧无功功率缓慢增大，有功功率逐渐减小，输入侧功率因数角不断增大。

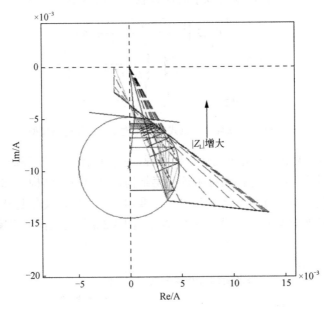

图 4.2.7　$|Z_L|$ 步进变化时非接触式电能传输系统电气量的联动变化

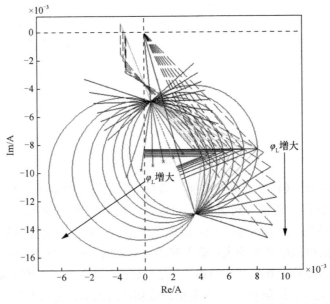

图 4.2.8　φ_L 步进变化时非接触式电能传输系统电气量的联动变化

4.2.6　结语

在电路分析中，除了使用各种解析法和数值法外，还可以有条件地使用包括解析几何在内的各种图解法，这是因为按正弦规律变化的电压和电流，可以变换为复数的电压相量和电流相量，这些相量都对应着复平面的有向线段。当电路某参量发生变化时，这些相量就会随之变化，即数学意义上的映射。根据映射的几何图形进行分析，可以很直观地看出各电气量之间牵一发而动全身的联动关系。这样可以促进教学内容的创新，并促进复变函数在电路分析中的应用，使电路变化规律形象化、可视化、联动化。

§4.3　用驱动点阻抗测算二端口网络稳态性能的方法及其应用

📝 导　读

研究含有二端口网络的电气系统时，往往需要确定系统的稳态性能，以便校核设计。虽然可以通过建立电路模型，并使用电路理论计算来获得稳态性能，但计算结果取决于模型的准确性，而模型又受人的主观因素影响。最可信的结果是在线实时测量。但有些性能需要进行双端口测量，例如电压传输比等，这时采用简单的一端口测量仪器便很难实现。

本节介绍的方法包括测量和计算两个步骤。首先对二端口网络的驱动点阻抗（一种一端口等效阻抗）进行测量，然后基于稳态性能与驱动点阻抗的关系，利用本节给出的公式，进一步计算出稳态性能，所以称为测算方法。

这种测算方法的特点是：①准确性取决于驱动点阻抗的测量值，而不是像理论计算和仿真分析那样，准确性取决于所有元件在模型中的参数值；②可以自动考虑那些难以在电路模型中考虑的电磁现象，例如涡流效应、辐射效应、临近效应、元件的寄生参数等，也就是将这些现象统统考虑到驱动点阻抗中；③只需使用一台阻抗分析仪测量驱动点阻抗，不需要测量电压和电流等物理量。虽然阻抗分析仪的测试电压不同于电气系统的实际工作电压，但根据线性电路的齐次性质，完全可以根据测量值推算出电气系统的实际性能；④能够得到难以进行实际测量的稳态性能，例如短路电流等；⑤测算方法不涉及二端口网络内部的具体构造，只需是线性二端口网络即可，因而测算原理具有广泛适用性。

4.3.1　二端口网络传输参数的测算

本节涉及的稳态性能是用二端口网络的传输参数来表达的，因此首先要用来自二端口网络的驱动点阻抗来测算传输参数。

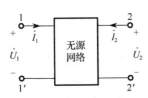

图 4.3.1 正弦稳态无源二端口网络

正弦稳态无源二端口网络如图 4.3.1 所示，其传输参数方程为

$$\begin{bmatrix} \dot{U}_1 \\ \dot{I}_1 \end{bmatrix} = \begin{bmatrix} T_{11} & T_{12} \\ T_{21} & T_{22} \end{bmatrix} \begin{bmatrix} \dot{U}_2 \\ -\dot{I}_2 \end{bmatrix} \tag{4.3.1}$$

若无源网络是互易的，则传输参数还满足如下关系：

$$T_{11}T_{22} - T_{12}T_{21} = 1 \tag{4.3.2}$$

对二端口网络，定义如下四个驱动点阻抗。根据方程（4.3.1），驱动点阻抗与传输参数的关系分别如式（4.3.3）和式（4.3.4）所示，它们的含义分别如图 4.3.2 和图 4.3.3 所示。

从端口 1 看进去的两个驱动点阻抗定义为

$$Z_{1o} = \frac{\dot{U}_1}{\dot{I}_1}\bigg|_{\dot{I}_2=0} = \frac{T_{11}}{T_{21}}, \qquad Z_{1s} = \frac{\dot{U}_1}{\dot{I}_1}\bigg|_{\dot{U}_2=0} = \frac{T_{12}}{T_{22}} \tag{4.3.3}$$

（a） （b）

图 4.3.2 驱动点阻抗 Z_{1o} 和 Z_{1s} 的定义

从端口 2 看进去的两个驱动点阻抗定义为

$$Z_{2o} = \frac{\dot{U}_2}{-\dot{I}_2}\bigg|_{\dot{I}_1=0} = \frac{T_{22}}{T_{21}}, \qquad Z_{2s} = \frac{\dot{U}_2}{-\dot{I}_2}\bigg|_{\dot{U}_1=0} = \frac{T_{12}}{T_{11}} \tag{4.3.4}$$

（a） （b）

图 4.3.3 驱动点阻抗 Z_{2o} 和 Z_{2s} 的定义

Z 的数字下标表示端口编号；字母下标表示另一端口的状态，o 表示开路，s 表示短路。

Z_{1o}、Z_{1s}、Z_{2o} 及 Z_{2s} 并非彼此无关，因为这四个驱动点阻抗显然满足

$$\frac{Z_{1o}}{Z_{1s}} = \frac{Z_{2o}}{Z_{2s}} = \frac{T_{11}T_{22}}{T_{12}T_{21}} \tag{4.3.5}$$

因此，上述四个驱动点阻抗只能用来确定互易二端口网络的传输参数，对非互易网络则不然。根据式（4.3.2）～式（4.3.5）可以得到用驱动点阻抗表示的传输参数：

$$T_{11} = \sqrt{\frac{Z_{1s}Z_{1o}}{(Z_{1o}-Z_{1s})Z_{2s}}} = \sqrt{\frac{Z_{1o}}{Z_{2o}-Z_{2s}}} = |T_{11}|e^{j\varphi_{11}} \tag{4.3.6}$$

$$T_{12} = Z_{2s}T_{11}, \qquad T_{21} = \frac{T_{11}}{Z_{1o}}, \qquad T_{22} = \frac{Z_{2s}T_{11}}{Z_{1s}} \tag{4.3.7}$$

在电气系统中，有时使用对称二端口网络，这时上述驱动点阻抗满足以下关系：

$$Z_{1o} = Z_{2o}, \qquad Z_{1s} = Z_{2s} \tag{4.3.8}$$

此时只有两个独立的驱动点阻抗。将式（4.3.8）的关系代入式（4.3.6）和式（4.3.7），便得到用两个驱动点阻抗表示的对称二端口网络传输参数：

$$T_{11} = T_{22} = \sqrt{Z_{1o}/(Z_{1o}-Z_{1s})} \tag{4.3.9}$$

$$T_{12} = Z_{1s}T_{11}, \qquad T_{21} = T_{11}/Z_{1o} \tag{4.3.10}$$

4.3.2　含二端口网络电气系统稳态性能的测算

含二端口网络的电气系统经简化后如图 4.3.4 所示，图中 Z_L 表示输出端口所接电路的等效负载阻抗。假设输入端口的电源内阻抗很小，从而忽略不计。这些是后续分析方法和结论的适用条件。

用驱动点阻抗测量值建立二端口网络的传输参数方程以后，便可对含二端口网络的电气系统的稳态性能进行测算，并且测算结果用驱动点阻抗的测量值 [即式（4.3.3）和式（4.3.4）]，以及电源和等效负载方面的参数来表示。

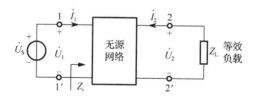

图 4.3.4　含二端口网络的电气系统简化模型

1. 有载电压传输比和转移导纳

本节分析的电压传输比是指等效负载阻抗 Z_L 上的电压 $\dot{U}_2$ 与输入电压 $\dot{U}_s$ 之比。用图 4.3.5 所示的从输出端口向输入端口看进去的戴维南等效电路进行分析。

根据方程（4.3.1）和图 4.3.4 中的参考方向，图 4.3.5 中的开路电压和等效阻抗分别为

$$\dot{U}_{OC} = \dot{U}_2\big|_{\dot{i}_2=0} = \frac{\dot{U}_s}{T_{11}}, \qquad Z_{eq} = \frac{\dot{U}_2}{\dot{I}_2}\bigg|_{\dot{U}_s=0} = \frac{T_{12}}{T_{11}} = Z_{2s} \tag{4.3.11}$$

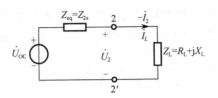

图 4.3.5   从输入端口看进去的戴维南等效电路

由图 4.3.5 求得等效负载上的电压为

$$\dot{U}_2 = \frac{Z_L \dot{U}_{OC}}{Z_{eq} + Z_L} = \frac{Z_L \dot{U}_S}{T_{11}(Z_{2s} + Z_L)} \qquad (4.3.12)$$

式中，T_{11} 由式（4.3.6）给出。因此，有载电压传输比为

$$H_v = \frac{\dot{U}_2}{\dot{U}_S} = \frac{Z_L}{T_{11}(Z_{2s} + Z_L)} \qquad (4.3.13)$$

由图 4.3.5 还可求得等效负载 Z_L 短路时的电流与输入电压之比，即转移导纳为

$$Y_{SC} = \frac{\dot{I}_{SC}}{\dot{U}_S} = \frac{1}{T_{11}Z_{eq}} = \frac{1}{T_{11}Z_{2s}} \qquad (4.3.14)$$

显然，根据式（4.3.3）、式（4.3.4）所示驱动点阻抗定义和测量值，便可由式（4.3.13）、式（4.3.14）计算出有载电压传输比和转移导纳。

2. 有载输入阻抗与电源输出电流分析

有载等效输入阻抗 Z_i 如图 4.3.4 所示。根据方程（4.3.1），Z_i 为

$$Z_i = \frac{\dot{U}_1}{\dot{I}_1} = \frac{T_{11}Z_L + T_{12}}{T_{21}Z_L + T_{22}} = R_i + jX_i \qquad (4.3.15)$$

将式（4.3.6）、式（4.3.7）代入上式得

$$Z_i = \frac{Z_L + Z_{2s}}{Z_L / Z_{1o} + Z_{2s} / Z_{1s}} \qquad (4.3.16)$$

因此，电源的输出电流为

$$\dot{I}_1 = \frac{\dot{U}_S}{Z_i} = \frac{\dot{U}_S(Z_L / Z_{1o} + Z_{2s} / Z_{1s})}{Z_L + Z_{2s}} \qquad (4.3.17)$$

如果负载突然短路，即 $Z_L = 0$，这时电源的输出电流为

$$\dot{I}_{1SC} = \frac{\dot{U}_S}{Z_i} = \frac{\dot{U}_S}{Z_{1s}} \qquad (4.3.18)$$

3. 功率与效率分析

由图 4.3.4 计算电源输出的平均功率为

$$P_\text{S} = \text{Re}[\dot{U}_\text{S} \dot{I}_1^*] = \text{Re}[U_\text{S}^2 / Z_\text{i}^*] \tag{4.3.19}$$

由图 4.3.5 计算 Z_L 消耗的平均功率为

$$P_\text{L} = I_\text{L}^2 R_\text{L} = \left| \frac{U_\text{OC}}{Z_{2\text{s}} + Z_\text{L}} \right|^2 R_\text{L} = \left| \frac{\dot{U}_\text{S}}{T_{11}(Z_{2\text{s}} + Z_\text{L})} \right|^2 R_\text{L} \tag{4.3.20}$$

为分析 Z_L 消耗的最大功率，设

$$Z_{2\text{s}} = R_{2\text{s}} + \text{j}X_{2\text{s}} = |Z_{2\text{s}}| \angle \varphi_{2\text{s}}$$
$$Z_\text{L} = R_\text{L} + \text{j}X_\text{L} = |Z_\text{L}| \angle \varphi_\text{L}$$

按负载参数的可变自由度（可变参数的个数），分两种情况讨论如下。

（1）如果只有 Z_L 的模可以改变而阻抗角固定，则由最大功率传输定理可知，当阻抗模 $|Z_\text{L}| = |Z_{2\text{s}}|$ 时，负载得到的功率为最大，并可求得

$$P_\text{Lmax} = \frac{U_\text{S}^2 \cos \varphi_\text{L}}{2 |Z_{2\text{s}}||T_{11}|^2 [1 + \cos(\varphi_{2\text{s}} - \varphi_\text{L})]} \tag{4.3.21}$$

（2）如果等效负载的阻抗角也同时改变，则当 $\varphi_\text{L} = -\varphi_{2\text{s}}$，即 $Z_\text{L} = Z_{2\text{s}}^*$ 时，负载得到的功率为最大，并且

$$P_\text{Lmax} = \frac{U_\text{S}^2}{4 |T_{11}|^2 R_{2\text{s}}} \tag{4.3.22}$$

这里所得出的获得最大功率的条件虽然与现有教材相同，但最大功率的表达式中使用的是二端口网络的实际输入电压，而不是戴维南等效电路中的开路电压，并且使用了二端口网络的传输参数 T_{11}。由此将最大功率传输定理推广到包含二端口网络的电路模型，这种模型在实际中更加常见。

4. 对称条件下的分析

如果二端口网络在电气上是对称的，则两个开路阻抗相等，即 $Z_{1\text{o}} = Z_{2\text{o}}$，两个短路阻抗也相等，即 $Z_{1\text{s}} = Z_{2\text{s}}$。此时获得最大传输效率的条件变得非常简单，分析如下[2]。

令

$$\begin{cases} Z_{1\text{o}} = Z_{2\text{o}} = Z_\text{o} = |Z_\text{o}| \angle \varphi_\text{o} \\ Z_{1\text{s}} = Z_{2\text{s}} = Z_\text{s} = |Z_\text{s}| \angle \varphi_\text{s} \\ Y_\text{o} = 1/Z_\text{o} = G_\text{o} + \text{j}B_\text{o} = |Y_\text{o}| \angle -\varphi_\text{o} \\ Y_\text{s} = 1/Z_\text{s} = G_\text{s} + \text{j}B_\text{s} = |Y_\text{s}| \angle -\varphi_\text{s} \end{cases}$$

由方程（4.3.1）得

$$\begin{cases} \dot{U}_1 = T_{11}(Z_L + Z_s)(-\dot{I}_2) \\ \dot{I}_1 = T_{11}\left(\dfrac{Z_L}{Z_o} + 1\right)(-\dot{I}_2) \end{cases} \qquad (4.3.23)$$

从电源输入到网络的平均功率为

$$\begin{aligned} P_S = \mathrm{Re}[\dot{U}_1 \dot{I}_1^*] = |T_{11}|^2\,[\,|Y_o\|Z_L|^2\cos\varphi_o \\ + |Y_o Z_s Z_L|\cos(\varphi_s + \varphi_o - \varphi_L) + |Z_L|\cos\varphi_L + |Z_s|\cos\varphi_s\,]I_2^2 \end{aligned} \qquad (4.3.24)$$

而 Z_L 消耗的平均功率为

$$P_L = U_2 I_2 \cos\varphi_L = |Z_L|I_2^2\cos\varphi_L \qquad (4.3.25)$$

因此，从实际电源到等效负载的传输效率为

$$\eta = \frac{P_L}{P_S}\times 100\% = \frac{|Z_L|\cos\varphi_L}{P_S / I_2^2} \qquad (4.3.26)$$

按负载参数的可变自由度，分两种情况讨论如下。

（1）如果只有 Z_L 的模可变，为求最大效率，用 $|Z_L|$ 去除上式分子与分母，再令分母对 $|Z_L|$ 的导数为零，得等效负载阻抗模须满足的条件为

$$|Z_L| = \sqrt{\frac{R_s}{G_o}} \qquad (4.3.27)$$

将式（4.3.27）代入效率表达式（4.3.26），得最大效率为

$$\eta_{\max} = \frac{1}{d} \qquad (4.3.28)$$

式中，

$$d = |T_{11}|^2\left[\frac{2\sqrt{R_s G_o}}{\cos\varphi_L} + |Y_o Z_s|\cos(\varphi_s+\varphi_o) + |Y_o\|Z_s|\sin(\varphi_s+\varphi_o)\tan\varphi_L + 1\right] \qquad (4.3.29)$$

（2）如果等效负载的阻抗角 φ_L 也同时改变，为求最大效率，令式（4.3.29）对 φ_L 的导数为零，求得等效负载阻抗角须满足的条件为

$$\sin\varphi_L = -\frac{|Y_o Z_s|\sin(\varphi_s+\varphi_o)}{2\sqrt{R_s G_o}} \qquad (4.3.30)$$

在同时满足式（4.3.27）和式（4.3.30）的条件下可以证明，

$$Z_L + Z_s = (1 + Y_o Z_L)Z_L^* \qquad (4.3.31)$$

所以，根据式（4.3.19），此时输入阻抗为

$$Z_i = \frac{\dot{U}_1}{\dot{I}_1} = \frac{Z_L + Z_s}{1 + Y_o Z_L} = Z_L^* \qquad (4.3.32)$$

即当输入阻抗与等效的负载阻抗共轭相等时，在图 4.3.4 意义上，电气系统从电源到等效负载的传输效率为最大。

式（4.3.32）的电路含义可以用图 4.3.6 来表达。从图上可以理解，此时的对称无源网络成为共轭阻抗变换器：把一个特定阻抗 Z_L 变成了它的共轭阻抗 Z_L^*。

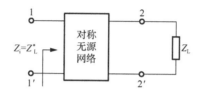

图 4.3.6　对称二端口网络实现最大传输效率的条件

4.3.3　应用案例

1. 案例描述

为了应用上述分析结果，作者搭建了小型磁耦合非接触式电能传输系统，如图 4.3.7 所示。用信号源和双极性功率放大器（HSA4012）的组合作为高频发射电源，放大器的最大输出电流为 2A，最大输出电压振幅为 75V。使用 HIOKI-3532-50 型阻抗分析仪测量端口阻抗。阻抗分析仪扫描频率范围为 42Hz～5MHz。用示波器测量平均功率和相位差。工作频率 $f_0 = 57\text{kHz}$，串联补偿电容分别为 $C_1 = 0.492\mu\text{F}$、$C_2 = 0.47\mu\text{F}$。在测算该系统稳态性能时，其实并不需要上述元件参数值，这里只是为了说明实验条件。

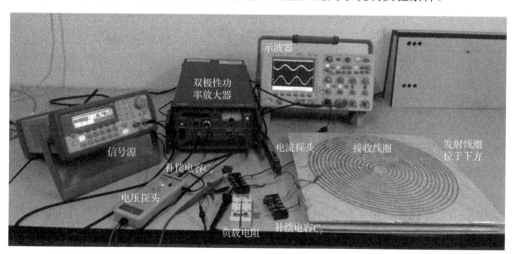

图 4.3.7　非接触式电能传输系统组成

就工作原理而言，图 4.3.7 的实验系统可用图 4.3.8 所示的电路原理图来表示。在使用本节测算方法时，1-1′ 和 2-2′ 要么接阻抗分析仪，要么开路或短路；在直接测量时，1-1′接发射电源，2-2′接负载。

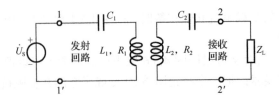

图 4.3.8 非接触式电能传输系统的电路原理图

2. 测量来自二端口网络的一端口阻抗

将接收端口即 2-2′ 分别开路和短路，用阻抗分析仪从发射端口测得的等效阻抗为

$$Z_{1o} \approx 1.08\Omega\angle-84.7°, \quad Z_{1s} \approx 11.90\Omega\angle83.4°$$

再将发射端口即 1-1′ 分别开路和短路，用阻抗分析仪从接收端口测得的等效阻抗为

$$Z_{2o} \approx 1.06\Omega\angle-84.8°, \quad Z_{2s} \approx 11.68\Omega\angle83.2°$$

这四个阻抗虽然不独立［见式（4.3.5）］，但还是做四次测量为好，这样使用起来较为方便，减少推算。

3. 计算二端口网络传输参数

利用上述测量结果，根据式（4.3.6）和式（4.3.7），图 4.3.8 电路的传输参数计算如下：

$$T_{11} = \sqrt{Z_{1o}/(Z_{2o}-Z_{2s})} \approx 0.29\angle-174.4°$$

$$T_{12} = Z_{2s}T_{11} \approx 3.39\Omega\angle-91.2°$$

$$T_{21} = T_{11}/Z_{1o} \approx 0.27S\angle-89.7°$$

$$T_{22} = T_{12}/Z_{1s} \approx 0.29\angle-174.6°$$

4. 测算结果与直接测量结果的对比

以下分别用两种方法得到非接触式电能传输系统的几项稳态性能。一是利用本节的测算方法，通过计算得到这些稳态性能的量值；二是根据稳态性能的具体含义，通过直接测量来得到相应的量值。二者的相近性，说明了本节的测算方法是有效的。

1）电压传输比和转移导纳

用本节方法测算：取 $Z_L \approx 12\Omega\angle5°$（因为所使用的电阻在 57kHz 频率下，有 5° 的阻抗角），利用式（4.3.13）和式（4.3.14）计算得

$$H_V = \frac{\dot{U}_2}{\dot{U}_S} = \frac{Z_L}{T_{11}(Z_{2s}+Z_L)} \approx 2.24\angle151.0°$$

$$Y_{SC} = \frac{\dot{I}_{SC}}{\dot{U}_S} = \frac{1}{T_{11}Z_{2s}} \approx 0.294S\angle91.3°$$

直接测量：$H_V \approx 2.35 \angle 138°$；$Y_{SC} \approx 0.295S \angle 90°$。它们都接近本节的测算结果。

2）电源输出电流

用本节方法测算：根据式（4.3.15），等效输入阻抗为

$$Z_i = \frac{T_{11}Z_L + T_{12}}{T_{21}Z_L + T_{22}} \approx 1.575\Omega \angle -38.8°$$

当 $\dot{U}_S = 3V$ 时，电源的输出电流为

$$\dot{I}_1 = \frac{\dot{U}_S}{Z_i} \approx 1.90A \angle 38.8°$$

直接测量：$\dot{I}_1 \approx 1.86A \angle 40°$。

3）功率与效率

用本节方法测算：调节负载阻抗模，当 $|Z_L| = |Z_{2s}| \approx 11.68\Omega$（阻抗角仍为 $\varphi_L = 5°$）时，负载得到的功率为最大，仍取 $U_S = 3V$，根据式（4.3.21）得

$$P_{L\max} = \frac{U_S^2 \cos\varphi_L}{2|Z_{2s}||T_{11}|^2[1 + \cos(\varphi_{2s} - \varphi_L)]} \approx 3.75W$$

直接测量：实际选择 $Z_L \approx 12\Omega \angle 5°$，测得负载功率 $P_L \approx 3.72W$，接近本节测算值。另外，Z_L 再取以下三种数值，测量对应的输出功率，情况如下：当 $Z_L \approx 2.1\Omega \angle 5°$ 时，$P_L \approx 1.47W$；当 $Z_L \approx 4.2\Omega \angle 5°$ 时，$P_L \approx 2.55W$；当 $Z_L \approx 24\Omega \angle 5°$ 时，$P_L \approx 3.06W$。它们都小于 $|Z_L| = |Z_{2s}|$ 时的负载功率。

4）对称情况下的传输效率

用本节方法测算：在实际中图 4.3.8 电路难以做到严格对称。因此，本节使用阻抗平均值进行计算，即取

$$Z_o = 0.5(Z_{1o} + Z_{2o}) = R_o + jX_o \approx (0.0979 - j1.0655)\Omega \approx 1.07\Omega \angle -84.75°$$

$$Z_s = 0.5(Z_{1s} + Z_{2s}) = R_s + jX_s \approx (1.3755 + j11.7095)\Omega \approx 11.79\Omega \angle 83.3°$$

它们的倒数即导纳分别是

$$Y_o = G_o + jB_o \approx (0.0855 + j0.9307)S \approx 0.93S \angle 84.75°$$

$$Y_s = G_s + jB_s \approx (0.0099 - j0.0842)S \approx 0.085S \angle -83.3°$$

实验中只改变阻抗的模，根据式（4.3.27），当 $|Z_L| = \sqrt{R_s / G_o} \approx 4.0109\Omega$ 时，效率最大。设 $Z_L \approx 4.0109 \angle 5°\Omega$，由式（4.3.28）和式（4.3.29）算得最大效率为 $\eta_{\max} \approx 94.63\%$。这个效率只是从发射电源的输出端口到等效负载 Z_L 的传输效率，不包括高频逆变部分和整流滤波部分的功率损失。

直接测量：选择与 4.0109Ω 最近的负载阻抗，即 $Z_L \approx 4.2\Omega \angle 5°$，测得传输效率为 $\eta \approx 91.85\%$。它是利用输入和输出功率，通过计算得到的。另外，Z_L 再取以下三种数值，测量对应的传输效率，情况如下：当 $Z_L \approx 2.1\Omega \angle 5°$ 时，$\eta \approx 91.71\%$；当 $Z_L \approx 12\Omega \angle 5°$ 时，

$\eta \approx 89.35\%$ ；当 $Z_L \approx 24\Omega\angle 5°$ 时， $\eta \approx 82.98\%$ 。它们都小于 $|Z_L| = \sqrt{R_s / G_o}$ 时的传输效率。

4.3.4 结语

本节介绍了二端口网络正弦稳态性能的一种测算方法,它包括测量和计算两个步骤。该方法不需要建立实际二端口网络的电路模型，当然也不需要参数辨识，只需要测量若干一端口网络的等效阻抗，简便易行。并不是在实际工作状态下进行测量，因此不存在损坏器件和测试设备的危险。就原理而言，本节的测算方法是在假定二端口网络为线性的条件下进行的，即在相同频率任何振幅的正弦激励下，各种等效阻抗与等效导纳、电压转移函数、转移导纳等都保持不变。因此，当实际二端口网络中含有不可忽略的非线性器件时，测算方法不再适用。

§4.4 磁耦合二端口网络传输最大功率的条件

 导 读

上一节讨论了二端口网络稳态性能的测算方法，其中涉及了最大功率的测算，但该最大功率是针对负载变化而言的，因此可以使用针对含源一端口网络的最大功率传输定理。在工程实际中，还广泛存在电源通过二端口网络向负载供电的情况。这时研究负载获得最大功率的条件就变得多样化[2]。本节以含有磁耦合单元的二端口网络为研究对象，以回路电抗、互感电抗和接收回路电阻为影响功率的要素，研究磁耦合电路在不同要素变化情况下，传输给负载的最大功率及其条件，以及传输效率等问题。通过分析指出：这些条件不是独立的，存在简单的内在联系；当发射回路与接收回路电阻的乘积很小时，使用松耦合谐振才可以获得最大的传输功率。本节内容将最大功率传输问题，从一端口网络扩展到二端口网络，是对传统教学内容的高阶化。

在工程实际中，作为能量传输应用时，虽然很少工作在传输最大功率状态（效率太低或过载），但是，用最大功率评价潜在的传输能力是可取的。这是因为只有具备较大的功率传输能力，才能给反馈调节提供足够的功率需求空间，才能获得稳定的输出电压。此外，为了使用归一化技术（实际传输功率与最大传输功率之比）研究传输的功率，同样需要研究最大传输功率。因此，有许多理由表明，研究磁耦合电路的最大功率传输问题是非常必要的。

4.4.1 问题描述

基于电磁感应现象的磁耦合电路，可用于传输能量、传输信号、变换电压与电流、变换阻抗、隔离输入与输出回路等。当用于传输能量时，传输功率与传输效率便成为人们特别关心的问题。例如，用于非接触式电能传输技术中的可分离磁耦合电路，设计时人们首要关心的就是，传输的最大功率及其条件、传输效率等与电路参数之间的依赖关系。如将磁耦合单元（互感）单独提出，并将发射回路和接收回路加以等效化简，则可以得到图 4.4.1 所示的电路模型。其中 $\dot{U}_S$ 是发射电源的等效基波电压有效值相量。L_1 和 L_2 为理想电感。当然，实际线圈都存在等效电阻，这些电阻分别计入阻抗 Z_1 和 Z_2 中，直角坐标形式记作 $Z_1 = R_1 + jX_1$ 和 $Z_2 = R_2 + jX_2$。此外，Z_1 还包括发射回路的串联补偿阻抗和电源内阻抗；Z_2 还包括从接收线圈向负载方向看进去的全部电路的等效阻抗，当然也包括接收回路的补偿阻抗。

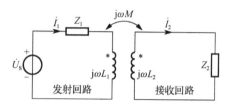

图 4.4.1 磁耦合电路简化模型

根据 KVL 和互感元件端口特性，可以列出如下电路方程：

$$\begin{cases} Z_{11}\dot{I}_1 - Z_{12}\dot{I}_2 = \dot{U}_S \\ -Z_{21}\dot{I}_1 + Z_{22}\dot{I}_2 = 0 \end{cases} \tag{4.4.1}$$

式中，Z_{11} 为发射回路自阻抗，

$$Z_{11} = R_1 + jX_1 + j\omega L_1 = R_{11} + jX_{11} = |Z_{11}| \angle \varphi_{11}$$

Z_{22} 为接收回路自阻抗，

$$Z_{22} = R_2 + jX_2 + j\omega L_2 = R_{22} + jX_{22} = |Z_{22}| \angle \varphi_{22}$$

Z_{12}、Z_{21} 为发射回路与接收回路之间的互阻抗，

$$Z_{12} = Z_{21} = j\omega M = jX_M$$

下面作出如下约定。

（1）电源发出的功率（指有功功率，下同）按下式计算：

$$P_1 = \text{Re}[\dot{U}_S \dot{I}_1^*] \tag{4.4.2}$$

其中包括发射回路损耗的功率和传输到接收回路的功率，即 P_1 是 R_{11} 和 R_{22} 上的功率之和。

（2）经磁耦合传输到接收回路的功率按下式计算：

$$P_2 = \text{Re}[\dot{U}_2 \dot{I}_2^*] = I_2^2 R_{22} \tag{4.4.3}$$

其中包括接收回路损耗的功率和等效负载消耗的功率，即 P_2 是 R_{22} 上的功率。

在上述假设下，本节从理论上讨论当 X_{11}、X_{22}、X_M 和 R_{22} 在合理范围内独立变化或协同变化时，磁耦合电路的发射电源经发射回路向接收回路传输的最大功率及其条件，以及传输效率等工程上关心的问题。

可以通过以下方式来使上述参数发生变化：改变发射回路和接收回路阻抗补偿元件的参数，或者改变自感电抗 ωL_1 与 ωL_2，就可以改变 X_{11} 和 X_{22}；改变发射线圈与接收线圈的相对位置，就可以改变 X_M；改变负载阻抗或接收回路的阻抗匹配网络，就可以改变 R_{22}。所以，研究当 X_{11}、X_{22}、X_M 和 R_{22} 变化时的最大功率传输问题，是切实可行并有实际意义的。

4.4.2　最大功率传输条件分析

1. 改变 X_{11} 的情况

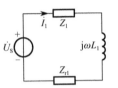

图 4.4.2　发射回路等效电路

将接收回路自阻抗 Z_{22} 折算到发射回路，利用引入阻抗的概念，得到图 4.4.2 所示的发射回路等效电路。

根据电路理论，引入阻抗 Z_{r1} 等于 X_M^2 除以接收回路自阻抗 Z_{22}，即

$$Z_{r1} = \frac{X_M^2}{Z_{22}} = \frac{X_M^2}{R_{22} + jX_{22}} = \frac{X_M^2 R_{22}}{|Z_{22}|^2} - j\frac{X_M^2 X_{22}}{|Z_{22}|^2}$$

$$= R_{r1} + jX_{r1} = |Z_{r1}| \angle \varphi_{r1} = |Z_{r1}| \angle -\varphi_{22} \qquad (4.4.4)$$

因为 X_{11} 的变化不影响 Z_{r1}，所以若 $X_{11} + X_{r1} = 0$，即考虑引入阻抗后，发射回路总阻抗 $Z_{11} + Z_{r1}$ 为实数。相对 X_{11} 为其他值的情况，这时 $|Z_{11} + Z_{r1}|$ 达到最小，发射回路电流 I_1 达到最大，发射回路处于串联谐振状态（接收回路不一定谐振），引入电阻 R_{r1} 消耗功率为最大。由于理想互感不消耗平均功率，因此引入电阻 R_{r1} 消耗的功率就是等效阻抗 Z_2 消耗的功率。$X_{11} + X_{r1} = 0$ 的条件可用接收回路自阻抗 Z_{22} 表述为

$$X_{11} = -X_{r1} = \frac{X_M^2 X_{22}}{|Z_{22}|^2} \qquad (4.4.5)$$

显然，X_{11} 与 X_{22} 具有相同的阻抗性质，同为感性或容性。

在满足式（4.4.5）的情况下，传输的最大功率，亦即引入电阻消耗的功率为

$$P_{2\max} = P_{R_{r1}} = I_1^2 R_{r1} = \left(\frac{U_S}{R_{11} + R_{r1}}\right)^2 R_{r1} \qquad (4.4.6)$$

该功率是通过耦合线圈传输到接收回路的总功率，并不等于实际负载消耗的功率。

按式（4.4.2）和式（4.4.3）对功率的定义，传输效率可由 Z_{11} 和 Z_{r1} 的实部来求得，即

$$\eta = \frac{P_2}{P_S} = \frac{P_{Z_{r1}}}{P_S} = \frac{I_1^2 R_{r1}}{I_1^2 (R_{11} + R_{r1})} = \frac{1}{R_{11}/R_{r1} + 1} \qquad (4.4.7)$$

当 X_{11} 变化时，由于 R_{11} 和 R_{r1} 不受影响，因此 X_{11} 为任意值时，传输效率都是一样的。

当 X_{11} 满足式（4.4.5）时，式（4.4.7）还可以写成

$$\eta = \frac{1}{\dfrac{R_{11}}{R_{r1}} + 1} = \frac{1}{\dfrac{R_{11} \, |Z_{22}|^2}{X_M^2 R_{22}} + 1} \tag{4.4.8}$$

该结果的工程意义是：为了得到较高的传输效率，R_{11} 应尽可能小；X_M 应尽可能大，即强耦合，这就是电力变压器采用铁磁材料来增大耦合系数的一种原因；$|Z_{22}|^2 / R_{22} = (R_{22}^2 + X_{22}^2)/R_{22}$ 应尽可能小，这意味着复阻抗 Z_{22} 尽可能接近较小的实数，但 Z_{22} 的取值受负载阻抗的影响。

2. 改变 X_{22} 的情况

为方便起见，利用戴维南定理，将发射回路自阻抗和电压源等效到接收回路，如图 4.4.3 所示。图中电压源等于接收回路开路（此时引入阻抗 Z_{r1} 为零）时接收线圈的电压，即

$$\dot{U}_{OC} = \frac{jX_M \dot{U}_S}{Z_{11}} \tag{4.4.9}$$

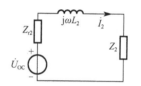

图 4.4.3　接收回路等效电路

仿照引入阻抗 Z_{r1} 的计算，发射回路到接收回路的引入阻抗 Z_{r2} 为

$$Z_{r2} = \frac{X_M^2 R_{11}}{|Z_{11}|^2} - j\frac{X_M^2 X_{11}}{|Z_{11}|^2} = R_{r2} + jX_{r2} \tag{4.4.10}$$

因为 X_{22} 的变化不影响 Z_{r2} 和 $\dot{U}_{OC}$，所以，若包括引入阻抗在内的接收回路总电抗满足 $X_{22} + X_{r2} = 0$，则接收回路总阻抗 $Z_{22} + Z_{r2}$ 为实数。相对 X_{22} 为其他值情况，这时阻抗模最小，接收回路发生串联谐振（发射回路不一定谐振），接收回路电流 I_2 达到最大，被接收回路自阻 R_{22} 消耗的功率也最大。

$X_{22} + X_{r2} = 0$ 的条件可用发射回路自阻抗表示为

$$X_{22} = -X_{r2} = \frac{X_M^2 X_{11}}{|Z_{11}|^2} \tag{4.4.11}$$

在满足式（4.4.11）的情况下，由图 4.4.3 求得接收回路电流为

$$\dot{I}_2 = \frac{\dot{U}_{OC}}{Z_{22} + Z_{r2}} = \frac{jX_M \dot{U}_S / Z_{11}}{R_{22} + R_{r2}} = \frac{jX_M \dot{U}_S / Z_{11}}{R_{22} + \dfrac{X_M^2 R_{11}}{|Z_{11}|^2}} \tag{4.4.12}$$

故传输到接收回路的最大功率为

$$P_{2\max} = I_2^2 R_{22} = \frac{X_M^2 U_S^2 / |Z_{11}|^2}{(R_{22} + R_{r2})^2} \times R_{22} \tag{4.4.13}$$

根据传输效率的一般公式（4.4.7），当 X_{22} 满足式（4.4.11）时的传输效率为

$$\eta = \frac{X_M^2 R_{22}}{R_{11}[R_{22}^2 + (X_M^2 X_{11} / |Z_{11}|^2)^2] + X_M^2 R_{22}} \tag{4.4.14}$$

3. 同时改变 X_{11} 和 X_{22} 的情况

这时，发射回路和接收回路电抗分别满足式（4.4.5）和式（4.4.11），因此存在以下关系：

$$\frac{X_{11}}{X_{22}} = \frac{|Z_{11}|}{|Z_{22}|} \quad \text{或} \quad \left(\frac{X_{11}}{X_{22}}\right)^2 = \frac{R_{11}^2 + X_{11}^2}{R_{22}^2 + X_{22}^2} \tag{4.4.15}$$

根据比例性质进一步得到

$$\frac{X_{11}}{X_{22}} = \frac{R_{11}}{R_{22}} \tag{4.4.16}$$

所以，为获得最大功率，发射回路与接收回路的电阻、电抗和阻抗模必须满足如下的比例关系：

$$\frac{R_{11}}{R_{22}} = \frac{X_{11}}{X_{22}} = \frac{|Z_{11}|}{|Z_{22}|} = \frac{X_M^2}{|Z_{22}|^2} = \frac{|Z_{11}|^2}{X_M^2} \tag{4.4.17}$$

如果同时改变 X_{11} 和 X_{22}，当获得最大功率时，由式（4.4.17）可以推导出，复阻抗 Z_{11} 和 Z_{22} 之比等于它们的实部或虚部之比，即

$$\frac{Z_{11}}{Z_{11}} = \frac{R_{11}}{R_{22}} = \frac{X_{11}}{X_{22}} \tag{4.4.18}$$

由式（4.4.5）、式（4.4.11）和式（4.4.17）求得传输最大功率时的 X_{11} 和 X_{22} 分别为

$$\begin{cases} X_{11} = \pm\sqrt{R_{11} X_M^2 / R_{22} - R_{11}^2} \\ X_{22} = \pm\sqrt{R_{22} X_M^2 / R_{11} - R_{22}^2} \end{cases} \tag{4.4.19}$$

X_{11} 与 X_{22} 须取相同符号。上式表明，只有当被开方数大于零时，才能得到有意义的电抗，才存在功率的极大值。

在 X_{11} 和 X_{22} 同时满足式（4.4.5）和式（4.4.11）时，发射回路电流的计算非常简单，结果为

$$\dot{I}_1 = \frac{\dot{U}_S}{\left(R_{11} + \frac{X_M^2 R_{22}}{|Z_{22}|^2}\right) + j\left(X_{11} - \frac{X_M^2 X_{22}}{|Z_{22}|^2}\right)} = \frac{\dot{U}_S}{2R_{11}} \tag{4.4.20}$$

此时接收回路电流有效值为

$$I_2 = \frac{(\omega M)I_1}{|Z_{22}|} = \sqrt{\frac{R_{11}}{R_{22}}} \times \frac{U_S}{2R_{11}} = \frac{U_S}{2\sqrt{R_{11}R_{22}}}$$

接收到的最大功率可由该电流求得为

$$P_{2\max} = I_2^2 R_{22} = U_S^2/(4R_{11}) \tag{4.4.21}$$

由式（4.4.7）和式（4.4.17）算得传输最大功率时的效率为

$$\eta = \frac{1}{\dfrac{R_{11}}{X_M^2 R_{22}/|Z_{22}|^2}+1} = \frac{1}{\dfrac{R_{11}}{R_{11}}+1} = 50\% \tag{4.4.22}$$

这时电源发出的功率有一半被发射回路电阻 R_{11} 所消耗。虽然传输功率最大，但传输效率很低，并且发射回路电流 I_1 很大，以至于发射电源难以承受。所以，在实际应用时，不宜使发射回路和接收回路同时发生谐振，也就是说不宜在传输最大功率条件下工作。

4. 改变 X_M 的情况

改变两个线圈的位置关系，便可改变互感电抗。此时使用图 4.4.2 比使用图 4.4.3 来得方便。根据引入阻抗计算公式（4.4.4）可知，互感电抗 X_M 改变时，影响阻抗 Z_{r1} 的模，但不影响 Z_{r1} 的阻抗角。根据改变阻抗模时的最大功率传输定理可知，改变 X_M 使传输功率最大的条件为 $|Z_{r1}|=|Z_{11}|$，或者写成

$$\frac{X_M^2}{|Z_{22}|} = |Z_{11}|, \quad X_M = \sqrt{|Z_{11}Z_{22}|} \tag{4.4.23}$$

由此可见，在其他条件不变时，并不是耦合越紧密，传输功率越大。只有互感电抗满足式（4.4.23）时，才能获得最大的传输功率。但耦合越紧密，传输效率则越高，例如电力变压器。

如果用极坐标来表示各复阻抗，则根据最大功率传输定理，传输的最大功率及对应的传输效率分别为

$$P_{2\max} = \frac{U_S^2 \cos\varphi_{22}}{2|Z_{11}|[1+\cos(\varphi_{11}+\varphi_{22})]} \tag{4.4.24}$$

$$\eta = \frac{1}{\dfrac{R_{11}}{R_{r1}}+1} = \frac{1}{\dfrac{R_{11}|Z_{22}|}{R_{22}|Z_{11}|}+1} = \frac{1}{\dfrac{\cos\varphi_{11}}{\cos\varphi_{22}}+1} \tag{4.4.25}$$

如果发射回路和接收回路同时处于谐振状态，则 $Z_{11}=R_{11}$，$Z_{22}=R_{22}$，由式（4.4.23）可知，传输最大功率时互感电抗须满足下述条件：

$$X_M = \sqrt{R_{11}R_{22}} \tag{4.4.26}$$

当 R_{11} 与 R_{22} 乘积很小时，所需 X_M 也很小。说明在各回路电阻乘积很小时，需要通

过松耦合和谐振来获得最大的传输功率。由于谐振时 $\varphi_{11} = \varphi_{22} = 0$，根据式（4.4.24），该最大功率为

$$P_{2\max} = U_S^2/(4R_{11})\qquad(4.4.27)$$

根据效率的一般公式（4.4.8），当两个回路同时处于谐振状态，并且互感电抗满足式（4.4.26）时，传输效率为

$$\eta = \frac{1}{\dfrac{R_{11}}{R_{r1}}+1} = \frac{1}{\dfrac{R_{11}}{R_{11}R_{22}R_{22}/R_{22}^2}+1} = 50\%\qquad(4.4.28)$$

由式（4.4.5）、式（4.4.11）和式（4.4.23）可见，这三个传输最大功率的条件并不是独立的，由其二便可推出第三。也就是说，只要 X_{11} 和 X_{22} 同时满足式（4.4.5）和式（4.4.11），那么互感电抗就一定满足式（4.4.23）。式（4.4.21）和式（4.4.27）的一致性就验证了这个关系。

5. 改变 R_{22} 的情况

此时使用接收回路等效电路进行分析较为方便。将 Z_2 的实部和虚部分别画出，电路如图 4.4.4 所示。

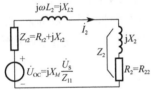

图 4.4.4　改变 R_{22} 时的最大功率传输

令 R_{22} 以外的阻抗为 $Z_o = Z_{r2} + j(\omega L_2 + X_2) = |Z_o|\angle\varphi_o$，则根据改变阻抗模时的最大功率传输定理，当 R_{22} 等于该阻抗模即

$$R_{22} = |Z_o| = \sqrt{(R_{r2})^2 + (X_{r2} + X_{L2} + X_2)^2}\qquad(4.4.29)$$

时，R_{22} 可以获得最大功率，该功率为

$$P_{2\max} = \frac{U_{OC}^2}{2|Z_o|(1+\cos\varphi_o)}\qquad(4.4.30)$$

这时的传输效率仍可按一般公式（4.4.7）进行计算。

在实际应用中，如果 R_{22} 不等于 $|Z_o|$，为了传输最大功率，可以根据 R_{22} 相对 $|Z_o|$ 的大小关系，采用无源 LC 阻抗变换网络，使得变换后的电阻 $R_{22} = |Z_o|$，也可使用变压器进行阻抗大小变换。这些内容在许多电路教材中都有介绍，在此从略。

4.4.3　传输功率仿真

作者将上述最大功率传输条件应用于磁耦合非接触式电能传输技术，并使用两个电容作为串联阻抗补偿元件，如图 4.4.5 所示。改变阻抗补偿电容，便可改变 X_{11} 和 X_{22}。

仿真条件：工作频率 $f = 20\text{kHz}$，发射电源电压 $U_S = 400\text{V}$，线圈自感 $L_1 = L_2 = 180\mu\text{H}$，耦合系数 $k = 0.333$，互感系数 $M = k\sqrt{L_1 L_2} = 60\mu\text{H}$，$k$ 和 M 可变，发射回路总自阻 $R_{11} = 0.183\Omega$，接收回路总自阻 $R_{22} = 30\Omega$。

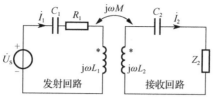

图 4.4.5　仿真用电路模型

1. 改变 X_{22} 时的传输功率仿真

经计算，$\omega L_1 \approx 22.62\Omega$，$X_M = \omega M \approx 7.539\ \Omega$。仿真时，取三种串联补偿电容 C_1，使得 $X_{11} = \omega L_1 - 1/(\omega C_1)$ 分别为 1.678Ω、0 和 -1.716Ω。根据式（4.4.11），X_{22} 分别为下述值时，传输的功率最大：

$$X_{22} = \frac{X_M^2 X_{11}}{|Z_{11}|^2} \approx \{33.47, 0, -32.75\}\ \Omega$$

由式（4.4.13）求得这些最大功率依次为

$$P_{2\max} \approx \{84.56,\ 70.23,\ 81.65\}\text{kW}$$

再让 X_{22} 连续变化，用回路电流法列写方程并求解。按公式（4.4.3）的定义计算传输功率，按式（4.4.7）计算传输效率，结果分别如图 4.4.6（a）、（b）所示，曲线 1、曲线 2、曲线 3 分别对应 X_{11} 等于 1.678Ω、0 和 -1.716Ω。图 4.4.6（a）中功率的极大值（也是最大值）点坐标分别为 $P_1(33.47\Omega, 84.56\text{kW})$、$P_2(0, 70.23\text{kW})$、$P_3(-32.75\Omega, 81.65\text{kW})$，与上述按公式计算的结果一致。

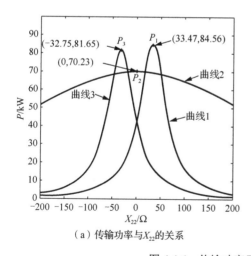
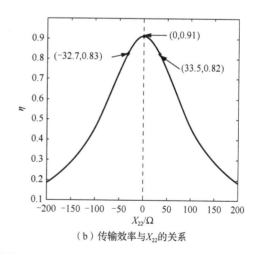

（a）传输功率与 X_{22} 的关系　　　　（b）传输效率与 X_{22} 的关系

图 4.4.6　传输功率及传输效率与 X_{22} 的关系

从图 4.4.6（a）可见，当 $X_{11} = 0$ 时（曲线 2），功率曲线较为平坦，这是我们希望的。而 X_{11} 无论为正还是为负时，曲线都呈现尖峰，说明此时传输功率易受到 X_{22} 的影响，即

对 X_{22} 敏感，但最大值可以超过 $X_{11} = 0$ 时的最大值。结论是：曲线 1、曲线 3 的最大值虽然大于曲线 2 的最大值，但因它们在最大值附近都特别陡峭而不可取。

图 4.4.6（b）中的三个效率曲线是重合的，这是因为效率取决于 R_{11} 和 R_{r1} 的相对大小 [见式（4.4.7）]，与 X_{11} 无关。当 $X_{22} = 0$ 时，在发射回路可以得到最大的引入电阻 R_{r1}，因此这时的传输效率最大。

2. 同时改变 X_{11} 和 X_{22} 时的传输功率仿真

根据式（4.4.19），当 X_{11} 和 X_{22} 等于下列值时，传输的功率最大：

$$\begin{cases} X_{11} = \sqrt{R_{22} X_M^2 / R_{22} - R_{11}^2} = 0.559\Omega \\ X_{22} = \sqrt{R_{11} X_M^2 / R_{11} - R_{22}^2} = 91.66\Omega \end{cases}$$

由式（4.4.21）求出传输的最大功率为

$$P_{2\max} = U_S^2 / (4R_{11}) \approx 218.6\text{kW}$$

传输功率 P_2 随 X_{11} 和 X_{22} 变化的情况如图 4.4.7 所示。图中最高点的坐标与按公式（4.4.19）和公式（4.4.21）计算的结果一致。

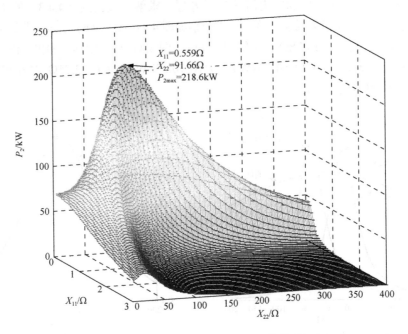

图 4.4.7　传输功率与 X_{11} 和 X_{22} 的关系

3. 改变 X_M 时的传输功率仿真

仿真条件：如表 4.4.1 所示，分三种典型情况，即 X_{11} 与 X_{22} 同时为感性、阻性和容

性。表中 X_M 是获得最大功率时的互感电抗，即 $X_M = \sqrt{|Z_{11}Z_{22}|}$［式（4.4.23）］。$P_{2\max}$ 是按照公式（4.4.24）计算的结果。

表 4.4.1　改变 X_M 的仿真条件和结果

参数名称与单位	情况一	情况二	情况三
$C_1(=C_2)$/nF	600	352	320
$X_{11}(=X_{22})$/Ω	9.357	0	−2.249
Z_{11}/Ω	0.183+j9.357	0.1830	0.183−j2.249
Z_{22}/Ω	30+j9.357	30	30−j2.249
X_M/Ω	17.15	2.343	8.238
k	0.758	0.104	0.364
$P_{2\max}$/kW	11.32	218.6	35.14
η	0.98	0.502	0.923

在上述三种情况中，当 X_M 连续变化时的传输功率和传输效率分别如图 4.4.8（a）、（b）中曲线 1、曲线 2、曲线 3 所示。为了易于理解耦合程度对传输功率的影响，图中以耦合系数为横坐标，而不是互感电抗，二者的简单关系是 $X_M = \omega M = \omega k \sqrt{L_1 L_2}$。

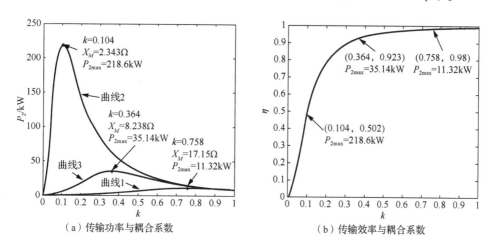

（a）传输功率与耦合系数　　　　　（b）传输效率与耦合系数

图 4.4.8　传输功率及传输效率与耦合系数的关系

由图 4.4.8（a）可见，传输功率与耦合系数之间不是单调增加关系，这意味着，并不是耦合越紧密，传输功率越大。对应不同的回路自阻抗，有唯一的耦合系数，使得传输功率为最大。并且 $|X_{11}|$ 越小，越需要小的耦合系数来获得最大传输功率，因为互感电抗需要满足 $X_M = k\omega\sqrt{L_1 L_2} = \sqrt{|Z_{11}Z_{22}|}$ 的条件。

4.4.4 传输功率实验

按照图 4.4.1 的电路模型设计了轻型磁耦合非接触式电能传输实验系统，并应用本节主要方法进行分析。实验中，用阻抗分析仪测量元件参数，用数字示波器测量电压、电流和功率。设计中，$L_1 = 13.54\mu\text{H}$，$L_2 = 13.64\mu\text{H}$，$M = 7.4\mu\text{H}$，$k = M / \sqrt{L_1 L_2} = 0.5447$，用无感水泥电阻实现 $R_{22} = 30\Omega$ 的接收回路阻抗。用逆变器实现 $f = 160\text{kHz}$、$\omega = 320\pi \times 10^3 \text{rad/s}$ 的高频发射电源。系统组成如图 4.4.9 所示，电路原理如图 4.4.10 所示。实验包括以下三个内容。

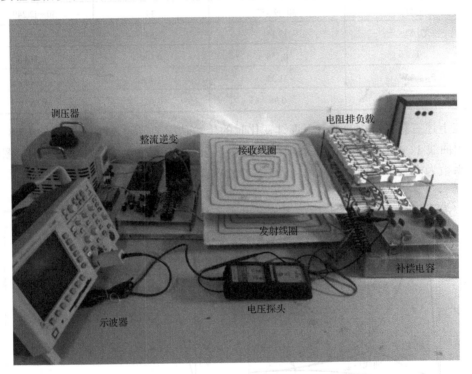

图 4.4.9　轻型磁耦合非接触式电能传输系统传输实验系统

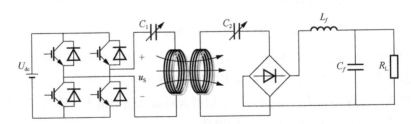

图 4.4.10　轻型磁耦合非接触式电能传输系统电路原理图

1. 改变 X_{11} 时的传输功率实验

在接收回路串联补偿电容 C_2 ，并将其调整到 470nF ，测得发射回路总电阻 $R_{11} \approx 0.50\Omega$ ，测得 $U_{\mathrm{S}} = 13\mathrm{V}$ 。相关间接参数计算如下：

$$Z_{22} = R_{22} + \mathrm{j}[\omega L_2 - 1/(\omega C_2)] \approx (30 + \mathrm{j}11.58)\Omega$$

$$X_M = \omega M = 7.439\Omega, \qquad R_{\mathrm{r1}} = \frac{X_M^2 R_{22}}{|Z_{22}|^2} \approx 1.61\Omega$$

$$X_{\mathrm{r1}} = -\frac{X_M^2 X_{22}}{|Z_{22}|^2} \approx -0.62\Omega$$

根据式（4.4.5）和式（4.4.6），当 $X_{11} = \dfrac{X_M X_{22}}{|Z_{22}|^2} \approx 0.62\Omega$ 时，传输功率为最大，并且

$$P_{2\max} = \left(\frac{U_{\mathrm{S}}}{R_{11} + R_{\mathrm{r1}}}\right)^2 R_{\mathrm{r1}} \approx 61.1\mathrm{W}$$

上述 X_{11} 是通过发射回路的串联补偿电容来实现的，因为 $X_{11} = \omega L_1 - 1/(\omega C_1)$ ，故

$$C_1 = \frac{1}{\omega(\omega L_1 - X_{11})} \approx 77\mathrm{nF}$$

改变 C_1 ，使 X_{11} 在上述最佳值两侧变化，测量传输功率，结果如图 4.4.11 所示。图上的最大值点近似等于上述最大功率计算值。

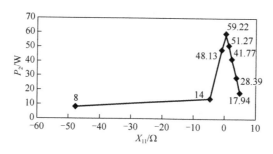

图 4.4.11　传输功率与 X_{11} 关系的实验曲线

2. 改变 X_{22} 时的传输功率实验

在发射回路串联补偿电容 $C_1 = 470\mathrm{nF}$ ，产生 $X_{11} = \omega L_1 - 1/(\omega C_1) \approx \mathrm{j}11.4\Omega$ 的发射回路总电抗，测得 $U_{\mathrm{S}} = 49\mathrm{V}$ 。其他与改变 X_{11} 时情况相同。由公式（4.4.11）计算得知，当 $X_{22} = X_M^2 X_{11}/|Z_{11}|^2 \approx 4.8\Omega$ 时，传输功率为最大，并且

$$P_{2\max} = \frac{X_M^2 U_{\mathrm{S}}^2 / |Z_{11}|^2}{(R_{22} + R_{\mathrm{r2}})^2} \times R_{22} \approx 33.59\mathrm{W}$$

上述 X_{22} 是通过接收回路的串联补偿电容 C_2 来实现的，故

$$C_2 = \frac{1}{\omega(\omega L_2 - X_{22})} \approx 113\text{nF}$$

改变电容 C_2，让 X_{22} 在上述最佳值两侧变化，测量传输功率，结果如图 4.4.12 所示。图中的最大值点近似等于上述计算值。

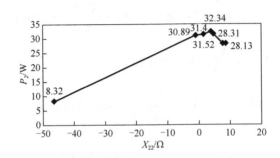

图 4.4.12　传输功率与 X_{22} 关系的实验曲线

3. 改变 X_M 时的传输功率实验

根据谐振条件，选择 $C_1 = 74.8\text{nF}$、$C_2 = 73.6\text{nF}$，让发射回路和接收回路都处于谐振状态。在发射回路串联电阻，使发射回路总电阻 $R_{11} = 3.16\Omega$，测得 $U_S = 28\text{V}$。根据公式（4.4.26），算得传输最大功率时

$$X_M = \sqrt{R_{11}R_{22}} \approx 9.74\Omega$$

进一步算得 $M = X_M / \omega \approx 9.69\mu\text{H}$。

传输的最大功率由式（4.4.27）算得为

$$P_{2\max} = U_S^2 /(4R_{11}) \approx 62.03\text{W}$$

改变线圈间距，从而改变耦合系数 k 和互感电抗 X_M，使其在上述计算出的最佳值两侧变化，实验测得的传输功率与耦合系数 k 的关系曲线如图 4.4.13 所示。图中的最大值为 58.9W，与计算出的 62.03W 已很接近。

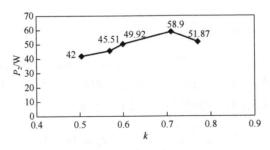

图 4.4.13　传输功率 P_2 与耦合系数 k 关系的实验曲线

4.4.5 结语

本节基于简化电路模型，研究了磁耦合二端口网络最大功率传输问题。具体是，将发射回路电抗、接收回路电抗、互感电抗等作为影响传输功率的要素，研究了传输功率与这些要素的依赖关系，得到了不同要素变化时传输最大功率的条件，以及最大功率量值和传输效率。得出的结论包括：这些条件不是独立的，存在相互联系；回路电阻很小时，松耦合谐振方可传输最大功率；增强耦合，可以提高传输效率。将这些研究结果应用于工程实际，可以起到科教相长的作用。

参 考 文 献

[1] 陈希有, 张亦慧, 丛树久, 等. 求解一阶一端口网络阻抗函数及其等效电路的三电阻法[J]. 哈尔滨工业大学学报, 1998, 30(3): 77-79.

[2] КРУГ К А. 电工原理(下册)[M]. 俞大光, 戴声琳, 蒋卡林, 等译. 上海: 龙门联合书局, 1953: 65-71, 80-81, 93-100.

[3] 陈希有, 齐琛, 李冠林, 等. 有载二端口网络几何分析法及其在非接触电能传输中的应用[J]. 电气电子教学学报, 2023, 45(6): 120-124.

[4] 大连理工大学, 中电投吉林核电有限公司. 非接触式电能传输系统的几何分析法软件: 2016SR315917[Z]. 2016.

第5章

均匀传输线分析

§5.1　均匀传输线沿线电压极值点分布

 导　读

在使用传输线传输电能或信号时，终端很难完全处于阻抗匹配状态，这时传输线沿线电压和电流的有效值不是随位置单调变化，因而存在极大值和极小值[1,2]，但教材对此缺少详细研究。确定这些极大的电压或电流，可以为传输线耐压和通流能力设计提供参考。但当前的教材中，由于教学基本要求的限制，很少涉及这方面的问题。一般教材只给出无损线终端开路或短路时，沿线电压电流有效值分布，少数教材给出有损线沿线电压有效值分布，但没有讨论极值出现的一般规律。

作为极值点分布问题的一种应用场合，为提高电力线的输电能力，一些学者研究了半波长电力传输技术。在半波长的电力传输线上，电压有效值不是单调增加或单调减小，因此不能用始端或终端电压量级来设计线路的绝缘水平，而是要根据沿线的电压极值来设计绝缘水平。

本节由特殊到一般地分析了无损线与有损线在终端各种连接情况下，电压有效值极值点（以下常简称极值点）的沿线分布规律。电流的极值点分布可以参照电压的极值点分布，故而加以略去。

5.1.1　无损线情况

始端接理想电压源、终端接阻抗性负载、长度为 l 的无损线分析模型如图 5.1.1 所示。本节将用终端电压电流表示传输线方程，因此可以不计始端电源的内阻抗，或者说用电压源 $\dot{U}_l$ 置换了含有内阻抗 Z_S 的始端电压源。这样使得分析和理解更加方便。

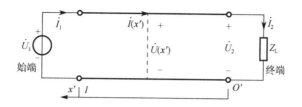

图 5.1.1　无损线分析模型

将坐标系原点设在终端，根据传输线理论，当已知终端边界条件时，与终端距离为 x' 处的电压相量有如下三种表示，分别使用了终端电压与电流、终端电流与终端阻抗、终端电压与终端阻抗：

$$\dot{U}(x') = \dot{U}_2 \cos(\beta x') + \mathrm{j} Z_\mathrm{c} \dot{I}_2 \sin(\beta x') \tag{5.1.1a}$$

$$\dot{U}(x') = \dot{I}_2 [Z_\mathrm{L} \cos(\beta x') + \mathrm{j} Z_\mathrm{c} \sin(\beta x')] \tag{5.1.1b}$$

$$\dot{U}(x') = \dot{U}_2 [\cos(\beta x') + \mathrm{j}(Z_\mathrm{c}/Z_\mathrm{L}) \sin(\beta x')] \tag{5.1.1c}$$

式中，$Z_\mathrm{c} = \sqrt{L_0/C_0}$，$\beta = \omega\sqrt{L_0 C_0}$，分别为传输线的特性阻抗和相位常数。

下面根据负载性质分情况加以讨论。

1.　负载为纯电阻情况

在电力传输或信号传输时，总是希望传输线的终端接入纯电阻性负载。对非纯电阻性负载，也要通过无功补偿或阻抗变换技术，使补偿或变换后的负载接近纯电阻性。因此设 $Z_\mathrm{L} = R_\mathrm{L}$，并令

$$Z_\mathrm{T} = R_\mathrm{L} \cos(\beta x') + \mathrm{j} Z_\mathrm{c} \sin(\beta x') \tag{5.1.2}$$

Z_T 为本节定义的"计算阻抗"。由式（5.1.1b）和式（5.1.2）得

$$U^2(x') = I_2^2 |Z_\mathrm{T}|^2 \tag{5.1.3}$$

式中，

$$|Z_\mathrm{T}|^2 = [R_\mathrm{L} \cos(\beta x')]^2 + [Z_\mathrm{c} \sin(\beta x')]^2 \tag{5.1.4}$$

显然，$|Z_\mathrm{T}|^2$ 的极值点就是 $U(x')$ 的极值点。为求 $|Z_\mathrm{T}|^2$ 的极值点，令

$$\frac{\partial |Z_\mathrm{T}|^2}{\partial(\beta x')} = 0$$

得

$$(Z_\mathrm{c}^2 - R_\mathrm{L}^2) \sin(2\beta x') = 0 \tag{5.1.5}$$

所以，在 $Z_\mathrm{c} \neq R_\mathrm{L}$ 条件下，极值点发生在 $\sin(2\beta x') = 0$ 处，将这样的位置记作 x_0'，则

$$x_0' = \frac{k\pi}{2\beta} = k \times \frac{\lambda}{4} \quad (k=1,2,3,\cdots) \tag{5.1.6}$$

根据二阶导数的符号，可以确定极值点的性质（极大值或极小值）：

$$\frac{\partial^2 |Z_T|^2}{\partial x'^2}\bigg|_{x'=x_0'} = 2\beta(Z_c^2 - R_L^2)\cos(2\beta x_0') \tag{5.1.7}$$

式中出现 $\cos(2\beta x_0')$ 表明，极大值点与极小值点在 x' 轴上交替出现，且相邻的极大值与极小值距离为 $\Delta x' = \lambda / 4$。$R_L < Z_c$ 时，终端必为极小值点；$R_L > Z_c$ 时，终端必为极大值点。此现象类似于驻波波腹和波节的分布规律。

仿真条件一：无损线，$L_0 = 5 \times 10^{-7}\,\text{H/m}$，$C_0 = 5 \times 10^{-11}\,\text{F/m}$，$U_1 = 220\text{V}$，$f = 100\text{kHz}$。

经计算，波长 $\lambda = 2000\text{m}$，波速 $v = 2 \times 10^8\,\text{m/s}$，特性阻抗 $Z_c = 100\Omega$，传播常数 $\gamma = \text{j}\beta = \text{j}3.1416 \times 10^{-3}\,\text{m}^{-1}$。负载电阻小于和大于特性阻抗时的极值点分布分别如图5.1.2（a）和（b）所示。

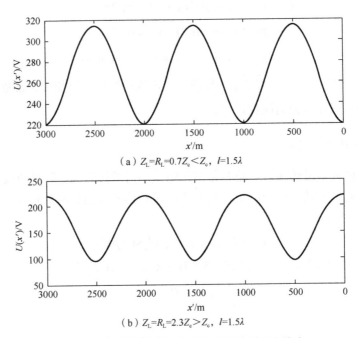

（a）$Z_L = R_L = 0.7Z_c < Z_c$，$l = 1.5\lambda$

（b）$Z_L = R_L = 2.3Z_c > Z_c$，$l = 1.5\lambda$

图5.1.2　无损线终端接电阻负载时的极值点分布

2. 对半波长电力传输的讨论

根据传输线理论，当无损线长度为 $l = \lambda / 2$ 时，从传输线始端看进去的等效阻抗为

$$Z_i(l) = Z_c \frac{Z_L + \text{j}Z_c\tan(\beta\lambda / 2)}{\text{j}R_L\tan(\beta l / 2) + Z_c} = Z_L = R_L$$

它等于终端所连接的负载阻抗，而与传输线的分布参数无关。从等效阻抗上看，这就像将负载（受电端）直接连接在始端（送电端）一样，只是受电端的电压和电流与送电端都是反相的。因此从理论上讲，电力传输能力不再受传输线分布参数影响，只受传输线绝缘和耐热影响。

在半波长电力传输中，沿线只有一个极值点，该点的电压值必须关心，因为该点要么是电压最大的位置，要么是电流最大的位置，是检验传输线能否过压或过流的依据。

取 $k=1$，由式（5.1.6）得这个极值点位置为

$$x'_0 = \frac{\lambda}{4} \tag{5.1.8}$$

依次代入式（5.1.4）和式（5.1.3）得该极值点电压为

$$U(\lambda/4) = I_2 Z_c = \frac{U_2}{R_L} Z_c = m U_2 \tag{5.1.9}$$

它是终端电压的 m 倍，其中

$$m = \frac{Z_c}{R_L} \tag{5.1.10}$$

根据式（5.1.7），该极值点的性质可用下式来判断：

$$\left. \frac{\partial^2 |Z_T|^2}{\partial x'^2} \right|_{x'=\lambda/4} = -2\beta(Z_c^2 - R_L^2) = d \tag{5.1.11}$$

（1）$R_L < Z_c$ 时，$d < 0$，x'_0 为极大值点，$m > 1$，$U(\lambda/4) > U_2$，且在半波长内沿线电压均大于终端电压。

（2）$R_L > Z_c$ 时，$d > 0$，x'_0 为极小值点，$m < 1$，$U(\lambda/4) < U_2$，且在半波长内沿线电压均小于终端电压。

负载电阻小于和大于特性阻抗时的极值点分布分别如图 5.1.3（a）和（b）所示。

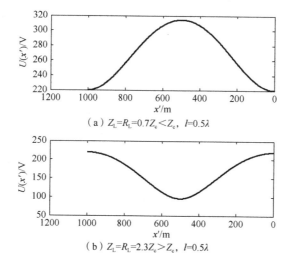

（a）$Z_L = R_L = 0.7 Z_c < Z_c$，$l = 0.5\lambda$

（b）$Z_L = R_L = 2.3 Z_c > Z_c$，$l = 0.5\lambda$

图 5.1.3 无损线半波长时的极值点分布

显然，$R_L = Z_c$ 是负载电阻关于极值点性质的分界值，此时线路电压有效值处处相等，不存在极值，并且传输自然功率。传输其他功率时，常与自然功率进行对比。自然功率为

$$P_n = U_2 I_2 = U_2^2 / Z_c = U_1^2 / Z_c \tag{5.1.12}$$

当 $R_L \neq Z_c$，且线长为半波长时，终端电压有效值等于始端电压有效值，但极性相反，因此传输的功率为

$$P_2 = U_2^2 / R_L = U_1^2 / R_L \tag{5.1.13}$$

所以功率和阻抗之间存在如下比值关系：

$$\frac{P_2}{P_n} = \frac{U_1^2 / R_L}{U_1^2 / Z_c} = \frac{Z_c}{R_L} \tag{5.1.14}$$

可见，半波长条件下，负载功率与自然功率之比等于特性阻抗与负载电阻之比。根据式（5.1.10），该比值也等于极值点电压与负载电压之比 m。

图 5.1.3（a）中，$m = \dfrac{Z_c}{R_L} = \dfrac{1}{0.7} \approx 1.4286$，与 $m = \dfrac{U_{max}}{U_2} = \dfrac{314.3V}{220V} \approx 1.4286$ 一致。

图 5.1.3（b）中，$m = \dfrac{Z_c}{R_L} = \dfrac{1}{2.3} \approx 0.4348$，与 $m = \dfrac{U_{min}}{U_2} = \dfrac{95.65V}{220V} \approx 0.4348$ 一致。

在半波长电力传输中，往往给定负载功率。根据式（5.1.14），由负载功率与自然功率的大小关系也可以判断极值点的性质：

（1）当 $P > P_n$，在 $x_0' = \lambda/4$ 处，$m > 1$，为极大值。
（2）当 $P < P_n$，则为极小值。

在研究电力系统半波长电力传输时，这些规律用来确定沿线电压与负载电压相比的过压倍数。

3. 负载为复阻抗情况

如果负载不能做到纯电阻性质，如何分析沿线电压极值点分布规律？

方法一：设负载复阻抗为 $Z_L = R_L + jX_L$，则根据式（5.1.1b），沿线电压可以表达成

$$\dot{U}(x') = \dot{I}_2[(R_L + jX_L)\cos(\beta x') + jZ_c \sin(\beta x')] = \dot{I}_2 Z_T$$

其中"计算阻抗"为

$$Z_T = R_L \cos(\beta x') + j[X_L \cos(\beta x') + Z_c \sin(\beta x')]$$
$$|Z_T|^2 = [R_L \cos(\beta x')]^2 + [X_L \cos(\beta x')]^2 + [Z_c \sin(\beta x')]^2 + 2X_L Z_c \cos(\beta x')\sin(\beta x')$$
$$= |Z_L|^2 \cos^2(\beta x') + Z_c^2 \sin^2(\beta x') + 2X_L Z_c \cos(\beta x')\sin(\beta x') \tag{5.1.15}$$

令 $\dfrac{\partial |Z_{\mathrm{T}}|^2}{\partial(\beta x')} = 0$ 得

$$-2|Z_{\mathrm{L}}|^2 \cos(\beta x')\sin(\beta x') + 2Z_{\mathrm{c}}^2 \sin(\beta x')\cos(\beta x') + 2X_{\mathrm{L}}Z_{\mathrm{c}}\cos(2\beta x') = 0$$

即

$$-|Z_{\mathrm{L}}|^2 \sin(2\beta x') + Z_{\mathrm{c}}^2 \sin(2\beta x') + 2X_{\mathrm{L}}Z_{\mathrm{c}}\cos(2\beta x') = 0 \tag{5.1.16}$$

因此，在极值点位置处满足下式：

$$\tan(2\beta x'_0) = \frac{2X_{\mathrm{L}}Z_{\mathrm{c}}}{|Z_{\mathrm{L}}|^2 - Z_{\mathrm{c}}^2} \tag{5.1.17}$$

将上述记作 $\tan\varphi$ ，则极值点坐标是

$$x'_0 = \frac{k\pi + \varphi}{2\beta} = k\frac{\lambda}{4} + \frac{\varphi}{2\beta} \quad (k = 0,1,2,3,\cdots) \tag{5.1.18}$$

它相当于把负载为纯电阻时的极值点平移了 $\Delta x' = \dfrac{\varphi}{2\beta}$ 的距离。

为求电压极值，先计算 $|Z_{\mathrm{T}}|^2$ ：

$$
\begin{aligned}
|Z_{\mathrm{T}}|^2\big|_{x'=x'_0} &= |Z_{\mathrm{L}}|^2 \cos^2(\beta x'_0) + Z_{\mathrm{c}}^2 \sin^2(\beta x'_0) + X_{\mathrm{L}}Z_{\mathrm{c}}\sin(2\beta x'_0) \\
&= |Z_{\mathrm{L}}|^2 \times \frac{1+\cos(2\beta x'_0)}{2} + Z_{\mathrm{c}}^2 \times \frac{1-\cos(2\beta x'_0)}{2} + X_{\mathrm{L}}Z_{\mathrm{c}}\sin(2\beta x'_0) \\
&= \frac{1}{2}(|Z_{\mathrm{L}}|^2 + Z_{\mathrm{c}}^2) + \frac{1}{2}(|Z_{\mathrm{L}}|^2 - Z_{\mathrm{c}}^2)\cos(2\beta x'_0) + X_{\mathrm{L}}Z_{\mathrm{c}}\sin(2\beta x'_0)
\end{aligned} \tag{5.1.19}
$$

为求上式的余弦和正弦函数值，根据式（5.1.17），构造图 5.1.4 所示的直角三角形。

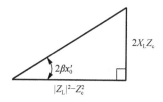

图 5.1.4 阻抗关系三角形

由此三角形求得 $2\beta x'_0$ 的余弦值和正弦值分别为

$$\cos(2\beta x'_0) = \frac{|Z_{\mathrm{L}}|^2 - Z_{\mathrm{c}}^2}{\sqrt{(|Z_{\mathrm{L}}|^2 - Z_{\mathrm{c}}^2)^2 + (2X_{\mathrm{L}}Z_{\mathrm{c}})^2}} \tag{5.1.20}$$

$$\sin(2\beta x'_0) = \frac{2X_{\mathrm{L}}Z_{\mathrm{c}}}{\sqrt{(|Z_{\mathrm{L}}|^2 - Z_{\mathrm{c}}^2)^2 + (2X_{\mathrm{L}}Z_{\mathrm{c}})^2}} \tag{5.1.21}$$

代入式（5.1.19）便得

$$
\begin{aligned}
\mid Z_{\mathrm{T}}\mid^2_{x'=x'_0} &= \frac{1}{2}(\mid Z_{\mathrm{L}}\mid^2 + Z_{\mathrm{c}}^2) + \frac{0.5(\mid Z_{\mathrm{L}}\mid^2 - Z_{\mathrm{c}}^2)^2 + 2(X_{\mathrm{L}}Z_{\mathrm{c}})^2}{\sqrt{(\mid Z_{\mathrm{L}}\mid^2 - Z_{\mathrm{c}}^2)^2 + (2X_{\mathrm{L}}Z_{\mathrm{c}})^2}} \\
&= \frac{1}{2}(\mid Z_{\mathrm{L}}\mid^2 + Z_{\mathrm{c}}^2) + \frac{0.5[(\mid Z_{\mathrm{L}}\mid^2 - Z_{\mathrm{c}}^2)^2 + (2X_{\mathrm{L}}Z_{\mathrm{c}})^2]}{\sqrt{(\mid Z_{\mathrm{L}}\mid^2 - Z_{\mathrm{c}}^2)^2 + (2X_{\mathrm{L}}Z_{\mathrm{c}})^2}} \quad\quad (5.1.22) \\
&= \frac{1}{2}(\mid Z_{\mathrm{L}}\mid^2 + Z_{\mathrm{c}}^2) + \frac{1}{2}\sqrt{(\mid Z_{\mathrm{L}}\mid^2 - Z_{\mathrm{c}}^2)^2 + (2X_{\mathrm{L}}Z_{\mathrm{c}})^2}
\end{aligned}
$$

因此极值的平方为

$$
U^2(x'_0) = I_2^2 \mid Z_{\mathrm{T}}\mid^2 = \frac{U_2^2}{\mid Z_{\mathrm{L}}\mid^2} \times \mid Z_{\mathrm{T}}\mid^2 = m^2 U_2^2 \quad\quad (5.1.23)
$$

式中，极值电压比为

$$
m = \frac{\mid Z_{\mathrm{T}}\mid}{\mid Z_{\mathrm{L}}\mid} \quad\quad (5.1.24)
$$

当 $X_{\mathrm{L}} = 0$，即负载蜕变到纯电阻 R_{L} 情况，则式（5.1.23）变成

$$
U^2(x'_0) = \frac{U_2^2}{\mid Z_{\mathrm{L}}\mid^2} \times \left[\frac{1}{2}(\mid Z_{\mathrm{L}}\mid^2 + Z_{\mathrm{c}}^2) - \frac{1}{2}(\mid Z_{\mathrm{L}}\mid^2 - Z_{\mathrm{c}}^2)\right] = \frac{U_2^2}{R_{\mathrm{L}}^2} \times Z_{\mathrm{c}}^2 \quad\quad (5.1.25)
$$

仿真分析：利用仿真条件一，选择负载复阻抗 $Z_{\mathrm{L}} = (120 + \mathrm{j}30)\Omega$。经计算，

$$
\tan(2\beta x'_0) = \frac{2X_{\mathrm{L}}Z_{\mathrm{c}}}{\mid Z_{\mathrm{L}}\mid^2 - Z_{\mathrm{c}}^2} = 1.132, \quad x'_0 \approx 130.85\mathrm{m}
$$

极值点分布如图 5.1.5 所示。

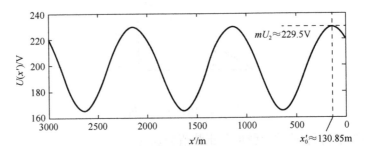

图 5.1.5　负载为复阻抗时的极值点分布（$l = 1.5\lambda$）

距终端最近的极大值电压为 229.5V，终端电压为 220V，二者比值为

$$
\frac{229.5\mathrm{V}}{220\mathrm{V}} \approx 1.043
$$

与下式用阻抗计算的极值电压比一致：

$$m = \frac{|Z_T|}{|Z_L|} \approx 1.043$$

方法二： 首先用虚拟无损线与纯电阻的连接来等效复阻抗，如图 5.1.6 所示，图中 x_a 为虚拟无损线长度。然后就可以使用本小节的有关结论。下面计算图 5.1.6 中的 $\tan(\beta x_a)$ 和电阻 R'_L。

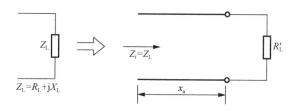

图 5.1.6　用终端接电阻的虚拟无损线等效终端复阻抗

令

$$Z_i(x_a) = Z_c \frac{R'_L + jZ_c \tan(\beta x_a)}{jR'_L \tan(\beta x_a) + Z_c} = R_L + jX_L \tag{5.1.26}$$

再设 $h = \tan(\beta x_a)$，则得

$$Z_c(R'_L + jZ_c h) = (R_L + jX_L)(Z_c + jR'_L h) \tag{5.1.27}$$

分离成实部和虚部两个方程得

$$\begin{cases} Z_c R'_L + X_L R'_L h = R_L Z_c \\ Z_c^2 h = R_L R'_L h + X_L Z_c \end{cases} \tag{5.1.28}$$

由上面方程解出 R'_L 为

$$R'_L = \frac{R_L Z_c}{Z_c + X_L h} \tag{5.1.29}$$

再代入下面方程得到关于 h 的一元二次方程：

$$Ah^2 + Bh - A = 0 \tag{5.1.30}$$

式中，$A = Z_c X_L$；$B = Z_c^2 - |Z_L|^2$。

由式（5.1.30）求出

$$h = \frac{-B \pm \sqrt{B^2 + 4A^2}}{2A} = \tan(\beta x_a) \tag{5.1.31}$$

因此等效条件是

$$\begin{cases} \tan(\beta x_a) = \dfrac{-B \pm \sqrt{4A^2 + B^2}}{2A} \\ R_L' = \dfrac{R_L Z_c}{Z_c + X_L \tan(\beta x_a)} \end{cases} \quad (5.1.32)$$

保留根号前的正号，以使 x_a 为正值。

与终端接电阻情况一样，需要分析半波长时负载功率对极值点电压的影响。仍然以自然功率为参照。由于无损线自然功率

$$P_n = U_2^2 / Z_c$$

且半波长时负载电压与传输自然功率时负载电压相等，因此负载的视在功率为

$$S_L = U_2^2 / |Z_L| \quad (5.1.33)$$

代入式（5.1.24）得极值电压比为

$$m = \frac{|Z_T|}{|Z_L|} = \frac{S_L}{P_n} \times \frac{|Z_T|}{Z_c} \quad (5.1.34)$$

式中，$|Z_T|$ 的值由式（5.1.22）给出。

仿真分析：使用仿真条件一的无损线，负载阻抗选择 $Z_L = (120 + j30)\Omega$，$l = 1.5\lambda$。经计算得

$$\begin{cases} \tan(\beta x_a) \approx 2.2176 \\ x_a \approx 365.2\text{m} \\ R_L' = \dfrac{R_L Z_c}{Z_c + X_L \tan(\beta x_a)} \approx 72.06\Omega < Z_c \end{cases}$$

按照虚拟延长线绘制的电压极值点分布如图 5.1.7 所示。根据延长后的传输线算得

$$m = \frac{Z_c}{R_L'} \approx 1.3877$$

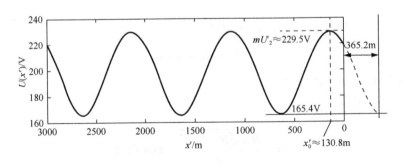

图 5.1.7 使用延长传输线获得的极值点分布

而延长后的负载电压为 $U_2' \approx 165.39\mathrm{V}$，所以极值点电压为

$$mU_2' = 1.3877 \times 165.39\mathrm{V} \approx 229.5\mathrm{V}$$

它是距终端最近的极大值电压。以上验证了方法二的正确性。

5.1.2 有损线接复阻抗情况

当有损线终端接复阻抗时，沿线电压分布可以逐步写成

$$
\begin{aligned}
\dot{U}(x') &= \dot{U}_2\left[\cosh(\gamma x') + \frac{Z_c}{Z_L}\sinh(\gamma x')\right]\\
&= \dot{U}_2[\cosh(\gamma x') + \tanh\sigma\sinh(\gamma x')]\\
&= \dot{U}_2\frac{\cosh(\gamma x')\cosh\sigma + \sinh\sigma\sinh(\gamma x')}{\cosh\sigma}\\
&= \dot{U}_2\frac{\cosh(\gamma x' + \sigma)}{\cosh\sigma}
\end{aligned}
\tag{5.1.35}
$$

式中，$\tanh\sigma = Z_c/Z_L$；$\sigma = \sigma_r + \mathrm{j}\sigma_x$，本节称 σ 为偏移常数。因为 $\cosh\sigma$ 与位置无关，所以电压有效值的分布曲线形状与 $|\cosh(\gamma x' + \sigma)|$ 相似。

另外，有损线终端开路时沿线电压为

$$\dot{U}(x') = \dot{U}_{20}\cosh(\gamma x') \tag{5.1.36}$$

可见，有载时电压有效值的分布规律与空载时是相似的，它可以通过对开路时的电压分布施加偏移和比例变换来得到。

为分析极值点分布规律，利用下述数学关系：

$$
\begin{aligned}
|\cosh(\gamma x' + \sigma)|^2 &= |\cosh[(\alpha x' + \sigma_r) + \mathrm{j}(\beta x' + \sigma_x)]|^2\\
&= 0.5\{\cosh[2(\alpha x' + \sigma_r)] + \cos[2(\beta x' + \sigma_x)]\}
\end{aligned}
$$

函数 $\cosh[2(\alpha x' + \sigma_r)]$ 按照指数规律随 x' 增加而单调增加，而 $\cos[2(\beta x' + \sigma_x)]$ 随 x' 按余弦规律周期变化，所以极值点发生在 $\cos[2(\beta x' + \sigma_x)]$ 的极值点处，故极大值位置和极小值位置分别如下。

极大值位置：

$$\cos[2(\beta x' + \sigma_x)] = 1$$

$$2(\beta x_0' + \sigma_x) = 2k\pi \quad (k = 1, 2, 3, \cdots)$$

即

$$x_0' = \frac{k\pi}{\beta} + \Delta x' = k \times \frac{\lambda}{2} + \Delta x' \tag{5.1.37}$$

式中，

$$\Delta x' = -\frac{\sigma_x}{\beta} \tag{5.1.38}$$

$k=1$ 时，$x_0' = \frac{\lambda}{2} + \Delta x'$，临近半波长位置，比终端开路情况平移了 $\Delta x'$。

极小值位置：

$$\cos[2(\beta x' + \sigma_x)] = -1$$

$$2(\beta x_0' + \sigma_x) = (2k+1)\pi \quad (k=0,1,2,3,\cdots)$$

即

$$x_0' = \frac{(2k+1)\pi}{2\beta} - \frac{\sigma_x}{\beta} = k \times \frac{\lambda}{2} + \frac{\lambda}{4} + \Delta x' \tag{5.1.39}$$

$k=0$ 时，$x_0' = \frac{\lambda}{4} + \Delta x'$，临近四分之一波长位置，比终端开路情况平移了 $\Delta x'$。

根据上述对比分析，偏移常数 σ 在影响极值点位置方面作用特殊，σ 取决于特性阻抗与负载阻抗之比。另外，终端反射系数 N 也取决于负载阻抗和特性阻抗之比，因此可以建立 σ 与 N 之间的联系。为此，根据反双曲函数公式，偏移常数通过下式与反射系数相联系：

$$\sigma = \operatorname{artanh}\frac{Z_c}{Z_L} = \frac{1}{2}\ln\frac{Z_L + Z_c}{Z_L - Z_c} = -\frac{1}{2}\ln N = -\ln\sqrt{N} \tag{5.1.40}$$

如果将 N 写成指数形式，即 $N = A_N \mathrm{e}^{\mathrm{j}\varphi_N}$，还可以得到另一种联系：

$$\sigma = -\frac{1}{2}(\ln A_N + \mathrm{j}\varphi_N) = \sigma_r + \mathrm{j}\sigma_x \tag{5.1.41}$$

$$\sigma_r = -\frac{\ln A_N}{2}, \quad \sigma_x = -\frac{\varphi_N}{2} \tag{5.1.42}$$

所以，相对于终端开路情况，接复阻抗时，极值点的平移距离可以由终端反射系数 N 的辐角来确定：

$$\Delta x' = -\frac{\sigma_x}{\beta} = \frac{\varphi_N}{2\beta} \tag{5.1.43}$$

仿真条件二：有损线，$R_0 = 2\times10^{-3}\,\Omega/\mathrm{m}$，$L_0 = 5\times10^{-7}\,\mathrm{H/m}$，$G_0 = 10^{-9}\,\mathrm{S/m}$，$C_0 = 5\times10^{-11}\,\mathrm{F/m}$，负载阻抗 $Z_L = (120+\mathrm{j}30)\,\Omega$，线长 $l=1.5\lambda$。

计算得到偏移常数 $\sigma \approx 0.9051 - \mathrm{j}0.4268$，反射系数 $N \approx 0.1075 + \mathrm{j}0.1233 \approx$

$0.1636e^{j0.8535}$。位移量 $\Delta x' = -\dfrac{\sigma_x}{\beta} = \dfrac{\varphi_N}{2\beta} \approx 135.8\mathrm{m}$。电压极值点分布如图 5.1.8 所示,图中标注了偏移量 $\Delta x'$。

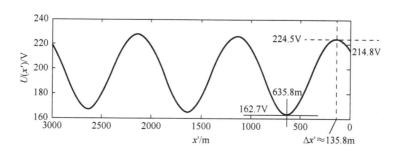

图 5.1.8 有损线终端接复阻抗时电压极值点分布

再做以下几点讨论。

1. 有损无畸变线情况

无畸变线(电压、电流行波在行进中不发生畸变)可以是有损线,但其特性阻抗为实数:

$$Z_c = \sqrt{L_0 / C_0} = \sqrt{R_0 / G_0}$$

因此,当负载为电阻且大于特性阻抗时,反射系数为正实数,$\varphi_N = 0$,极值点平移距离 $\Delta x' = 0$,极值点的位置分布与终端开路时完全相同。当负载电阻小于特性阻抗时,反射系数为负实数,$\varphi_N = \pi$,$\Delta x' = \dfrac{\varphi_N}{2\beta} = \dfrac{\lambda}{4}$,平移距离为四分之一波长,所以极值点分布与终端短路时完全相同。

仿真条件三:有损无畸变线,$R_0 = 2 \times 10^{-3}\,\Omega/\mathrm{m}$,$L_0 = 5 \times 10^{-7}\,\mathrm{H/m}$,$G_0 = 2 \times 10^{-7}\,\mathrm{S/m}$,$C_0 = 5 \times 10^{-11}\,\mathrm{F/m}$。满足无畸变线条件 $R_0 / G_0 = L_0 / C_0$。

负载电阻小于和大于特性阻抗时的极值点分布分别如图 5.1.9(a)和(b)所示,其中图 5.1.9(a)的极值点的分布规律与终端短路时相同,图 5.1.9(b)则与终端开路时相同。

2. 负载阻抗与特性阻抗共轭相等情况

设负载阻抗 $Z_L = |Z_L|e^{j\varphi_L} = R_L + jX_L$ 与 Z_c 共轭,因实际传输线的 Z_c 一般为弱容性,所以 Z_L 为弱感性,即 $\varphi_L > 0$。反射系数为

$$N = \frac{Z_L - Z_c}{Z_L + Z_c} = \frac{j2X_L}{2R_L} = \frac{X_L}{R_L}e^{j\pi/2} = A_N e^{j\varphi_N} \tag{5.1.44}$$

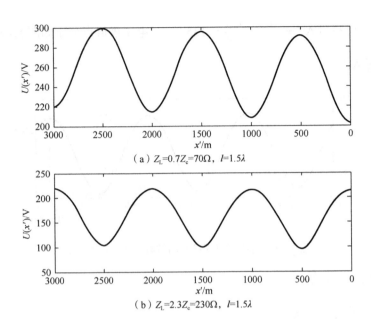

(a) $Z_L=0.7Z_c=70\Omega$，$l=1.5\lambda$

(b) $Z_L=2.3Z_c=230\Omega$，$l=1.5\lambda$

图 5.1.9　有损无畸变线终端接电阻时的极值点分布

与终端开路相比，极值点的位移量为

$$\Delta x' = \frac{\varphi_N}{2\beta} = \frac{\pi/2}{2\beta} = \frac{\lambda}{8} \tag{5.1.45}$$

这时的位移量是个固定的常量。图 5.1.10 是仿真结果，图中标注了偏移量 $\Delta x'$。

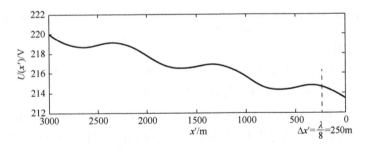

图 5.1.10　负载阻抗与特性阻抗共轭（$Z_L = Z_c^*$）条件下的极值点分布

3. 负载阻抗 $Z_L = kZ_c$，k 为实数情况

此时反射系数为

$$N = \frac{kZ_c - Z_c}{kZ_c + Z_c} = \frac{k-1}{k+1} \tag{5.1.46}$$

由此可以得出结论：$0 < k < 1$ 时，反射系数为负实数，$\varphi_N = \pi$，极值点分布与终端

短路相同；$k>1$ 时，反射系数为正实数，$\varphi_N=0$，极值点分布与终端开路相同。$k=0.7$ 和 $k=1.2$ 时的电压极值点分布分别如图 5.1.11（a）和（b）所示。

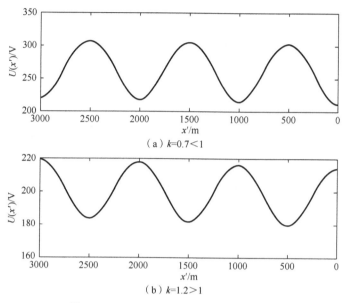

（a）$k=0.7<1$

（b）$k=1.2>1$

图 5.1.11 $Z_L=kZ_c$ 条件下的极值点分布

4. 极值电压倍数分析

定义极值点电压有效值与始端电压或终端电压有效值之比为"极值电压倍数"，分别用符号 m_1 和 m_2 表示。

根据式（5.1.35），极值点电压为

$$\dot{U}(x_0')=\dot{U}_2\frac{\cosh(\gamma x_0'+\sigma)}{\cosh\sigma} \tag{5.1.47}$$

所以极值电压倍数 m_2 为

$$
\begin{aligned}
m_2 &=\frac{U(x_0')}{U_2}=\frac{|\cosh(\gamma x_0'+\sigma)|}{|\cosh\sigma|}\\[2mm]
&=\frac{\sqrt{0.5\{\cosh 2[\alpha x_0'+\sigma_r]+\cos[2(\beta x_0'+\sigma_x)]\}}}{|\cosh\sigma|}\\[2mm]
&=\frac{\sqrt{0.5\{\cosh[2(\alpha x_0'+\sigma_r)]\pm1\}}}{|\cosh\sigma|}
\end{aligned}
\tag{5.1.48}
$$

上述 ±1 分别对应极大值和极小值。

终端电压是由始端传输过来的，令式（5.1.35）中 $x'=l$，便得始端电压为

$$\dot{U}_1=\dot{U}_2\frac{\cosh(\gamma l+\sigma)}{\cosh\sigma} \tag{5.1.49}$$

因此，与始端电压之比的极值电压倍数 m_1 为

$$m_1 = \frac{U(x_0')}{U_1} = \frac{|\cosh(\gamma x_0' + \sigma)|}{|\cosh(\gamma l + \sigma)|} = \frac{\sqrt{0.5\{\cosh[2(\alpha x_0' + \sigma_r)] \pm 1\}}}{|\cosh(\gamma l + \sigma)|} \quad (5.1.50)$$

仿真分析：使用仿真条件二，计算极值电压倍数 m_1 和 m_2，

$$m_2^{\max} = \frac{\sqrt{0.5\{\cosh[2(\alpha x_0' + \sigma_r)] + 1\}}}{|\cosh\sigma|} \approx 1.045 \approx \frac{224.5}{214.8}$$

$$m_2^{\min} = \frac{\sqrt{0.5\{\cosh[2(\alpha x_0' + \sigma_r)] - 1\}}}{|\cosh\sigma|} \approx 0.7572 \approx \frac{162.7}{214.8}$$

$$m_1^{\max} = \frac{\sqrt{0.5\{\cosh[2(\alpha x_0' + \sigma_r)] + 1\}}}{|\cosh(\gamma l + \sigma)|} \approx 1.021 \approx \frac{224.5}{220}$$

$$m_1^{\min} = \frac{\sqrt{0.5\{\cosh[2(\alpha x_0' + \sigma_r)] - 1\}}}{|\cosh(\gamma l + \sigma)|} \approx 0.7394 \approx \frac{162.7}{220}$$

5.1.3　极值点分布的统一表述

根据上述对多种情况的分析和验证可以看出，无论是有损线还是无损线，以及终端接何种性质负载，它们的极值点分布都是在终端开路时或短路时极值点分布基础上产生一个位移量，该位移量由终端反射系数的辐角 φ_N 来确定，可统一表述为

$$\Delta x' = \frac{\varphi_N}{2\beta} \quad (5.1.51)$$

例如：

（1）无损线终端接电阻，当 $R_L > Z_c$ 时，反射系数 N 为正实数，$\varphi_N = 0$，$\Delta x' = 0$，极值点分布与终端开路时相同。

（2）无损线终端接电阻，当 $R_L < Z_c$ 时，反射系数 N 为负实数，$\varphi_N = \pi$，极值点相对终端开路情况位移了 $\Delta x' = \pi/(2\beta) = \lambda/4$，也就是说极值点分布与终端短路时相同。

（3）无损线终端接复阻抗 Z_L，反射系数为

$$N = \frac{(R_L - Z_c) + jX_L}{(R_L + Z_c) + jX_L} = A_N e^{j\varphi_N} \quad (5.1.52)$$

其中，

$$\tan\varphi_N = \frac{2X_L Z_c}{|Z_L|^2 - Z_c^2} \quad (5.1.53)$$

上式就是式（5.1.17），φ_N 就是式（5.1.18）中的 φ。

（4）对有损线的各种情况，在 5.1.2 小节已做分析，结果均可由反射系数的辐角来确定极值点的分布。

5.1.4　已知负载复功率确定负载阻抗的方法

在传输线方程中，常用始端或终端的电压与电流来描述沿线分布。在给定终端阻抗时，可以通过计算始端输入阻抗来获得始端电压与电流，进而得到终端电压与电流。而在电力传输中，常常给定的是终端负载的复功率，因此，需要根据负载复功率、传输线参数和始端电压，计算出负载的复阻抗。

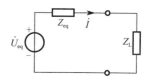

将负载以外的传输线电路用戴维南定理等效成图 5.1.12 所示的简单集中参数电路，其中电压源电压（终端开路电压）$\dot{U}_{eq}$、等效阻抗 Z_{eq} 分别为

图 5.1.12　计算复阻抗 Z_L 的等效电路

$$\begin{cases} \dot{U}_{eq} = \dfrac{\dot{U}_1}{\cosh(\gamma l)} \\ Z_{eq} = Z_c \tanh(\gamma l) = R_{eq} + jX_{eq} \end{cases} \quad (5.1.54)$$

负载复功率记作 $\tilde{S} = P + jQ$。待求量是负载复阻抗 $Z_L = R_L + jX_L$。

方法一：数值计算法

基本原理是建立非线性方程组，然后迭代求解。用阻抗和电流计算负载复功率的表达式为

$$I^2 Z_L = I^2 (R_L + jX_L) = P + jQ \quad (5.1.55)$$

分离有功功率和无功功率，得到如下简单潮流方程：

$$\begin{cases} I^2 R_L - P = 0 \\ I^2 X_L - Q = 0 \end{cases} \quad (5.1.56)$$

由此得到如下用于迭代的非线性方程组：

$$\begin{cases} f_1(R_L, X_L) = I^2 R_L - P \\ f_2(R_L, X_L) = I^2 X_L - Q \end{cases} \quad (5.1.57)$$

为迭代求解，需建立如下所示雅可比矩阵：

$$\boldsymbol{J} = \begin{bmatrix} \dfrac{\partial f_1}{\partial R_L} & \dfrac{\partial f_1}{\partial X_L} \\ \dfrac{\partial f_2}{\partial R_L} & \dfrac{\partial f_2}{\partial X_L} \end{bmatrix} \quad (5.1.58)$$

式中,

$$\begin{cases} \dfrac{\partial f_1}{\partial R_L} = 2IR_L\dfrac{\partial I}{\partial R_L} + I^2 \\[3mm] \dfrac{\partial f_1}{\partial X_L} = 2IR_L\dfrac{\partial I}{\partial X_L} \end{cases}$$ (5.1.59)

$$\begin{cases} \dfrac{\partial f_2}{\partial R_L} = 2IX_L\dfrac{\partial I}{\partial R_L} \\[3mm] \dfrac{\partial f_2}{\partial X_L} = 2IX_L\dfrac{\partial I}{\partial X_L} + I^2 \end{cases}$$ (5.1.60)

因此需要计算电流有效值分别对 R_L 和 X_L 的灵敏度(偏导数)。由

$$I = \frac{U_{eq}}{|Z_{eq} + Z_L|} = yU_{eq}$$ (5.1.61)

得

$$\begin{cases} \dfrac{\partial I}{\partial R_L} = -U_{eq}y^3(R_{eq} + R_L) \\[3mm] \dfrac{\partial I}{\partial X_L} = -U_{eq}y^3(X_{eq} + X_L) \end{cases}$$ (5.1.62)

将式(5.1.62)代入式(5.1.59)和式(5.1.60)便可获得雅可比矩阵,接下来就可进行迭代求解,例如使用牛顿-拉弗森法。非线性方程组(5.1.57)有多解,而牛顿-拉弗森法对给定的初始值只能收敛到其中一组解上。

方法二:解析计算法

因为图 5.1.12 所示电路较简单,可以用解析方法获得公式解。因为

$$\begin{cases} I^2 = \dfrac{U_{eq}^2}{(R_{eq} + R_L)^2 + (X_{eq} + X_L)^2} \\[3mm] P = I^2R_L, \quad Q = I^2X_L, \quad X_L = \dfrac{Q}{P}R_L \end{cases}$$ (5.1.63)

再令

$$\begin{cases} A = 1 + (Q/P)^2 \\ B = 2R_{eq} + 2X_{eq}(Q/P) - U_{eq}^2/P \\ C = |Z_{eq}|^2 \end{cases}$$ (5.1.64)

得到

$$AR_L^2 + BR_L + C = 0$$ (5.1.65)

将 R_L 的解再代入式（5.1.63）中最后一方程，得到所求复阻抗实部与虚部：

$$\begin{cases} R_L = \dfrac{-B \pm \sqrt{B^2 - 4AC}}{2A} \\ X_L = (Q/P)R_L \end{cases} \quad (5.1.66)$$

上式存在两个满足功率条件的阻抗值，其中取减号时，对应的传输效率较低，应舍去。

仿真分析：传输线参数如仿真条件二，此外，设给定负载的平均功率和无功功率分别为 $P = 230\,\mathrm{W}$，$Q = 70\,\mathrm{var}$。

等效电路参数计算结果为

$$\dot{U}_{eq} = 219.9\mathrm{Ve}^{-\mathrm{j}3.1416}$$

$$Z_{eq} = (3.014 - \mathrm{j}9.546 \times 10^{-3})\Omega$$

按照方法一或方法二计算负载阻抗，二者计算结果完全一致，都得到两个值：① $Z_L = (186.9 + \mathrm{j}56.87)\Omega$，对应传输效率 $\eta = 92.63\%$，保留该计算值；② $Z'_L = (44.50 + \mathrm{j}13.54) \times 10^{-3}\Omega$，对应传输效率 $\eta' = 1.45\%$，效率太低故应被舍去。

5.1.5　结语

在均匀传输线已有教学内容基础上适度延伸，例如讨论沿线电压、电流有效值的极值点分布问题，在教学上具有"高阶性"和"挑战度"，在理论上可以丰富均匀传输线的研究内容，在实践上可以指导均匀传输线的设计与评估。

§5.2　用相图理解均匀传输线

 导　读

在研究或应用传输线时，常常要关心电压相量、电流相量、输入阻抗等电气量的沿线分布情况。由于这些量都是复数，因此在以长度为横轴的坐标系中，一条曲线只能显示复数的模或复数的辐角。如果要同时观察模和辐角随位置的变化情况，就不得不同时对照查看两条曲线。不仅如此，在这样的坐标系中，不易看出线长为多个波长时的分布规律，因为交替变化的波形此时会变得很密集。

虽然用计算机程序可以很容易地获得传输线电气量的数值，但是单纯的数值不易看出相互联系和变化趋势。人在认识事物时，图形往往比数值更易理解和记忆。因此，人们常常希望将数值结果用某种图形展示出来。

在计算机数值计算得到普及之前，在研究传输线时，人们发明了史密斯圆图。该图用一系列圆的交点来直观地表示反射系数和归一化输入阻抗之间的关系，从而减少了对计算尺的依赖。

本节用相图[3]来观察传输线复数形式的电气量沿线的分布情况。所谓相图是指二维复平面上的几何图形，横轴代表电气量的实部，纵轴代表虚部，传输线位置变量作为相图的参变量。一个复的电气量值，对应复平面上的一个确定点。这种相图的特点是：①同时观察复电气量的模和辐角（或实部与虚部），且对角度的观察完全等同于平面几何看图，而不是观察曲线的纵坐标值，因此更直观，更易理解、想象和记忆；②全局性强，包含信息多，演变规律清晰；③相图形状优美（圆、椭圆、螺旋线等）；④在一幅面积较小的图像中，就能展示多个波长内电气量的分布情况；⑤由于实部和虚部来自同一电气量，因此横轴与纵轴的刻度尺可以完全相同，这使得相图的几何意义更加直观；⑥培养学生从不同角度认识事物的意识和能力。

本节所涉及的电气量包括电压、电流、复功率、反射系数、输入阻抗，它们都是复数。

5.2.1 电压相图与电流相图

1. 无损线情况

虽然在数值计算上，无损线完全可以看作是有损线的特例而无须重新编写计算程序，但在概念上和现象上，无损线与有损线却存在重要差异，即所谓量变到质变规律。

在相图分析中，用终端电压和电流表述电压、电流的沿线分布更为方便。为此，本节采取的方法是，先以始端电压 $\dot{U}_1$ 为参考相量，计算出终端电压 $\dot{U}_2$。然后再将计算出的终端电压设为参考相量，并求出相应的终端电流。此外，还选择终端为位置坐标的原点，方向是从终端指向始端，如图 5.2.1 所示。在这样的前提下，针对无损线，能够从电压、电流相量表达式中很容易地分离出相量的实部和虚部表达式。

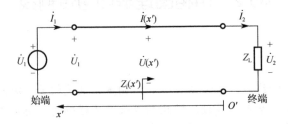

图 5.2.1　均匀传输线参考方向和坐标轴的选择

例如，终端接纯电阻时，$\dot{I}_2$ 与 $\dot{U}_2$ 同相且均为实数，因此无损线沿线电压可以简单地写成如下直角坐标形式：

$$
\begin{aligned}
\dot{U}(x') &= \dot{U}_2 \cos(\beta x') + jZ_c \dot{I}_2 \sin(\beta x') \\
&= U_2 \cos(\beta x') + jZ_c I_2 \sin(\beta x') = U_r + jU_x
\end{aligned}
\tag{5.2.1}
$$

式中实部与虚部分别为

$$
\begin{cases}
U_r = U_2 \cos(\beta x') \\
U_x = Z_c I_2 \sin(\beta x')
\end{cases}
\tag{5.2.2}
$$

当以 x' 为参变量时，可以证明电压相量的实部 U_r 和虚部 U_x 刚好满足如下椭圆方程：

$$\left(\frac{U_r}{U_2}\right)^2 + \left(\frac{U_x}{Z_c I_2}\right)^2 = 1 \tag{5.2.3}$$

当 $Z_L > Z_c$ 时，$U_2 > Z_c I_2$，椭圆长轴在实轴上；当 $Z_L < Z_c$ 时，$U_2 < Z_c I_2$，椭圆长轴在虚轴上；当 $Z_L = Z_c$（匹配）时，电压相图变成圆，圆心位于坐标系原点，半径为 U_2。

对电流可做类似分析：

$$\dot{I}(x') = \dot{I}_2 \cos(\beta x') + j\frac{\dot{U}_2}{Z_c}\sin(\beta x') = I_r + jI_x \tag{5.2.4}$$

$$\left(\frac{I_r}{I_2}\right)^2 + \left(\frac{I_x}{U_2/Z_c}\right)^2 = 1 \tag{5.2.5}$$

电流椭圆相图长轴出现规律与电压相图刚好对调，即当电流椭圆长轴出现在实轴上时，电压椭圆的长轴出现在虚轴上。这种长轴位置的区别，恰好印证了电压较大的地方电流较小的沿线变动规律。

为绘制相图，选定某无损线，参数如下：$L_0 = 5\times10^{-7}\,\text{H/m}$，$C_0 = 5\times10^{-11}\,\text{F/m}$，频率 $f = 200\text{kHz}$。为便于理解，将始端电压设定为 $U_1 = 220\text{V}$。

经计算，特性阻抗 $Z_c = \sqrt{L_0/C_0} = 100\Omega$，传播常数 $\gamma = j\omega\sqrt{L_0C_0} = j\beta = j6.2832\times10^{-3}\text{m}^{-1}$，相速 $v = 1/\sqrt{L_0C_0} = 2\times10^8\,\text{m/s}$，波长 $\lambda = v/f = 2\pi/\beta = 10^3\,\text{m}$。

（1）负载为纯电阻。

选择 $Z_L = 3.3Z_c > Z_c$，绘制电压相图与电流相图，分别如图 5.2.2 和图 5.2.3 所示。图中轮辐状有向线段表示距终端 x' 处的电压或电流相量，位置 x' 以 $d = \lambda/12$ 为前进步长。

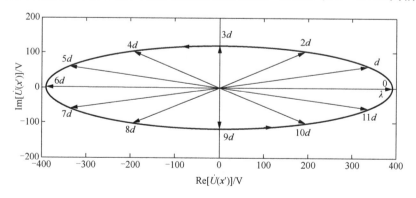

图 5.2.2　无损线电压的相图（负载为纯电阻，$Z_L = 3.3Z_c$）

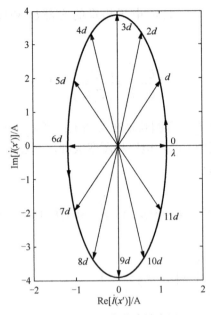

图 5.2.3　无损线电流的相图（负载为纯电阻，$Z_L = 3.3Z_c$）

（2）负载为感性复阻抗。

为使用（1）中的分析方法，将终端复阻抗用终端接纯电阻的一段无损线来等效，如图 5.2.4 所示。

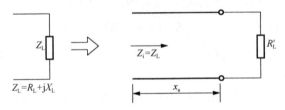

图 5.2.4　用终端接电阻的无损线等效复阻抗的过程

线长 x_a 和电阻 R_L' 按如下公式计算（过程从略）：

$$\begin{cases} \tan(\beta x_a) = \dfrac{-B \pm \sqrt{4A^2 + B^2}}{2A} \\ R_L' = \dfrac{R_L Z_c}{Z_c + X_L \tan(\beta x_a)} \end{cases} \tag{5.2.6}$$

式中，$A = Z_c X_L$；$B = Z_c^2 - |Z_L|^2$。

　　根据（1）中的分析，当以等效电阻 R_L' 的位置为长度起点，以该电阻电压为参考相量，则电压相图是关于坐标轴对称的椭圆，但这时实际传输线的终点电压 $\dot{U}_2$ 的相位不是 0°，假设是 ψ_2。如果人为地再将终点电压 $\dot{U}_2$ 选为参考相量，这便相当于将上述椭圆倾斜了 $-\psi_2$ 对应的角度，所以形成了倾斜的椭圆，如图 5.2.5 和图 5.2.6 所示。对于感性复阻抗，如果电压相图逆时针倾斜，则电流相图便顺时针倾斜。对于容性复阻抗，电压与电流相图倾斜方向分别与上述相图相反。

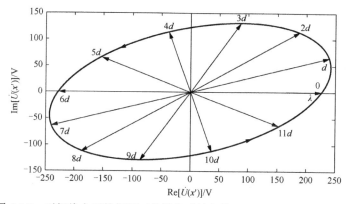

图 5.2.5 无损线电压的相图（终端接感性负载，$Z_L = 1.2Z_c + j0.8Z_c$）

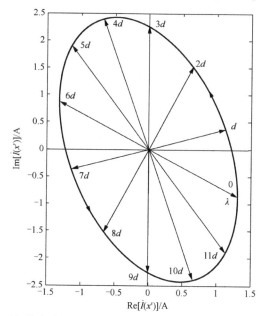

图 5.2.6 无损线电流的相图（终端接感性负载，$Z_L = 1.2Z_c + j0.8Z_c$）

2. 有损线情况

将电压沿线分布写成单一双曲函数形式，即

$$
\begin{aligned}
\dot{U}(x') &= \dot{U}_2 \left[\cosh(\gamma x') + \frac{Z_c}{Z_L} \sinh(\gamma x') \right] \\
&= \dot{U}_2 [\cosh(\gamma x') + \tanh\sigma \sinh(\gamma x')] \qquad (5.2.7) \\
&= \dot{U}_2 \frac{\cosh(\gamma x' + \sigma)}{\cosh\sigma} = A_U \cosh(\gamma x' + \sigma)
\end{aligned}
$$

式中，$\tanh\sigma = Z_c / Z_L$，$\sigma = \sigma_r + j\sigma_x$ 是由负载阻抗和特性阻抗决定的与位置无关的常量；复数增益 $A_U = \dot{U}_2 / \cosh\sigma$。所以 $\dot{U}(x')$ 随位置的分布规律形似 $\cosh(\gamma x' + \sigma)$ 的分布规律，因此二者的相图也相似：$\dot{U}(x')$ 的相图就是在 $\cosh(\gamma x' + \sigma)$ 的相图基础上乘以复数增益 A_U，结果导致长度伸缩和辐角偏移。

同理，用单一双曲函数表示的沿线电流分布为

$$\dot{I}(x') = \dot{I}_2 \frac{\sinh(\gamma x' + \sigma)}{\sinh\sigma} = A_I \sinh(\gamma x' + \sigma) \tag{5.2.8}$$

显然，电流相图的形状类似于 $\sinh(\gamma x' + \sigma)$ 的相图形状。

由式（5.2.7）和式（5.2.8）可见，$\tanh\sigma = Z_c / Z_L$ 在影响电压、电流分布中起到重要作用。

选择有损线绘制相图，参数为 $R_0 = 2 \times 10^{-3}\,\Omega/m$，$L_0 = 5 \times 10^{-7}\,H/m$，$G_0 = 10^{-9}\,S/m$，$C_0 = 5 \times 10^{-11}\,F/m$，工作频率 $f = 20kHz$，始端电压 $U_1 = 220V$。

经计算，特性阻抗 $Z_c = (100 - j1.5834)\Omega$，传播常数 $\gamma = \alpha + j\beta = (1.0049 \times 10^{-5} + j6.2840 \times 10^{-4})m^{-1}$，相速 $v = \omega/\beta = 1.9997 \times 10^{-8}\,m/s$，波长 $\lambda = v/f = 2\pi/\beta = 9.9987 \times 10^{3}\,m$。

$\dot{U}(x')$ 和 $\dot{I}(x')$ 的相图分别如图 5.2.7 和图 5.2.8 所示。从图中可以清楚看出，随着位置 x' 的减小（即朝向终端方向），电压有效值和电流有效值均螺旋式减小，也就是沿线分布呈振荡性减小。

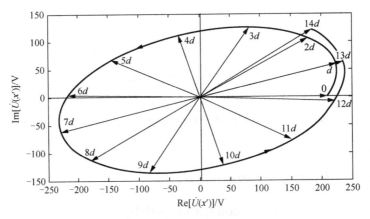

图 5.2.7 有损线电压的相图（负载为感性复阻抗，$Z_L = 1.2|Z_c| + j0.8|Z_c|$）

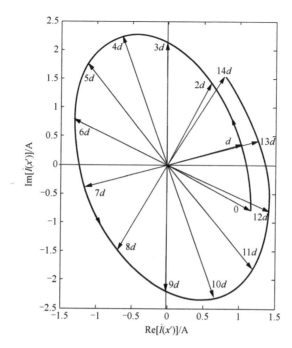

图 5.2.8　有损线电流的相图（负载为感性复阻抗，$Z_L = 1.2\,|Z_c| + j0.8\,|Z_c|$）

为便于理解，再以位置为横坐标，画出电压有效值与电流有效值的沿线分布，分别如图 5.2.9 和图 5.2.10 所示。但在这些图中，不能看到相位分布情况。

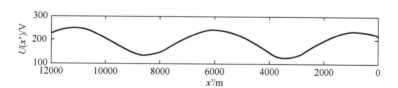

图 5.2.9　电压沿线分布图（负载为感性复阻抗，$Z_L = 1.2\,|Z_c| + j0.8\,|Z_c|$）

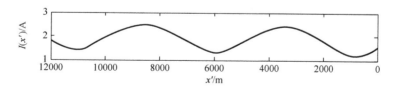

图 5.2.10　电流沿线分布图（负载为感性复阻抗，$Z_L = 1.2\,|Z_c| + j0.8\,|Z_c|$）

5.2.2 复功率相图

传输线上从始端向终端传输的复功率仍可像集中参数电路那样，用电压相量与电流相量共轭之积来计算，但它是位置的函数：

$$
\begin{aligned}
\tilde{S} &= \dot{U}(x')\dot{I}^{*}(x') = (U_r + \mathrm{j}U_x)(I_r - \mathrm{j}I_x) \\
&= U_r I_r + U_x I_x + \mathrm{j}(U_x I_r - U_r I_x) \\
&= P(x') + \mathrm{j}Q(x')
\end{aligned}
\tag{5.2.9}
$$

选择与 5.2.1 小节相同的有损线绘制复功率相图，当负载为感性复阻抗时，相图如图 5.2.11 所示，复功率的相图不是螺旋形状。

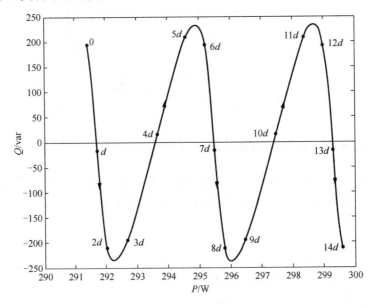

图 5.2.11　复功率的相图（负载为感性复阻抗，$Z_L = 1.2\,|Z_c| + \mathrm{j}0.8\,|Z_c|$）

随着位置靠近终端，有功功率逐渐减小，而无功功率则在感性（正值）与容性（负值）之间交替变动，变动的频率是电压频率的两倍。由图 5.2.11 可见，如果传输线长度能够超过 7/12 的波长，则传输的无功功率可以改变性质，感性会变成容性。在某些特殊位置处，无功功率为零。

5.2.3 反射系数相图

1. 无损线情况

正向行波遇到介质分界处一般要产生反射，此时传输线各处都包含正向行波和反向行波，因此可以定义一个适用于线路各处的反射系数：某位置处的反射波电压（或电流）

相量与入射波电压（或电流）相量之比（严格说来，只有在不均匀处才发生反射。这里把反向行波相量与入射行波相量之比仍称为反射系数，是一种习惯称谓）。按照该定义，无损线反射系数与坐标 x' 的关系可表示为

$$N(x') = \frac{\dot{U}^-(x')}{\dot{U}^+(x')} = \frac{\dot{U}'' e^{-j\beta x'}}{\dot{U}' e^{j\beta x'}} = \dot{A}_N e^{-j2\beta x'} \tag{5.2.10}$$

根据传输线电压、电流分布方程，由终端边界条件确定的待定系数为

$$\begin{cases} \dot{U}' = \dot{U}_2 + Z_c \dot{I}_2 \\ \dot{U}'' = \dot{U}_2 - Z_c \dot{I}_2 \end{cases} \tag{5.2.11}$$

因此，式（5.2.11）中的系数为

$$\dot{A}_N = \frac{\dot{U}''}{\dot{U}'} = \frac{\dot{U}_2 - Z_c \dot{I}_2}{\dot{U}_2 + Z_c \dot{I}_2} \tag{5.2.12}$$

式（5.2.10）在复平面代表圆，即无损线中反射系数的相图是圆心在原点的圆，圆的半径即反射系数的模为

$$A_N = |\dot{A}_N| \tag{5.2.13}$$

因为式（5.2.10）中 e 的指数为 $-j2\beta x'$，所以半个波长便重复一次圆形轨迹。

圆的起始角度为 $\dot{A}_N$ 的辐角。如果终端接纯电阻，则 $\dot{U}_2$ 与 $\dot{I}_2$ 同相，均为 $0°$，$\dot{A}_N$ 为正实数（$Z_L > Z_c$）或负实数（$Z_L < Z_c$），此时 $N(x')$ 便从 $0°$ 或 $180°$ 位置开始沿顺时针方向变化，如图 5.2.12 所示。

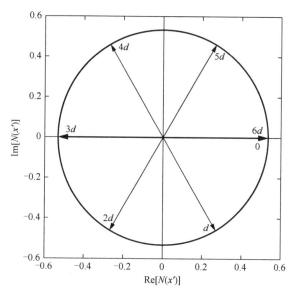

图 5.2.12 无损线反射系数的相图（终端接纯电阻负载，$Z_L = 3.3 Z_c$）

2. 有损线情况

对于有损线，衰减系数 $\alpha \neq 0$，反射系数表达式带有衰减项：

$$N(x') = \frac{\dot{U}''\mathrm{e}^{-\gamma x'}}{\dot{U}'\mathrm{e}^{\gamma x'}} = \dot{A}_N \mathrm{e}^{-2\alpha x'}\mathrm{e}^{-\mathrm{j}2\beta x'} \tag{5.2.14}$$

所以，反射系数不再是闭合的圆，而是逐渐向原点靠近的螺旋线，如图 5.2.13 所示。当传输线足够长时，反射系数的相图趋于复平面原点。这与半无限长传输线只有入射波而无反射波，从而反射系数为零的概念是一致的。

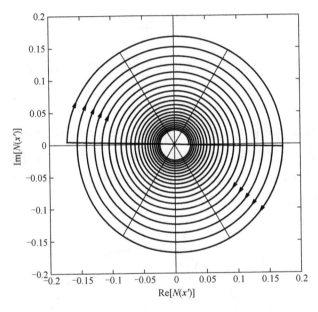

图 5.2.13　有损线反射系数的相图（终端接纯电阻负载，$Z_\mathrm{L} = 0.7|Z_\mathrm{c}|$）

5.2.4　等效阻抗相图

1. 无损线情况

设从线路某点向终端看进去的等效阻抗为 $Z_\mathrm{i}(x')$，则反射系数可以用该阻抗表示如下：

$$N(x') = \frac{Z_\mathrm{i}(x') - Z_\mathrm{c}}{Z_\mathrm{i}(x') + Z_\mathrm{c}} \tag{5.2.15}$$

由此便得到用反射系数表示的沿线等效阻抗：

$$Z_i(x') = \frac{\dot{U}(x')}{\dot{I}(x')} = Z_c \frac{1 + N(x')}{1 - N(x')} \tag{5.2.16}$$

定义归一化等效阻抗为

$$z_i(x') = \frac{Z_i(x')}{Z_c} = \frac{1 + N(x')}{1 - N(x')} \tag{5.2.17}$$

它与数学上的分式线性映射

$$w(z) = \frac{az + b}{cz + d} \quad (z \text{ 为复变量}) \tag{5.2.18}$$

相比，存在 $ad - bc = 1 \times 1 - 1 \times (-1) = 2 \neq 0$，所以反射系数到归一化等效阻抗的映射是保圆映射。在 5.2.3 小节已知无损线 $N(x')$ 的相图是圆，所以等效阻抗及归一化等效阻抗的相图也是圆。为确定圆的位置，将等效阻抗写成下式：

$$Z_i(x') = Z_c \frac{1 + N(x')}{1 - N(x')} = Z_c \frac{1 + A_N e^{j\varphi_N}}{1 - A_N e^{j\varphi_N}} \tag{5.2.19}$$

分别令 $e^{j\varphi_N} = -1$、$e^{j\varphi_N} = 1$ 和 $e^{j\varphi_N} = j$，得到阻抗相图的三个点：

$$\begin{cases} \left(Z_c \dfrac{1 - A_N}{1 + A_N}, 0 \right) = (Z_{i1}, 0) \\[3mm] \left(Z_c \dfrac{1 + A_N}{1 - A_N}, 0 \right) = (Z_{i2}, 0) \\[3mm] \left(Z_c \dfrac{1 - A_N^2}{1 + A_N^2}, Z_c \dfrac{2A_N}{1 + A_N^2} \right) \end{cases} \tag{5.2.20}$$

可以证明上述三点所确定的圆半径为

$$R_{Z_i} = 0.5(Z_{i2} - Z_{i1}) = \frac{2Z_c A_N}{1 - A_N^2} \tag{5.2.21}$$

圆心在横轴上，横坐标是

$$Z_{iC} = 0.5(Z_{i2} + Z_{i1}) = \frac{Z_c(1 + A_N^2)}{1 - A_N^2} \tag{5.2.22}$$

或者,

$$Z_i(x') = Z_c \frac{1 + A_N e^{j\varphi_N}}{1 - A_N e^{j\varphi_N}} = Z_c \frac{(1 + A_N \cos\varphi_N) + jA_N \sin\varphi_N}{(1 - A_N \cos\varphi_N) - jA_N \sin\varphi_N} = Z_c \frac{1 - A_N^2 + j2A_N \sin\varphi_N}{1 - 2A_N \cos\varphi_N + A_N^2} \quad (5.2.23)$$

可见,$Z_i(x')$ 的虚部呈正负交替变化,且变化的幅度相同,所以 $Z_i(x')$ 的相图是对称于实轴的圆。这样,由实轴上的两个交点,比如式(5.2.20)的前两个点,便可简单地确定该圆。

按照 5.2.1 小节选择的无损线绘制等效阻抗相图,如图 5.2.14 所示。半径为 149.8Ω,圆心为(180.2Ω,0)。半个波长循环一周。圆周代表的是等效阻抗的末端轨迹,而等效阻抗的量值则是由坐标系原点到圆周的连线所代表的复数量,例如 Z_{i1}、Z_{i2}、Z_{i3}、Z_{i4}。

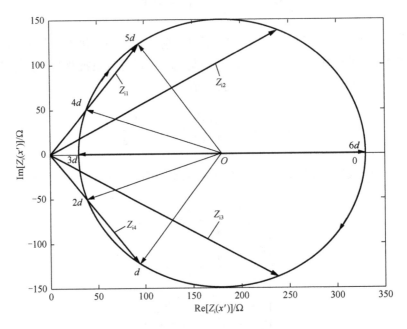

图 5.2.14　无损线等效阻抗的相图(负载为纯电阻,$Z_L = 3.3Z_c$)

2. 有损线情况

根据式(5.2.7)和式(5.2.8),有损线等效阻抗可以用双曲余切函数来表示:

$$\begin{aligned} Z_i(x') &= \frac{\dot{U}(x')}{\dot{I}(x')} = Z_L \tanh\sigma \times \coth(\gamma x' + \sigma) \\ &= Z_c \coth(\gamma x' + \sigma) \end{aligned} \quad (5.2.24)$$

所以,等效阻抗的相图形状类似于双曲余切函数 $\coth(\gamma x' + \sigma)$ 的相图形状,只是对 $\coth(\gamma x' + \sigma)$ 相图进行了伸缩和相移,伸缩与相移的量值由特性阻抗决定,与传输线位置无关。当距离终端足够远时，等效阻抗趋于一点，即 Z_c 对应的点，因为传输线趋于半无限长传输线。选择 5.2.1 小节的有损线参数，得到的等效阻抗相图如图 5.2.15 所示。

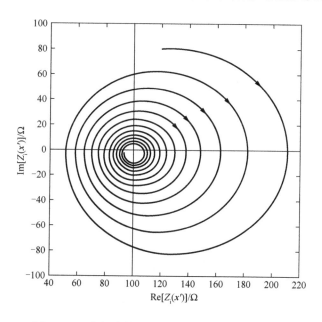

图 5.2.15　有损线等效阻抗的相图（线路较长时）

5.2.5　结语

人们常用多种手段对事物加以认识，因为不同的手段可以收到不同的效果，对均匀传输线的认识也不例外。沿线电压、电流、阻抗、反射系数等，它们都是复数，除了以位置为变量，分别认识它们的实部与虚部，或模与辐角随位置的变化规律外，还可以在复平面上，以图形的方式，同时认识它们的实部与虚部，或模与辐角随位置的变化规律。这种认识可以起到统揽全局的作用。

参 考 文 献

[1]　颜秋容. 电路理论(高级篇)[M]. 北京: 高等教育出版社, 2017: 246-249.

[2]　捷米尔强, 卡洛夫金, 涅依曼, 等. 电工理论基础[M]. 4 版. 赵伟, 肖曦, 王玉祥, 等译. 北京: 高等
　　教育出版社, 2011: 599-601.

[3]　КРУГ К А. 电工原理(下册)[M]. 俞大光, 戴声琳, 蒋卡林, 等译. 上海: 龙门联合书局, 1953:
　　313-321.

附录 一

韵律化电路理论

 导 读

　　电路理论由众多概念、方法、原理、定理等知识点组成。作者在教学中尝试用喜闻乐见的韵律结构，将这些知识点加以梳理、解释、联系和对照，期待能以一种轻松、和谐、优美的方式概括电路理论，并能够唤起学习兴趣。传授和理解知识需要多种形式，不同形式可以收到不同的效果。以下是部分知识点的韵律化。在单元结束或学完电路理论全部课程内容后进行阅读，会有更准确的理解。谱写时，当知识点准确性和韵律之间难以兼顾时，以知识点准确性优先。对略有费解的词语专门加以注释。

电分正负有阴阳，磁合南北无西东[①]。
电磁互生紧相随，相伴一场情绵长[②]。
电生磁是奥斯特，磁生电由法拉第。
电磁一统真是棒，麦克斯韦贡献强。
麦氏方程显神气，十大公式数第一[③]。
电气时代特斯拉，交流系统他来创。
导体发明新革命，从此电流有路径。
电荷流通成电路，简化分析无须场。
道法自然循规矩，流通路上有秩序。
基尔霍夫识奥秘，压流分布有定律。
节点电流入等出，回路电压升同降。
奥妙之中蕴大智，作用最小是趋向[④]。
电路定律非普适，集中参数是前提。
压流若水通大道，揭开电路之奥妙。
电荷流动需要力，来自电压电动势。

电路变量压与流，压流乘积是功率。
能量借助压流传，功率表征快与慢。
电路元件成员多，合作才能成大器。
理想元件阻容感，电磁特性最简单。
无感无容无电信，有感有容有高科。
电流持续需电源，能量转换电不断。
独立电源脾气硬，电压电流自身定。
源电压不依电流，源电流不赖电压⑤。

串联并联星三角，分压分流真方便。
对称星变对称角，电阻乘三规则简。
化简电路难变易，端口等效是依据。
压阻串联戴维南，流阻相并是诺顿。
二者对外可等效，等效条件要记牢。
方程种类不过三，支路回路与节点。
自阻互阻规则简，自导互导也不难。
自阻看回路自身，互阻瞧相邻共享。
自导看节点射出，互导瞧彼此挂牵。

电路理论摆盛宴，缺少定理难成席。
齐性叠加戴维南，各有味道众人喜。
叠加个体变整体，齐性就是成正比。
化简电路戴维南，端口等效妙计显。
等效电阻把源除，开路电压把路断。
功率守恒特勒根，压流乘积道理真。
互易现象好神奇，源表交换数不移⑥。
对偶要素比一比，电路现象添诗意。
笠翁对韵有续集，何不动手来补齐⑦。
自然人文有关联，对偶对仗同规律。
要为对偶点个赞，学习电路省一半。
抗对纳来阻对导，流对压来容对感。
串对并来星对角，点对孔来短对断。

交流分析难度大，时刻牢记相位差。
相量阻抗与导纳，变量参数变复杂。
正弦电路相量化，直流方法适用它。

巧手绘制相量图，大小相位一幅画。
有功无功要真会，莫把无功当浪费。
没有无功难成事，无功多了又碍事。

耦合线圈磁交链，隔空感应能量传。
互感磁链有加减，取决线圈同名端。
连接方式有串并，消去互感不再难。
耦合强弱看系数，系数为一是极限⑧。
互感电路列方程，支路电流最推荐。
耦合元件理想化，诞生理想变压器。
理想条件三方面，损耗耦合与导磁⑨。
忽略损耗不发热，完全耦合无漏磁。
导磁能力无限大，自感互感大无涯⑩。
质变导致不储能，能量传输最直接⑪。
变压变流变阻抗，参数只有一变比。

三相电路有俩三，三十度与根号三⑫。
两种连接星与角，相线关系要记牢。
瞬时功率是常量，发电输电最稳畅。
单相计算方法精，全部三角化成星。
三相功率公式多，相线变量要斟酌。

信息系统非正弦，傅氏级数有观点。
频域里面看成分，频谱线里道长短。
电压电流知多少，叠加定理真方便。
平方相加再开方，轻松获取有效值。

频率响应变频率，频率特性看曲线。
电压电流同相位，谐振条件据此建。
谐振现象有利弊，兴利除弊是良计。
品质因数鉴品质，大则陡尖小则缓。
串联谐振电流大，并联谐振对偶看。

发生换路状态变，能量连续暂态演。
何方寻得全响应，微分方程献方案。
谈微不要脸色变，三要素把繁变简。

换路定律求初值，交直方法求稳态⑬。
时间常数要记清，等效电阻戴维南。
通用公式大一统，何种响应都灵便。

双口网络四要点，抓住关系不再难。
其一网络到参数，因果关系分清楚。
导纳参数压到流，阻抗参数流到压。
传输参数出到入，混合参数难记住。
其二参数到网络，T,Π 等效用途多。
阻抗参数想到 T，导纳参数不忘 Π。
其三接源与带载，单侧等效真愉快。
方程列写循规则，端口参数与两侧⑭。
无论压流与导抗，所有计算变通畅。
其四网络相互联，分解复合有观点。
级联就是首尾牵，串并要把端口看。
参数关系须谨慎，端口条件应检验⑮。

遇到电路擦亮眼，首先分清稳和暂。
直流周期就是稳，除此之外都是暂。
稳是基石暂是巅，脚踏实地高峰攀。
学习电路不必慌，理清联系抓住纲。
学习电路不畏难，难中方有成就感。
学习电路找妙方，韵律化把要点装。
用心良苦传秘籍，是否理解好记忆？
难免费解有瑕疵，博君一笑也算值。

注释

① 引自华北电力大学王泽忠老师的《出对联记》一文（2020.1.5）。

② 电与磁是事物的两个方面，总是相生相伴于电磁场中。

③ 英国科学期刊《物理世界》曾让读者投票评选了"最伟大的公式"，结果排在首位的是麦克斯书方程。

④ 基尔霍夫定律描述了电路中电压与电流的分布规律，而基尔霍夫定律在能量层面上满足拉格朗日方程。所以，电路中电压与电流的分布符合作用量最小这一运动系统的普适性原理。见本书 §1.5 节。

⑤ 理想电压源提供的电压不依赖于其输出电流，理想电流源提供的电流不依赖于其输出电压。

⑥ 互易定理的一种直观表述是：电压源与电流表交换位置，电流表读数不变；电流源与电压表交换位置，电压表读数不变。

⑦ 用对偶原理表述的电路概念、方法、定理等，其表述形式类似于《笠翁对韵》，富有韵律美。

⑧ 这里指耦合系数，其最大值是 1，对应全耦合，无漏磁。

⑨ 从实际变压器到理想变压器有三个理想化条件：不计损耗、全耦合、磁导率为无限大。

⑩ 由于自感系数和互感系数都与磁导率成正比，所以如果从互感元件的角度看待理想变压器，那么其自感系数和互感系数均为无限大。因此，它们不能用来描述理想变压器特性。

⑪ 理想变压器不能储存能量，因此输入的瞬时功率等于输出的瞬时功率，故能量传输最直接。

⑫ 指在星形联结中，线电压大小是相电压的 $\sqrt{3}$ 倍，相位超前于先行相 30°。三角形联结可用对偶原理来表述。

⑬ 如果激励是阶跃电源或直流电源，则用直流电路的分析方法计算稳态响应；如果激励是正弦电源，则用正弦电路的相量分析法计算稳态响应。

⑭ 当二端口网络分别连接了电源与负载，且只关心电源或负载侧的情况，则将另一侧向关心的一侧进行等效，可以简化计算，因为有专门的公式用来计算等效电路。

⑮ 当二端口网络互连时，应检验端口条件是否被破坏（级联除外，它总满足端口条件）。如果未被破坏，则可以使用参数矩阵（不同的连接使用不同的参数矩阵）之和来表示互连后复合二端口网络的参数矩阵；否则不然。

附 录 二

研究生入学考试电路理论试题精选与详解

导 读

本附录精选的试题来自作者数十年从事研究生入学考试命题中主观试题部分,择其中等难度。在试题的求解过程中,明确了试题考核要点,梳理了知识点之间的联系,并对相关知识进行了深入解读,从而把求解过程当作透析知识点的过程。许多试题都给出了多种分析方法,利于活跃思路。穿插在解题过程中的"点评",实时地将解题要点、注意事项、延伸扩展、题型演变、结果检验等加以点睛。完成入学考试中的试题与完成书后作业不同的是,前者可以完全打乱内容的章节顺序,因此通过审题选择合适的方法很重要。为适应入学考试,以下试题的顺序并未按照课程内容的章节顺序,有一定的随机性,以适应试卷形式。单就试题本身而言,其综合程度也甚于课后习题,因为考生已经学完了电路理论课程规定的全部教学内容,以及其他电学课程。

1. 线性直流电路如图题 1.1 所示。已知:当电压源和电流源分别为 U_S 和 I_S 时,从 a 到 b 的开路电压为 120V、短路电流为 300mA;当电压源和电流源分别为 $2U_S$ 和 $0.5I_S$ 时,从 a 到 b 的开路电压为 90V。求当电压源和电流源分别为 $0.5U_S$ 和 $2I_S$,且负载电阻 $R = 200\Omega$,其他元件参数不变时,电压 U_R 为多少?

【解】本题考核综合运用电路定理的能力。

此类问题的一般分析规律是:当电阻和受控源的参数不变,只有独立电源大小发生改变时,可以使用齐性定理和叠加定理;当某电阻参数发生改变而独立电源大小不变时,可以使用戴维南定理或诺顿定理;当上述两种情况都存在时,则须综合运用上述定理。

本题电路中存在较多的未知元件参数,不便列写电路方程组,可能会心生恐惧,但应用戴维南定理时并不需要这些元件参数,这是因为一端口网络的等效电阻,既可以通过网络内部的元件参数和连接关系来求得,也可以通过端口上的电压与电流关系来求得。本题显然适宜采用后者。

本题欲求电阻 R 上的电压，因此保留电阻 R，将端口左边电路用戴维南定理加以等效，如图题 1.2 所示。

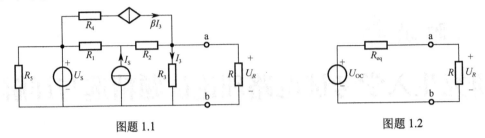

图题 1.1   图题 1.2

设电压源 U_s 与电流源 I_s 单独作用时，产生的开路电压分别为 U'_{OC} 和 U''_{OC}，则根据叠加定理、齐性定理，并参照已知条件得如下开路电压关系：

$$\begin{cases} U'_{OC} + U''_{OC} = 120\text{V} \\ 2U'_{OC} + 0.5U''_{OC} = 90\text{V} \end{cases}$$

由上式解得

$$\begin{cases} U'_{OC} = 20\text{V} \\ U''_{OC} = 100\text{V} \end{cases}$$

因此，当电压源和电流源分别为 $0.5U_s$ 和 $2I_s$ 时，仍根据叠加定理、齐性定理，图题 1.2 中的开路电压便是

$$U_{OC} = 0.5U'_{OC} + 2U''_{OC} = 0.5 \times 20\text{V} + 2 \times 100\text{V} = 210\text{V}$$

因为已经给出一组开路电压和短路电流，所以图题 1.2 中的戴维南等效电阻便可用开路短路法计算如下，它不需要已知图题 1.1 中的各电阻值。

$$R_{eq} = \frac{U_{OC}}{I_{SC}} = \frac{120\text{V}}{0.3\text{A}} = 400\Omega$$

至此求得了图题 1.2 所示的戴维南等效电路。R 为任意值时，都可由此电路求得其电压。当 $R = 200\Omega$ 时，由此图并利用分压公式求得电阻电压为

$$U_R = \frac{R \times U_{OC}}{R + R_{eq}} = \frac{200\Omega}{200\Omega + 400\Omega} \times 210\text{V} = 70\text{V}$$

点评：本题的另一种命题方法是使用图题 1.3 所示的三端口网络，将变化的部分放在网络外部，其余部分放在网络内部。试题的陈述方法不变。

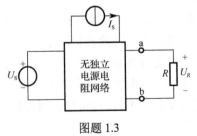

图题 1.3

2. 图题 2.1 所示方格形电路，只有两种电阻值，并且 $R_1 = 30\Omega$，$R_2 = 60\Omega$。根据线性电阻电路的性质，支路电流 I 可以表达成两个独立电源的线性组合，即 $I = G_1 U_{S1} + G_2 U_{S2}$。试求出组合系数 G_1 和 G_2。

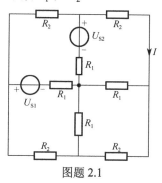

图题 2.1

【解】本题考核对电路性质的理解、应用电路定理的能力，以及对称电路的特殊分析方法。

方法一：使用叠加定理和齐性定理

根据 $I = G_1 U_{S1} + G_2 U_{S2}$ 的表达式易知：系数 G_1 就是在 U_{S1} 单独作用时，所产生的电流 I' 与电压 U_{S1} 之比；系数 G_2 同理。

U_{S1} 单独作用时，电路如图题 2.2 所示。由于电路结构和参数的上下对称性，节点 a 和节点 b 必然等电位，因此可以上下合并，得到图题 2.3 所示电路。由该图求得以下参数。

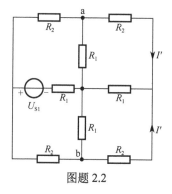

图题 2.2

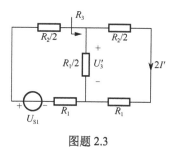

图题 2.3

等效电阻

$$R_3 = \frac{\dfrac{R_1}{2} \times \left(\dfrac{R_2}{2} + R_1\right)}{\dfrac{R_1}{2} + \left(\dfrac{R_2}{2} + R_1\right)} = \frac{15\Omega \times (30+30)\Omega}{15\Omega + (30+30)\Omega} = \frac{900}{75}\Omega = 12\Omega$$

串联分压

$$U_3' = \frac{R_3 \times U_{S1}}{R_2/2 + R_3 + R_1} = \frac{12\Omega}{30\Omega + 12\Omega + 30\Omega} \times U_{S1} = \frac{1}{6}U_{S1}$$

支路电流

$$2I' = \frac{U_3}{R_2/2 + R_1} = \frac{U_{S1}/6}{30\Omega + 30\Omega} = \frac{U_{S1}}{360\Omega}$$

待求电流

$$I' = \frac{2I'}{2} = \frac{U_{S1}}{720\Omega} = G_1 U_{S1}$$

故比例系数

$$G_1 = \frac{I'}{U_{S1}} = \frac{1}{720}\mathrm{S} \approx 1.389 \times 10^{-3}\mathrm{S}$$

U_{S2} 单独作用时，电路如图题 2.4 所示。由于电路结构和参数的左右对称性，节点 c 和节点 d 必然等电位，因此可以左右合并，得到图题 2.5 所示电路。由该图求得以下参数。

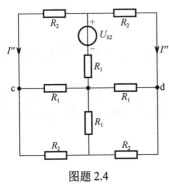

图题 2.4

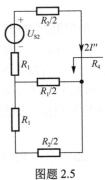

图题 2.5

等效电阻

$$R_4 = \frac{\dfrac{R_1}{2} \times \left(R_1 + \dfrac{R_2}{2}\right)}{\dfrac{R_1}{2} + \left(R_1 + \dfrac{R_2}{2}\right)} = \frac{15\Omega \times (30+30)\Omega}{15\Omega + (30+30)\Omega} = 12\Omega$$

支路电流

$$2I'' = \frac{U_{S2}}{R_1 + R_2/2 + R_4} = \frac{U_{S2}}{72\Omega}$$

待求电流

$$I'' = \frac{2I''}{2} = \frac{U_{S2}}{144\Omega} = G_2 U_{S2}$$

故比例系数

$$G_2 = \frac{I''}{U_{S2}} = \frac{1}{144}\mathrm{S} \approx 6.944 \times 10^{-3}\mathrm{S}$$

点评：巧妙利用电路的对称性，可以简化计算；当只有一个电源单独作用时，往往可以使用串联、并联等效电阻公式，以及分压、分流公式来计算电路，避免列写复杂的联立方程组。

方法二：使用互易定理

图题 2.2 和图题 2.4 由电阻和独立电源组成，满足互易性，对其使用互易定理 1（激励为电压，响应为电流），得到两个相同的电路，如图题 2.6 所示，该电路只含一个独立电源。只需计算图中的电流 I_1 和 I_2，然后比例系数为

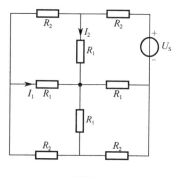

$$G_1 = \frac{I_1}{U_S}, \qquad G_2 = \frac{I_2}{U_S}$$

如果令 $U_S = 1\text{V}$，则电流 I_1、I_2 在量值上就分别等于 G_1 和 G_2。

点评：方法一计算两个电路，但每个电路只计算一个电流，且可利用电路的对称性简化计算；方法二只计算一个电路，但需要计算两个电流，且不能利用电路的对称性简化计算。

图题 2.6

方法三：网孔电流法

直接对图题 2.1 列写网孔电流方程，并保留网孔电流 I，消去其余网孔电流，从而建立 I 与两个电压源的线性组合关系，组合的系数就是 G_1 和 G_2。此方法也不能利用电路的对称性简化计算，在消去其余网孔电流时，要花费较多的计算量。

3. 图题 3.1 所示电路中，已知 $I_S = 72\text{mA}$，$I_{L1} = 40\text{mA}$，$U_2 = 48\text{V}$。又已知负载 R_{L1} 和 R_{L2} 吸收的功率分别是 2.56W 和 0.768W。求分压电阻 R_1 和 R_2 的值。

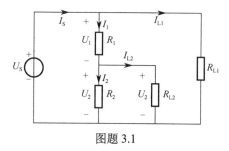

图题 3.1

【解】这是分压器设计题目，考核要点是已知激励和响应，求元件参数。

根据图题 3.1 有

$$U_S = \frac{P_{R_{L1}}}{I_{L1}} = \frac{2.56\text{W}}{40\text{mA}} = 64\text{V}, \qquad I_1 = I_S - I_{L1} = 32\text{mA}$$

所以

$$R_1 = \frac{U_1}{I_1} = \frac{U_S - U_2}{I_1} = \frac{64\text{V} - 48\text{V}}{32\text{mA}} = 500\Omega$$

另外

$$I_{L2} = \frac{P_{R_{L2}}}{U_2} = \frac{0.768\text{W}}{48\text{V}} = 16\text{mA} , \qquad I_2 = I_1 - I_{L2} = 16\text{mA}$$

所以

$$R_2 = \frac{U_2}{I_2} = \frac{48\text{V}}{16\text{mA}} = 3\text{k}\Omega$$

点评：计算电阻的主要思路就是根据欧姆定律，分别求出电阻上的电压与电流，其中涉及功率的计算。响应和激励的关系是通过电路方程并由元件参数来表述的，因此，求元件参数这类问题仍然需要熟练的电路分析技能。

4. 电路如图题 4.1 所示，已知节点②的电压为 $U_{n2} = 15\text{V}$，求电压源 U_s 的量值。

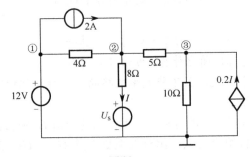

图题 4.1

【解】这是由响应求激励的问题，是由激励求响应的反问题，但基础仍然是建立响应与激励的关系。本题变相考核节点电压方程的列写。

方法一：直接对电路列写节点电压方程

$$\begin{cases} \left(\dfrac{1}{4\Omega} + \dfrac{1}{8\Omega} + \dfrac{1}{5\Omega}\right)U_{n2} - \dfrac{1}{5\Omega}U_{n3} = 2\text{A} + \dfrac{12\text{V}}{4\Omega} + \dfrac{U_s}{8\Omega} \\[3mm] -\dfrac{1}{5\Omega} \times U_{n2} + \left(\dfrac{1}{5\Omega} + \dfrac{1}{10\Omega}\right)U_{n3} = 0.2I = 0.2 \times \dfrac{U_{n2} - U_s}{8\Omega} \end{cases}$$

将 $U_{n2} = 15\text{V}$ 代入上式，整理得

$$\begin{cases} 8.625\text{A} - 0.2\text{S} \times U_{n3} = 5\text{A} + 0.125\text{S} \times U_s & (4.1\text{a}) \\[2mm] -3\text{A} + 0.3\text{S} \times U_{n3} = 0.375\text{A} - 0.025\text{S} \times U_s & (4.1\text{b}) \end{cases}$$

由式（4.1a）得

$$U_{n3} \approx 18.13\text{V} - 0.625U_s \qquad\qquad (4.2)$$

将式（4.2）代入式（4.1b）解得

$$U_s = \frac{165}{13}\text{V} \approx 12.69\text{V}$$

方法二：先化简部分电路

利用含源支路等效变换，得到化简后的电路如图题 4.2 所示。

不难求得

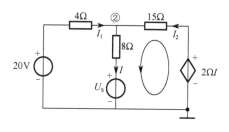

图题 4.2

$$I_1 = \frac{20\text{V} - U_{n2}}{4\Omega} = 1.25\text{A}$$

$$I = \frac{U_{n2} - U_S}{8\Omega} = 1.875\text{A} - 0.125\text{S} \times U_S$$

$$I_2 = I - I_1 = 0.625\text{A} - 0.125\text{S} \times U_S$$

由右网孔的 KVL 得

$$U_{n2} - 2\Omega I + 15 I_2 = 15\text{V} - 2\Omega(1.875\text{A} - 0.125\text{S} \times U_S) + 15\Omega(0.625\text{A} - 0.125\text{S} \times U_S) = 0$$

即

$$15\text{V} - 3.75\text{V} + 0.25 U_S + 9.375\text{V} - 1.875 U_S = 0$$

由此解得

$$U_S = \frac{165}{13}\text{V} \approx 12.69\text{V}$$

点评：在列写电路方程之前，先花少量时间化简不关心的电路部分，可以简化后续计算。用两种方法可以相互验证计算结果，以确保过程和结果的准确性。

5. 图题 5.1 所示测温电路，网络 A 为直流电压放大器，其中输入电阻 $R_i = 100\text{k}\Omega$，输出电阻 $R_o = 0.12\text{k}\Omega$，空载时电压放大倍数 $A_v = U_o / U_i = 150$，$R_1 = 1.2\text{k}\Omega$，$R_L = 2.4\text{k}\Omega$，$U_S = 5\text{V}$。求输出电压 U_o 对热敏电阻 R 的导数，即 $\text{d}U_o / \text{d}R$ 的表达式。

【解】 本题初看似乎很陌生，因为涉及求响应对参数的导数，电路理论课程中缺少相应练习。但稍作思考便有了思路：关键是求出响应与电阻 R 的解析表达式。本题考核对知识的延伸和扩展能力。

先将图题 5.1 放大器左边的电路用戴维南定理加以等效，如图题 5.2 所示。

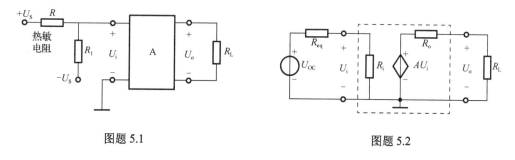

图题 5.1   图题 5.2

图题 5.1 中，$+U_S$ 与 $-U_S$ 分别表示连接着对地电压极性相反的两个独立电源，这是

一种常用的电源简化画法。因此，图题 5.2 中，按照叠加定理的思路计算开路电压为

$$U_{OC} = \frac{U_s R_1}{R_1 + R} + \frac{-U_s R}{R_1 + R} = \frac{U_s(R_1 - R)}{R_1 + R}$$

除源后计算等效电阻为

$$R_{eq} = \frac{RR_1}{R + R_1}$$

直流电压放大器的电路模型如图题 5.2 虚框内所示。由此图得

$$U_i = \frac{R_i}{R_i + R_{eq}} \times U_{OC} = \frac{R_i U_s(R_1 - R)}{(R_i + R_{eq})(R_1 + R)}$$

$$U_o = A_v U_i \times \frac{R_L}{R_L + R_o} \approx \frac{705.8kV(1.2k\Omega - R)}{R + 1.186k\Omega}$$

式中，R 以 kΩ 为单位。上式对 R 求导数得

$$\frac{dU_o}{dR} \approx \frac{-705.8kV(R + 1.186k\Omega) - 705.8kV(1.2k\Omega - R)}{(R + 1.816k\Omega)^2} \approx \frac{-1684kV \times k\Omega}{(R + 1.816k\Omega)^2}$$

点评：化简不关心的电路部分，建立抽象电路（用虚框表示）的电路模型，可以简化后续计算。

6. 一台标称值为 220V、10kV·A（额定视在功率）的电力变压器（可视为正弦电压源），已经接入 5 台 220V、800W，功率因数为 1 的电暖器，问还能接入 220V、100W，功率因数为 0.8 的小型单相感性负载多少台？

【解】 这是一道密切联系实际的题目，也是很容易出错的题目。本题考核正弦电路中设备容量的概念，以及不同负载的相位差如何影响视在功率和总电流的计算过程。

方法一：按照总视在功率不超过变压器容量的约束关系来计算

5 台电暖器的总有功功率为

$$P_1 = 5 \times 0.8kW = 4kW$$

设接入 n 台小型单相负载，则这些小型负载的有功功率和无功功率分别为

$$P_2 = n \times 0.1kW$$

$$Q_2 = n \times 0.1kW \times \tan\varphi_2$$
$$= n \times 0.1 \times \tan(\arccos 0.8)kvar = n \times 0.075kvar$$

由于电暖器无功功率为零，所以接入单相负载后总视在功率平方为

$$S^2 = (P_1 + P_2)^2 + Q_2^2$$

代入已知数得

$$10^2 = (4 + 0.1n)^2 + (0.075n)^2$$

舍去负值，解得 $n \approx 52.06$，取整后，$n = 52$。

方法二：按照总电流不超过变压器额定电流的约束关系来计算

变压器的额定电流为

$$I = \frac{10\text{kW}}{220\text{V}} \approx 45.45\text{A}$$

相同参数的 5 台电暖器的总电流有效值为

$$I_1 = 5 \times \frac{800\text{W}}{220\text{V}} \approx 18.18\text{A}$$

n 台小型单相负载总电流有效值为

$$I_2 = n \times \frac{100\text{W}}{220\text{V} \times 0.8} \approx n \times 0.5682\text{A}$$

注意：由于电暖器电流和小型单相负载电流相位不同，所以应根据它们的相量和来计算总有效值。以总电压为参考相量得

$$\dot{I}_1 \approx 18.18\text{A} \angle 0°$$

$$\dot{I}_2 \approx n \times 0.5682\text{A} \angle -\arccos 0.8$$

$$\approx n \times 0.5682\text{A} \angle -36.87°$$

令全部负载的总电流有效值等于变压器额定电流，即

$$|\dot{I}_1 + \dot{I}_2| \approx |18.18\text{A} \angle 0° + n \times 0.5682\text{A} \angle -36.87°| \approx 45.45\text{A}$$

舍去负值，解得 $n \approx 52.06$，取整后，$n = 52$。

点评：阅卷中发现的常见错误如下，供借鉴。

（1）利用视在功率余量计算，结果是

$$n = \frac{10\text{kV} \cdot \text{A} - 5 \times 0.8\text{kW}}{0.1\text{kW}/0.8} = 48$$

（2）利用电流余量计算，结果是

$$n = \frac{10\text{kV} \cdot \text{A}/220\text{V} - I_1}{\dfrac{0.1\text{kW}}{220\text{V} \times 0.8}} = 48$$

这两种错误的共同之处都是没有考虑电暖器电流与单相负载电流之间的相位差。在计算正弦电路时，要时刻牢记相位差。

7. 图题 7.1 所示电路，已知 $R_1 = R_2 = 0.25\Omega$，$X_1 = 0.5\Omega$，$X_2 = 0.7\Omega$，$X_\text{m} = 20\Omega$，$R_\text{m} = 0.8\Omega$。电源电压 $U_1 = 220\text{V}$，负载电阻 R_L 可变。

（1）求负载吸收的最大有功功率 P_Lmax。

（2）吸收最大功率时从电源到负载的传输效率 η。

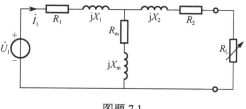

图题 7.1

【解】本题考核交流电路中的最大功率传输定理和戴维南定理,以及传输效率的概念。当传输功率时,传输效率是重要指标之一。图题 7.1 是双绕组变压器的电路模型,学过电机学课程后应该熟悉这个模型。

(1)按照最大功率传输定理的含义,需要利用戴维南定理化简图题 7.1 所示电路。由图题 7.2 计算开路电压为

$$\dot{U}_{OC} = \frac{(R_m + jX_m)\dot{U}_1}{(R_1 + R_m) + j(X_1 + X_m)} \approx 214.5\text{V}\angle 0.6415°$$

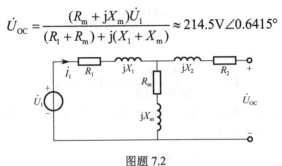

图题 7.2

再由图题 7.3 计算等效阻抗为

$$Z_{eq} = R_2 + jX_2 + \frac{(R_1 + jX_1)(R_m + jX_m)}{R_1 + R_m + j(X_1 + X_m)}$$

$$= 0.25\Omega + j0.7\Omega + \frac{(0.25 + j0.5)(0.8 + j20)}{0.25 + 0.8 + j(0.5 + 20)}\Omega$$

$$\approx 1.287\Omega\angle 67.69° \approx (0.4883 + j1.190)\Omega$$

至此获得图题 7.4 所示的戴维南等效电路。

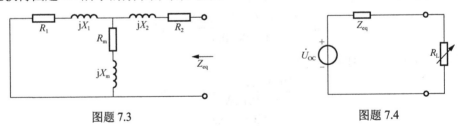

图题 7.3   图题 7.4

题中负载电阻 R_L 为实数,不是任意可变。根据仅改变负载阻抗模时的最大功率传输定理,负载电阻等于等效阻抗的模,即 $R_L = |Z_{eq}| \approx 1.287\Omega$ 时,它消耗的有功功率为最大。教材中给出的该功率计算公式较难记忆,不妨通过电流来计算最大功率,过程和结果如下:

$$P_{L\max} = I^2 R_L = |\frac{\dot{U}_{OC}}{Z_{eq} + R_L}|^2 R_L \approx 1.297 \times 10^4 \text{W}$$

(2)在负载获得最大功率时,从电源端看进去的等效阻抗为

$$Z_i = R_1 + jX_1 + \frac{(R_m + jX_m)(R_2 + R_L + jX_2)}{R_m + R_2 + R_L + j(X_m + X_2)} \approx 2.106\Omega\angle 37.35°$$

因此，电源输出电流为

$$\dot{I}_1 = \frac{\dot{U}_1}{Z_i} \approx 104.5\mathrm{A}\angle -37.35°, \qquad 有效值\ I_1 \approx 104.5\mathrm{A}$$

电源输出的有功功率为

$$P_1 = U_1 I_1 \cos\varphi \approx 220\mathrm{V} \times 104.5\mathrm{A} \times \cos(0 + 37.35°) \approx 1.827 \times 10^4\mathrm{W}$$

故从电源到负载的传输效率为

$$\eta = \frac{P_{L\max}}{P_1} \times 100\% \approx \frac{1.297 \times 10^4\mathrm{W}}{1.827 \times 10^4\mathrm{W}} \times 100\% \approx 70.99\%$$

点评：（1）该效率小于由图题7.4计算出的从开路电压到负载的传输效率。后者为

$$\eta_2 = \frac{I^2 R_L}{I^2(R_L + 0.4883\Omega)} \times 100\% \approx 72.47\%$$

该效率超过了 50%，大于共轭匹配时的传输效率，这是因为 $R_L = |Z_{eq}|$，所以 R_L 一定大于 Z_{eq} 的实部。

（2）计算从实际电源到负载的传输效率，比计算从等效电源到负载的传输效率更具实际意义。前者一定小于后者。

（3）机械地记住最大功率的复杂计算公式，不如通过电流或电压计算最大功率更稳妥。

8. 图题8.1所示电路，已知 $\dot{U}_S = 20\mathrm{V}\angle 0°$，$R_S = 4\Omega$，$X_S = 7\Omega$。

（1）如果负载阻抗的容抗部分 $X_C = 4\Omega$ 保持不变，求负载的电阻部分 R_L 为何值时，负载能够获得最大功率，并求出负载获得的最大功率。

（2）如果负载的容抗 X_C 和电阻 R_L 都可调节，再求负载能够获得的最大功率。

【解】 本题考核灵活运用正弦电路最大功率传输定理。

（1）本题初看起来，既不能使用共轭匹配条件，因为 $X_C \neq X_S$，也不能使用模匹配条件，因为改变 R_L 时，负载阻抗的模和辐角都发生改变。但是，如将电容算作电源内阻抗的一部分，得到图题8.2所示的电路，它在计算负载有功功率方面与图题8.1是等价的，这样就可以使用模匹配条件来获得最大功率，此举彰显了电路分析方法的灵活性。因此，当

$$R_L = \sqrt{R_S^2 + (X_S - X_C)^2} = \sqrt{(4\Omega)^2 + (7\Omega - 4\Omega)^2} = 5\Omega$$

时，负载能够获得最大有功功率。通过电流来计算该功率的方法更可取，结果为

$$P_{L\max} = I^2 R_L = \left| \frac{\dot{U}_S}{R_S + R_L + \mathrm{j}(X_S - X_C)} \right|^2 R_L$$

$$= \frac{(20\mathrm{V})^2}{(4\Omega + 5\Omega)^2 + (7\Omega - 4\Omega)^2} \times 5\Omega \approx 22.22\mathrm{W}$$

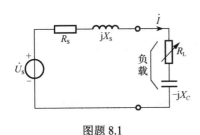 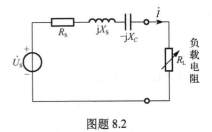

图题 8.1　　　　　　　　　　　　　　图题 8.2

（2）使用共轭匹配的最大功率传输定理。当

$$R_L - jX_C = (R_S + jX_S)^*$$

即当 $R_L = R_S = 4\Omega$、$X_C = X_S = 7\Omega$ 时，负载能够获得最大功率，该最大功率为

$$P_{L\max} = \frac{U_S^2}{4R_S} = \frac{(20V)^2}{4 \times 4\Omega} = 25W$$

　　点评：负载在情况（2）获得的最大功率大于在情况（1）获得的最大功率。因为情况（2）的负载阻抗实部和虚部均可改变，而情况（1）只有实部可以改变。二者负载变化的自由度不同，自由度越大，获得的最大功率也越大。

　　9. 图题 9.1 所示三相电路，对称三相感性负载的额定电压为380V，额定功率为10kW，功率因数为0.85，负载工作在欠载状态，实际功率为额定功率的80%，功率因数近似不变。单相电阻负载额定电压为380V，额定功率为 3kW，且工作在额定状态。求电源输出的端电流有效值 I_A、I_B 和 I_C。

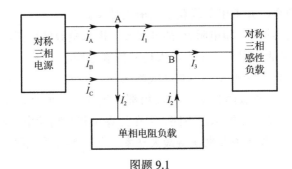

图题 9.1

　　【解】 本题因为含有一个单相负载，所以总体上看是非对称三相电路，一时会感到困惑。但仔细观察，由于忽略对称三相电源的内阻抗和线路阻抗，单相负载和三相负载之间互不影响，可以分别计算。本题考核三相电路额定值的概念、三相功率的计算、理想电压源特性，以及准确理解电路工作状态。

　　为求出电源端的输出电流，需要先求出两种负载的端线电流。根据三相负载功率的计算公式，即

$$P = \sqrt{3}U_l I_l \lambda$$

求得三相负载线电流

$$I_l = \frac{P}{\sqrt{3}U_l\lambda} = \frac{10\times10^3\,\mathrm{W}\times80\%}{\sqrt{3}\times380\mathrm{V}\times0.85} \approx 14.30\mathrm{A} = I_1 = I_3$$

为了便于理解各电压与电流的相位关系，将图题 9.1 的三相负载用星形联结来等效，如图题 9.2 所示。因为电压或电流的有效值与参考相量的选择无关，因此不妨设 $\dot{U}_A$ 为参考相量，即 $\dot{U}_A$ 的辐角为零。这样，$\dot{I}_1$ 的角度便等于负的功率因数角，即

$$\dot{I}_1 \approx 14.30\mathrm{A}\angle-\arccos0.85 \approx 14.30\mathrm{A}\angle-31.79° \approx (12.15-\mathrm{j}7.533)\mathrm{A}$$

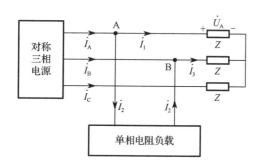

图题 9.2

根据三相对称性，电流 $\dot{I}_3$ 滞后 $\dot{I}_1$ 的角度为120°，所以

$$\dot{I}_3 \approx 14.30\mathrm{A}\angle(-31.79°-120°) \approx (-12.60-\mathrm{j}6.760)\mathrm{A}$$

根据星形联结线电压与相电压的相位关系可知，线电压 $\dot{U}_{AB}$ 超前于相电压 $\dot{U}_A$ 的角度为30°，所以单相电阻负载电流为

$$\dot{I}_2 = I_2\angle30° = \frac{P_2}{U_l}\angle30° = \frac{3000\mathrm{W}}{380\mathrm{V}}\angle30° \approx (6.837+\mathrm{j}3.947)\mathrm{A}$$

求出两种负载的端线电流之后，根据 KCL 的相量形式，便可计算电源端的线电流：

$$\dot{I}_A = \dot{I}_1 + \dot{I}_2 = (12.15-\mathrm{j}7.533)\mathrm{A} + (6.837+\mathrm{j}3.947)\mathrm{A}$$
$$\approx (18.99-\mathrm{j}3.586)\mathrm{A} \approx 19.33\mathrm{A}\angle-10.69°$$

有效值 $I_A \approx 19.33\mathrm{A}$。

$$\dot{I}_B = \dot{I}_3 - \dot{I}_2 = (-12.60-\mathrm{j}6.760)\mathrm{A} - (6.837+\mathrm{j}3.947)\mathrm{A}$$
$$\approx (-19.44-\mathrm{j}10.71)\mathrm{A} \approx 22.19\mathrm{A}\angle-151.2°$$

有效值 $I_B \approx 22.19\mathrm{A}$。有效值 $I_C = I_1 \approx 14.30\mathrm{A}$。

点评: 非对称三相电路不一定都难以分析，关键是理解电路中的电磁现象。如果本题考虑线路阻抗，则两组负载的线电压不等于电源的线电压，且两组负载之间相互影响，需要列写联立方程方可得解，这时就复杂多了。

10. 对称工频三相电路如图题 10.1 所示。三相感性负载额定电压为380V，额定功率为

240kW，功率因数为0.6。对称三相电源输出电压的额定值为380V，额定容量为350kV·A。

（1）计算负载在额定状态下的视在功率 S 和无功功率 Q。

（2）由于电源的额定容量小于负载的视在功率，因此电源不能使负载在额定状态下工作。若希望该三相电源能够为该负载正常供电，问至少需要并联多少微法的按三角形联结的无功补偿电容 C？

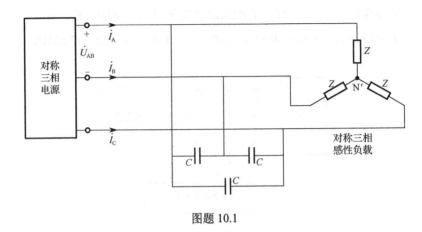

图题 10.1

【解】该题为对称三相电路无功补偿问题，但提问方式不是针对补偿后的功率因数来计算电容（教材通常如此），而是针对电源容量与负载所需容量的差别来计算电容，从而体会无功补偿带来的益处。本题综合考核无功补偿、三相电路、额定值等综合概念。

（1）在额定状态下，负载的视在功率为

$$S = 240\text{kW} / 0.6 = 400\text{kV} \cdot \text{A}$$

它大于电源的容量，因此该电源不能满足负载的额定需求。

负载的无功功率为

$$Q = \sqrt{S^2 - P^2} \approx \sqrt{(400\text{kV} \cdot \text{A})^2 - (240\text{kW})^2} = 320\text{kvar}$$

（2）可采用两种方法计算补偿电容。

方法一：根据无功差异计算补偿电容

电容用来补偿无功功率，因此需要计算出电源能够提供的无功功率，它与负载所需的无功功率差值就是电容所需提供的无功功率。

电源与负载有功功率相等，因此，根据电源的容量可以计算出在负载为额定状态时，电源能够提供的最大无功功率为

$$Q_S = \sqrt{(350\text{kV} \cdot \text{A})^2 - (240\text{kW})^2} \approx 254.8\text{kvar}$$

根据无功功率守恒性，电容应提供的无功功率是

$$Q_C = Q_S - Q \approx (254.8 - 320)\text{kvar} \approx -65.25\text{kvar}$$

对三角形联结的电容，三相电容的总无功功率为

$$Q_C = -3U_l^2(\omega C)$$

故所需无功补偿电容为

$$C = -\frac{Q_C}{3U_l^2\omega} = -\frac{-65.25 \times 10^3}{3 \times 380^2 \times (100\pi)}\text{F} \approx 479.4\mu\text{F}$$

方法二：根据电源最大输出电流与负载额定电流的差异计算补偿电容
负载的额定电流为

$$I_N = \frac{P}{\sqrt{3}U_l\lambda} = \frac{240 \times 10^3\text{W}}{\sqrt{3} \times 380\text{V} \times 0.6} \approx 607.7\text{A}$$

电源能够提供的最大电流是

$$I_{\text{Smax}} = \frac{S_N}{\sqrt{3}U_l} = \frac{350 \times 10^3\text{V}\cdot\text{A}}{\sqrt{3} \times 380\text{V}} \approx 531.8\text{A}$$

由于负载电流与电容电流存在相位差，因此不能直接使用上述电流有效值之差来计算补偿电容。为便于理解，画出单相等效电路，如图题 10.2 所示。

取相电压 $\dot{U}_A$ 为参考相量，则负载电流相量是

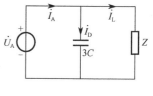

图题 10.2

$$\dot{I}_L = I_N\angle -\arccos 0.6 \approx 607.7\text{A}\angle -53.13°$$
$$\approx (364.6 - \text{j}486.2)\text{A}$$

上式电流的虚部就是负载电流的无功分量，它滞后电压 90°。

补偿电容产生的电流就是用于补偿负载电流的无功分量。根据电源能够输出的最大电流，使用下式可以计算出补偿电容应该提供的电流 I_D：

$$I_{\text{Smax}}^2 = (531.8\text{A})^2 = (364.6\text{A})^2 + (I_D - 486.2\text{A})^2$$
$$I_D \approx 99.13\text{A}$$

而电容电流可以通过电压和容纳用下式计算：

$$I_D = \omega(3C)U_A$$

由此求得所需补偿电容为

$$C = \frac{I_D}{3\omega U_A} \approx \frac{99.13\text{A}}{3 \times (100\pi\,\text{rad/s}) \times (380\text{V}/\sqrt{3})} \approx 479.4\mu\text{F}$$

点评： ①无功补偿电容的计算，不仅可以从提高功率因数的角度（常见于教材），还可以从所需无功功率的角度，或所需无功电流的角度来计算。②理解补偿电容带来的无功功率变化和无功电流变化，从而计算所需电容，比单纯记住补偿电容的计算公式更重要。

11. 图题 11.1 所示 RC 低通滤波器，设输入非正弦周期电压 u_1 的振幅频谱如图 11.2 所示。试画出输出电压 u_2 的振幅频谱图并计算 u_2 的有效值。

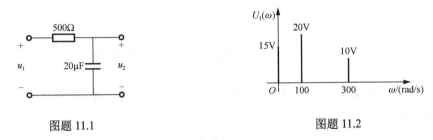

图题 11.1　　　　　　　　　　　图题 11.2

【解】这是非正弦周期电压源激励下的稳态问题，非正弦电压源是以振幅频谱的形式给出的，没有给出非正弦电压源的数学表达式，这是命题的特殊之处。该题考核对振幅频谱含义的理解，以及谐波分析法的主要过程。

根据谐波分析法计算如下。

（1）当 u_1 的直流分量单独作用时，电容相当于开路，各元件电流均为零，故电压 u_2 的直流分量等于 u_1 的直流分量，即 $U_{20} = U_{10} = 15\text{V}$。

（2）当 u_1 的基波分量单独作用时，$\omega_1 = 100\,\text{rad}/\text{s}$，容抗为

$$\frac{1}{\omega_1 C} = \frac{1}{100\,\text{rad}/\text{s} \times 20\,\mu\text{F}} = \frac{1}{100\,\text{rad}/\text{s} \times 20 \times 10^{-6}\,\text{F}} = 500\Omega$$

由分压公式求得输出电压基波振幅相量为

$$\dot{U}_{21\text{m}} = \dot{U}_{11\text{m}} \times \frac{1/(\text{j}\omega_1 C)}{500\Omega + 1/(\text{j}\omega_1 C)} = \dot{U}_{11\text{m}} \times \frac{-\text{j}500\Omega}{500\Omega - \text{j}500\Omega} = 0.5\sqrt{2}\dot{U}_{11\text{m}}\angle -45°$$

振幅为 $U_{21\text{m}} = 0.5\sqrt{2}U_{11\text{m}} = 0.5\sqrt{2} \times 20\text{V} \approx 14.14\text{V}$。

（3）当 u_1 中的三次谐波分量单独作用时，$3\omega_1 = 300\,\text{rad}/\text{s}$，容抗为

$$\frac{1}{3\omega_1 C} = \frac{500\Omega}{3} \approx 166.67\Omega$$

由分压公式求得输出电压三次谐波振幅相量为

$$\dot{U}_{23\text{m}} = \dot{U}_{13\text{m}} \times \frac{1/(\text{j}3\omega_1 C)}{500\Omega + 1/(\text{j}3\omega_1 C)} = \dot{U}_{13\text{m}} \times \frac{-\text{j}166.7\Omega}{500\Omega - \text{j}166.7\Omega} \approx 0.3162\dot{U}_{13\text{m}}\angle -71.57°$$

振幅为 $U_{23\text{m}} = 0.3162U_{13\text{m}} = 0.3162 \times 10\text{V} = 3.162\text{V}$。

综上，输出电压 u_2 的振幅频谱如图题 11.3 所示。u_2 的有效值为各激励分量单独作用时，产生电压有效值平方和的平方根，即

$$U_2 = \sqrt{U_{20}^2 + \frac{1}{2}U_{21\text{m}}^2 + \frac{1}{2}U_{23\text{m}}^2} = \sqrt{(15\text{V})^2 + \frac{1}{2}(14.14\text{V})^2 + \frac{1}{2}(3.162\text{V})^2} \approx 18.17\text{V}$$

点评：图题 11.1 为低通滤波器，因此输入电压中，较高次谐波经滤波器后产生的衰减比例较大，例如 10V/3.162V>20V/14.14V。依此规律可以检验计算结果的合理性。

12. 非正弦周期电路如图题 12.1 所示，已知电流源 $i_S = 8\text{A}\cos(\omega t)$，电压源 $u_S = U_m\cos(2\omega t)$，其中 $\omega = 10^3\text{rad}/\text{s}$，$R = 40\Omega$，$L = 5\text{mH}$，$C = 20\mu\text{F}$。两个电源共同作用时，电阻消耗的平均功率为 $P=1500\text{W}$。求电压源的最大值 U_m。

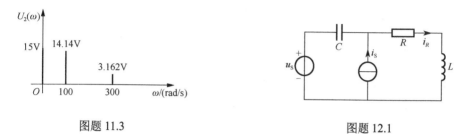

图题 11.3　　　　　　　　　　　　　　图题 12.1

【解】 这是由响应求激励的问题，且对象是非正弦周期电路。该题考核非正弦周期电路中平均功率的计算，以及叠加定理的应用。步骤如下。

电流源单独作用时，根据分流公式，电流 i_R 有效值相量为

$$\dot{I}'_R = \frac{\dfrac{8}{\sqrt{2}} \times \dfrac{1}{\text{j}\omega C}}{\dfrac{1}{\text{j}\omega C} + R + \text{j}\omega L} = \frac{\dfrac{8}{\sqrt{2}}}{1 + \text{j}\omega CR - \omega^2 LC}$$

$$= \frac{\dfrac{8}{\sqrt{2}}}{1 - 10^6 \times 5 \times 10^{-3} \times 20 \times 10^{-6} + \text{j}10^3 \times 20 \times 10^{-6} \times 40}\text{A} \approx 4.698\text{A}\angle\alpha$$

点评：上式电流的辐角不影响后续对功率和电压振幅的计算，因此只需用符号 $\angle\alpha$ 表示即可，以节省宝贵的考试时间。

此时电阻消耗的功率为

$$P_1 = (I'_R)^2 R \approx (4.698\text{A})^2 \times 47\Omega \approx 882.8\text{W}$$

因此，根据非正弦周期电路平均功率的叠加性，电压源单独作用时，电阻消耗的功率就是从共同作用时电阻消耗的功率中，减去电流源单独作用时电阻消耗的功率，即

$$P_2 = P - P_1 = 1500\text{W} - 882.8\text{W} = 617.2\text{W} = (I''_R)^2 R$$

电压源单独作用时在电阻上产生的电流为

$$I''_R = \sqrt{P_2/R} = \sqrt{617.2\text{W}/47\Omega} \approx 3.928\text{A}$$

因此，待求的电压最大值为

$$U_m = \sqrt{2} I_R'' \times \left| R + j2\omega L + \frac{1}{j2\omega C} \right|$$

$$\approx \sqrt{2} \times 3.928A \times \left| 40 + j\left(2 \times 10^3 \times 5 \times 10^{-3} - \frac{1}{2 \times 10^3 \times 20 \times 10^{-6}} \right) \right| \Omega$$

$$= \sqrt{2} \times 3.928A \times |40 - j15| \Omega \approx \sqrt{2} \times 3.928 \times 42.72V \approx 237.3V$$

13. 图题 13.1 所示二极管半波整流电路，输入电压中含有 10V 的直流分量和振幅为 20V 的正弦交流分量，周期为 T。若负载电阻 $R = 100\Omega$，忽略二极管导通电压，求负载电压有效值 U 及负载吸收的平均功率 P。

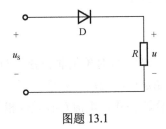

图题 13.1

【解】 这是非线性电路与非正弦电路相综合的问题。电路的非线性特性是导致响应为非正弦的原因之一。该题考核非正弦量有效值和平均功率的基本概念，且对象是简单非线性电路。

根据题中叙述，输入电压可以写作 $u_S = 10V + 20V\cos(\omega t)$。由输入电压的变化规律以及二极管的单向导电性，可以判断输出电压波形如图题 13.2 所示。

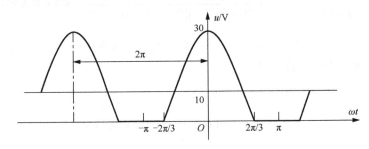

图题 13.2

令 $10V + 20V\cos(\omega t) = 0$，求得波形过零的两个相邻相角为

$$\omega t = \pm 2\pi / 3$$

根据有效值定义得

$$U = \sqrt{\frac{1}{2\pi} \int_{-\pi}^{\pi} u^2(\omega t) d\omega t} = \sqrt{\frac{1}{2\pi} \int_{-2\pi/3}^{2\pi/3} [10V + 20V\cos(\omega t)]^2 d\omega t}$$

利用数学方法，上式定积分部分计算如下：

$$D = \int_{-2\pi/3}^{2\pi/3} [10\text{V} + 20\text{V}\cos(\omega t)]^2 \mathrm{d}\omega t = \int_{-2\pi/3}^{2\pi/3} [100 + 400\cos(\omega t) + 400\cos^2(\omega t)]\text{V}^2 \mathrm{d}\omega t$$

$$= 100\text{V}^2 \times \frac{4}{3}\pi + 400\text{V}^2 \times 2\sin\frac{2\pi}{3} + 400\text{V}^2 \times \frac{1}{2}\left[\frac{1}{2}\sin(2\omega t)\Big|_{-2\pi/3}^{2\pi/3} + \frac{4\pi}{3}\right]$$

$$\approx 1.776 \times 10^3 \text{V}^2$$

所以电压有效值为

$$U \approx \sqrt{\frac{1}{2\pi} \times D} \approx 16.81\text{V}$$

负载吸收的平均功率为

$$P = U^2 / R \approx 2.827\text{W}$$

点评：如果在时域中能够得到响应随时间的变化规律（波形或表达式），无须将非正弦电压展开成傅里叶级数，再使用谐波分析的观点计算有效值和平均功率。直接按照有效值或者平均功率的基本定义去计算，过程会更简单且结果更精确，因为不存在由于保留有限项而导致的截断误差。因此，准确理解定义比生硬记住计算步骤更重要。

14. RLC 串联电路电流的幅频特性如图题 14.1 所示，纵轴为电流有效值。

（1）根据幅频特性曲线，求出品质因数 Q 和带宽 BW。

（2）设串联的电容 $C = 100\text{nF}$，求出串联电路的 L 与 R 的大小。

（3）求出外加电压有效值 U_s。

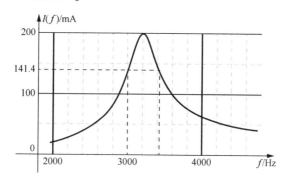

图题 14.1

【解】该题考查读图能力，即根据幅频特性曲线，近似读出某些重要信息。绘图和读图都是完成研究生学业的必备技能。

（1）根据幅频特性曲线的极大值可知，谐振频率为 $f_0 \approx 3200\text{Hz}$。根据位于极大值 0.707 倍的两个高度，可以读出频带宽度大约为

$$BW = f_{c2} - f_{c1} \approx 3420\text{Hz} - 3000\text{Hz} = 420\text{Hz}$$

所以品质因数为

$$Q = \frac{f_0}{BW} \approx \frac{3200\text{Hz}}{420\text{Hz}} \approx 7.619$$

（2）由谐振角频率 $\omega_0 = 2\pi f_0 = \dfrac{1}{\sqrt{LC}}$，求得串联电感为

$$L = \frac{1}{(2\pi f_0)^2 C} \approx \frac{1}{(2\pi \times 3200\text{Hz})^2 \times 100 \times 10^{-9}\text{F}} \approx 24.74\text{mH}$$

由品质因数 $Q = \dfrac{1}{R}\sqrt{\dfrac{L}{C}}$，求得串联电阻为

$$R = \frac{1}{Q}\sqrt{\frac{L}{C}} \approx \frac{1}{7.619}\sqrt{\frac{24.74\text{mH}}{100 \times 10^{-9}\text{F}}} \approx 65.28\Omega$$

（3）谐振时电阻电压等于电源电压，根据谐振时电流求得外加电压有效值为

$$U_\text{S} = RI_0 \approx 65.2784\Omega \times 200\text{mA} \approx 13.056\text{V}$$

点评： 本题也可根据谐振频率 f_0 和低频截止频率 f_{c1} 之间的如下关系计算 Q 值：

$$f_{c1} = f_0\left(-\frac{1}{2Q} + \sqrt{\frac{1}{4Q^2} + 1}\right)$$

这样只需从图上读出低频截止频率 $f_{c1} \approx 3000\text{Hz}$ 和谐振频率 $f_0 = 3200\text{Hz}$，无须读出高频截止频率 f_{c2}，计算精度会略高一些，但计算的复杂性增加很多。

15. 非接触式电能传输系统的电路模型如图题 15.1 所示。经仪器测得 $L_1 = L_2 = 50\mu\text{H}$，磁耦合系数 $k = 0.25$，互感系数为 M，等效电阻 $R_1 = 0.2\Omega$，$R_2 = 1\Omega$。正弦高频发射电源 u_s 的有效值为 24V，角频率为 $\omega = 10^6\text{rad/s}$。补偿电容 $C_1 = C_2 = 20\text{nF}$。若等效负载电阻 $R_\text{L} = 50\Omega$。

（1）求发射线圈电流 i_1 的有效值 I_1。

（2）求从电源 u_s 到负载 R_L 的功率传输效率 η。

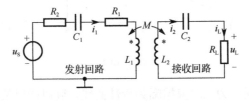

图题 15.1

【解】 这是互感与谐振相综合的问题。该题考核谐振特点，以及传输效率的概念。题中提到"非接触式电能传输"，这只是让考生了解电路的应用背景，以便增强与实际的联系。仅从完成本题计算来讲，即使不清楚"非接触式电能传输"的含义也无妨。

（1）由耦合系数 k，求出互感系数 M，因为在方程中通常出现的是互感系数而不是耦合系数。

$$M = k\sqrt{L_1 L_2} = 0.25 \times 50\mu\text{H} = 12.5\mu\text{H}$$

经验证，题目已知参数满足以下关系：

$$\frac{1}{\sqrt{L_1 C_1}} = \frac{1}{\sqrt{L_2 C_2}} = 10^6 \text{rad/s}$$

可见两个回路均处于谐振状态，两个回路的自阻抗均为实数，即纯电阻性质。

点评：在正弦电路中，若发现存在 LC 串联或并联部分，简单验证一下。如果谐振，则可以利用谐振特点简化计算；如果没有谐振，所花费的验证时间也不多。

利用公式计算副边到原边的引入阻抗，如图题 15.2 所示，它是纯电阻性质：

$$Z_r = \frac{(\omega M)^2}{R_L} = \frac{(10^6 \times 12.5 \times 10^{-6})^2}{50}\Omega = 3.125\Omega$$

所以发射线圈电流有效值为

$$I_1 = \frac{U_S}{R_1 + R_2 + Z_r} = \frac{24\text{V}}{(0.2 + 1 + 3.125)\Omega} \approx 5.549\text{A}$$

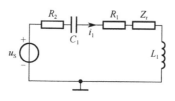

图题 15.2

（2）负载电流有效值等于互感电压 U_{21} 除以副边回路自阻抗 $|Z_{22}|$，由于谐振，副边回路自阻抗就等于 R_L，因此负载电流为

$$I_L = \frac{U_{21}}{|Z_{22}|} = \frac{(\omega M)I_1}{R_L} = \frac{(10^6 \times 12.5 \times 10^{-6}\Omega) \times 5.549\text{A}}{50\Omega} \approx 1.387\text{A}$$

由于原边也发生谐振，所以电源发出的有功功率可以简单地计算如下（功率因数为1）：

$$P_1 = U_S I_1 \approx 24\text{V} \times 5.549\text{A} \approx 133.2\text{W}$$

负载获得的有功功率为

$$P_L = I_L^2 R_L = 96.23\text{W}$$

因此，从电源到负载的传输效率为

$$\eta = \frac{P_L}{P_1} \times 100\% \approx \frac{96.23\text{W}}{133.2\text{W}} \times 100\% \approx 72.25\%$$

传输效率还可以通过引入阻抗并根据图题 15.2 计算如下，这时并不需要计算电源和负载的功率：

$$\eta = \frac{Z_r}{R_1 + R_2 + Z_r} \times 100\% = \frac{3.125\Omega}{(0.2+1+3.125)\Omega} \times 100\% \approx 72.25\%$$

其中用到的概念是：引入阻抗消耗的有功功率就等于负载消耗的有功功率。

点评：对含有磁耦合的电气隔离回路，使用引入阻抗的概念，可以避免列写方程组。

16. 某网络线图有 6 条支路，已知 3 条支路的电阻分别是 $R_1 = 2\Omega$，$R_2 = 5\Omega$，$R_3 = 10\Omega$，其余 3 条支路的电压分别是 $U_4 = 4V$，$U_5 = 6V$，$U_6 = -12V$。又知该网络线图的基本回路矩阵为

$$B = \begin{bmatrix} 1 & 0 & 0 & 1 & 0 & 1 \\ 0 & 1 & 0 & -1 & -1 & -1 \\ 0 & 0 & 1 & 0 & -1 & -1 \end{bmatrix}$$

试求该网络第 4、5、6 条支路的功率。

【解】 该题考查网络图论中树支电压的独立性、连支电流的独立性，以及如何使用基本回路矩阵计算树支电流和连支电压等概念。

由基本回路矩阵 B 可知，连支为 1、2、3，树支为 4、5、6。已知的电阻是连支电阻，已知的电压是树支电压。

写出基本回路矩阵中关于树支的分块，即

$$B_t = \begin{bmatrix} 1 & 0 & 1 \\ -1 & -1 & -1 \\ 0 & -1 & -1 \end{bmatrix}$$

由树支电压求得连支电压为

$$U_l = \begin{bmatrix} U_1 \\ U_2 \\ U_3 \end{bmatrix} = -B_t U_t = -\begin{bmatrix} 1 & 0 & 1 \\ -1 & -1 & -1 \\ 0 & -1 & -1 \end{bmatrix}\begin{bmatrix} U_4 \\ U_5 \\ U_6 \end{bmatrix} = -\begin{bmatrix} 1 & 0 & 1 \\ -1 & -1 & -1 \\ 0 & -1 & -1 \end{bmatrix}\begin{bmatrix} 4 \\ 6 \\ -12 \end{bmatrix}V = \begin{bmatrix} 8 \\ -2 \\ -6 \end{bmatrix}V$$

由欧姆定律求得连支电流为

$$I_l = \begin{bmatrix} I_1 \\ I_2 \\ I_3 \end{bmatrix} = \begin{bmatrix} U_1/R_1 \\ U_2/R_2 \\ U_3/R_3 \end{bmatrix} = \begin{bmatrix} 8V/2\Omega \\ -2V/5\Omega \\ -6V/10\Omega \end{bmatrix} = \begin{bmatrix} 4 \\ -0.4 \\ -0.6 \end{bmatrix}A$$

连支电流是一组独立的电流变量，由连支电流求得树支电流为

$$I_t = \begin{bmatrix} I_4 \\ I_5 \\ I_6 \end{bmatrix} = B_t^T I_l = \begin{bmatrix} 1 & -1 & 0 \\ 0 & -1 & -1 \\ 1 & -1 & -1 \end{bmatrix}\begin{bmatrix} 4 \\ -0.4 \\ -0.6 \end{bmatrix}A = \begin{bmatrix} 4.4 \\ 1 \\ 5 \end{bmatrix}A$$

由上述树支电流和给定的树支电压，便可求出树支功率：

$$\boldsymbol{P}_t = \begin{bmatrix} U_4 & & \\ & U_5 & \\ & & U_6 \end{bmatrix}\begin{bmatrix} I_4 \\ I_5 \\ I_6 \end{bmatrix} = \begin{bmatrix} 4\text{V} & & \\ & 6\text{V} & \\ & & -12\text{V} \end{bmatrix}\begin{bmatrix} 4.4 \\ 1 \\ 5 \end{bmatrix}\text{A} = \begin{bmatrix} 17.6 \\ 6 \\ -60 \end{bmatrix}\text{W}$$

点评：可以按照功率守恒性加以验证，过程如下。

全部树支消耗的功率之和为

$$P_4 + P_5 + P_6 = (17.6 + 6 - 60)\text{W} = -36.4\text{W}$$

全部连支消耗的功率之和为

$$P_1 + P_2 + P_3 = U_1 I_1 + U_2 I_2 + U_3 I_3 = [8 \times 4 - 2 \times (-0.4) - 6 \times (-0.6)]\text{W} = 36.4\text{W}$$

可见，全部支路消耗的功率之和等于零，即所计算的功率符合守恒性，满足特勒根定理。从不同角度，或使用不同方法对计算结果进行验证，是确保方法和结果正确性的良方。

17. 图题 17.1 所示电路，开关原来是接通的，并已通电很长时间，u_S 为正弦电源，有效值为 220V，频率为 50Hz。当开关电流 i 从正到负过零时，将开关突然断开，即零电流关断，并把此时规定为计时起点，即 $t = 0$。设电路参数 $R_1 = 120\Omega$，$R_2 = 80\Omega$，$L = 0.25\text{H}$。

（1）求开关刚刚断开时电感储存的磁场能量。

（2）求开关断开后，电感电流 i_L 的变化规律。

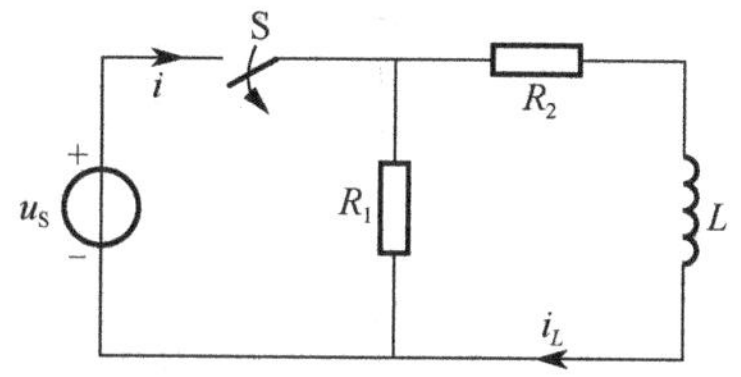

图题 17.1

【解】 这是正弦稳态电路与暂态电路相综合的问题，该题考核电路分段计算能力，以及根据电路状态选择分析方法的能力。

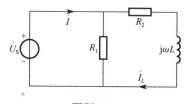

图题 17.2

换路之前一瞬间的电感电流是换路后电路的初始状态。因此需要用相量分析法先计算换路前的正弦稳态电路，如图题 17.2 所示。

（1）开关断开之前为正弦稳态，设电压源的初相为零，即 $\dot{U}_S = 220\text{V}\angle 0°$，则流过开关的电流为

$$\dot{I} = \dot{U}_S\left(\frac{1}{R_1} + \frac{1}{R_2 + j\omega L}\right) = \dot{U}_S\left(\frac{1}{120\Omega} + \frac{1}{80\Omega + j100\pi/\text{s} \times 0.25\text{H}}\right)$$

$$\approx \dot{U}_S \times 15.97 \times 10^{-3}\text{S}\angle -0.4020\text{rad}$$

$$i(t) = 220\sqrt{2}\text{V} \times 15.97 \times 10^{-3}\text{S}\cos(\omega t - 0.4020\text{rad})$$

当电流的相位为 $\pi/2$ 时，瞬时值从正到负过零，所以令 $\omega t - 0.4020 = \pi/2$ 得

$$\omega t = (\pi/2 + 0.4020)\text{rad} \approx 1.973\text{rad}$$

电感电流表达式为

$$\dot{I}_L = \frac{\dot{U}_S}{R_2 + j\omega L} \approx \frac{\dot{U}_S}{80\Omega + j78.55\Omega} \approx \dot{U}_S \times 8.919 \times 10^{-3}\text{S}\angle -0.7763\text{rad}$$

$$i_L(t) = 220\sqrt{2}\text{V} \times 8.919 \times 10^{-3}\text{Scos}(\omega t - 0.7763\text{rad})$$
$$= 2.775\text{Acos}(\omega t - 0.7763\text{rad})$$

因此，在开关电流过零时，即 $\omega t \approx 1.973\text{rad}$ 时，电感电流为

$$i_L(t) = 2.775\text{Acos}(1.9736\text{rad} - 0.7763\text{rad}) \approx 1.014\text{A}$$

磁场能量为

$$W_\text{m} = \frac{1}{2}Li_L^2 \approx \frac{1}{2} \times 0.25\text{H} \times (1.014\text{A})^2 \approx 0.1286\text{J}$$

（2）$t > 0$ 后，属于 RL 一阶电路零输入响应。把换路时刻规定为暂态响应的起始时刻，则电感电流的初始值为

$$i_L(0_+) = i_L(0_-) \approx 1.014\text{A}$$

由换路后的电路计算时间常数为

$$\tau = \frac{L}{R_1 + R_2} = \frac{0.25\text{H}}{120\Omega + 80\Omega} = 1.25 \times 10^{-3}\text{s}$$

按照零输入响应的一般规律或三要素公式，写出换路后的电感电流为

$$i_L(t) = i_L(0)\text{e}^{-t/\tau} = 1.014\text{Ae}^{-800t/\text{s}} \qquad (t > 0)$$

式中，/s 表示时间 t 以秒为单位来计量，类似之处含义同理。这是为了保证量纲的正确性。

点评： ①电路在稳态与暂态之间的突然转换，在工程实际中很常见。此时要综合运用稳态分析和暂态分析方法，并明确转换时刻的初始条件。②电路的工作状态和电路的组成共同决定了应该采用的分析方法。换路前为正弦稳态电路，采用相量分析法；换路后为一阶暂态电路，采用三要素法。

18. 图题 18.1 所示电路，$t < 0$ 时电路处于稳态，$t = 0$ 时开关突然接通。已知 $L_1 = L_2 = L_3 = 10^{-2}\text{H}$，$R_1 = R_2 = 50\Omega$，$R_3 = 100\Omega$，直流电压源 $U_s = 10\text{V}$，互感系数 $M = 1\text{mH}$。利用时域分析法求 $t > 0$ 时电流 i_2 及互感电压 u_3 的变化规律。

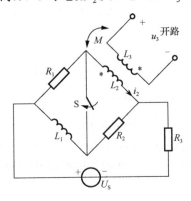

图题 18.1

【解】本题特别强调在时域中进行分析，否则可能会在复频域中进行，因为看上去是

二阶电路。本题考查识别电路阶数的能力，以及应用电路参数的特殊性简化计算的能力。

本题虽然含有较多的电感，但换路后仍然是一阶电路，具体分析见下面。由于 u_3 处开路，所以 L_3 部分对电路的其他部分没有影响。为求 u_3，需先求出 i_2，然后利用互感方程便可求出 u_3。

换路前电路为直流稳态，所有电感都可视为短路，R_1 和 R_2 为并联关系，故电感电流为

$$i_2(0_-) = \frac{U_S}{R_1 // R_2 + R_3} \times \frac{R_2}{R_1 + R_2}$$

$$= \frac{10\text{V}}{25\Omega + 100\Omega} \times \frac{1}{2} = 0.04\text{A}$$

$$i_2(0_+) = i_2(0_-) = 0.04\text{A}$$

$t \to \infty$ 时，电感再次被视为短路，但开关是接通的，计算稳态值的电路如图题 18.2 所示。R_1 和 R_2 均被短路，所以稳态电流为

$$i_2(\infty) = \frac{U_S}{R_3} = \frac{10\text{V}}{100\Omega} = 0.1\text{A}$$

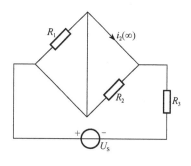

图题 18.2

计算时间常数的电路先是如图题 18.3 所示，该图又可画成图题 18.4。这样改画后，不影响任何元件的电流，只影响短路线上的电流。由于元件参数满足电桥平衡条件，即

$$\frac{R_1}{R_2} = \frac{sL_1}{sL_2} \quad \text{（复频域电桥平衡条件）}$$

所以，短路线上无电流。据此，进一步又可等效成图题 18.5。由此可见，该电路在换路后为一阶电路。根据此图求得从总电感看进去的等效电阻为

$$R_\text{eq} = \frac{(R_1 + R_2)R_3}{R_1 + R_2 + R_3} = 50\Omega$$

故时间常数为

$$\tau = \frac{L_1 + L_2}{R_\text{eq}} = \frac{2 \times 10^{-2}\text{H}}{50\Omega} = 4 \times 10^{-4}\text{s}$$

由三要素公式得

$$i_2(t) = i_2(\infty) + [i_2(0_+) - i_2(\infty)]\text{e}^{-t/\tau} = 0.1\text{A} - 0.06\text{Ae}^{-2500t/\text{s}} \tag{18.1}$$

再回到图题 18.1，该电流经磁耦合后，得到 $t > 0$ 时开路处电压为

$$u_3(t) = -M\frac{\mathrm{d}i_2}{\mathrm{d}t} = -10^{-3}\mathrm{H} \times (0.06\mathrm{A} \times 2500\mathrm{s}^{-1}\mathrm{e}^{-2500t/\mathrm{s}}) = -0.15\mathrm{Ve}^{-2500t/\mathrm{s}}$$

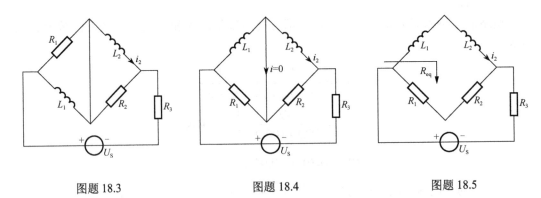

图题 18.3   图题 18.4   图题 18.5

注：如果不限定时域分析，那么也可用复频域分析法。简单过程如下。

画出换路后的复频域电路模型，交换 R_1 和 L_1 的上下顺序，不改变其他元件电流。但由于参数的对称性，两个电感电流完全相同，从而短路线电流为零，因此将其断开，得到图题 18.6 所示的复频域模型。对其列写回路电流方程为

$$\begin{cases} (sL_1 + sL_2 + R_1 + R_2)I_2(s) - (R_1 + R_2)I_3(s) = L_1i_1(0_-) + L_2i_2(0_-) \\ -(R_1 + R_2)I_2(s) + (R_1 + R_2 + R_3)I_3(s) = U_s/s \end{cases}$$

代入已知条件得到

$$\begin{cases} (2\times10^{-2}s + 100)I_2(s) - 100I_3(s) = 8\times10^{-4} \\ -100I_2(s) + 200I_3(s) = 10/s \end{cases}$$

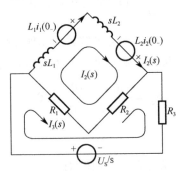

图题 18.6

很容易求得 L_2 支路电流为

$$I_2(s) = \frac{0.04s + 250}{s(s + 2500)} = \frac{0.1\mathrm{A}}{s} - \frac{0.06\mathrm{A}}{s + 2500}$$

求拉普拉斯逆变换得到

$$i_2(t) = (0.1 - 0.06e^{-2500t/s})A$$

与式（18.1）完全相同。式中正体 s 表示秒，不是复频率。

点评：①对于含有多个储能元件的动态电路，首先判断电路的阶数。如果是一阶电路，那么三要素公式往往是首选的计算公式。可以根据独立储能元件的个数、电压源和电流源特性、等效运算阻抗（比计算响应来得容易）的分子或分母中 s 的最高次幂等，判断电路的阶数。②用不同方法进行验证是备考的好习惯。例如，本题可以使用复频域分析法进行验证。如果想节省时间，也可以进行部分验证。画出图题 18.7 所示的无附加电源的复频域模型，计算等效阻抗和等效导纳如下：

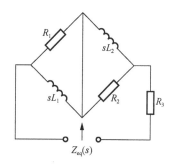

图题 18.7

$$Z_{eq}(s) = R_3 + 2 \times \frac{R_1 \times sL_1}{R_1 + sL_1} = 100 + \frac{s}{50 + 0.01s} = \frac{5000 + 2s}{50 + 0.01s}$$

$$Y_{eq}(s) = \frac{1}{Z_{eq}(s)} = \frac{50 + 0.01s}{5000 + 2s} = \frac{0.005s + 25}{s + 2500}$$

可见，电路只有一个极点，为 $p_1 = -2500s^{-1}$，因此电路的确是一阶电路，且时间常数为 $\tau = -p_1^{-1} = 4 \times 10^{-4}s$。验证了时间常数的正确性。

19. 图题 19.1 所示电路，已知 $R_1 = R_2 = 400\Omega$，$C = 1\mu F$，$U = 30V$。开关 S 按周期规律动作，如图题 19.2 所示。S=1 表示开关倒向 a 点；S=0 表示开关倒向 b 点。$T_d = 0.6ms$，$T = 1ms$。

（1）按图题 19.2 所示的时间坐标，计算稳态时电容电压 u_C 在一个周期内的变化规律。

（2）计算 R_2 吸收的平均功率。

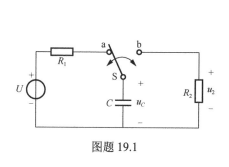

图题 19.1

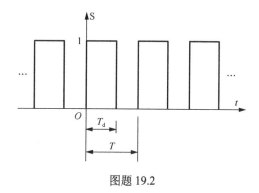

图题 19.2

【解】(1) 这是 RC 电路周期性充电和放电问题，同时又存在非正弦周期响应。本题考查 RC 电路在进入周期性充电和放电时的电磁现象，理解暂态与稳态的相对性。

由于开关按周期规律变化，所以电容电压也按周期规律变化，其波形如图题 19.3 所示。其中 U_1、U_2 分别是其最小值和最大值。

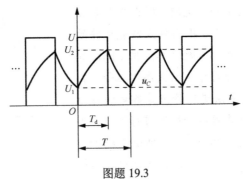

图题 19.3

按图中的时间坐标，电容电压的时间函数可以分段来表达。

$0 < t \leqslant T_{\mathrm{d}}$ 时，电路为全响应，充电过程。

$$\tau_1 = R_1C = 400\Omega \times 1\mu\mathrm{F} = 0.4\mathrm{ms}$$
$$u_C = U + (U_1 - U)\mathrm{e}^{-t/\tau_1} \tag{19.1}$$

$T_{\mathrm{d}} < t \leqslant T$ 时，电路为零输入响应，放电过程，且放电电阻与充电电阻相同，因此时间常数也相同。

$$\tau_2 = R_2C = R_1C = \tau_1 = 0.4\mathrm{ms}$$

放电电压变化规律为

$$u_C = U_2\mathrm{e}^{-(t-T_{\mathrm{d}})/\tau_2} \tag{19.2}$$

用 τ 统一表示充电和放电的时间常数，由式（19.1）和式（19.2）得如下联立关系：

$$\begin{cases} U_2 = U + (U_1 - U)\mathrm{e}^{-T_{\mathrm{d}}/\tau} \\ U_1 = U_2\mathrm{e}^{-(T-T_{\mathrm{d}})/\tau} \end{cases} \tag{19.3}$$

解得电压的最小值和最大值分别为

$$\begin{cases} U_1 = \dfrac{U(\mathrm{e}^{T_{\mathrm{d}}/\tau} - 1)\mathrm{e}^{-T/\tau}}{(1 - \mathrm{e}^{-T/\tau})} \\ U_2 = \dfrac{U(1 - \mathrm{e}^{-T_{\mathrm{d}}/\tau})}{1 - \mathrm{e}^{-T/\tau}} \end{cases}$$

将 U、T_{d}、T、τ 的值代入上式得

$$\begin{cases} U_1 = \dfrac{30\mathrm{V}(\mathrm{e}^{0.6/0.4} - 1)\mathrm{e}^{-1/0.4}}{(1 - \mathrm{e}^{-1/0.4})} \approx 9.341\mathrm{V} \\ U_2 = \dfrac{30\mathrm{V}(1 - \mathrm{e}^{-0.6/0.4})}{1 - \mathrm{e}^{-1/0.4}} \approx 25.39\mathrm{V} \end{cases}$$

再将上述电压代回到式（19.1）和式（19.2），得电容电压的变化规律如下。

$0 < t \leqslant T_d$：

$$u_C \approx 30\text{V} + (9.341 - 30)\text{Ve}^{-t/\tau_1} = (30 - 20.66\text{e}^{-t/\tau})\text{V}$$

$T_d < t \leqslant T$：

$$u_C \approx 25.39\text{Ve}^{-(t-T_d)/\tau}$$

（2）平均功率等于一个周期内瞬时功率的平均值，即

$$P = \frac{1}{T}\int_0^T p(t)\text{d}t = \frac{1}{T}\int_0^T \frac{u_2^2}{R_2}\text{d}t \tag{19.4}$$

由于电阻电压 u_2 是分段连续的，即

$$u_2 = \begin{cases} 0 & (0 < t < T_d) \\ u_C & (T_d < t < T) \end{cases}$$

对式（19.4）进行分段积分得

$$P = \frac{1}{T}\left(\int_0^{T_d} 0\text{d}t + \int_{T_d}^T \frac{u_C^2}{R_2}\text{d}t\right) = \frac{1}{T}\int_{0.6\text{ms}}^{1\text{ms}} \frac{[25.39\text{Ve}^{-(t-0.6\text{ms})/0.4\text{ms}}]^2}{400\Omega}\text{d}t \tag{19.5}$$

$$= \frac{(25.39\text{V})^2}{400\Omega \times T} \times \left[-0.2\text{mse}^{-(t-0.6\text{ms})/0.2\text{ms}}\Big|_{0.6\text{ms}}^{1\text{ms}}\right] \approx 0.2787\text{W}$$

此外，根据充放电的物理过程，电阻的平均功率还可以按如下方法简单获得。

电容在一个周期内，储能的最大值和最小值之差，显然就是电阻消耗的能量，该能量差除以周期，便是电阻消耗的平均功率。因此，

$$P = \frac{CU_2^2/2 - CU_1^2/2}{T} = \frac{1}{2} \times 10^{-6}\text{F} \times \frac{(25.39\text{V})^2 - (9.341\text{V})^2}{10^{-3}\text{s}} \approx 0.2787\text{W} \tag{19.6}$$

这要比利用式（19.5）简单许多。

点评： ①从电容充电与放电的周期循环上看，电路是非正弦周期稳态。但从一个周期来看，电容的充电和放电又是暂态。即稳态中包含着暂态，周期性的暂态又形成了稳态，所以稳态与暂态是相对的。②电阻上的电压虽然是非正弦量，但计算平均功率时无须展开成傅里叶级数，直接按照平均功率的基本定义计算更可取。③表达式（19.6）的简单方法说明，理解电路中的电磁过程，然后基于特定的电磁过程来计算，比使用一般公式更加方便。这说明了理解电磁过程的重要性。

20. 电路如图题 20.1 所示。设 D 为理想二极管，电动势 $E_1 = 10\text{V}$，$E_2 = 20\text{V}$，电阻 $R_1 = 4\Omega$，$R_2 = 280\Omega$，电容 $C = 100\mu\text{F}$，零状态。$t = 0$ 时开关突然接通。

（1）计算 $t > 0$ 时电容电压 u_C 的变化规律。

（2）计算电容最终存储的能量。

（3）计算充电结束时的充电效率。

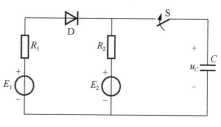

图题 20.1

【解】这是自动实现电容分段充电的电路，目的是提高充电效率。该题考查对充电过程的完整理解。本题虽然包含二极管，但对早已学完电子技术的考生来说，不存在难以理解的元件特性。

（1）图题 20.1 中含有单向导通的二极管，所以要根据二极管是否导通分时段进行计算。开关接通后，电容电压从零逐渐升高。当电容电压尚未超过 E_1 时，二极管是导通的，计算电路如图题 20.2 所示，利用戴维南定理进一步等效成图题 20.3，图中，

$$R_{eq} = \frac{R_1 R_2}{R_1 + R_2} \approx 3.944\Omega, \qquad E = \frac{E_1/R_1 + E_2/R_2}{1/R_1 + 1/R_2} = \frac{R_2 E_1 + R_1 E_2}{R_1 + R_2} \approx 10.14\text{V}$$

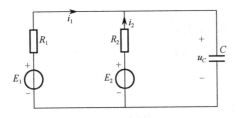

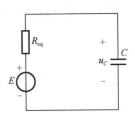

图题 20.2 图题 20.3

按照三要素公式的步骤，求得电容电压的变化规律为

$$u_C = u_C(\infty) + [u_C(0_+) - u_C(\infty)]\text{e}^{-t/\tau_1} = E(1 - \text{e}^{-t/\tau_1}) \tag{20.1}$$

其中时间常数

$$\tau_1 = R_{eq}C \approx 3.944 \times 10^{-4}\text{s}$$

当电容电压按照式（20.1）的变化规律升高到 E_1 以后，二极管便因处于反向偏置而截止。令

$$u_C = E(1 - \text{e}^{-t_0/\tau_1}) = E_1$$

求得二极管开始截止的时刻为

$$t_0 = \tau_1 \ln\left(\frac{E}{E - E_1}\right) \approx 1.687 \times 10^{-3}\text{s}$$

为计算在 $0 < t < t_0$ 时间内，图题 20.2 中两个电压源分别输出的电能，先计算从两个电源分别输出的电荷。电压源 E_1 输出的电荷为

$$q_1' = \int_0^{t_0} i_1 \text{d}t = \int_0^{t_0} \frac{E_1 - u_C}{R_1} \text{d}t = \int_0^{t_0} \frac{E_1 - E(1 - \text{e}^{-t/\tau_1})}{R_1} \text{d}t$$

$$= \left(\frac{E_1 - E}{R_1} \times t_0 - \frac{E}{R_1} \times \tau_1 \times \text{e}^{-t_0/\tau_1} + \frac{E}{R_1} \times \tau_1\right) \approx 9.265 \times 10^{-4}\text{C}$$

电压源 E_2 输出的电荷为

$$q_2' = \int_0^{t_0} i_2 \mathrm{d}t = \int_0^{t_0} \frac{E_2 - u_C}{R_2} \mathrm{d}t = \int_0^{t_0} \frac{E_2 - E(1 - \mathrm{e}^{-t/\tau_1})}{R_2} \mathrm{d}t$$

$$= \frac{E_2 - E}{R_2} \times t_0 - \frac{E}{R_2} \times \tau_1 \times \mathrm{e}^{-t_0/\tau_1} + \frac{E}{R_2} \times \tau_1 \approx 7.347 \times 10^{-5} \mathrm{C}$$

根据电动势的定义，两个电压源在这段时间内各自提供的能量分别为

$$W_1' = E_1 q_1' \approx 9.265 \times 10^{-3} \mathrm{J}, \qquad W_2' = E_2 q_2' \approx 1.469 \times 10^{-3} \mathrm{J}$$

点评：不能把图题 20.3 中等效电压源 E 提供的能量当作图题 20.2 中两个电压源提供的能量之和。

$t > t_0$ 以后，计算电路如图题 20.4 所示，图中二级管已截止。再按照三要素公式的步骤，计算电容电压为

$$u_C = u_C(\infty) + [u_C(t_0) - u_C(\infty)]\mathrm{e}^{-(t-t_0)/\tau_1}$$

$$= E_2 + (E_1 - E_2)\mathrm{e}^{-(t-t_0)/\tau_2}$$

$$= 20\mathrm{V} - 10\mathrm{V}\mathrm{e}^{-(t-t_0)/\tau_2}$$

其中时间常数

$$\tau_2 = R_2 C = 280\Omega \times 100 \times 10^{-6}\mathrm{F} = 28 \times 10^{-3}\mathrm{s}$$

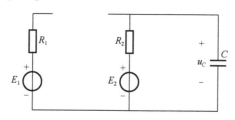

图题 20.4

$t > t_0$ 以后只有电压源 E_2 为电容充电，这段时间内的充电电荷为

$$q_2'' = C(E_2 - E_1) = 10^{-3}\mathrm{C}$$

电压源 E_2 提供的能量为

$$W_2'' = E_2 q_2'' = 20 \times 10^{-3}\mathrm{J}$$

（2）电容最终储存的电场能量为

$$W_\mathrm{e} = \frac{1}{2}Cu_C^2(\infty) = \frac{1}{2} \times 100 \times 10^{-6}\mathrm{F} \times (20\mathrm{V})^2 = 2 \times 10^{-2}\mathrm{J}$$

因此，充电结束时的充电效率为

$$\eta = \frac{W_\mathrm{e}}{W_1' + W_2' + W_2''} \approx \frac{2 \times 10^{-2}\mathrm{J}}{9.265 \times 10^{-3}\mathrm{J} + 1.469 \times 10^{-3}\mathrm{J} + 20 \times 10^{-3}\mathrm{J}} \times 100\% \approx 65.07\%$$

点评：当只有一个电压源通过电阻为零状态电容充电时，充电结束时的充电效率总是50%，应用时显得偏低。本题为自动分段式充电，计算已表明，分段充电可以提高效率。详见§3.3节。

21. 电路如图题 21.1 所示，已知 $u_{S1}=10\text{Ve}^{-t/\tau_1}\times\varepsilon(t)$，$u_{S2}=5\text{V}(1-\text{e}^{-t/\tau_1})\times\varepsilon(t)$，$\tau_1=0.2\text{s}$。用卷积积分计算 $t>0$ 时输出电压 u 的变化规律。

【解】 本题考核计算任意激励零状态响应的卷积积分法，以及单位冲激特性的计算和戴维南定理的应用。

为后续计算简便，先用戴维南定理化简原电路，得到图题 21.2 所示电路，图中，

$$R_{eq}=\frac{20\Omega\times80\Omega}{20\Omega+80\Omega}=16\Omega$$

$$u_{OC}=\frac{80\Omega}{20\Omega+80\Omega}u_{S1}+\frac{20\Omega}{20\Omega+80\Omega}u_{S2}=(7\text{e}^{-t/\tau_1}+1)\text{V}\times\varepsilon(t) \tag{21.1}$$

这样，把计算两个电源共同作用的电路简化为计算只有一个电源作用的电路。

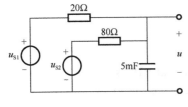
图题 21.1

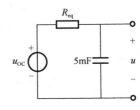
图题 21.2

电路的时间常数为

$$\tau=R_{eq}C=16\Omega\times5\text{mF}=80\text{ms}=0.08\text{s}$$

为求单位冲激特性，设图题 21.2 中 u_{OC} 为阶跃函数，即 $u_{OC}=U\varepsilon(t)$，由其产生的响应为

$$u(t)=U(1-\text{e}^{-t/\tau})\varepsilon(t)$$

因此，单位阶跃特性为

$$s(t)=\frac{u(t)}{U}=(1-\text{e}^{-t/\tau})\varepsilon(t)$$

求导得到电容电压的单位冲激特性，即

$$h(t)=\frac{\text{d}s(t)}{\text{d}t}=\tau^{-1}\text{e}^{-t/\tau}\varepsilon(t)$$

当开路电压为式（21.1）时，由卷积积分公式得所求电压为

$$u(t)=u_{OC}(t)*h(t)=\int_0^t u_{OC}(\lambda)h(t-\lambda)\text{d}\lambda$$
$$=\int_0^t(7\text{e}^{-\lambda/\tau_1}+1)\text{V}\times\tau^{-1}\text{e}^{-(t-\lambda)/\tau}\text{d}\lambda\approx(11.67\text{e}^{-t/\tau_1}-12.67\text{e}^{-t/\tau}+1)\text{V}\quad(t>0)$$

点评: 本题单位阶跃特性无量纲,单位冲激特性为倒时间量纲。这样,使用卷积计算电容电压时,等号两边的量纲才是平衡的,即量纲相同。详见§3.7节。

花费一点时间,用复频域分析法验证上述计算结果,以便对结果做到心中有数。就图题21.2而言,得

$$U(s) = \frac{1/(sC)}{R_{eq} + 1/(sC)} \times U_{OC}(s) = \frac{1}{1 + R_{eq}Cs} \times U_{OC}(s)$$

$$= \frac{1}{1 + 8 \times 10^{-2}s} \times \left(\frac{7}{s+5} + \frac{1}{s}\right) = \frac{12.5(8s+5)}{s(s+5)(s+12.5)} \approx 1V \cdot s + \frac{11.67V}{s+5} + \frac{-12.67V}{s+12.5}$$

$$u(t) = \mathscr{L}^{-1}[U(s)] \approx (1 + 11.67e^{-5t/s} - 12.67e^{-12.5t/s})V \qquad (t > 0)$$

还可用更少时间验证部分结果。由 $u(t)$ 的表达式可得, $u(\infty)=1V$,这与开路电压中存在1V的稳态值相吻合; $u(0)=(1+11.67e^0-12.67e^0)V=0$,这与电容为零状态的已知条件相吻合;响应中的两个 e 指数项的时间常数,分别与强制分量和自由分量的时间常数相吻合。学会简单验证对入学考试非常有益。

22. 图题22.1所示电路,原处于直流稳态,开关为接通状态。$t=0$ 时开关突然断开,已知 $R_1 = 1.5\Omega$, $R_2 = 1.5\Omega$, $R_3 = 1\Omega$, $L = 2H$, $I_S = 8A$ 。求开关两端电压随时间的变化规律 $u(t)$ 。

【解】 这是二阶电路,考核复频域分析法基本步骤,这是入学考试不可或缺的知识考点。题中的已知条件和待求问题属于复频域分析的典型问题,没有特别之处。但下面要介绍的求解方法二,却是现有教材中不多见的方法。

方法一:使用复频域分析的一般方法

(1) 初始条件:

$$i_L(0_-) = I_S = 8A, \qquad u_C(0_-) = -\frac{R_3 R_1 I_S}{R_1 + R_2 + R_3} = -3V$$

(2) 复频域电路模型如图题22.2所示。

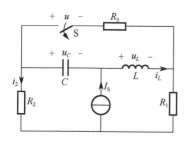

图题 22.1

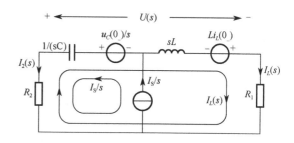

图题 22.2

(3) 对最外回路按顺时针方向列 KVL 方程得

$$[R_1 + R_2 + sL + 1/(sC)]I_L(s) - [R_2 + 1/(sC)](I_S/s) = Li_L(0_-) - u_C(0_-)/s$$

代入已知条件解得

$$I_L(s)=\frac{Li_L(0_-)-u_C(0_-)/s+[R_2+1/(sC)](I_S/s)}{R_1+R_2+sL+1/(sC)}=\frac{16s^2+15s+8}{s(2s^2+3s+1)}$$

利用 R_1 与 R_2 电压的代数和计算待求电压 $U(s)$，要比利用 C 和 L 电压代数和来得方便。计算如下：

$$U(s)=R_2\left[\frac{I_S}{s}-I_L(s)\right]-R_1I_L(s)=\frac{R_2I_S}{s}-(R_1+R_2)I_L(s)$$

$$=\frac{1.5\times 8}{s}-(1.5+1.5)\times\frac{16s^2+15s+8}{s(2s^2+3s+1)}$$

$$=\frac{12(2s^2+3s+1)-3(16s^2+15s+8)}{s(2s^2+3s+1)}=-\frac{12s^2+4.5s+6}{s(s+0.5)(s+1)}\quad\text{(为简洁省略了单位)}$$

部分分式展开为

$$U(s)=\frac{A_1}{s}+\frac{A_2}{s-p_2}-\frac{A_3}{s-p_3}=\frac{A_1}{s}+\frac{A_2}{s+0.5}-\frac{A_3}{s+1}$$

式中待定系数用极限计算如下，待定系数的单位为 V：

$$A_1=\lim_{s\to 0}\frac{-12s^2-4.5s-6}{s(s+0.5)(s+1)}\times s=-12\text{V}$$

$$A_2=\lim_{s\to -0.5}\frac{-12s^2-4.5s-6}{s(s+0.5)(s+1)}\times(s+0.5)=27\text{V}$$

$$A_3=\lim_{s\to -1}\frac{-12s^2-4.5s-6}{s(s+0.5)(s+1)}\times(s+1)=-27\text{V}$$

（4）计算拉普拉斯逆变换得待求电压为

$$u(t)=\mathscr{L}^{-1}[U(s)]=A_1+A_2\,\mathrm{e}^{p_2t}+A_3\,\mathrm{e}^{p_3t}=(-12+27\mathrm{e}^{-0.5t/s}-27\mathrm{e}^{-t/s})\text{V}\quad\text{（正体 s 表示秒）}$$

$$(22.1)$$

点评： 可以按照如下方法大致验证计算结果：

（1）利用初始值验证。在换路后一瞬间由图题 22.1 电路不难求得开关电压初始值为

$$u(0_+)=R_2i_2(0_+)-R_1i_L(0_+)=R_2[I_S-i_L(0_+)]-R_1i_L(0_+)=-12\text{V}$$

（2）利用稳态值验证。在进入新的稳态后，电容开路、电感短路，不难求得开关电压稳态值为

$$u(\infty)=-R_1I_S=-12\text{V}$$

上述两个步骤与从式（22.1）获得的结果完全一致。

（3）利用极点验证。图题 22.2 电路最外回路自阻抗为

$$Z(s)=R_1+R_2+sL+1/(sC)=3+2s+1/s$$

其倒数为

$$Y(s) = \frac{1}{Z(s)} = \frac{1}{3 + 2s + 1/s} = \frac{0.5}{(s+0.5)(s+1)}$$

所以响应的极点分别为 $p_1 = -0.5\mathrm{s}^{-1}$，$p_2 = -1\mathrm{s}^{-1}$，这与式（22.1）显示的结果（见指数项）完全一致。

上述验证不需花费太多时间，因为在初始时刻和稳态时刻，电感与电容的电流或电压很容易确定。如果上述验证结论存在不一致，便可能存在计算错误，需要仔细检查计算过程；若全部一致，也不能肯定结果完全正确。例如，如果在计算待定系数时得出了 $A_2 = 30\mathrm{V}$、$A_2 = -30\mathrm{V}$ 的结果，上述验证得出的结论都是"完全一致"，但这些待定系数却是错误的。

方法二：使用化为零状态电路的计算方法

开关断开前，流过开关的电流为

$$I_3 = \frac{-R_1 \times I_\mathrm{S}}{R_1 + R_2 + R_3} = \frac{-1.5\Omega \times 8\mathrm{A}}{(1.5 + 1.5 + 1)\Omega} = -3\mathrm{A}$$

计算开关电压的复频域电路模型如图题 22.3 所示，图中不含附加电源与独立电源，只有一个与 I_3 对应的电流源。

从电流源两端看进去的等效运算阻抗为

$$Z(s) = R_3 + \frac{(R_1 + R_2)[sL + 1/(sC)]}{(R_1 + R_2) + [sL + 1/(sC)]} = \frac{8s^2 + 3s + 4}{2s^2 + 3s + 1}$$

因此，开关两端电压象函数为

$$U(s) = Z(s) \times (I_3 / s) = -\frac{3(8s^2 + 3s + 4)}{s(2s^2 + 3s + 1)}$$

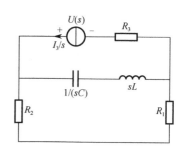

图题 22.3

点评：作为对比，本题采用了两种计算方法。显然，化为零状态电路的计算方法在节省计算量和确保准确性方面具有明显优势，详见§3.2 节。但这种具有普遍性且不难掌握的方法，已经被淡出了教材。

23. 电路如图题 23.1 所示，已知当 $u_1 = 10\mathrm{V}\varepsilon(t)$ 时，输出电压的零状态响应如图题 23.2 所示。求 $u_1 = 10\sqrt{2}\mathrm{V}\cos(100t/\mathrm{s})$ 时，正弦稳态电压 u_2 的有效值和初相位。

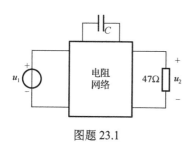

图题 23.1

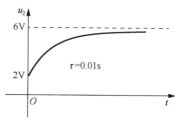

图题 23.2

【解】该题考核电路的时域、频域、复频域响应之间的关系，将相关知识点联系起来，而非孤立地去认识。

该电路为一阶电路。根据图题 23.2 标注的初始值、稳态值和时间常数，时域中的响应表达式可以写作

$$u_2 = u_2(\infty) + [u_2(0_+) - u_2(\infty)]e^{-t/\tau}$$
$$= 6\text{V} + [2\text{V} - 6\text{V}]e^{-100t/s} = 6\text{V} - 4\text{V}e^{-100t/s}$$

该响应的象函数为

$$U_2(s) = \mathscr{L}[u_2(t)] = \frac{6\text{V}}{s} - \frac{4\text{V}}{s+100} = \frac{2s+600}{s(s+100)}$$

由此求得复频域网络函数为

$$H(s) = \frac{U_2(s)}{U_1(s)} = \frac{\dfrac{2s+600}{s(s+100)}}{10\text{V}/s} = \frac{0.2s+60}{s+100}$$

将 s 改写成 $j\omega$，且 $j\omega = 100\text{rad}/s$，得到正弦稳态网络函数值为

$$H(j\omega) = H(s)\Big|_{s=j\omega=j100\text{rad}/s} = \frac{j20+60}{100+j100} \approx 0.4472\angle -26.57°$$

因此，当 $u_1 = 10\sqrt{2}\text{V}\cos(100t/s)$，即有效值相量 $\dot{U}_1 = 10\text{V}\angle 0°$ 时，响应相量为

$$\dot{U}_2 = H(j\omega)\dot{U}_1 \approx 0.4472\angle -26.57° \times 10\text{V}\angle 0° = 4.472\text{V}\angle -26.57°$$

所以 u_2 的有效值 $U_2 \approx 4.472\text{V}$，初相位 $\psi \approx -26.57°$。

点评：电路的时域、频域、复频域分析，在电路理论课程中，基本上是孤立地学习，但在复习备考时，应该加强它们之间的联系。

24. 如图题 24.1 所示电路，$t<0$ 时处于直流稳态，$t=0$ 时开关突然接通。

（1）列出 $t>0$ 时电路的状态方程。

（2）求电压象函数 $U_C(s)$ 和电流象函数 $I_L(s)$ 所满足的联立方程组。

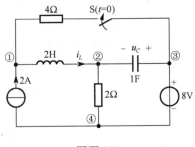

图题 24.1

【解】本题将时域中的电路方程和复频域中的电路方程相联系，考核对知识之间内在联系的理解能力。在电路理论课程中，这两个知识点是孤立地学习的，因此需要加强联系。

　　为了避免单位与变量混淆，在以下计算中，将各电气量的单位都变换到主单位，然后加以省略。

　　（1）在时域列写状态方程的一般规则是：①对含有电容的节点列写 KCL 方程，并且该节点包含尽可能少的非状态变量；②对含有电感的回路列写 KVL 方程，并且该回路包含尽可能少的非状态变量；③消去上述方程中出现的非状态变量。

　　对于图题 24.1 所示电路，换路后，对节点②列 KCL 方程得

$$\dot{u}_C = \frac{-u_C + 8}{2} - i_L$$

对上面网孔列 KVL 方程得

$$2\dot{i}_L = 4(2 - i_L) + u_C$$

整理后得状态方程

$$\begin{cases} \dot{u}_C = -0.5u_C - i_L + 4 \\ \dot{i}_L = 0.5u_C - 2i_L + 4 \end{cases} \tag{24.1}$$

其中初始条件为

$$\begin{cases} u_C(0_+) = u_C(0_-) = -2 \times 2\text{V} + 8\text{V} = 4\text{V} \\ i_L(0_+) = i_L(0_-) = 2\text{A} \end{cases} \tag{24.2}$$

　　（2）为求出响应的象函数，有两种方法可以利用。

　　方法一：直接对状态方程（24.1）进行拉普拉斯变换，并利用微分性质得

$$\begin{cases} sU_C(s) - u_C(0_-) = -0.5U_C(s) - I_L(s) + 4/s \\ sI_L(s) - i_L(0_-) = 0.5U_C(s) - 2I_L(s) + 4/s \end{cases} \tag{24.3}$$

将初始条件（24.2）代入式（24.3）得 $U_C(s)$ 和 $I_L(s)$ 所满足的联立方程组：

$$\begin{cases} (s + 0.5)U_C(s) + I_L(s) = 4/s + 4 \\ -0.5U_C(s) + (s + 2)I_L(s) = 4/s + 2 \end{cases} \tag{24.4}$$

　　方法二：在没有获得状态方程的条件下，画出图题 24.2 所示的运算电路模型，以 $U_C(s)$、$I_L(s)$ 为变量列混合法方程。对节点②列 KCL 方程得

$$-I_L(s) + \frac{1}{2}[-U_C(s) + 8/s] - s[U_C(s) - u_C(0_-)/s] = 0 \tag{24.5}$$

对上面网孔列 KVL 方程得

$$U_C(s) + 2i_L(0_-) - 2sI_L(s) + 4[2/s - I_L(s)] = 0 \tag{24.6}$$

将式（24.5）、式（24.6）整理后得 $U_C(s)$ 和 $I_L(s)$ 满足的联立方程组，结果与式（24.4）完全相同。

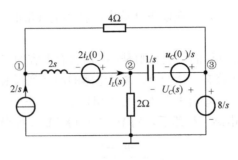

图题 24.2

点评： 方法一和方法二说明了列写复频域电路方程的两种过程。方法一是先对时域电路模型列写微分方程，比如状态方程，然后对微分方程进行拉普拉斯变换；方法二是教材上的普遍内容，即先将电路的时域模型变换到复频域，然后对复频域模型列写电路方程。两种方法应用拉普拉斯变换的时机不同，但结果完全相同。如果已有微分方程，就没有必要对复频域电路模型列写电路方程。在分门别类地学习了各知识点后，把它们有机地联系起来更加重要。

25. 电路如图题 25.1 所示。

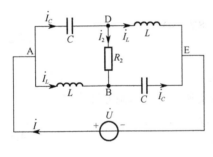

图题 25.1

（1）证明在参数满足 $\omega L = 1/(\omega C)$（称为参数条件）时，桥臂电流 $\dot{I}_2$ 将超前于电压 $\dot{U}$ 90°，且有效值与电阻 R_2 无关。

（2）证明在 $\omega L = 1/(\omega C)$ 条件下，若选 $\dot{U}$ 为参考相量，即 $\dot{U} = U\angle 0°$，则 $\dot{I}_L = \dot{I}_C^*$。

【解】 本题为证明题，代表了电路理论的一个重要方面。一般说来，所谓证明，其关键步骤仍然是分析。对本题而言，就是建立 $\dot{I}_2$ 与元件参数关系的一般表达式，并利用参数条件分析表达式。

（1）求出 $\dot{I}_2$ 与 $\dot{U}$ 的关系。

方法一：应用等效电源定理

因为关心的是电流 $\dot{I}_2$，所以首先想到应用等效电源定理，将 R_2 以外的电路加以化简。

（A）应用戴维南定理。

一般参数条件下，D、B 处的开路电压为

$$\dot{U}_{OC} = \frac{j\omega L}{j\omega L + 1/(j\omega C)}\dot{U} - \frac{1/(j\omega C)}{j\omega L + 1/(j\omega C)}\dot{U} = \frac{-\omega L - 1/(\omega C)}{-\omega L + 1/(\omega C)}\dot{U}$$

除源后的等效阻抗为

$$Z_{eq} = 2 \times \frac{j\omega L \times [1/(j\omega C)]}{j\omega L + 1/(j\omega C)} = \frac{j2L/C}{-\omega L + 1/(\omega C)}$$

戴维南等效电路如图题 25.2 所示，根据此图求得电流 $\dot{I}_2$ 为

$$\dot{I}_2 = \frac{\dot{U}_{OC}}{R_2 + Z_{eq}} = \frac{\frac{-\omega L - 1/(\omega C)}{-\omega L + 1/(\omega C)}\dot{U}}{R_2 + \frac{j2L/C}{-\omega L + 1/(\omega C)}} = \frac{[-\omega L - 1/(\omega C)]\dot{U}}{R_2[-\omega L + 1/(\omega C)] + j2L/C} \quad (25.1)$$

所以，当参数满足题给条件 $\omega L = 1/(\omega C)$ 时，上述电流成为

$$\dot{I}_2 = \frac{-2\omega L\dot{U}}{j2L/C} = j\frac{\dot{U}\sqrt{L/C}}{L/C} = j\frac{\dot{U}}{\sqrt{L/C}} \quad (25.2)$$

可见，$\dot{I}_2$ 超前电源电压 $\dot{U}$ 90°，且与电阻 R_2 无关（开路除外）。证毕。

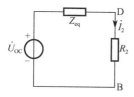

图题 25.2

点评：①上述方法相当于寻找参数条件，因此命题方法也可修改成当电路参数满足什么条件时，$\dot{I}_2$ 超前电源电压 $\dot{U}$ 90°？从式（25.1）中可以得到这个条件。②此方法若先使用题给参数条件，则开路电压和等效阻抗均为无限大，不利于证明。

（B）应用诺顿定理。

将 D、B 两点短路，如图题 25.3 所示，利用参数条件计算短路电流为

$$\dot{I}_{SC} = \dot{I}_C - \dot{I}_L = \frac{\dot{U}}{2}\left(j\omega C - \frac{1}{j\omega L}\right) = j\frac{\dot{U}}{2}\left(\omega C + \frac{1}{\omega L}\right) = \frac{j\dot{U}}{\omega L} = \frac{j\dot{U}}{\sqrt{L/C}}$$

一般参数条件下的等效阻抗为

$$Z_{eq} = 2 \times \frac{j\omega L \times [1/(j\omega C)]}{j\omega L + 1/(j\omega C)} = 2j \times \frac{L/C}{-\omega L + 1/(\omega C)}$$

当 $\omega L = 1/(\omega C)$ 时，$|Z_{eq}| \to \infty$，诺顿等效电路成为理想电流源，如图题 25.4 所示，所以

$$\dot{I}_2 = \dot{I}_{SC} = \frac{j\dot{U}}{\sqrt{L/C}}$$

可见，$\dot{I}_2$ 超前 $\dot{U}$ 90°，且与 R_2 无关。

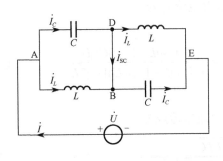
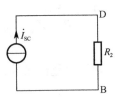

图题 25.3　　　　　　　　　　　　图题 25.4

方法二：利用参数对称性（对角线元件参数相等）

由于参数的对称性不难理解，图题 25.1 中两个电感电流是相等的，两个电容电流也是相等的。

节点 D 的 KCL 方程为

$$\dot{I}_L - \dot{I}_C = -\dot{I}_2$$

已知参数满足 $\omega L = 1/(\omega C)$，所以回路 ABEA 的 KVL 方程为

$$\dot{U} = j\omega L\dot{I}_L + \frac{1}{j\omega C}\dot{I}_C = j\omega L(\dot{I}_L - \dot{I}_C) = -j\omega L\dot{I}_2$$

因此桥臂电流为

$$\dot{I}_2 = \frac{\dot{U}}{-j\omega L} = j\frac{\dot{U}}{\sqrt{L/C}}$$

结果与式（25.2）相同。

（2）应用"所证即所求"法。

方法一：直接求解 $\dot{I}_L$ 与 $\dot{I}_C$

为了证明 $\dot{I}_L = \dot{I}_C^*$，最容易想到的办法就是求出 $\dot{I}_L$ 与 $\dot{I}_C$。

选图题 25.5 所示的网孔，以支路电流为变量，列写 KVL 方程。

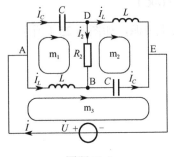

图题 25.5

网孔 m_1：

$$[1/(j\omega C)]\dot{I}_C - j\omega L\dot{I}_L = -R_2\dot{I}_2 \tag{25.3}$$

网孔 m_2：

$$-[1/(j\omega C)]\dot{I}_C + j\omega L\dot{I}_L = R_2\dot{I}_2 \tag{25.4}$$

网孔 m_3：

$$[1/(j\omega C)]\dot{I}_C + j\omega L\dot{I}_L = \dot{U} \tag{25.5}$$

可见，由于元件参数的对称性，使得方程（25.3）与方程（25.4）不独立，二者其实是一个方程。不妨取方程（25.3）与方程（25.5）联立来求解 $\dot{I}_L$ 与 $\dot{I}_C$。

将方程（25.5）与方程（25.3）相减求出 $\dot{I}_L$，并将 $\dot{I}_2 = \mathrm{j}\dot{U}/\sqrt{L/C}$ 和 $\dot{U} = U\angle 0° = U$ 代入 $\dot{I}_L$ 中得

$$\dot{I}_L = \frac{\dot{U} + R_2\dot{I}_2}{2\mathrm{j}\omega L} = \frac{R_2 U}{2\omega L\sqrt{L/C}} - \mathrm{j}\frac{U}{2\omega L} = \frac{R_2 U}{2L/C} - \mathrm{j}\frac{U}{2\sqrt{L/C}} \tag{25.6}$$

再将方程（25.5）与方程（25.3）相加求出 $\dot{I}_C$，并将 $\dot{I}_2 = \mathrm{j}\dot{U}/\sqrt{L/C}$ 和 $\dot{U} = U\angle 0° = U$ 代入 $\dot{I}_C$ 中得

$$\dot{I}_C = \frac{\dot{U} - R_2\dot{I}_2}{2/(\mathrm{j}\omega C)} = \frac{R_2 U}{2\omega L\sqrt{L/C}} + \mathrm{j}\frac{U}{2\omega L} = \frac{R_2 U}{2L/C} + \mathrm{j}\frac{U}{2\sqrt{L/C}} \tag{25.7}$$

可见，$\dot{I}_L = \dot{I}_C^*$，证毕。

点评：用两个网孔的 KVL 方程而不是三个，便可求出电感与电容电流，这是因为电阻电流已经求得，减少了一个支路电流。

方法二：求出 $\dot{I}_L$ 与 $\dot{I}_C$ 的和、差关系

用下面方法求出电感电流与电容电流的和、差关系，不用求出 $\dot{I}_L$ 与 $\dot{I}_C$ 本身的表达式。

在满足 $\omega L = 1/(\omega C)$ 的参数关系时，网孔 m_1 的 KVL 方程（25.3）可以简化成

$$\dot{I}_L + \dot{I}_C = \frac{R_2\dot{I}_2}{\mathrm{j}\omega L} = \frac{R_2 U}{L/C} \tag{25.8}$$

再对节点 B 列写 KCL 方程得

$$\dot{I}_L - \dot{I}_C = -\dot{I}_2 = -\mathrm{j}U/\sqrt{L/C} \tag{25.9}$$

可见，$\dot{I}_L + \dot{I}_C$ 为实数，$\dot{I}_L - \dot{I}_C$ 为虚数，所以 $\dot{I}_L$ 与 $\dot{I}_C$ 必为共轭复数，即 $\dot{I}_L = \dot{I}_C^*$。证毕。

若要求出 $\dot{I}_L$ 与 $\dot{I}_C$，则可由式（25.8）和式（25.9）简单求得

$$\dot{I}_L = \frac{\dot{I}_L + \dot{I}_C}{2} + \frac{\dot{I}_L - \dot{I}_C}{2} = \frac{R_2 U}{2L/C} - \mathrm{j}\frac{U}{2\sqrt{L/C}}$$

$$\dot{I}_C = \frac{\dot{I}_L + \dot{I}_C}{2} - \frac{\dot{I}_L - \dot{I}_C}{2} = \frac{R_2 U}{2L/C} + \mathrm{j}\frac{U}{2\sqrt{L/C}}$$

结果分别与式（25.6）、式（25.7）完全相同。

点评：电路理论中的证明题目，虽然有一定的难度，但证明的关键仍然是电路分析。恰当地运用一些特殊现象（谐振、电桥平衡、参数对称、相量正交、三相对称等），可以巧妙地简化电路分析。在正弦电路的证明类问题中，还可以借助相量图，把基于公式的证明变成基于几何关系的证明。

26. 如图题 26.1 所示电路，电阻网络 N 的传输参数矩阵为 $\boldsymbol{T} = \begin{bmatrix} 4/3 & 6\Omega \\ (1/6)\mathrm{S} & 1 \end{bmatrix}$，$C = 2\mathrm{F}$，$R_2 = 6\Omega$，$u_\mathrm{S} = U_\mathrm{S}\varepsilon(t)$，$U_\mathrm{S} = 10\mathrm{V}$，非线性电阻的电压电流关系如图题 26.2 所示。求 $t > 0$ 时电压 u_2 的变化规律。

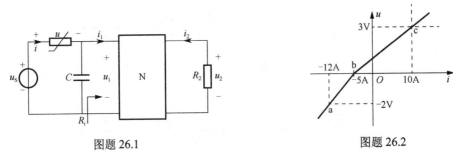

图题 26.1   图题 26.2

【解】本题是二端口网络与分段线性暂态电路相综合的题目，考查这两部分知识的综合运用能力。

根据二端口网络知识以及给出的传输参数矩阵，计算等效输入电阻为

$$R_\mathrm{i} = \frac{T_{11}R_2 + T_{12}}{T_{21}R_2 + T_{22}} = \frac{(4/3) \times 6\Omega + 6\Omega}{(1/6)\mathrm{S} \times 6\Omega + 1} = 7\Omega$$

由此，图题 26.1 可以等效成图题 26.3 所示的简单电路，用以求出 u_1 和 i_1，进而根据传输参数方程求出 u_2 和 i_2。

由于非线性电阻的特性不过原点，当其电流为零时存在电压，或电压为零时存在电流，说明在 $t < 0$ 时非线性电阻的电路模型中存在着电压源或电流源，因而电路中存在着电压与电流，故电容电压为非零状态，需要求出这个初始状态。

在 $t < 0$ 时，计算电路如图题 26.3 所示，电容处于开路。u 与 i 的关系除了满足非线性电阻特性外，还应满足 7Ω 线性电阻的直线关系，这是因为 $u = -u_1$、$i = i_1$。将 $u = -7\Omega \times i$ 画在图题 26.4 中，它交非线性特性于 bc 段，用该段来确定电容电压初始值。

根据坐标值可以写出 bc 段的直线方程为

$$u = \frac{3\mathrm{V}}{10\mathrm{A} - (-5)\mathrm{A}} i + 1\mathrm{V} = 0.2\Omega \times i + 1\mathrm{V} = Ri + U_0$$

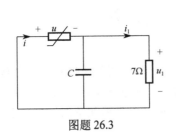

图题 26.3

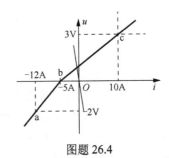

图题 26.4

计算初始值的等效电路如图题 26.5 所示，由此图算得

$$u_1(0_-) = -\frac{R_i}{R_i + R} \times U_0 = -\frac{7\Omega}{7\Omega + 0.2\Omega} \times 1\text{V} \approx -1\text{V}$$

由换路定律得 $u_1(0_+) = u_1(0_-) \approx -1\text{V}$。

在换路结束一瞬间，非线性电阻电压为

$$u(0_+) = U_S - u_1(0_+) \approx 10\text{V} - (-1\text{V}) = 11\text{V} > 0$$

所以，换路后非线性电阻仍然工作在 bc 段。$t > 0$ 时的等效电路如图题 26.6 所示。对应该电路的稳态值为

$$u_1(\infty) = \frac{U_S - U_0}{R + R_i} \times R_i = \frac{10\text{V} - 1\text{V}}{0.2\Omega + 7\Omega} \times 7\Omega = 8.75\text{V}$$

时间常数为

$$\tau = R_{eq}C = \frac{RR_i}{R + R_i} \times C = \frac{7}{18}\text{s} \approx 0.3888\text{s}$$

由三要素公式得电容电压为

$$u_1(t) = u_1(\infty) + [u_1(0_+) - u_1(\infty)]e^{-t/\tau} \approx 8.75\text{V} - 9.75\text{Ve}^{-(18/7)t/s}$$

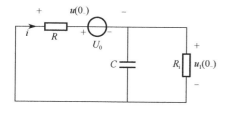

图题 26.5

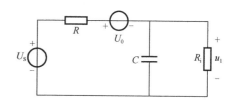

图题 26.6

该电压表达式最后稳定在 8.75V，非线性电阻电压稳定在

$$u(\infty) = U_S - u_1(\infty) = 10\text{V} - 8.75\text{V} = 1.25\text{V} > 0$$

仍然位于 bc 段，因此不会进入 ab 段。

根据传输参数方程，电压 u_1 可以用传输参数写成

$$u_1 = T_{11}u_2 + T_{12}(-i_2) = \frac{4}{3} \times u_2 + 6\Omega \times \frac{u_2}{6\Omega} = \frac{7}{3}u_2$$

故所求电压为

$$u_2 = \frac{3}{7}u_1 \approx 3.75\text{V} - 4.179\text{Ve}^{-(18/7)t/s}$$

点评：①本题为分段线性的非线性电路，关键是确定非线性电阻所工作的直线段，然后用戴维南或诺顿电路等效该段，之后便是线性电路的计算问题。②计算非线性电路往往需要较多步骤，且相互关联，因此需要耐心细致。

27. 电路如图题 27.1 所示，已知非线性电阻的电压与电流关系为 $u_R = 250\text{V} \times (i_R/\text{A})^3$（式中/A 表示 i_R 以安培为单位来计量，类似之处含义同理），线性电容 $C = 0.02\text{mF}$。要求在电路中产生 $i_R = 0.2\text{A}\cos(\omega t)$ 的电流，其中 $\omega = 5 \times 10^3\,\text{rad/s}$，求电源电压 u_S 随时间变化的表达式，并计算电阻消耗的平均功率。已知：$\sin^3 \alpha = 0.25[3\sin\alpha - \sin(3\alpha)]$，$\cos^3 \alpha = 0.25[3\cos\alpha + \cos(3\alpha)]$。

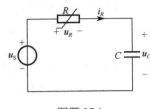

图题 27.1

【解】 这是已知响应求激励的问题，且对象是非线性电路，并涉及非正弦周期电路的相关概念。该题考核非线性电路与非正弦周期电路的综合运用能力。

图中电容是线性元件，根据电容电流即 i_R 的表达式，以及电容电压与电流的振幅关系和相位关系，可以写出电容电压表达式为

$$u_C = \frac{I_{Rm}}{\omega C} \times \cos(\omega t - 90°) = \frac{0.2}{5 \times 10^3 \times 0.02 \times 10^{-3}}\,\text{V}\cos(\omega t - 90°)$$
$$= 2\text{V}\cos(\omega t - 90°)$$

由电阻的非线性特性求出电阻电压为

$$u_R = 250\text{V} \times (i_R/\text{A})^3 = 250\text{V} \times 0.2^3\cos^3(\omega t) = 2\text{V}\cos^3(\omega t)$$

所以，根据 KVL，电源电压为

$$u_S = u_R + u_C = 2\text{V}\cos^3(\omega t) + 2\text{V}\cos(\omega t - 90°)$$

这显然是非正弦周期电压。在非线性电路中，一般说来，如果激励是正弦量，则响应便是非正弦量；反过来，若希望响应是正弦量，则需要非正弦的激励。

为计算电阻消耗的平均功率，根据给出的三角函数公式，将电阻电压写成

$$u_R = 2\text{V} \times 0.25[3\cos(\omega t) + \cos(3\omega t)] = 1.5\text{V}\cos(\omega t) + 0.5\text{V}\cos(3\omega t)$$

这又变成了计算非正弦电路的平均功率问题。根据谐波分析原理可知，不同频率的电压和电流不能产生平均功率。所以，电压表达式中只有第一项与电阻电流能够产生平均功率，因此电阻消耗的平均功率可以简单地计算为

$$P = \frac{1}{2} \times 1.5\text{V} \times 0.2\text{A} = 0.15\text{W}$$

利用上述概念，避免了按照平均功率的定义式计算积分的过程。

点评： 电路理论的各知识点可以理解成多维网格的节点，许多节点都有较大的"度"值（节点的"度"是网络图论术语，是指与节点相连的支路数）。因此在备考阶段，要把课堂上学习的链条式知识点结构努力张成多维网格式知识点结构，这样才能"不畏浮云遮望眼，自缘身在最高层"，知识运用起来自然觉得游刃有余。

致　　谢

本书的完成，得益于诸多同行的热情帮扶。

上海交通大学田社平教授、北京市教学名师、北京邮电大学俎云霄教授，两位老师认真评阅了全部书稿，并给予详细批注，就部分异议内容，与作者反复交换意见。

国家教学名师、西安交通大学罗先觉教授，百忙之中接受邀请，批注了大部分书稿，所提建议中肯到位。

黑龙江省教学名师、哈尔滨工业大学霍炬教授、齐超教授，他们以"规格严格，功夫到家"的校训精神，审阅了大部分书稿并仔细批注，使内容更加准确、表述更加简洁。

辽宁省教学名师、沈阳工业大学胡岩教授，详细审读书稿后更正了某些瑕疵，并提出了有益建议。

我的同事、大连理工大学董维杰教授，仔细研读了全部书稿，纠正了某些表述，并给予鼓励和支持；大连理工大学王宏伟教授，发挥自身诗赋特长，就"韵律化电路理论"部分，纠正了韵脚、美化了诗句。

南阳理工学院樊京教授，就书中的电磁学问题给予准确斧正，并提出了有益建议。

硕士研究生于峰权同学，利用自身扎实的数学功底，核对了部分公式的推导结果。

对上述同行和学生所付出的智慧与时光，作者一并深表诚挚谢意！并希望本书问世后，继续给予关注。

特别感谢书中所引用参考文献的作者。

感谢给予出版资助的大连理工大学教材出版基金项目、大连理工大学电气工程学院一流专业建设项目和一流课程建设项目。

陈希有

2024 年 11 月

于大连理工大学